淡水魚研究入門

水中のぞき見学

長田芳和 編著

東海大学出版部

Introduction to freshwater fish study

edited by Yoshikazu NAGATA
Tokai University Press, 2014
Printed in Japan
ISBN978-4-486-2016-5

序

　本書はかつて私が勤めた大阪教育大学動物生態学研究室の卒業生が，卒論生，修論生などの時に作成した淡水魚を主とした水生生物の論文を振り返り，その作業と結果を紹介したものである．この企画は，当初，定年退職した私に余暇を利用し，まとめてはどうかと，卒業生の1人がアウトラインを考えてくれたものだ．しかし卒業生の多くは社会人になって，研究とは別世界で忙しくしている．彼らにとても原稿を書く時間はないだろうし，私1人での執筆もおぼつかないと思い，手をこまねいていた．

　在職中に私に提出された論文数は淡水魚以外も含め百六十数編になる．いつも1人1テーマというわけではなく，1つの魚種について複数の学生が1人ずつ見る角度を変えたテーマを共同して作業をし，論文は個別に執筆する場合もあった．もちろん同一の魚種についてある年は野外で，ある年は室内の水槽実験でという場合もあった．

　学生という研究の入門生は，野生生物や野外の環境，そして研究というものをどのように考え，把握していったのであろうか．殆どの学生が淡水魚などを初めて野外で観察し，捕獲し，計測したり，飼育したりしたのである．

　魚などの調査や採集場所はほぼ全国にわたった．でもあれから40年余りの間に多くの調査場所は圃場整備や河川改修などの環境の変化で魚も貝も殆どいなくなってしまった．このような残念な例は野外調査をした者は何回となく経験していよう．本書をもって生きた水域と淡水魚などの素晴らしさを今に伝えたい．

　入門生の研究結果であるから内容は未完である．論文化もままならない．本書に取り上げた淡水魚は川の上流から下流，そして湖や溜池にすむ約30種（亜種も含んで）以上にのぼり，内容も生態学的研究のみでなく，分類学的研究も一部含まれる．それらの魚種を野外で実際に観察したり，捕獲して手に取ったわけであるから，入門とはいえ，生きた学問そのものである．入門生ながらさまざまな研究手法を工夫して，ここまでできた，やり遂げた，その時の感動は読者の皆様に伝わるはずだと思う．

　中学校，高等学校における生物部の活動の参考に，あるいは大学における卒業論文や大学院での論文の作成時にも参考にしていたければ幸いである．また

自然や魚など水の生きものを愛する方々の目にとまれば嬉しいかぎりである．

本書の研究入門者による未完の内容を読者の皆さんが検証すればまた新たなデータと考察が生まれる．入門者だけに許される自由な発想と考察の中に本書と全く異なる方向を見いだすかもしれないが，それは進展である．それを通して淡水魚とは何か，生きものとは何かを皆さんは問うことになると思う．そしてそれにもまして淡水魚や生きものを追いやる人間とは何かを考えざるを得なくなると思う．楽しくもあり，切なくもなる研究入門である．

本書の第1章はタナゴ類についてである．二枚貝に卵を産みつける変わった魚だというのに，その効果はどの程度か，など，個体群としての研究が皆無であった．これはテーマとしていけると思った．また分類学的課題も残されていた．第2章のムギツクのオヤニラミへの托卵の研究はオヤニラミの調査の副産物として生まれたもので，我が研究室は魚の托卵の研究室のように見えるがそれを目指していたわけではなかった．とんでもない事実が自然の中に潜んでいたものだ．後にムギツクはドンコ，ギギにも托卵することが分かってきたが，いずれの魚種も生態の研究は皆無に近かった．第3章のたくさんの魚種も，身近だがその生態は未知に近く，産卵行動そのものさえも詳しく観察する余地が残されていた．第4章は河川における，第5章は溜池における淡水魚あるいは水生生物の生態を調べたもので，それぞれ卒論生，修論生の意地と熱意が感じられる内容になっているものと思う．

本書は私の一存で執筆を打診して承諾した卒業生が書いている．一存の内容は簡単にはいいあらわせないが，一口でいえば本のネタとしてふさわしいトピック的内容が多いものということになろうか．どうしても研究室の在席期間が長い大学院生の執筆者が占める割合が多くなったのは否めない．本書を通して，一大学の一研究室の入門生のつぶやきを感じてほしい．その後，社会人になっても研究を続けたり，他の大学に進学して博士号を取得した著者もいてその成果も一部本書に収録されている．

我が研究室の卒業生の6，7割は小，中，高等学校の教員である．それを含めて今回34名の卒業生が執筆の意欲を見せてくれたことは誠に心強い．執筆の機会に恵まれなかった卒業生も各自のテーマで卒論の作成に励んだわけだが，紙面に限りがあり，申し訳なく思う．

大学を卒業したということは，専門の知識に触れ実践を体験したことを意味している．先生が自分の専門分野を目を輝かせて頑張れば，児童，生徒はその

視線を感じ,その気迫を感じ取るはずである.その気迫の交流が学校における教育の原点であるように思うが読者の方はどう思われるであろうか？

　最後になってしまったが,本書の企画を勧めてくださった京都大学大学院理学研究科准教授の渡辺勝敏博士に深く感謝を申し上げる.また数々の我儘をお聞きいただいた東海大学出版部の原　裕氏に厚くお礼を申し上げる.

長田芳和

まえがき

1. 淡水魚の魅力
多様な淡水魚
(1) 分類学的多様性：我が国の淡水魚はコイ科が亜種を含めて50数種と最も多く，他にドジョウ科やナマズ科，ハゼ科，トゲウオ科などおなじみの小魚，いわゆる雑魚（ざこ）が淡水魚の大部分を占める．

　淡水魚は地味である．タナゴの仲間やオイカワの雄は鮮やかな色彩の婚姻色を見せるが，これは例外でたいていの種類はくすんで目立たないし，科内の種類の見分けがなかなか難しい．しかし淡水魚の研究者や愛好家はそこが良いのだと口をそろえる．そこで勢い分類学的研究が盛んになる．最近はDNAなど遺伝子レベルの研究が進展して，1種類であったものがいくつかの亜種に分類されるなど珍しくない．ただ細に入りすぎて，実物や標本を見てもよほど精通していないと種の同定ができないことが多いのはつらい．でもここがしっかりしていないと研究が頓挫する危険性がある．種や亜種が異なると生活史や生態が異なることが多いからだ．これも淡水魚の多様性の証であり，魅力である．

(2) 生態的多様性：淡水魚はコイやナマズのように一生淡水で過ごす純淡水魚（一次性淡水魚）とサケ，マス類やアユ，ウナギのように一生の一時期を海で過ごす通し回遊魚，そしてボラやスズキのように本来は海や汽水域で過ごすが淡水域にも進入する周縁性淡水魚に分けることができる．またメダカのように偶発的に海水域に入っても生き延びることができるものを二次性淡水魚ともいう．つまり淡水魚は川や湖，池沼に姿を見せるといっても，すべてがいつもそこで生活するものばかりでなく，汽水域や海水域との関わりを持つものもいるのだ．そのような淡水魚では，誰が，いつ，どこで，どのような生活をしているのかという生態学的研究は場所的に広範囲に及び，そう思うだけで気が引けてしまう．なかなか手におえそうにない．

　我が研究室はほとんどが純淡水魚を扱うことになるのであるが，淡水魚自体はその生態学的多様性でもって色々な研究テーマを発してくれているのに，こちらの都合で大きな川や湖は無理，汚濁や河川改修工事で魚がいない，外来魚問題などを考えると，我々にできることはほんのわずかしかない．とくじけそ

うになる．くじけそうになりながらも学生が研究した過程と結果が本書に盛りこまれている．

身近な淡水魚

　淡水魚研究で有利なのは，海魚に比べて，その生活場所が比較的身近なことである．これは重要なことで，生きものの生態を研究しようとすれば，絶えず現地で観察や調査することから始まると思うからである．しかも水中生活者であるから，行けばいつでも調査できるわけではなく，水位や濁りなど急変する環境への対応や夜間での調査（夜間に産卵や摂食をする魚種は多い）となると，どうしても現地に密着する必要が出てくる．また産卵など繁殖行動はその時期になるといつでもおこなっているわけでなく，雄と雌のつがい行動などのタイミングは微妙であるし，産卵の瞬間となると極めて観察は難しい．文字通り瞬間なのだ．

　そのために我が研究室では岸から遠隔操作ができる水中ビデオカメラをよく使用した．産卵場所が身近な故に可能な方法だ．私は中学校時代にラジオクラブに属して，半田ごてを使ってよくラジオを作った．そのためか電子部品を接続したり，水中カメラのケースの設計など楽しんで打ちこめたのだ．少年時代にとった杵柄だが無駄ではなかった．

　淡水魚に限らず魚類の産卵期はおおかた1年に1回である．その時期は分類群や種によって異なるが，コイ科はおおむね春から初夏である．わずかだが秋のものもいる．他の科では冬のものもいる．それはその種が生まれ（進化し）てから何十万年，何百万年，場合によっては何千万年も前から毎年繰り返されてきたものである．その産卵の瞬間がなければその種族は続かない道理で，その瞬間には何かがあると直感が渦巻くのだ．その瞬間は崇高ですらある．我が研究室のテーマに産卵行動が多いのはこの理由による．

２．淡水魚研究の約束事
テーマは未知で先行き不透明なものを

　私が研究を始めた当時，古くから研究が進んだ淡水魚といえば食料のために経済価値の高いサケ，マス類やアユなどで，それ以外のいわゆる雑魚の研究は少なかった．といっても，「原色日本淡水魚類図鑑」（宮地ほか，1963）やコイ科研究のバイブルである「日本のコイ科魚類」（中村，1969），そして「河川の

生態学」（水野・御勢, 1972) が発刊されていて，大いに参考になったものである．そこからまた研究が足りない種類やテーマを拾うことができた．

　研究の初心者が研究の進んだテーマを選んでも太刀打ちできない．まだ調べられていない淡水魚を材料にしたテーマはないのか？　それがいっぱい存在したのである．冒頭で述べたように，淡水魚は地味である．同じ泳ぐにしても熱帯魚のようにはなやかでない，という印象がある．得体がしれない種類が多くて，不思議なくらい記述論文が少なかったのだ．未知で先行き不透明な淡水魚の研究テーマはわんさとある理（ことわり）である．

現場から

　マスコミに現場からのレポートというのがあるが，やっぱり野生生物の研究は現場から，が鉄則で，そこに醍醐味があると感じていた．研究をする種類や大まかなテーマが定まると，次は調査・研究する場所をどこにするかである．これが簡単なようで難しいし，研究がうまくいくかどうかの決定的なポイントとなる．良い調査場所が運よく見つかれば研究の8割が達成されたようなものだとオーバーであるがそう思ってきた．研究に重要な調査場所は，自前で，つまり我が研究室の誰かが見つけるというのが，約束事であった．そしてそうしてきた．

　場所選びのポイントは，当然のことであるがその種類がたくさん生息していることと調査活動に安全なことである．個体数が多くないとなかなか観察できないし，標本も遠慮なしに採取できない．また学生は1人で調査をすることもあるし，女性である時もある．だから大きな川や人里離れた場所は調査場所にはならない．

　生態学は生きざまを研究する学問であるから，対象種の標本を見ればわかるというのではなく，生活の様子を生活の場で観察したり，採集して餌を調べたりしなければならない．それもできる限り日常的な調査，つまりできれば毎日の調査活動が望ましいわけである．というわけで，特に大学院生はテーマに合わせて少なくとも重要な時期には調査場所のすぐ近くに下宿するという約束事ができあがってしまった．下宿代は本人持ちである．大変だったと思う．

川と魚に学べ

　学生は調べる魚種や大まかなテーマと場所が定まってくると，必ず「どの文

献を読めば一番良いですか？」と聞く．研究室には蔵書がたくさんあるので，意地悪く「全部読め」と答える．そして「まず調査場所に行ってやりはじめたら」という．そこで魚が見えたり，捕れたりすると，その具合でできそうな調査と難しそうなことが段々分かってくる．ここで関係する既存の論文などを下手に読んでいると，研究の筋道や方法などを真似をしてしまうし，すでに分かっていることをとばしてその先を自分は研究しようと思う．それは当然の成り行きであろう．が，私はあえて「文献はまとめるとき読んで参考にするように」とか，「真似をして結果に楽にたどり着くより，魚や現場を見て，苦労をして，目的に合った方法や道具を開発，駆使して先人と同じ結果にたどり着いた方が価値がある．その後の展開がうまくいく．」とか偉そうにいってきた．「そしてせっかくだからデータは取れるだけ貪欲にとろう．使い道はデータが教えてくれる」と．目的を考えてデータを取るというのが本当だろうが，入門生にははっきりとした目的が見えないことも多いのだ．卒論，修論は1～3年で発表まで漕ぎ着かなければならない．自分でやるしかない！　本書はその記録であり，自ずと淡水魚研究の入門の書である．

　なお，我らが研究室には昔から「研究室心得」なる質素なパネル（紙製）が壁の上の方にかけられていた．それは研究室の先代である水野壽彦博士の卒業生が作成した7項目のうち2項目（2，4）を私が作り入れ換えて下手な筆書きにしたものだ．参考までに掲載する．

長田芳和

研究室心得

1. 大自然を師とし，厳寒酷暑を厭うこと勿れ．
2. 直感を信じ，まず体を動かすべし．
3. 無理を承知で，体をこき使うべし．
4. 目標は遠くを，しかし日々の目標を忘れること勿れ．
5. 迅速を旨とし，慎重さを欠くべからず．
6. いかなる食事，いかなる寝所も厭うべからず．
7. 研究室外では大いに英気を養うべし．

生態学研究室

淡水魚のQ＆A

Q1：日本の淡水魚は何種類いますか？
A：地球上に存在する水の0.01％しか淡水（真水）は無いとされます．残りはもちろん海水と汽水です．そのすべての水中に魚類が世界に約3万種が住み，「日本産魚類検索　全種の同定」第3版（中坊徹次編　2013年　東海大学出版会）によると日本には4500種，そのうちのほぼ300種が淡水魚といわれています．

　世界の淡水魚は2006年の時点でおよそ12000種といいますから魚類の約4割を占めます．この淡水魚の多様性は，淡水魚が海水魚に比べて著しく狭い生物圏で種族を維持するなかで達成されたもので驚嘆に値します．それは恐らく淡水域では隔離状態が容易に生じ種分化が促進されやすいことや海よりも平均水深が浅く，太陽光線が良く届くために餌の基礎となる藻類など生産量が著しく高いなどの生態学的，地質学的な要因が複雑に絡み合ってもたらされたものと考えられています．

Q2：淡水魚（Freshwater fish）と海水魚（Saltwater fish）の違いはなんですか？
A：体内の塩分濃度の調節機構が違います．淡水魚と海水魚の体液の濃度はほぼ同じですが，生息している水と魚の体液の相対的な濃度は淡水魚と海水魚では逆の関係になります．つまり淡水（真水）は魚の体液より濃度が薄く，海水は濃いのです．すると淡水魚では皮膚を通して真水がどんどん体内に浸透してくるので，その水を腎臓の働きで大量の尿で排出したり，外界の真水中の塩類を鰓から取り入れて，体液が薄まるのを防がなければなりません．他方，海水魚は体液が濃くなりすぎるのを防がなければいけませんので，どんどん海水を飲んで水分を補給し，また尿として排出する水分も減らそうと腎臓で多くの水分を再吸収して濃い尿を少量排出します．さらに塩分は鰓と消化器で体外に捨て去っているのです．

Q3：生活史（Life history）とは何ですか？
A：生物が生まれてから死ぬまでの生活の移り変わりのこと．ここでいう生活に

は，食性，行動習性，社会生活，繁殖様式などが含まれます．魚の場合，卵から始まってふ化をして成長し，成魚になって次世代を残して寿命を迎えます．その成長の過程において，ふ化～成魚になるまでの段階を一括して幼魚といい，それをさらに次のように4期に細分します（水野・御勢，1972）．

　前期仔魚（fry, pre-larva）：ふ化直後から卵黄を吸収し終えるまで．
　後期仔魚（post-larva）：卵黄吸収後，鰭条数がその種の定数に達するまで．
　稚魚（young）：後期仔魚以後，未成魚に達するまで．魚種によっては仔魚の段階を飛び越えて，稚魚の段階でふ化してくる場合もあります（ドンコなど）．
　未成魚（immature）：体形・斑紋などは成魚とほぼ同じだが，成熟していない．
　成魚（adult）：最初の放卵・放精が可能になった時点以降．

Q4：淡水魚は主にどんなものを食べて生きていますか？
A：陸上動物でも草食や肉食がいるように，淡水魚にも草食，肉食そして雑食がいます．ブラックバスが肉食魚としてすっかり有名になりましたが，在来魚にもナマズ，ギギ，ドンコ，ヨシノボリ類，ハスなどがいます．上流にすむアマゴやイワナは落下性の昆虫やカエルなどの小動物を食べています．

　一般に卵黄を吸収し終えた稚魚が最初に食べるのは，ほとんどが動物性プランクトンのワムシ類やミジンコ類です．成魚になると植物食を示す魚も稚魚の頃には動物性プランクトンを食べており，従って稚魚から成魚になる途中で食性が変化することになります．栄養価の高いものを食べることで成長を促進し，生涯のなかで最も脆弱な時代を早く切り抜けようとしています．成長し体制が整うなかで消化管（腸）の巻きが長く複雑になるのに合わせて植物食へと変化し，生活場所も表層付近から底層へと移っていきます．

　近縁魚種では生活形態が似ることが多く，繁殖期をずらしたり，生活場所をずらす「すみわけ」とともに食べものを微妙に変える「食いわけ」も知られています．同じ水域に食性の似た魚種が複数いる時には，主に食べるものを変化させる例が知られています．オイカワはアユが同じ水域にいる時は昆虫食に，カワムツと同じ水域にいる時には植物食にそれぞれ偏ることが知られています．食べるものをずらすことで種間競争を避けているようです．

Q5：淡水魚の生活場所は？
A：生活場所での区分としては，その生涯を淡水域で過ごすものと特定の時期だけを淡水域で過ごすものがいます．また淡水魚でも産卵をする時に産卵場所に移動するものもいます．子ども（稚魚，幼魚）と成魚の間で生活場所を変える淡水魚もいます．近年謎が解き明かされているウナギは稚魚が河口から川に遡上しその生涯の大半を淡水域で過ごし，産卵するために川を下りフィリピン沖まで行って産卵するようです．ふ化した柳の葉の形をした幼魚レプトケファルスは成長を続け，遡上するために河口に集まったものがシラスウナギと呼ばれています．この反対がサケでその大半を北太平洋で過ごし，自らの生まれた河川の臭いを手がかりに戻り遡上（母川回帰）します．産卵した親は死んでいくので淡水域で過ごすのは僅かな時になります．卵がふ化して稚魚が流下する時に川の水の臭いを覚える（刷り込み）ことで自分の生まれた川に帰って産卵ができます．

　その生涯を淡水域で過ごす魚でも，産卵をする繁殖期と成長をする非繁殖期では水域を移動するものが知られています．また大きくは同じ水域でも，稚魚の間は砂州帯や水草帯のなかで過ごし，成長し遊泳力がつくと川の流心に移動する魚もいます．

Q6：淡水魚はどのくらい生きますか？
A：短い種類はアユなどの「年魚」と呼ばれる仲間で1年で死亡します．タナゴ類などの小形淡水魚は2～3年，ギギやナマズなどやや大形淡水魚は7～8年は生きているようです．淡水魚で最も長生きなのはコイで何十年と生きるようで，博物学者南方熊楠の飼っていたコイは100年近く生きたようです．年齢査定は鱗に現れる年輪を観察することを基本におこなわれた時代もありますが，現在は耳石（平衡石）にあらわれる日周輪（人工授精をおこない最初の1本目が出現する時期を特定できた種類もいます）を数えてふ化してからの日数や年齢を判断することがおこなわれています．

　一般にヒトが水槽で飼育すると天然水域での通常の寿命よりも長生きする傾向があります．飼育下では餌条件が良くなり，他の生物から食べられる危険性が減ったり，繁殖行動をしないために生理的な消耗がすくなくて長生きするものと考えられます．

Q7：淡水魚は臭いを感じますか？
A：魚には口の上に鼻の穴が開いており，水が通り抜けるようになっています．このときに水に溶けた臭いを感じています．サケが母川回帰をすることが発見されたのも，サケの脳に電極を指し鼻孔に様々な水を通すと，そのサケが生まれた川の水にだけ反応する実験結果からです．モンドリと呼ばれる漁具は，餌をなかに入れ，こぼれ出る餌で魚をなかに誘導するのですが，餌としてサナギ粉が最も良いのはその強い臭いの効果もあるようです．魚釣りの餌としてもニンニク入りの餌も出ているのもうなずける話です．

また魚が産卵する場面には一斉に他種魚も含めて集まってきます．こぼれた卵を食べに集まるのですがこれも刺激となっているのは，水に溶けた誘引物質を鼻孔の奥で感じているようです．

Q8：淡水魚はいつ活動していますか？
A：昼間活動する淡水魚たちは，岩陰，草の茂みなどに身を隠し，水底で特に小魚は一塊になって，じっとしています．この時に寝ています．ヒトのように眼にはまぶたがないので，目を閉じた状態で寝ることはありません．魚類は変温動物ですので，1日のなかでは昼間の水温が上昇した時間に活発に泳ぎ餌をとります．また1年のなかでは厳冬期には水草帯や水際の土手の深く掘れたところ，川の深み，淵，湧き水などに集まり体を動かしません．

Q9：淡水魚は群れで活動しますか？
A：海産魚のイワシが群れになって泳ぐのを水族館の大水槽で見た方も多いことでしょう．一般に淡水魚は稚魚の時代に群れで生活しますが，成魚になると集団で産卵する以外は大きな群れはつくりません．稚魚の群れは同一時期に生まれた同一魚種が一塊になって群れていますが，その群れの大きさは大小様々ですし，他種の魚と混じって群れをなしていることもあります．夜水中に潜ると，岩陰で種類の違う魚同士が寄り添い，眠ったり，ジッと様子をうかがっていることがあります．

Q10：淡水魚の雌雄はどうやって区別しますか？
A：外形上見た目ですぐに分かる特徴は，産卵期を迎える頃に出現します．それ以外の時期にはほとんど雌雄の区別がつかない種類も多くいます．産卵期を

迎えると，主に雄に婚姻色があらわれます．タナゴ類のようにそれぞれの種類で色合いが異なります．鮮やかな体色が出現する雄が多いなか，黒っぽい紫の色合いになるモツゴや濃い油色のアブラボテなど，なかには一見目立ちにくい鮮やかとはいえないものもいます．

　タナゴ類の雌は，繁殖期になると腹部から二枚貝の鰓に産卵するための産卵管が長く伸びます．やや黒みがかった産卵管は糞のようにも見えます．非繁殖期でも産卵管の基部（筋肉）は必ずあるので，腹部を軽く押せば，タナゴは雌雄を判定することができます．口先には「追い星」と呼ばれる硬いこぶが出現し繁殖行動の際，相手の身体にぶつけます．オイカワ，カワムツ，ヌマムツは尻鰭が大きく発達し，特に雄は一段と大きくなり，産卵場の砂礫地を掘り返し，卵を隠すのに使います．

　泳いでいる魚を背中側から見ると，産卵間近の雌は脇腹が膨れています．ここに1対の卵巣があるからで，胃は前方にあり食べ過ぎて腹が膨らんでいるのとは少し違います．

Q11：淡水魚はどのようにして産卵しますか？
A：産卵の仕方は次の3つに区分することができます．
①付着させる：ギギ，ドンコ，モツゴ，オヤニラミ，コイ，メダカは，石，棒杭，植物の茎，水生植物などに卵を産みつけます．メダカは卵の表面の細かい毛で沈水植物に付着させ，コイは水際線ぎりぎりの植物に産みつけ，モツゴやオヤニラミは棒杭などに産みつけた卵を雄が掃除しふ化まで守ります．大きな石の下を掘りすすみその石の壁面（天井）をヨシノボリ類は巣とし，ドンコは大きな石の隙間に，大きな石の下が掘れたところにギギの雌がそれぞれ卵を産みつけ，雄が守ります．この親が巣にある卵を守る習性を利用して托卵をおこなうのがムギツクで，結果として卵を産みつけることは同じでも，その産卵習性は他の魚とは全く異なっています．
②砂礫地にばらまくように産卵するのはサケ科の仲間を代表に，アユ，オイカワ，カワムツ，ヌマムツ，ハス，ニゴイなどで，雌が産卵すると同時に雄が放精し尻鰭で受精卵をばらまき砂礫をかぶせることで卵を目立たなくします．また同時に砂礫を掘り起こすことで，砂礫に隠れた卵に水が通るため，泥で砂礫が埋まった場所ではなく，水の流れがあり砂礫の浮いたような場所を選んで産卵します．アユの産卵場造りのために鍬で畑を耕すように砂礫地を耕す取り組

みをされている漁業協同組合もあります．
③二枚貝を利用するのはタナゴ類とヒガイ類です．しかし両者は産みこむ貝の部位が異なり，タナゴ類は鰓膜の間（鰓腔）に，ヒガイ類は外套腔のなかに収まります．すなわち生きた貝の殻を開くとヒガイ類の卵は見えます．産みこまれる時には小さかった卵は水を吸収し大きく膨張して，殻からこぼれ落ちないようにしています．この産みこむ部位の違いが雌の産卵管の長さにつながり，タナゴ類は鰓奥に管を入れるために長く，ヒガイ類は開いた殻の隙間に産卵管を差しこむので短いのです．共に新鮮な水が通ることと，硬い殻に守られるため雄が守る必要がないことが最大の利点です．ちなみにタナゴ類が産卵時に雌の産卵管が殻に挟まれてじたばたするのを観察する時があります．

Q 12：産卵，排卵，放卵はどのように違うのですか？
A：雌の卵巣では，産卵にむけて卵の成熟が進んでいます．まず卵原細胞は第1次成長期に入ります．この時点では無卵黄卵です．その後，卵黄の蓄積を特徴とする第二次成長期に突入して卵巣卵は急激に成長してコイでは直径 1 mm 前後，サケ・マス類では 5 mm 以上に達する場合があります．卵黄の形成が完了すると，卵が卵巣を覆っている膜を破り，体腔中に離脱します．この現象を排卵と呼びます．卵では成熟分裂，極体の放出などと同時に吸水によって卵形が急激に増大します．これらの排卵に伴う一連の現象を通じて初めて受精可能になるわけです．この段階で，体内受精をするカダヤシ科などでは交尾によって体内で卵は受精し胚の発生が始まります．淡水魚の大分部分は体外受精なので，何らかの刺激（これが何かが重要）によって体外に卵が放出，つまり放卵されなければ卵は受精することができません．産卵が成功するには雌が放卵し，雄が精子を放出（放精）しなければいけませんが，条件次第では放卵に至らず，卵が腹腔内で吸収されてしまうこともあるようです．その例が本書にも出現します．

Q 13：淡水魚の卵はどのくらいの大きさで，どのくらいの数ですか？
A：淡水魚に限らず，卵の大きさと数には密接な関係があります．簡単にいえば，大きな卵は少なく産み，小さな卵はたくさん産みます．雌の体の大きさに卵数は比例します．また産卵後親が守るものや世話をするものは卵数が少ない傾向にあります．淡水魚で卵に馴染みのあるのはイクラですが，サケ類卵で直

径約 5 mm と大きな卵ですし雌 1 個体の産卵数は 3000 個ぐらい．タナゴ類（長径 3 mm），やヒガイ類（直径 4 mm）も卵は大きく，1 回の産卵で産む卵数は数十個と少ない代表例です．

卵の形はほとんどが真円に近いのですが，貝の鰓に産みこまれるタナゴ類の中には楕円形や細長いカプセル型もあり，鰓から吐き出されにくくなっています．

Q 14：托卵ってなんですか．
A：托卵は「血縁関係のない個体に卵を育てさせること」をさします．日本でも古くから知られていたカッコウ類の托卵は，托卵された巣の親鳥（宿主）が生んだ卵は托卵者のヒナに巣から落され，全く育ちませんが，托卵をする鳥はカッコウ類の他にもいること，カッコウと違って宿主の子供が巣立つ托卵があること，宿主にとって托卵にメリットがある例もあることなどがわかって来ました．その後，ムクドリやダチョウなどのように，同種で血縁関係のない卵・ヒナを育てている例も見つかり，このような例も「托卵」ととらえられるようになりました．

水中で子育てをする魚の研究が進んで来た 20 世紀後半になると，魚の世界にも托卵があることもわかって来ました．魚の場合は，子育てする空間に制限がないため，どちらかというとダチョウの種内托卵のように，卵を受け入れる側にも何らかのメリットがあることが多いと考えられてきました．しかしタンガニイカ湖で見つかった，口内保育する魚の口の中に卵を預けるナマズの例では，先にふ化したナマズの子が，宿主自身の卵やふ化仔魚を食べて育つ，「カッコウ形」の托卵をしていることも明らかになりました．

本書では日本のコイ科魚類ムギツクの托卵が詳しく紹介されます．

Q 15：適応度（fitness）とは何か？
A：厳密には個体が一生のうちに残せる子供の数をいい，これを生涯繁殖成功度と表現する場合もあります．しかし，適応度を計るものさし（繁殖上の形質）は分類群によってしばしば大きく異なります．例えば卵がふ化するまで親が保護をする魚類では，産卵数よりもふ化まで至った卵数のほうが適応度の指標としてよりふさわしいことになります．いっぽう卵保護をしないばらまき型産卵をする魚類では，産卵数を適応度の指標として使わざるをえません．異な

る種間や分類群間で適応度の比較をする場合には，繁殖上のどの形質を適応度の指標として用いたのかを明示することが大切といえます．

Q 16：行動圏（home range）と縄張り（territory）の違いは？
A：行動圏とは，動物が餌を食べたり休息したりなどの日常生活を営むために通常動き回る空間範囲を指し，その範囲の中に入り込んでくる他個体に対しては攻撃行動をともないません．いっぽう縄張りとは，食物や繁殖のため等の物質的資源もしくはそれらの資源が含まれる一定の空間範囲を，個体もしくは少数の個体が独占的に占拠占有し，その資源にアクセスしようとする他個体に排他的な攻撃行動を加えることで侵入を阻止します．このため，一般的に同種個体間での空間配置は，行動圏の場合はしばしば重複する場合が多いのに対して，縄張りの場合は重複しない場合が多いのです．ただし縄張りの場合，餌資源利用様式が異なる他種間および，同種内でもサイズクラス間で餌資源利用様式が明瞭に異なる場合は，縄張りであっても種間（種間縄張り）もしくは同種の別サイズクラスの個体間で縄張りの空間配置が重複する場合があります．

Q 17：雄の持つ縄張りはどのような役割をしていますか？
A：魚の縄張りを有名にしたのはアユです．アユは餌である水苔（付着藻類）がつく大きな石を中心に自分が成長できる量（面積）を縄張りとして他のアユの侵入から守ります．侵入者を見つけると体当たりをして追い出そうとします．この習性を利用して生まれたのがアユの友釣りです．個体密度が高く密集すると縄張りが持てず，群れアユとして過ごし小振りなアユばかりになります．アユは産卵時群れで産卵しますので，産卵場での縄張りは持ちません．

　産卵時の縄張りは，雌が産卵した後，受精卵を守る魚種では産卵をする基質の周りに同種の雄はもちろん，異種魚もできるだけ入りこまないように守ります．産卵にとって良い場所，おそらくこれは最後に雌が決めるのでしょうが，これを自分の縄張りとして持てるかどうかが雄にとっては自分の遺伝子が残せるチャンスとなります．ですから雄にとっては良い産卵場を確保することが非常に大切なことですので，縄張りを巡る争いも激しいものになります．ただタナゴ類の雄は二枚貝に縄張りを持ち産卵床として利用はしますが，産卵後に守るわけではありません．貝の殻が卵を守ってくれるからです．

Q 18：保全（conservation）とは何ですか？
A：保全とは，人間が積極的に野生生物に関与し，対象とする種の個体群の個体数が適正なレベルを維持するように，野生生物を合理的に利用しながら野生生物の存続を意図して絶えず働きかける具体的な方策を含めた概念です．例えばイタセンパラのように，生息環境の悪化等にともなって生息個体数や生息分布域が減少している種の個体群に対しては，生息環境の整備や繁殖補助などを通じて個体数の増加を妨げている悪影響を取り除き，その個体群が本来持つ個体数の水準にまで回復するための措置が必要です．いっぽうシカ（ホンシュウジカやエゾシカ）のように，個体数が増えすぎることによって，彼らの植物食によって生じる下層植生の裸地化（森林更新の担い手である実生の捕食も含む）や樹皮剥ぎによる樹木の枯死など，生態系（ecosystem）へのさまざまな悪影響が顕在化する場合は，狩猟や駆除等を通じた個体数調節によって，その種本来の個体数に至るまでの適正化を図る措置もまた必要となります．健全な保全を進めるためには，対象とする種の個体数や生息環境を継続的にモニタリングし，その種が置かれた状況の変化に応じて「繁殖補助」や「個体数調節」などのカードの切り替えを柔軟におこなうことが重要と考えられます．

Q 19：淡水魚の大きさはどのような方法で，どこの部分を測定しますか？
A：頭を上，尾鰭を下にした時が魚の上下です．ですから縦縞と横縞は泳いでいる時には反対になります．魚の頭の先から尾の付け根までの骨の部分の長さを測ったのが標準体長（本誌では体長）です．それに尾鰭を加えたのが全長です．尾鰭は一部が切れたりするので，体長を測定するのが基本です．その他に鱗の数，体高，尾柄高，眼の巾，ひげの長さなども測ることがあります．長さの他にも，側線鱗数（孔のあいた鱗でその下に神経が通る），鰭条数，鰓の内部構造である鰓把数などを観察します．

　死んだ魚を測るのはノギスで 1/10 mm までを測定します．厳密に骨の付け根を見て測ったり数えたりする時にはメスで筋肉をそぎ落とします．生かしたまま測定するには，無脊椎動物用の麻酔薬を使用するか冷たい氷水で魚の動きを止めて測ります．或いは下敷きにビニールかラップを貼りつけ，その間に少しの水と共に淡水魚を挟み測定すると生かしたまま測れます．またデジタルカメラでメジャーと共に淡水魚を写すとパソコンの画面上で測ることができるフリーソフトもあります．標本写真は必ず頭を左にして写します．写真が左面の

ため解剖する時には右面を切り開きます．そのことが理由で，魚の写真に限らず絵や魚拓でも頭を左にしてあります．

Q 20：水中での産卵行動をどのようにして撮影しますか？
A：水中での観察記録や環境などは，耐水ペーパー製のノートに鉛筆で記入します．

　他に映像とそれに伴う音での記録があります．小型ビデオカメラをケースに入れ沈めて撮影しますが，最近は車庫などを見張る市販の防犯小型ビデオカメラを使って録画します．可視光のカラー用と夜や穴の中を撮影する赤外線カメラが数万円程度で入手できます．ただ，市販のカメラは焦点が無限大になっていて近くの物はぼやけてしまいます．魚の産卵行動を近くで詳しく観察するためには製造元で焦点距離が 10～15 cm 程度に調節したものを注文する必要があります．20 m 程度の接続コードがついていれば，離れた場所でモニターしながら録画できます．カメラの電源には大抵直流 12 ボルトの携帯バッテリーや発電機を使います．

　音は，市販のピンタイプの小型マイクに，切り取った薄いゴム手袋の指部分をかぶせ，輪ゴムや自己融着テープなどを巻いて防水をした水中マイクで録音します．これもやはり 20 m 程度のコードになるよう半田ごてを使って延長します．マイクはコードの中に 2 本しか線がありませんので，簡単に作ることができます．この水中マイクを水中ビデオカメラにテープでくっつけておくのです．最近はホエールウオッチング用に 3 万円程度の本式の水中マイクがネット販売されています．

Q 21：淡水魚はどのような道具で捕まえますか？
A：投網，刺し網，巻き網，地引き網，タモ網，定置網，モンドリなどです．魚をつかまえるためには特別採捕許可を都道府県知事に申請する必要があったり，漁業協同組合に許可をもらう必要のある河川もありますので注意が必要です．また使用できる漁具に制限がある川もありますので注意が必要です．

　道具によって採集できる魚種に違いが出ることもあります．網には目合いと呼ばれる網目のサイズによって採補される魚のサイズが異なります．投網では目合いが小さいと沈む速度が遅くなり，大きな遊泳力のある魚は逃げてしまいます．刺し網や定置網は仕掛けをして一定時間待ち，遊泳する魚がかかるのを

待ちます．最も手軽なモンドリはガラス製のものがありましたが，現在は扱いやすくプラスチックか網製です．各地に伝統漁法もあり，「ごり押し」のように一般的な用語に転化した漁法もあります．

Q 22：河川形態型とはどのようなものですか？
A：川の形といえば読者の皆さんはどのようなものを思い浮かべますか？　まず上流，中流，下流や蛇行，瀬，淵，滝などの風景が目に浮かぶはずです．

　可児藤吉（かにとうきち）さんは科学的に川の形を記号で表現して，その記号を論文に書けば調査が行われた川の様子が読む者に分かるようにしようと考えました．それは次のようなものです（可児，1944）．

　川は上流から下流にかけてさまざまに蛇行しています．蛇行の湾曲部分で水が衝突するところ（水衝部）は掘れて深く流れが緩くなって淵と呼ばれます．その対岸側は水裏部といって流れが巻きこんで上流から流れてきた土砂が堆積して砂州が発達します．淵の下流は浅くなりながら流れがやや早い平坦部分，つまり平瀬に入ります．淵と平瀬の移行部分を瀞（とろ）と呼ぶこともあります．平瀬が終わる部分，淵に移行する部分は勾配がきつくなるために流れが最も早く，砂は流れて大きな石礫からなる，いわゆる早瀬が出現します．そしてそのすぐ下手は淵へ，と繰り返されます．

　そこで，1蛇行区間にこの瀬と淵の組が複数出現する川の形を河川形態型A型，1組の場合をB型とします．次に瀬から淵への流れこみ方に着目して，滝のように泡立って落ちこむ場合をa型，滑らかだが白い波が立ちながら流れこむ場合をb型，そして波が立たずゆったりと流れ下る場合をc型とします．河川形態型はこのアルファベットの大文字と小文字の型を組み合わせます．例えばAa型であれば上流，Bb型ならば中流，Bc型ならば下流の典型的な川の形をいいあらわしています．Ac型などは組み合わせで作れても自然界には存在しない型です．中間的な型であれば，Aa-Bb移行型などと記録します．

　川で調査や水遊びで危険な場所は，流れが速く，すぐ下手に深い淵が待ち受ける早瀬であることは誰でも分かります．他に淵の周囲は底がさらさらした砂で，踏みこむとずるずると淵に引きずられるためにやはり危険です．

　調査時の服装は，できる限り胴長は避ける方が安全です．胴長は簡便ですが，ころんだりして水が入ると胴長に水が充満するまでくっついてなかなか脱げないからです．最近は鮎タイツといって，沈まないジャージ製のものがかなり安

価で釣具屋などで手に入るようになりました．また救命胴衣も安価で入手できるので，川や湖沼の調査では必需品と考えた方が良いでしょう．

Q 23：外来魚と呼ばれる淡水魚はどのようなものがいますか？
A：すっかり有名になったブラックバス（標準和名はオオクチバス *Micropterus salmoides*）とブルーギル *Lepomis macrochirus* ですが，日本に来た経緯は異なっています．ブラックバスはルアーフィッシングの対象として芦ノ湖に移入されたものが釣り人によって全国へと広げられ，ブルーギルは食糧難の頃に蛋白資源として移入されたものが広がり在来魚にとって脅威となっています．その 2 魚種の前にはカムルチー・タイワンドジョウ（雷魚）が汚水にも強いことから，昭和 30～40 年代の汚れ始めた各地の河川に入りこみましたが現在は衰退しています．関西にはタウナギ，淀川・利根川の大河川にはソウギョ・ハクレン・コクレンが中国から移入され根づきました．その時にタイリクバラタナゴが混入していたことが魚類学者中村守純博士によって確認されています．日本には亜種のニッポンバラタナゴが生息しており，タイリクバラタナゴが移入したため両魚種の間で雑種化が起こり進行しています．現在ニッポンバラタナゴは限られた水域にしか生き残っていません．メダカも移入種のカダヤシに生息地を追われ保護の対象となっています．寒冷地や湧水の涌く水域ではニジマスが，温暖地や温排水が出る水域ではテラピア，熱帯魚のグッピーが泳ぐ温泉地の水域もあります．近年，霞ヶ浦ではアメリカナマズ，オオタナゴも個体数を増やしています．食用として輸入したものを放流したカラドジョウも断片的に出現しており，その他にもペットを放流したと思われる魚種も調査をしていると捕獲することが時々あります．

福原修一・長田芳和ほか

目 次

序 （長田芳和） iii
まえがき （長田芳和） vii
淡水魚のQ＆A （福原修一・長田芳和ほか） xi

第1章 タナゴ類研究事はじめ ………………………………………… 1
 1．タナゴの履歴書 （長田芳和） …………………………………… 1
 2．バラタナゴの素顔 ……………………………………………………… 3
  （1）純血危うし！ ニッポンバラタナゴの危機 （西山孝一） ……………… 3
  （2）なぜ貝に卵を産むの？ ―溜池のバラタナゴ
      （平松山治・越川敏樹・中田善久・長田芳和） …………… 12
  （3）みんな自分の遺伝子を残したい ―バラタナゴの繁殖戦略 （加納義彦）
      ………………………………………………………………………… 34
  （4）小学校で学習するの？ ―バラタナゴの人工授精と発生 （藤川博史）
      ………………………………………………………………………… 43
 3．タナゴ類の共存メカニズム ……………………………………………… 50
  （1）柳川市内を流れる二ツ川のタナゴたち
   ①これで本当に「産みわけ」ができるの？ ―産卵床選択 （松島 修）… 50
   ②貝をめぐる魚の三角関係 （福原修一） ……………………………… 66
  （2）姫路市内水路の2種のタナゴたち （横山達也） …………………… 75
  （3）三重県の祓川での実態から （北村淳一） ………………………… 85
 4．天然記念物のタナゴ類を追う …………………………………………… 95
  （1）氾濫原の先駆種 ―イタセンパラ （小川力也） …………………… 95
  （2）ミヤコタナゴ ―千葉県における保全の取り組み （石鍋壽寛）……… 103
 5．複雑な分類を一刀両断？ ―多様なタビラ亜種の実態 （藤川博史）
     ………………………………………………………………………… 112
 6．しぶといカネヒラ ―秋産卵が生む絶妙な世代交代劇 （中嶋祐一）
     ………………………………………………………………………… 123

第2章　ムギツクの多彩な托卵 ………………………………………………… 132
　1．卵をあずける魚の技を追う　（長田芳和）………………………………… 132
　2．オヤニラミへの托卵　（馬場玲子）………………………………………… 133
　3．ドンコへの托卵 ……………………………………………………………… 142
　　（1）ドンコの巣をねらうムギツクの思惑　（吉本純子）………………… 142
　　（2）ムギツクのみの繁殖は存在するのか？　（岸本純平・小川達郎）…… 152
　4．ギギへの托卵　（山根英征）………………………………………………… 172

第3章　身近な淡水魚の産卵生態 ………………………………………………… 181
　1．古来からつづく親と子の絆　（長田芳和）………………………………… 181
　2．卵（仔魚）を親が守らない魚 ……………………………………………… 182
　　（1）川の中の類似品にご注意 ―カワムツとヌマムツ　（足羽 寛）…… 182
　　（2）里川のカワムツと上流のタカハヤ　（山口敬生）…………………… 190
　　（3）オイカワの卵と仔魚の物語　（馬場吉弘）…………………………… 201
　　（4）吹雪のように舞うカマツカの卵　（佐田卓哉）……………………… 211
　　（5）美しく未知なズナガニゴイ　（矢野加奈）…………………………… 222
　3．親が卵（仔魚）を守る魚 …………………………………………………… 233
　　（1）モツゴ ―巣を構えたい雄たち　（谷川広一）……………………… 233
　　（2）氾濫原におけるヨドゼゼラの繁殖生態　（矢野祐之）……………… 244
　　（3）ギギが私を故郷の川の虜にした　（横山 正）……………………… 251
　　（4）鳴き声で雌をよぶドンコの雄　（吉本純子）………………………… 262
　　（5）河床にすむ孤高の住人 ―カジカ　（棗田孝晴）…………………… 269
　　（6）日本のイトヨ　（石川正樹）…………………………………………… 279
　4．ここにもいた二枚貝に産卵する魚 ―ヒガイ　（西口龍平）…………… 289

第4章　淡水魚と河川調査 ………………………………………………………… 296
　1．忘れられた子どもの遊び場としての川　（長田芳和）…………………… 296
　2．半世紀にわたる大阪府域河川調査　（永井元一郎）……………………… 298
　3．淀川の氾濫原に出現する大型魚類の産卵　（紀平大二郎）……………… 305
　4．ワーストワンといわれた大和川へ天然アユが遡上した　（植野裕章）
　　 ………………………………………………………………………………… 315
　5．裏話　美しく見てほしい淡水魚の展示と採集・飼育の方法　（横山達也）
　　 ………………………………………………………………………………… 320

第5章　溜池の生態学 ……………………………………………… 330
　1．溜池は未知の世界　（長田芳和）……………………………… 330
　2．海をすてたヌマエビとミナミヌマエビ　（松川祐輔）……… 331
　3．マミズクラゲの3つの疑問 ―唯一の淡水産水母の生活史　（角谷正朝）
　　　………………………………………………………………… 339
　4．溜池の住人 ドブガイ ―淡水二枚貝の生活史　（福原修一）……… 344

あとがき　（福原修一）…………………………………………… 357
引用文献 …………………………………………………………… 359
索引 ………………………………………………………………… 366

第1章
タナゴ類研究事はじめ

1. タナゴ類の履歴書

　初めてタナゴに出会ったのは1968年初夏だった．場所は琵琶湖岸の京都大学理学部附属大津臨湖実験所の船着き場で，故平井賢一博士（元金沢大学）が水底をちょこちょこ泳ぐ数個体の小魚を指でさして「バラタナゴや．そこのドブガイに卵を産みこもうとしているんや」と教えてくださった．平井さんは大学院修士課程で，琵琶湖のタナゴ類5種の産卵母貝（卵を産みこむ貝のこと）の種類などをすでに研究されていたのだ．

　タナゴ類はコイ科タナゴ亜科に属する純淡水魚である．タナゴ類の化石は第3期中新世の地層から得られているので，1100〜1700万年前には出現していたのは間違いないという（細谷，2002）．もっと起源が古いという説もあるようだ．東アジアを中心に世界に約40種，日本の在来種は16種・亜種であるが，現在は外来種が2種・亜種が加わる．我が国のコイ科のなかで1つの亜科に含まれる種・亜種数としては群を抜いている．そしてそれぞれの分布パターンに特徴があり，生物地理学の格好の対象として知られている（渡辺，2002）．このテーマについては，本章の最後の節で，タナゴ類のなかでも特に多くの亜種への分化を示すタビラの仲間を取り上げる．

　さてタナゴ類の最大の特徴は生きた二枚貝の鰓の中に卵を産みこむ習性である．18世紀終わりごろ，イタリアの学者が二枚貝の中に黄色で卵のような生きものを見つけ，それは寄生虫として認識された．それがヨーロッパタナゴ *Rhodeus sericeus* の卵だと分かるには約70年が必要だった．やはり当時の人もこの習性は理解を超えたものであったようだ．この習性がいつから始まったのか定かではない．貝に卵を産みこむための産卵管や卵は化石として残らないからだ．

　ただこれは難儀な習性で，タナゴ類が貝の中に産卵して貝殻によって捕食か

ら守ってもらおうとしたのは良かったのだが，二枚貝がいなければタナゴ類は種族を維持できなくなってしまった．

二枚貝にもこれまた難儀な習性があって，産卵によく使われるイシガイ科の二枚貝は幼生（グロキディウムという）が一時期魚に寄生しなければ種族を維持できないのだ．これらの二枚貝は数億というとてつもなく小さくて莫大な数の卵を鰓の中に抱くわけであるからもともと歩留りがきわめて悪い繁殖様式である．それに加えて魚への寄生まで必要とは困ったものだ．

日本のタナゴ類の多くが絶滅に頻している．その原因はいろいろであるが，大きな原因の1つに生息域の汚濁や改修工事などによる産卵母貝の減少がある．タナゴ類とイシガイ科貝類の特異な繁殖様式がここにきて裏目に出たのだ．

本章では，まずタナゴ類のもう1つの絶滅の要因である外来亜種タイリクバラタナゴによる雑種化の問題を取り扱う．

次に溜池に生息するバラタナゴを材料にした個体群の基礎研究の例を示そうと思う．まず，タナゴ類が貝に産卵する意義・効率が論じられる．そこではタナゴ類の卵がすべて貝の中に産みこまれるために，それを利用して産卵数を推定する手法が示される．普通に見られるばらまき型産卵をおこなう魚種ではかなわない手法である．

また貝への産卵時に雄と雌が自分の遺伝子を残すべく行動戦略も独特である．普通すぐに水中拡散する精子もタナゴ類の場合は狭い貝内空間に一時とどまるという特殊性が，個体の繁殖行動に影響する事例をバラタナゴを材料にして見事に示される．

タナゴ類のもう1つの特徴として，複数の種・亜種が同所的，つまり同じ水域，水系に住むことが多いことがあげられる．3～6種類のタナゴ類がそれも大河川ではなく，水路（クリーク）という川幅十数m程度の小川にいるのだ．なんとそこには大抵数種類のイシガイ科二枚貝がいてタナゴ類の産卵母貝になっている．これは野外調査には適当な規模の水域であり，タナゴ類と産卵母貝の関係を探るのに持ってこいの条件といえる．本章では九州と近畿の3クリークの調査の様子や結果が描かれる．

タナゴ類は先に述べたように絶滅に瀕した種類が多く，本章では文化庁指定の国の天然記念物で，環境省の「種の保存法」で保護の対象になる「国内希少野生動植物種」やレッドデータブックの絶滅危惧種ⅠA（最も絶滅が危惧されるレベル）にも指定されているイタセンパラとミヤコタナゴについて述べられ

る．その中でカネヒラだけは生息の範囲を広げて繁栄している実態があり，そのしぶとさのメカニズムが考察される． （長田芳和）

2．バラタナゴの素顔

（1）純血危うし！　ニッポンバラタナゴの危機
はじめに

　日本においてバラタナゴと称されているものの中には，大きく分けて2つのグループがあると認められている．この2つのグループを中村（1955）はタイリクバラタナゴ *Rhodeus ocellatus ocellatus*（Kner）とニッポンバラタナゴ *R. o. smithii*（Regan）の2亜種に分けた．最近では，ニッポンバラタナゴの学名に *R. o. kurumeus*（Kimura and Nagata, 1992）が用いられる．バラタナゴとはこの両者をさすことにする．

　ここでニッポンバラタナゴの亜種の学名が *smithii* から *kurumeus* に変わった際の事情を長田先生に聞いたことがあるので，それを紹介しよう．1991年だったと思うが，九州大学農学部の故木村清朗博士が取り寄せてくださった *Acheilognathus smithii* と *Rhodeus kurumeus* の完模式標本を木村研究室で2人で観察することになった．前者は標準体長29.3 mmの雌の成魚で，ラベルには Nodogawa River, Kioto, December 23, 1907 と書いてあった．京都府下の淀川で採集したんだな．Nodogawa とあるのは Yodogawa を聞き違えたのかな？　などと始めは木村先生と長田先生は話し合ったという．でも何かおかしい！　体側に背鰭起点よりはるか前から尾鰭直前まで縦帯が走るし，背鰭と尻鰭の最初の鰭条が棘のように強いし，分節が少ない．これはニッポンバラタナゴのものではなく，九州のカゼトゲタナゴ *Rhodeus atremius atremius* や山陽地域に分布するスイゲンゼニタナゴ *Rhodeus atremius suigensis* の特徴に近い．後者（*R. kurumeus*）は Chikugo River at Kurume, Kiusiu, 1900 とあり，これはニッポンバラタナゴとして違和感はなかった．すぐさま，新井良一博士に連絡して，後日，中村守純博士を交えて検討会を開くことになった．そして会場となった国立博物館の一室で，ニッポンバラタナゴの亜種学名は *smithii* でなく，*kurumeus* にすべきということになった．淡水魚研究の神様とあがめる中村守純博士と同席して，学名を決める機会を持てたのは一生の宝だと長田先生は感慨深げに話していたのを思い出す．ところでかつて淀川にスイゲンゼニタナゴが生息していたのかな？

さて話を戻すと，タイリクバラタナゴは1942年に揚子江で採集されたソウギョ，レンギョ等の種苗に混入して関東地方の水系に移植された可能性があり（中村，1955），その繁殖域は拡大しつつあるといわれていた．また，この分布域は中国大陸中部，南部，朝鮮半島，台湾に及ぶ（中村，1963）．他方ニッポンバラタナゴは日本在来のもので，かつては中部地方以西または琵琶湖以西の本州及び九州（中村，1963）に分布していたが，現在の琵琶湖・淀川水系にはほとんど見ることができない．近年保護活動が盛んになり，近畿，中国，四国，九州の各地方からの生息確認がなされているが，個人やNPO法人或いは地方自治体等の保護活動の一環として移殖・放流されているものも数多く見受けられる．

なお，タイリクバラタナゴとニッポンバラタナゴとを区別するには，腹鰭の相違（腹鰭前縁に真珠光沢を持つ白色不透明部があればタイリクバラタナゴ，なければニッポンバラタナゴとされている）が指摘されており，背鰭及び尻鰭の鰭条数，最大体長の差異もあげられていた（中村，1963，1969）．

筆者らはタイリクバラタナゴとニッポンバラタナゴの腹鰭形質を有するものを用いて産卵行動や縄張り防衛行動を観察した結果，行動面において両者にはほとんど差がないことを認めた（長田・西山，1976）．また，種々の交配実験をおこなうことにより，両亜種の交雑の可能性を確かめようとした．さらに，1974年より1976年にかけて日本各地と韓国で採集したバラタナゴの諸形態を水域ごとに比較し，タイリクバラタナゴとニッポンバラタナゴが国内・国外を問わず，天然水域において交雑していることに論を進め，従来の取り扱いに再検討を加えてきた（西山・長田，1978）．

腹鰭の形質からバラタナゴついて考える

タイリクバラタナゴに特異な形質とされる腹鰭前縁の白色部の出現程度は個体差があり，そのあらわれ方は一様ではない．またこの白色部の色素は死亡後消失しやすいので，採集個体は現地で直ちに白色部の出現程度に応じて次の3段階（図1.1）に分け，10%ホルマリン液で固定した．

図1.2はバラタナゴの腹鰭前縁白色部の各段階のものの割合を，標準体長で25 mm以上の個体について，雌雄及び水域ごとに示したものである．（−）の個体のみが生息する水域として，九州と岡山県吉井川及び大阪府の一部をあげることができる．当時，これらの水域には未だタイリクバラタナゴは入ってお

(＋＋)　　　　　　(＋)　　　　　　(−)

図1.1　バラタナゴの腹鰭前縁白色部の出現程度．(＋＋)は白色部が両腹鰭前縁の鰭条全体あるいはそれ以上にわたって帯状をなし，明瞭に認められるものをさす．(＋)は白色部が一部のみ，または全体にごく薄く存在するもの，(−)は腹鰭に白色部が全くないもの，すなわちニッポンバラタナゴとされているものをさしている．

らず，ニッポンバラタナゴのみが生息していたと考えられる．なお，吹田市の用水路のほか，八尾市服部川八幡池には，1975年に初めて(＋)の個体が混入したことを認めた．また，八尾市付近には(−)の個体のみが生息する溜池も残っていた．

　前述以外の水域では，茨城県桜川を除いて(＋＋)，(＋)，(−)が混生している．といっても関東地方の水域には(−)の個体は少なく，近畿地方へ向かうにつれて多くなる傾向が認められる．このことはニッポンバラタナゴがタイリクバラタナゴ移入前には近畿地方以西に分布しており，中国からタイリクバラタナゴの移殖された所が関東地方中心であったことを反映しているのかもしれない．

　同一水域に(＋＋)，(＋)，(−)が混生しているという事実は，タイリクバラタナゴとニッポンバラタナゴが天然水域において交雑しているという可能性を示すものであろう．前述したように，両者の産卵様式に差がないことと，水槽内の両者は容易に交雑できることから，天然水域で交雑が進むのは当然であろうと考えられた(長田・西山，1976)．

バラタナゴの背鰭及び尻鰭の鰭条数から考える

　図1.3は淀川水系の2つの溜池産と福岡県矢部川産のバラタナゴの背鰭と尻

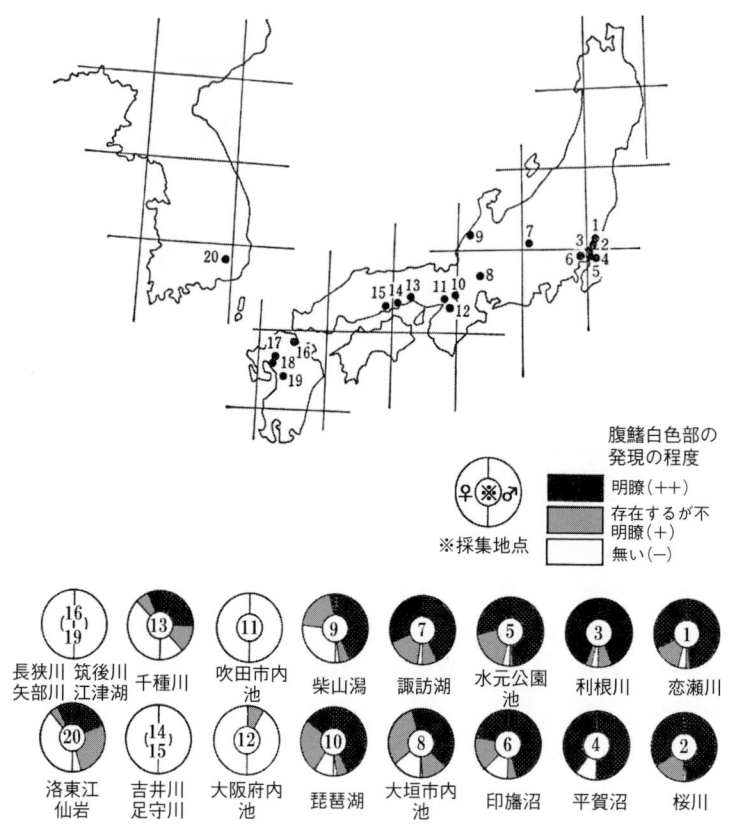

図 1.2　バラタナゴの採集地別に見た腹鰭白色部の発現の割合（1974〜1976 年）．円グラフの右が雄の，左が雌における発現状態を示す．

鰭の分岐鰭条数を計測した結果を示している．腹鰭白色部の発現状態から前者はタイリクバラタナゴ，後者はニッポンバラタナゴと見なした．

　タイリクバラタナゴの背鰭及び尻鰭の分岐鰭条数は 11〜12 条，あるいは 12 条を主としている．また，本州の他の水域においては（＋＋），（＋），（−）が混生しており，背鰭及び尻鰭の分岐鰭条数はやはり 11〜12 条，あるいは 12 条を主としている．しかし 11 条が主である水域もある．

　他方，矢部川産ニッポンバラタナゴでは 10〜11 条，あるいは 11 条を主としている．本州産のバラタナゴに関しては，腹鰭の白色部から岡山県吉井川や大阪府の一部の水域に生息するニッポンバラタナゴは，背鰭及び尻鰭の分岐鰭条

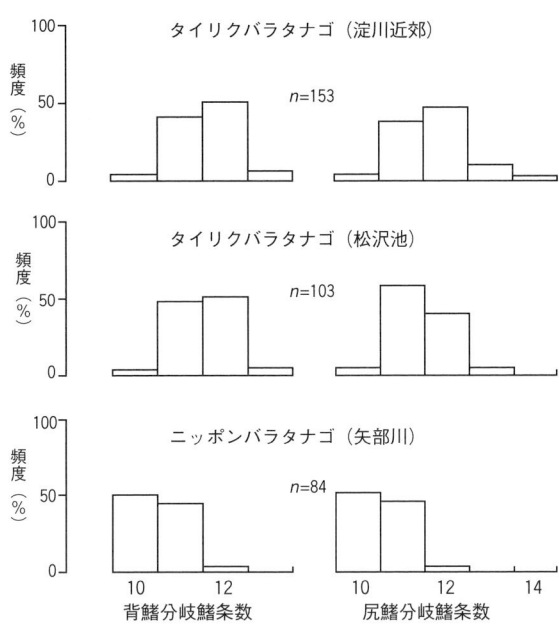

図1.3 タイリクバラタナゴとニッポンバラタナゴの背鰭,尻鰭の分岐鰭条数.

数は11条,あるいは11～12条を主としており,九州産のニッポンバラタナゴよりも背鰭,尻鰭の分岐鰭条数は多い傾向が認められる.

中村(1969)はタイリクバラタナゴ(群馬県上沼産10個体)とニッポンバラタナゴ(琵琶湖及び佐賀県産ニッポンバラタナゴ各10個体)の諸形態を比較し,前者の背鰭及び尻鰭の鰭条数が後者のものよりやや多いと報告している.しかし,これまで述べてきたことから背鰭及び尻鰭の鰭条数はタイリクバラタナゴとニッポンバラタナゴとの間において差があるというより,むしろバラタナゴの鰭条数は水域ごとの変異があり,九州産のニッポンバラタナゴは特に少ないものではないかと考えることができる.

タイリクバラタナゴとニッポンバラタナゴの交配実験

筆者は,タイリクバラタナゴとニッポンバラタナゴの間にできる雑種第1代F_1の腹鰭前縁の白色部及び背鰭と尻鰭の鰭条数に注目すべく交配実験をおこなった.用いたニッポンバラタナゴは福岡県矢部川産のものであり,タイリク

親	F₁の個体数			体長 25mm 以上に育った F₁ の個体数	
	人工授精	水槽内産卵	計	雌 (0–6)	雄 (0–12)
タイリクバラタナゴ(♀)×タイリクバラタナゴ(♂)	27	15	42		
タイリクバラタナゴ(♀)×ニッポンバラタナゴ(♂)	28	38	66		
ニッポンバラタナゴ(♀)×タイリクバラタナゴ(♂)	4	44	48		
ニッポンバラタナゴ(♀)×ニッポンバラタナゴ(♂)	13	12	25		

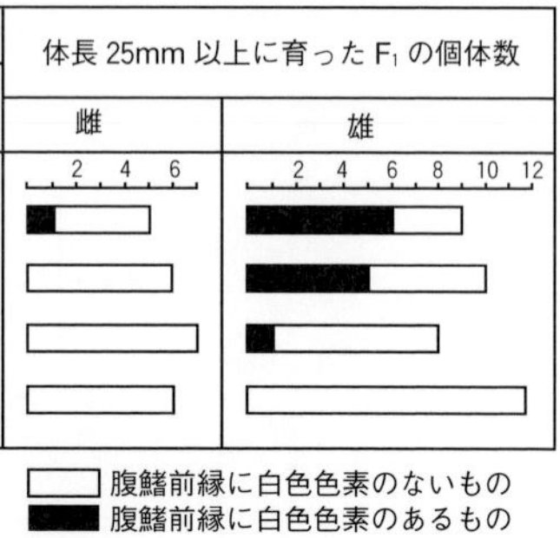

□ 腹鰭前縁に白色色素のないもの
■ 腹鰭前縁に白色色素のあるもの

図1.4　タイリクバラタナゴとニッポンバラタナゴの交配実験．人工授精と水槽飼育の魚による産卵から得た体長 25 mm 以上に成長したものを使用．

バラタナゴは大阪府淀川産のもの（人工授精のみに使用）と大阪府茨木市松沢池産のもの（水槽内産卵のみに使用）である．

　図1.4に親魚の組み合わせと，得られた F₁ の腹鰭の形質を示した．F₁ には人工授精により受精卵から育てたものと，水槽内で貝（ドブガイ，マルドブガイ，イシガイ）に産卵させ，貝から泳ぎ出してから育てたものが含まれているが，体長 25 mm 以上に達したものだけを調べた．その結果は，①ニッポンバラタナゴどうしを交配したときにできる F₁ は，腹鰭前縁に白色部がない個体ばかりで，明らかに両親の形質を受け継いでいる．②タイリクバラタナゴとニッポンバラタナゴを交配したときにできる F₁ は，雄にはタイリクバラタナゴの形質とされる腹鰭前縁の白色部を持つものもいるが，雌にはいない．③タイリクバラタナゴどうしの交配から生じた F₁ には，ニッポンバラタナゴの形質を持つものが見受けられ，特に雌ではかなり多いということがうかがえる．

　①については問題はないが②と③，特に③の結果をどう捉えるべきであろうか．F₁ はすでに体長 25 mm 以上に達しており，二次性徴が出現しているものばかりである．それでは成熟したタイリクバラタナゴの中でも腹鰭に白色部があらわれない個体がいるのか？　とすれば，もはや腹鰭を見てタイリクバラタナゴかニッポンバラタナゴかを区別することはできないはずである．あるいはタイリクバラタナゴとして実験に用いたものが，すでにニッポンバラタナゴと交雑していたのか？　筆者はこの後者の可能性が強いと考えるが，後で再検討するとして，この場ではとりあえずタイリクバラタナゴの名称を用いることにする．

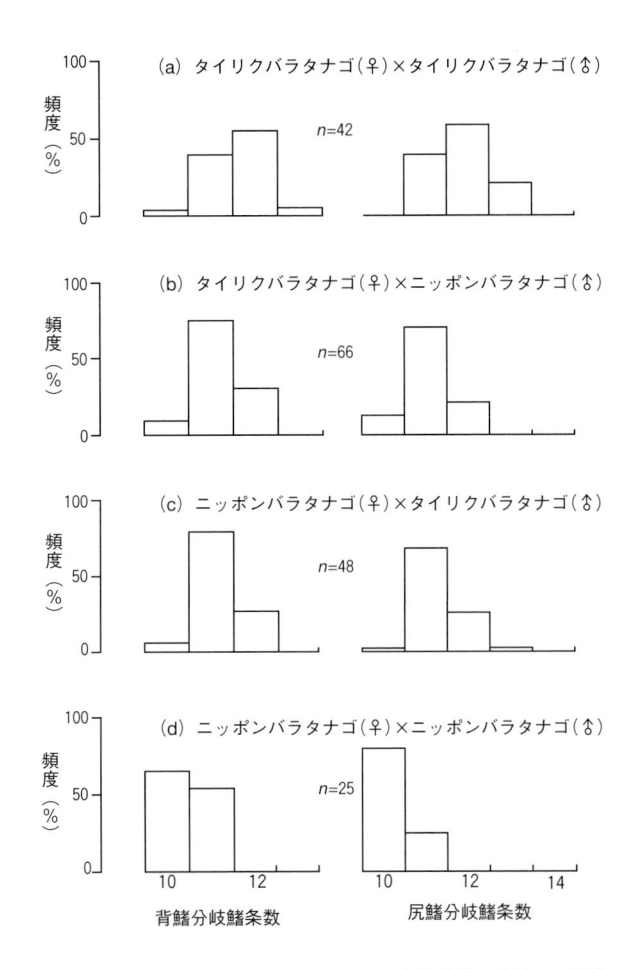

図1.5 タイリクバラタナゴとニッポンバラタナゴの交配実験で得た F_1 個体の背鰭と尻鰭の分岐鰭条数.

　背鰭及び尻鰭の分岐鰭条についてまとめたものが図1.5である．交配に用いた親の鰭条数はすでに図1.3に示してある．(a), (b), (c), (d)はそれぞれの交配によって得た F_1 の鰭条数を示している．淀川産，松沢池産ともタイリクバラタナゴの背鰭及び尻鰭の鰭条数は11条，12条を主にしており，矢部川産のニッポンバラタナゴは10条，11条が主で，タイリクバラタナゴの方が1条多い傾向がうかがえる．またタイリクバラタナゴどうしを交配してできた F_1 (a) あるいはニッポンバラタナゴどうしを交配してできた F_1 (d) の背鰭と

第1章　タナゴ類研究事はじめ ● 9

尻鰭の鰭条数は親鰭条数とよく似ているのは当然であるが，タイリクバラタナゴとニッポンバラタナゴを交配してできたF_1(b, c)は背鰭，尻鰭ともに11条のものが多く，この点に関してはタイリクバラタナゴとニッポンバラタナゴの中間の値を示している．

　以上のように，筆者は在来のバラタナゴと移入されたものが交雑している可能性を初めて示唆した．しかし，この2亜種間の交雑は日本へ侵入したバラタナゴをタイリクバラタナゴとして亜種の扱いを提案した中村守純博士の見解から明言はないが当然導かれることである．つまり亜種間での交配は一般的なのである．

　今後，腹鰭の形質の差により種を細分する限り，(＋＋)，(＋)，(－)の混生する水域においてタイリクバラタナゴとニッポンバラタナゴを区別することは不可能であり，殆どの水域で交雑種として取り扱われることになろう（西山・長田，1978）．さらに，日本国内において従来の呼び方でのタイリクバラタナゴの繁殖域が広がっているといわれている．これはタイリクバラタナゴの雄がニッポンバラタナゴよりも大形に成長するために産卵貝を独占しやすいことや，水域の富栄養化に伴って雑種を含むバラタナゴ全体の個体数が増加した結果を反映しているのではないだろうか．本稿の標本採集においても，貧栄養型の水域では苦労してもごくまれにしか捕獲できず，富栄養型の水域では数多く捕獲できたこと，1960年頃には琵琶湖にニッポンバラタナゴは少なく，泥底で水の濁った場所にしかいなかった（元琵琶湖博物館松田尚一氏談）こと，矢部川のニッポンバラタナゴは近年水が濁るにつれて増えている（矢部川漁協員談）ことからもタイリクバラタナゴのみが増えているのではなく，人為的な魚介類の移殖に伴ってタイリクバラタナゴとニッポンバラタナゴの交雑種も拡大していると解釈した方が妥当であると考える．

その他の形質から考える

　遺伝子レベルの研究としてアイソザイム分析（Nagata et al., 1996；長田ほか，2003）やミトコンドリアDNAの塩基配列の解析（Kawamura et al., 2001a, b）もおこなわれた．それらを詳しく述べ紙面の余裕はないが，分子遺伝学的研究のすべてが，①ニッポンバラタナゴとタイリクバラタナゴおよび雑種個体群は明らかに存在し，両亜種間の雑種化は現在も進行中である，②ニッポンバラタナゴに遺伝的な地理的変異が存在するが，③川の個体群に比べて溜池の個体群

は共通して遺伝的多様性が少なくなることを示している．これは閉鎖水域では近親交配が起こりやすいからである．

②③に関して補足すると，北九州の川に生息するニッポンバラタナゴ個体群には特に非繁殖期に腹鰭前縁にわずかに白色部が発現する個体がいるが（松本ほか，1988），八尾市と香川県内の個体群では白色部は発現しない（Nagata et al., 1996; Kawamura et al., 2001a）．またニッポンバラタナゴの側線有孔鱗数は北九州産には多く，八尾市産では無い個体が多い（長田ほか，1988）．

ニッポンバラタナゴの純血の危機

近年，我が国在来のニッポンバラタナゴのまとまった個体群は，九州北部の水路と香川県および大阪府八尾市内の溜池のみになった．その他のニッポンバラタナゴの個体群はことごとくタイリクバラタナゴとの雑種個体群に代わってしまったといってよい．その状況を重視された先の皇太子殿下が緊急避難を提案され，1983～1984年に赤坂御用地内の池に八尾市のニッポンバラタナゴが，さらに福岡県多々良川水系の本亜種が常陸宮邸内池に移植された．その後，宮内庁や「ニッポンバラタナゴ研究会」などの関係者によって今日まで維持されてきた（長田ほか，1988）．

八尾市と香川県の溜池のニッポンバラタナゴ個体群は遺伝的多様性が低く，生存率や成長率の低下や病気に対する抵抗性の低下が生じやすいといわれている．また隔離された小さな個体群は，遺伝的な要因，個体数，環境の変動などによって絶滅に瀕しやすい（Kawamura et al., 2001a）．ニッポンバラタナゴの主な生息域は，今や溜池になっている可能性があり，したがって本亜種の保護のためには生息域の保全のみならず，適度な個体群サイズ（個体数）の維持が必要であろう．現在八尾市のニッポンバラタナゴ個体群は，NPO法人「ニッポンバラタナゴ高安研究会」によって，香川県や福岡県北九州市および長崎県佐世保市の個体群は官民が一体となって生息場所の環境改善など地元をあげて保護活動が続けられている．

あとがき

朝鮮半島産のバラタナゴはタイリクバラタナゴであるとされていた（中村，1969）．しかし筆者の調査では，洛東江水系において（＋＋），（＋），（－）の個体が混生していることが分かった．しかも（－）の個体の割合もかなり存

する（図1.2）．ことから朝鮮半島においては水域により腹鰭の色の形質は一定しておらず，元来ニッポンバラタナゴと同様な形質を持つものも生息していたのであるとも考えられる．あるいは朝鮮半島産バラタナゴはすべてタイリクバラタナゴであったが，後に日本よりニッポンバラタナゴが移入され，当地で交雑がおこなわれた結果，このような現象が起こっているとは考えられないであろうか？　現在韓国内において報告されているバラタナゴはすべて *R. ocellatus* Kner とされており，朝鮮産バラタナゴには"白線タナゴ"という意味の地方名がある（元韓国陸水生物研究所崔基哲教授談）ことから，かつて朝鮮半島には腹鰭に白色帯のある個体群のみが生息していたとも考えられる．

　日本から朝鮮半島へ意図的にタナゴ類が移入されたという記録はないが，今回の採集地点に近い慶尚南道鎮海養魚場に琵琶湖産のコイの稚魚及び卵が1929年より毎年多量に運ばれ，各地に移殖された記録（内田，1939）もある．タイリクバラタナゴがレンギョ等の種苗に混入して日本に移殖された可能性があるとすれば，日本からニッポンバラタナゴが魚介類の種苗に混入して朝鮮半島に移殖された可能性も十分あると考えられる．韓国国内においてもニッポンバラタナゴと韓国産バラタナゴの交雑が進んでいる可能性を指摘したい．

　中国のバラタナゴのことも気になる．タイリクバラタナゴの名称を用いる源となった揚子江産のバラタナゴの成魚においては，果たしてすべての個体の腹鰭に白色帯が認められるのであろうか？　日本と朝鮮半島以外に（＋＋），（＋），（－）の混生する水域はないのだろうか？　中国や台湾には，未だニッポンバラタナゴが移入されてはいないのか？

　もしや中国でも元々（－）の個体だけが生息する水域があるのでは？　このような疑問が沸々と湧いてくる．

　いずれにせよ，最近，中国，韓国，日本のバラタナゴの DNA 塩基配列分析によると，タイリクバラタナゴの遺伝的な変異性は大変高いことが分かってきていて，今後形態学研究が必要だとされている（Kawamura et al., 2001b）．

（西山孝一）

（2）なぜ貝に卵を産むの？　―溜池のバラタナゴ

　生きている二枚貝に，産卵管を差しこんで卵を産みこむというという奇想天外な産卵様式（図1.6）を持つタナゴ類の生態があまり調べられていないことを知った長田先生が，溜池のバラタナゴを調べようと思い立ったのが1973年

図1.6 バラタナゴがドブガイに産卵するために雄が雌を誘導してきたところ．産卵管が貝の出水管に入って出るまで1秒ほどの早業で，この間に1～数個の卵が産みこまれる．この直後に雄が入水管をめがけて放精をして貝内で受精する．

春，平松・藤川が大学3回生で研究室に分属した年であった．ということで，私たちが研究室における淡水魚類研究の最初の卒論生である．

長田先生も魚類の生態研究は初挑戦なのだ．「とにかく，生まれてから死ぬまで同じ水域にすむ個体群の実態を調べれば，その生態の全貌が浮かび上がるような気がする．」と，出たとこ勝負のようなところすらあった．そこで研究材料としてあがったのが，溜池のバラタナゴである．

バラタナゴ Rhodeus ocellatus を求めて

3回生の時は，長田先生と共に約半年をかけて調査場所を探し求めてさまよい歩いた．先生が，よく「ええ調査地が見つかったら，研究は成功したようなもんや」といっていたのを思い出す．そんな時，豊中市内の溜池をさがそうということになった．そこは，交通量の多いバス道からほんの少し入っただけなのに，里山の景観を残した素晴らしい場所で，この一角だけでも，小さな田圃の合間に5つの溜池があり，そのうちの1つが，清水池であった．この池は一方を竹林を背にした700 m^2 ほどの小さな溜池だったが，その池の岸部を伝い

泳ぐ無数の稚魚の群……．はやる心を抑えて，タモ網ですくうと，やはり背鰭に黒斑のあるバラタナゴの稚魚である．長田先生も，私たちも「ここしかない!!」と瞬時に思った．

この池は，ただ単にバラタナゴが多いだけの池ではなかった．名前の通り流入河川のない湧水の池で，後に述べるが，このことが本研究の大きなポイントとなったのである．

清水池のバラタナゴには腹鰭に白線のある個体とない個体が混在するので，前節で西山が書いたニッポンバラタナゴ *Rhodeus ocellatus kurumeus* とタイリクバラタナゴ *R. o. ocellatus* の雑種個体群と見てよい．よって，単にバラタナゴと呼ぶことにする．

清水池での調査

私たちは，清水池のバラタナゴを採集するために市販のプラスチック製モンドリを使用した．餌はガーゼ布に包んだ市販の蛹粉である．1973年11月から1974年は岸から投入した18個のモンドリによって捕獲したが，1975年以降は池内の魚の分布の季節変化を見るために，37地点にモンドリを短時間で投入・回収（それぞれ5分以内で可能であった）できる装置（図1.7・8）を前日に組み立てた．

周年における個体数の変動を把握するため，1973年11月，1974年3月，7月，11月に，各回1000～4000個体を捕獲し，体長を測定した後，Petersen法（標識再捕法）を用いて個体数の推定をおこなった．なお，同様の調査は，後輩によって1975年11月，1977年1月上旬，1977年12月にもおこなわれた．

また，1974年と1975年は毎月下旬，500～3000個体を同様にして捕獲し，体長・体重および雌の産卵管長を測定した．その際，雌の腹部を軽く圧迫して完熟卵を保有するかどうかも確かめた．卵が完熟するとこの手法で産卵管の基部に卵がのぞいたり産卵管に卵が落ちこむので分かるのだ．

体長や産卵管の測定には，自作の測定板を用いることで，多数の個体を元気なまま測定し，放流することができた．この測定板は，白色のプラスチック製の下敷きに，ビニールテープで上端だけを薄いビニールを貼りつけただけのもので，それをよく水に濡らした状態でタナゴを挟みこむと水の表面張力によって魚が固定される．ビニールの上から測定することで，空気に触れることや，体に傷をつけないで短時間で測定することが可能となった（図1.9）．これはバ

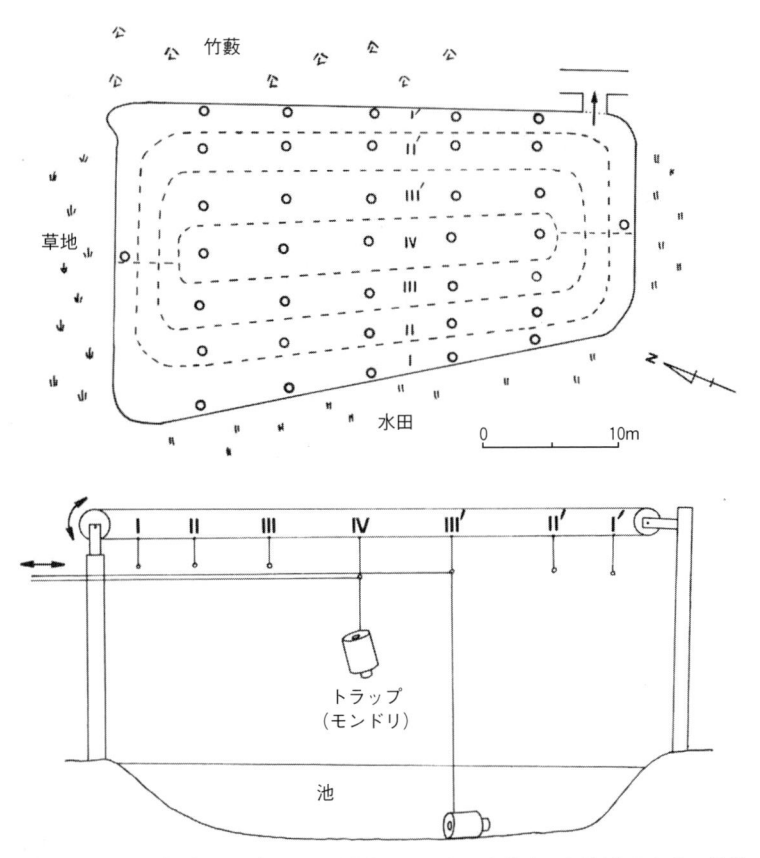

図1.7 清水池の37地点（上図○）にほぼ同時にモンドリを投入・回収するための装置（下図）（長田，1985aを改変）．

ラタナゴの体が扁平なために可能なので，他の魚種ではこんなにうまくいかないと思われる．バラタナゴを選んだのは，好運であったのかもしれない．捕獲数が多いので日が暮れても終わらず，発電機を回して，その電灯のもと，冬には，測定板の水が凍り始めることさえあった．なぜか，つらいというより，ただただ，面白かった思い出なのだ．

また，産卵宿主貝であるドブガイ *Anodonta woodiana*（後にタガイ．351頁を参照）の分布域や，個体数を推定するため，1974年5月に1m×1mの方形枠によって80地点での採取をおこない，すべての個体の殻長の測定後，ほぼ同地点に放した．調査の結果，ドブガイの殆どは池の岸から沖に5m以内に分

図1.8 投入直前の37個のモンドリ．全てのモンドリの投入，回収はそれぞれ5分以内に終了した．

図1.9 プラスチック製の下敷きに薄いビニールを貼りつけた体長測定板．

表1.1 清水池のドブガイの区域別密度（1974年5月）（長田，1985aを改変）

区域	面積（m²）	水深（cm）	方形枠数	二枚貝の個体数/m² 平均±標準偏差	二枚貝の推定個体数
I	105	52～96	14	3.5±3.0	370
I′	100	47～66	18	9.1±8.2	910
II	100	74～123	14	2.9±3.6	290
II′	100	73～105	13	7.7±4.9	770
III＋III′	200	92～135	15	0.5±0.9	90
IV	100	133～155	6	0	0
合計	705		80		2430

布し，区域 I, I′ に約1300個体，その沖の区域に1100個体の合計2400個体が存在する（表1.1）ことが分かった．

　この池に生息する魚類は，バラタナゴの他に，モツゴ・ギンブナ・メダカ・トウヨシノボリが確認されたが，モンドリ捕獲の結果からは，いずれもバラタナゴに比較して著しく少なかった．他の動物として，カエル類・アメリカザリガニなどが見られた．二枚貝はドブガイのみである．

個体数推定

　今回，バラタナゴの個体数の推定に用いたPetersen法（標識再捕法）を説明する．

　まず，魚をできるだけたくさん捕獲する．体長を測定した後，そのすべてに，生かしたまま，できるだけ生活に悪影響がないように標識をし，同じ場所に放流する．この時の体長 i cm の個体数を R_i とする．ほぼ1週間後，できるだけたくさんの個体を同じ方法で再捕獲する．この全個体数を C_i とする．再捕獲した個体のうち，前回におこなった標識が施されていた個体数を数える．この個体数を r_i とする．全個体数を N_i とすると，$R_i / N_i = r_i / C_i$ となるはずである．よって，この池にすむこの種の全個体数（N_i）は，次の式で求めることができる．

$$N_i = R_i \cdot C_i / r_i \quad \text{但し i は体長（cm）}$$

　つまり，体長毎の個体数が推定され，それを合計すれば全個体数が分かるわけである．

　私たちは，1973年11月には左腹鰭の先端，1974年3月には右腹鰭の先端，7月には尻鰭の後端，11月には尾鰭の後端を切り取り，それぞれ標識とし，個

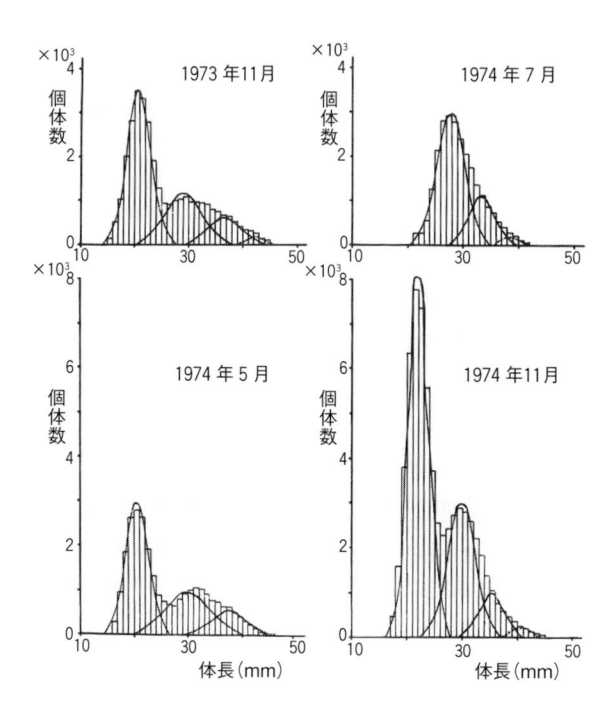

図 1.10　清水池のバラタナゴの体長分布（ヒストグラム）と年齢組成（実線）．

体数推定をおこなった．

　また，個体数推定をより確かなものにするため，池の所有者にことわった上，捕獲禁止の立て札，流出口からの仔魚の流出を防ぐための網を設置し，調査日以外にも可能な限り，池の見回りもおこなった．

　その調査の結果が図 1.10 のヒストグラムである．1973 年 11 月の体長分布図で，体長 20 mm 前後の最も個体数の多い山はその年生まれ，つまり 1973 年生まれものである．それが月を経るにしたがって成長し，体長が小さい若い個体は成長が速いので，おそらく前年生まれの群の体長分布に隠れて大きな 1 山の分布図になる．そして次の 11 月にやはり 20 mm 前後に大きな山が再びあらわれる．これは 1974 年生まれの山と見てよい．このようにその年生まれ（0 才魚という．当才魚あるいは 0＋と書くこともある）のように個体数が特に多い山は年級群として成長を追跡できるが，年を経てより体長が大きな個体は成長が遅くなるので広い体長分布の中にいくつの年級群が存在するのかが見ただけ

では判然としない場合が多い．

年齢の推定

　そこで必要になってくるのが，個体群を構成する年級群の抽出である．一般に動物の個体数は，年級群ごとに正規分布をなす．正規分布曲線は，縦軸を対数にとると2次曲線になることから，各体長の推定個体数の対数の2次曲線回帰をおこない，次に縦軸を真数に直して正規分布曲線を得ることができた．これが，図1.10の推定年級群（実線）である．

　清水池のバラタナゴの個体群は，11月と3月にはほぼ3つの年級群，そして7月には2つの年級群からなっているようだ．実は7月には後に述べるように，その年の産卵期に生まれた大量の稚魚が池に泳いでいるのが目撃されるのだが，稚魚はごく岸部や水面近くの群れていてモンドリには入らない．11〜12月に個体数推定の調査を計画したのは，当才魚の殆どがモンドリで捕獲できる大きさに達するのを待つとともに，1月中旬に入ると水温が低下してモンドリで捕獲できなくなるので，そのタイミングからくる．先に清水池という湧水を水源に持つ池が調査の重要なポイントになったというのは，まさにこのことで，普通の池であれば11〜12月の水温はもっと低く，バラタナゴはモンドリに入らないし，もっと早い時期に調査をすれば特に0才魚はまだ小さく，一部の成長の良い個体しか捕獲できないからである．その意味で今回の清水池のバラタナゴの調査結果は他の池と異なるかもしれない．しかし個体群の個体数変動（個体群動態ともいう）の様子を完結して眺めようとしたときに一例として有効であったと思うのである．

　なお先に，1974年と1975年は毎月下旬を目標にバラタナゴの採集と体長の測定などをおこなったことを述べたが，それで得た体長分布にも正規分布回帰による年級群の抽出をおこなった（長田，1985a）．紙面の関係でその結果は省略するが，各年級群の曲線のモード（中央値）を結べば体長から見た成長の様子を知ることができる（図1.11）．後で述べるが，本池のバラタナゴの産卵盛期は4〜6月である（図1.16を参照）．図1.11の0才群の5月および7月の体長の魚はモンドリでは捕獲できないので，岸辺からのすくい網による結果である．そして0才魚は11月にほぼ20 mm，その1年後に1才魚として体長約30 mm，その1年後に2才魚としてほぼ35 mmになる．

　図中の肥満度とは，体重/体長の3乗×1000で，詳しくは省くが，一般に

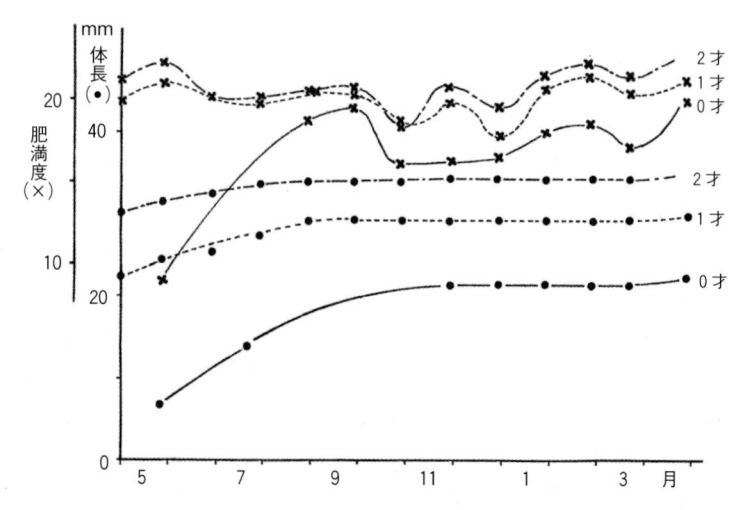

図1.11 清水池のバラタナゴの各年級群の成長（1974年）．
●は各年級群の平均体長を，×は肥満度の変化を示す．

魚では繁殖期に卵巣，精巣が大きくなるので，その値は高くなる．また生理的に衰弱する時期には低下する．

年級群ごとの個体数変動

　1973年11月から1977年12月までおこなわれた7回の調査結果（長田, 1985b）から，年級群ごとの推定個体数を追跡したのが図1.12である．
　1973年級群と1974年級群は生まれ年から死亡する年までの個体数が判明しているが，他の年級群は生まれ年あるいは死亡年の個体数は欠落している．本図にある1971年級群から1977年級群のすべてについて，生まれてから死亡するまでの個体数の変化を描くためには，1971年はもとより少なくとも1980年まで調査をおこなわなければならないのはお分かりであろうか．現実には，清水池に1978年夏に大形のブルーギル（特定外来種）1個体が確認され，調査の中止を余儀なくされた．
　1973年級群（●印）が主に4〜6月の産卵期間に貝に産みつけられた卵の総数と貝内の死亡は調査がないので不明である．貝から仔魚が泳ぎ出た後，11月におけるバラタナゴの個体数は19100個体と推定され，1年後に16600個体と推定されているから，いわゆる1才魚の死亡は少ない（13%）ものと思われ

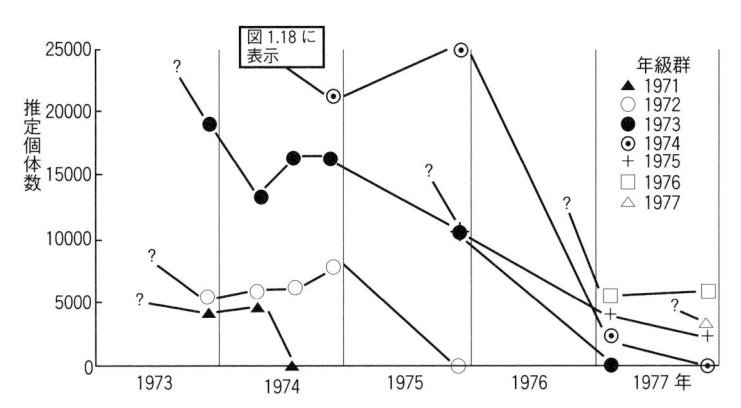

図1.12 清水池におけるバラタナゴの年級群別個体数の変動．1973年11月から1年間に4回，その後1977年までほぼ1年間隔でPetersen法による個体数の推定調査がおこなわれた．

る．その後の1年間，つまり2才魚の11月で10900個体（34%），そしてその1年後の3才時には恐らく寿命をまっとうしてもはや採集されなくなる．死亡時期は1971年級群（▲印）の3才魚を見ると7月には採集されないので，おそらく3才で産卵を終えるとほとんどの個体が寿命を終えるものと思われる．死亡していなくてもこの時期の個体は体の艶が無く，衰弱している感じがする．

このように見ると，1974年級群（◉印）も貝から泳ぎ出た後の個体数の変化は類似している．なお1974年級群については，後に述べるように，貝に産みこまれた卵数および貝内での死亡・生残数の推定もされており，後にそれも含めて生存曲線を描き，説明することにする．　　　　　　（平松山治）

バラタナゴの産卵管の長さから卵の熟度を探る

研究室では，産卵期になって，雄の体が派手に色づいて，雌が産卵管をぶらぶらさせて泳ぐようになると，部屋の中の雰囲気が妙にあわただしくなる．二枚貝をめぐっての産卵行動は見ていてとても興味深いが，タナゴの産卵に関しては，産卵時の動きだけでなく，産卵に至るまでのさまざまな変化を観察してみるのも面白い．

タナゴの仲間は，二枚貝の中に卵を産む時期が近づくと，雌の産卵管が伸張する．バラタナゴの場合は，産卵時には自分の体の長さよりもはるかに長くなる．産卵管は完熟卵が貝の体内に向けて産みだされるときに最長となり，完熟

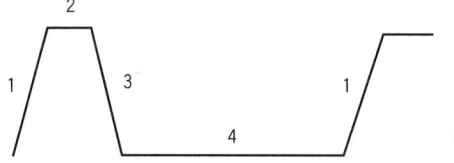

1. 排卵　　Pre-ovulation phase　　12 時間
2. 産卵　　Ovulation phase　　1〜2 日間
3. 産卵後　Post-ovulation phase　12 時間
4. 休止　　Intermission phase　　1 週間

図 1.13　水槽飼育のバラタナゴの産卵周期（Shirai, 1962 を参考にして）．線の高さは各期の相対的な産卵管の長さを，横方向は継続時間を示す．産卵期中に以上の産卵サイクルが 6〜9 日間隔で 5〜6 回程度繰り返される．

卵がすべて産み出されると急速に縮んでくるようである．そして，次回の産卵に向かう過程で，再び産卵管が伸びてくる．この現象について，Yokote（1958）や Shirai（1962）は，産卵管の伸び具合と卵巣の卵の成熟の度合いの間には高い相関を持つことを述べている（図 1.13）．

産卵に至るまでの，産卵管の伸びと卵巣内の卵の成熟がどのような関係を持って進展していくかは，観察によっておよその想像がつくもののそこには当然限界がある．直接には観察することができない卵巣の状態を想像の域からもう一歩前へ進めるには，サンプルの解剖を通した卵そのものの観察以外に方法がない．しかも，条件に合ったたくさんのサンプルにあたる必要がある．

さらに，何にも増して重要なことは，この研究室の看板が「生態研」ということを忘れてはならない．そのことは，タナゴの卵巣発育を個々の生理的な特徴に留まらず，ある水域全体を捉えた産卵の状態を探っていくことがより大きなテーマとなる．つまり，個体群生態の視点からの産卵管の伸び方を見ていくことが必要である．これまで多くの研究者が卵巣と産卵管の関係を調べているが，その多くは，生態学からよりもむしろ生理機能を探ったものが多い．そのようなことから，群成熟の観点については，多くの研究者の興味をひくことはあっても，あくまでも概念としてその仕組みをとらえる域にとどまっていた．

そこで，筆者は，産卵期における全個体を対象として，卵巣の群成熟度を各々の卵粒分布の状態からながめ，それと産卵管長比との相関関係を求めてみることを試みた．ある水域において，一定数のバラタナゴを捕獲して，産卵管の伸び方を計測することによって，卵巣内の卵の成熟の度合いを把握することができたら，産卵時期や再生産に関する内容までも推測することができるのではないかと考えた．

この研究は室内の作業が主体であり，現地におもむいて魚に接していたいと思う自分にとって，相当地味で根気のいる作業だった．反面他人があまりやっていない未知なものをのぞいてみるようなところもあって，それなりの刺激が感じられた．幸い，研究室の仲間は，定期的に現地に出向いて，タナゴの生態を調べる際，土産に多くの個体をホルマリンに漬けて持ち帰ってくれるので，作業をするのに必要なサンプル数はいつでも十分に確保されていた．

産卵管の長さを測定し，卵巣の発育具合との関係を探る（研究室での作業）

　清水池（大阪府豊中市）を主な調査池として，産卵の兆候が見え始める3月から10月にかけて，月ごとのサンプル瓶の中から20個体の雌の成魚を取り出して，体長，体重そして産卵管長を測定し，同時に産卵管長比を求めて記録した．次に，ハサミを使って標本の腹を割き，卵巣を取り出して卵の成熟具合を調べた．具体的な作業としては，一腹の卵巣から取り出した卵塊をシャーレにとって，少量の水をいれて，個々の卵粒が1粒ずつにばらけるようにほぐした．卵はホルマリンが内部に浸透しているので破れることはないが，その分弾力がなくて欠けやすいので丁寧にほぐす必要がある．完全に個々の卵がばらけたら，次に同サイズごとに分けると，シャーレの中には粒の大きさごとのいくつかの集まりができる．

顕微鏡の中は黄色のファンタジイ

　卵の入ったシャーレを20倍の実体顕微鏡を通してのぞくと，そこには，大きさの違う黄色やオレンジ色の卵粒にライトの光があたって，思わず息をのむほどの美しさに出会うことがある．この研究そのものが，さまざまな部位のサイズの測定や解剖など地味な単純作業の連続なので，その中にあってこの顕微鏡をのぞく瞬間は，どこかファンタジイな世界に入っていくようで，作業の倦怠を忘れさせるひとときでもあった．ただ，その幻想の世界にひたる憩いはほんの瞬時で，作業の現実に戻らなくてはならない．各グループに分けた卵の数を数えてから，次にノギスを使って卵径を1/10 mmまでの範囲で測定して，それらを表に記録する．その後，卵は蒸発皿に移して乾燥機に並べて乾燥させる．翌日に，乾燥した卵を天秤で1/10 mgまで測定し，先の表に記録していく．極めて単純な作業の繰り返しである．

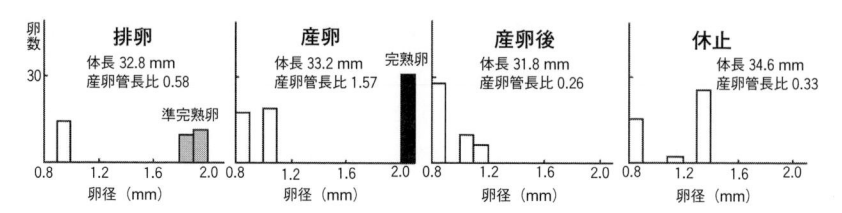

図 1.14 排卵，産卵，産卵後，休止の産卵サイクルにおける卵粒分布モデル．

一連の作業を通して分かったこと

　バラタナゴの卵発生は 0.1 mm 以下の染色仁期と呼ばれる大きさから始まるとされるが（Shirai, 1963），肉眼で卵塊を個々に分離できるぎりぎりの大きさは 0.8 mm であったので，それより大きな卵を研究の対象とした．また，それ以下のサイズは，分離しにくいこともあったが，何よりも卵巣内の容積としては極めて小さな存在でしかないこともあった．

　上述の作業をいくらか進めていくうちに，清水池における産卵期間内の 0.8 mm 以上の卵粒分布が，ある一定の規則性を持っていることに気づいた（図 1.14）．

　この図は，バラタナゴの産卵サイクルが，どのようなパターンで進行していくのか，その様子を概念として理解しやすくするために，多くのサンプルの中から，抽出して並べたモデルである．この図のように，大まかにとらえると3つの山が規則的に発育していく．但し，実際は発育過程の中で，各卵群の山は隣接する卵群と離れたり，逆に接近したりしながら進行している．いずれにしても，バラタナゴの卵巣内における3つの卵群が，イメージ図にあるようにそれぞれが独立しながら順次成熟していく発育のメカニズムは，他の多くの魚種で見られるような連続的な卵の発育の仕方とは大きく異なるものである．

　さらに，産卵管の長さがそれに対応するように伸長・短縮するらしいことにも気がついた．つまり，産卵に向かって準完熟卵が体腔に落ちこむ排卵期の産卵管長比は 0.5 前後であるが，産卵時には産卵管は最長となって 1.5 前後になる．そして産卵後には産卵管は急速に短くなって，休止期では短いままにとどまる．

準完熟卵と完熟卵

　バラタナゴの卵は完熟すると電球型になって，産卵管を通じて貝内に産みこまれるが，それまでの過程は次のようになる．

1.6 mm 以上の場合，球径が最大となった卵は，やがて球形の一方がのび始めて準完熟卵となり，遂には動物極の方が極端に細長く伸びて，いわゆる電球形の完熟卵となる．完熟卵は，首部の方を先端に産卵管を通過する．

　完熟に向かう卵の形状の変化は，卵の長径／短径の値であらわすことができ，1.8 以上のものを完熟卵とされる．そのときの，卵巣内は容積の大部分を準完熟卵と完熟卵で占められる．清水池の場合は，70～88％を占めていた．卵巣から摘出した完熟した卵は霞ヶ浦産で約 60 個（Yokote, 1958），あるいは清水池の産卵管伸長雌の腹部を圧迫して得た完熟卵は体長 30 mm で約 10 個，体長 40 mm で約 20 個（長田，1985b）であった．それが 1 回の産卵サイクル内に，産卵管の 1 回の貝への挿入で 1～数個ずつ順次産みこまれる．

清水池における個体群生態

　個々のバラタナゴの産卵管長比と卵巣内の成熟度はかなり高い相関を持つことが分かった．次に，大きなテーマである池全体の産卵の様子が産卵管長比か

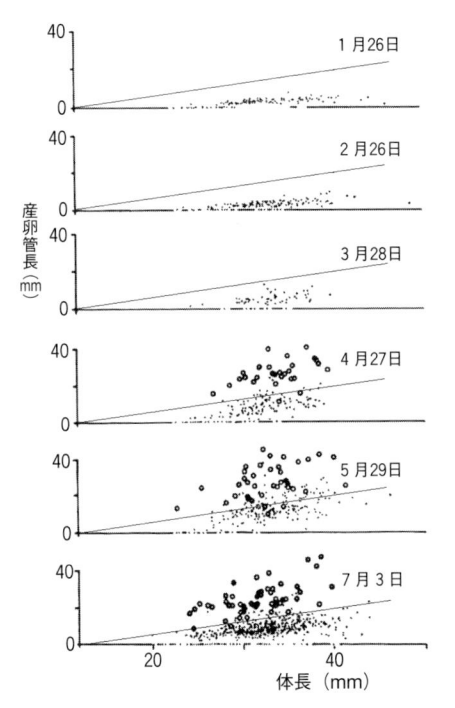

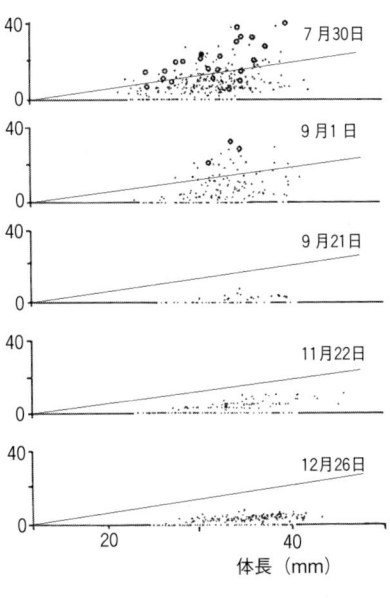

図 1.15
1975 年各月のバラタナゴの標準体長と産卵管長の関係（長田，1985a を改変）．白丸は完熟卵保有個体，直線は産卵管長／標準体長（産卵管長比）が 0.5 を示す．

ら推測できないものかを探ってみた．もしそれが有効ならば，実際にタナゴの腹を割いて卵巣の状態を見なくても，個体群としての卵巣の成熟度が分かるかもしれない．

1975年の清水池では，産卵管長比は1月から3月下旬までは0.5よりかなり下で，完熟卵を保有する雌もいないことから未だ産卵期に到達していないことが分かる．それが，4月以降になると産卵管が伸張して産卵管長比が0.5以上で完熟卵を保有する個体が見られるようになり（図中の白丸），腹部を圧迫すると完熟卵が産卵管に落ちる個体が出現する．（図1.15）．そして，9月下旬には一気に産卵管は短くなる．

これを詳しく1974〜1975年の各年級群の平均産卵管長と完熟卵保有率の調査結果（図1.16）からみると，産卵盛期は4月から8月である．これは新利根川のタイリクバラタナゴの産卵期と一致する（朝比奈ほか，1980）．しかも1〜3才魚が共に産卵し，高齢魚ほど長い産卵管で，かつ完熟卵を保有していて

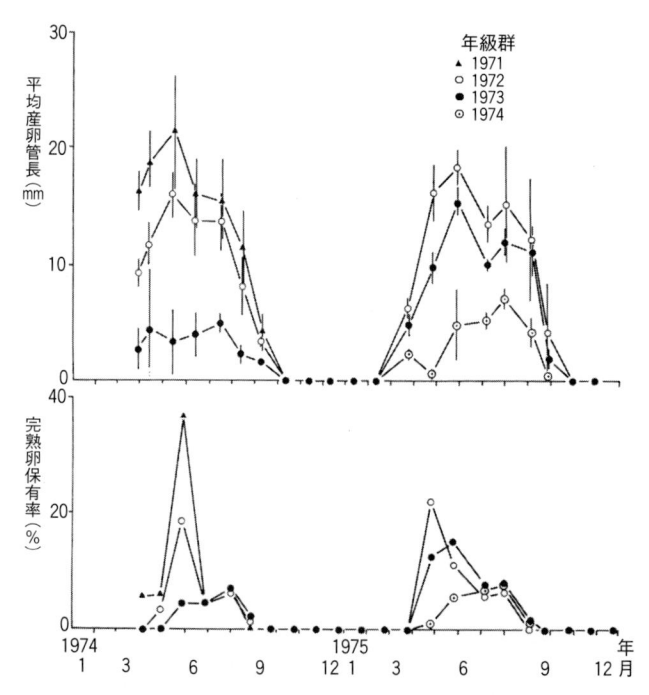

図1.16 清水池におけるバラタナゴの各年級群の平均産卵管長および完熟卵保有率の月変化を示す（長田，1985aを改変）．

産卵できる個体の占める割合が高いことが分かる．

　さらに，各年級群の平均体長とその体長における完熟卵数の関係を月を追って求めると，池の個体群に占める各年級群ごとの産卵群の割合の推移が読み取れる．紙面の関係で詳しくは省くが，1974年3～5月の産卵盛期には高齢群が，その後は低年級群ほど相対的に再生産能力が高くなる．後者は，特に7月になると1才魚の大部分が成熟に必要な最小体長23～24 mmに達することによる（長田，1985a）．

おわりに

　産卵期におけるバラタナゴの卵巣の成長具合（内部の様子）を，産卵管（外部の形態変化）から詳しく推測することができないか，との思いからこの研究テーマを選び，来る日も来る日もホルマリンにつけたサンプルと格闘した．時には単純作業ゆえ投げ出したくなることもあったが，先生のアドバイスで方向性を確認すると，次への弾みがついた．また，研究室の隣の机では，婚姻色の出た雄の腹鰭前縁の白線の有無を根気よく調べている者や側線鱗数をひたすら計測する者がいたりして，自分だけが単純作業をしているわけではなかった．時に，彼らと夜中にも開いている食堂で夜食を食べながらたわいもないことを喋る時を持ったことも，継続する励みになったような気がする．そして，時々現地に出かけて，実際の生態に触れることによって，気晴らしと共に研究室での単純作業を前向きにとらえることができた．

　今から思うと，この研究室で単純作業をしたことで，卒業後，島根県の宍道湖のほとりで教員をしながら，淡水魚や汽水の生物の現地調査で，サンプルを調べ，自分なりの考えを構築してまとめていく，といった一連の研究の基本型を身につけることができたと思う．

　野外で仲間と協力し合い，研究室では1人で単純作業をするというメリハリこそがかけがえのないもののように思える．協力と孤独，これこそ卒業後も細々ながら長きにわたって，魚と関わりを持ち続ける原動力になったような気がする．

（越川敏樹）

貝内産卵の生態的意義を探る

　タナゴ類が貝に産卵するのは何のためだろうか．Balon（1975）は，タナゴ類が卵・仔魚を保護するために貝に産卵する習性を獲得したと指摘するが，ど

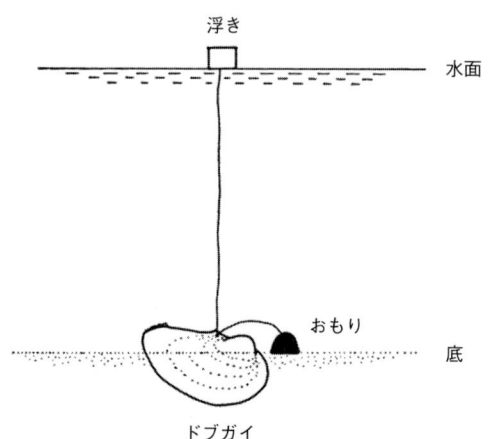

図1.17 バラタナゴの産卵数を推定するために定期的に放流したドブガイ（長田, 1985bを改変).

の程度守られているかは未知である．幸い，タナゴ類は，多くの魚類がばらまき産卵の方法なのに対し，貝の中だけに産む．そこで貝内の卵・仔魚数が把握できれば産卵数が分かるし，貝内での生存率が把握できれば，先の課題の解明ができるのではと考えた．それがこれから述べる野外実験の手法である．

貝への産卵数を推定する方法

ドブガイに産みつけられたバラタナゴの卵数を把握するために，貝の中を定期的にのぞいて卵をカウントできればよいが，貝にとって負担が大きい．そこで考えられる方法としては，バラタナゴの卵が産みこまれていない貝を用意して，それに産ます方法である．近くの池から採集したドブガイを網を張った生け簀に入れてすでに貝内にある卵・仔魚をすべて泳ぎ出させる．そのような貝を，3月から11月にかけて，ほぼ2週間間隔で，各時期20個前後に浮き（回収時の目印）とおもり（移動防止用）をつけ（図1.17），投入と回収を繰り返した．貝を投入した地点は，貝の密度が高い岸から5m以内の池の周辺域である（表1.1を参照）．回収したドブガイは現地でホルマリン固定した後に，研究室で鰓腔内から卵・仔魚を摘出して発生段階別に数を求めた（長田，1985b).

なお，バラタナゴの卵は水温22℃（貝が多い区域における5～6月の水温に近い）において，受精後約28時間（Stage 15，体長3.0 mm）でふ化し，14日

表1.2 ドブガイの投入実験の結果. 投入区域は図1.7を, 貝の密度は表1.1を参照のこと (長田, 1985bを改変).

区分	岸部 (I+I′)			中間部 (II+II′)			
貝数	1300			1100			
ドブガイ投入期間	回収貝数	平均卵・仔魚数/貝	総卵・仔魚数	回収貝数	平均卵・仔魚数/貝	総卵・仔魚数	合計
3/11〜4/6	6	0	0	0	0	0	0
4/6〜20	12	1.6	2100	2	0	0	2100
4/20〜5/1	14	3.2	4200	9	0	0	4200
5/8〜22	12	26.8	34800	5	20.6	22700	57500
5/22〜6/5	7	11.7	15200	6	2.3	2500	17700
6/5〜19	12	4.5	5900	9	0.7	800	6700
6/19〜7/3	6	1.7	2200	2	0	0	2200
7/3〜17	4	2.3	3000	1	0	0	3000
7/17〜31	12	0	0	5	0	0	0
7/31〜8/17	6	10.0	13000	5	0	0	13000
8/17〜28	10	0.1	100	3	0	0	100
8/28〜11/6 まで5回		0	0		0	0	0
合計			80500			26000	106500

(Stage 27, 体長 7.0 mm) から18日 (Stage 30, 体長 7.7 mm) で貝から泳ぎ出る (浮出ともいう) (Nagata and Miyabe, 1978). したがって2週間という貝の放流期間には, その間に産みこまれた貝内の卵・仔魚が死亡 (後に述べるように仔魚の死亡の殆どは Stage 27 以降) して吐き出されなければ, ほぼすべてが貝内にとどまっていると見てよい.

推定産卵数

1974年における池全体のバラタナゴの産卵数は, 約2週間ごとに投入された貝あたりの平均卵・仔魚数に, ドブガイの密度が高かった岸部と中間部の貝の推定個体数 (表1.1) を乗じることにより算定した. それによると, 5月から6月にかけてが産卵のピークであり, 8月にもやや弱いピークが存在する. これは先の産卵管長や完熟卵保有率の季節変化 (図1.16) による産卵盛期の結果に一致する.

結局, 4月6日から7月17日までに93400個体, 7月31日から8月28日までに13100個体, そして岸部で80500個体, 中間部で26000個体, それぞれ合計106500個体の卵・仔魚が池内のドブガイに産みこまれていたと推定された (表1.2). この方法は, 直接カウントしたものではないが, 長期にわたって貝

を傷めずにバラタナゴの産卵数を推定する方法としては，大筋，的を射たものと思われる．

貝内での卵・仔魚数の死亡・生存率の推定

先の実験によって，1974年に清水池で10万個体を超えるバラタナゴの次世代が貝に産みこまれたことになるが，さて，貝を出るまでにそのうちのどのくらいが死亡し，残りの仔魚がどのくらい貝から泳ぎ出たかという課題については，貝内での死亡率あるいは生存率を推定することによって確かめることができそうだ．

そのために1979年6月2日から29日にかけて清水池で次のような実験をおこなった．すなわち，千枚通しで多数の穴をあけた底面積$18 \times 18 \, cm^2$，深さ55 cmのビニール袋10枚に池の砂を厚さ約2 cmに敷き，本池で6月2日に採集したドブガイを1個ずつ入れて池につるした．その後，1日あるいは2日毎

表1.3 バラタナゴの卵・仔魚のドブガイ内における死亡率．貝内の卵・仔魚数が多かった2つの貝のみを示す．6月29日の実験終了日のすべての貝内には卵・仔魚は皆無であった（長田．1985bを改変）．

貝番号 殻長 (mm) A:生 B:死	6 85.9 A	 B	7 86.8 A	 B	合計 A	 B
6/3	6	1		1	13	3
5	5	4			34	7
6	1	5		2	15	12
7	1		1		18	5
8				1	12	2
10	5		3		16	3
11	1		5		22	6
12	2	1	6		15	1
14	2	1	11		25	15
15				3	15	5
17	4		10	6	30	8
18	3		5	7	29	8
19	1	1	9	1	21	4
21	4	2	8	3	43	28
23			2		10	4
25				1	2	3
26				2		2
27			2	2	2	3
28			1	2	1	2
29						
合計	35	15	66	30	323	121
A+B	50		96		444	
B/(A+B)(%)	30.0		31.3		27.3	

に袋内の水を入れ換えた．その際に泳いでいる仔魚（表1.3のA）と貝から吐き出された卵や死亡あるいは衰弱個体（表1.3のB）をホルマリン固定をして研究室に持ち帰り，発生段階ごとの個体数を調べた．

実験に用いた10個の貝から泳ぎ出た仔魚と死亡，衰弱して放出された卵・仔魚は貝によって異なり6〜96個体であった．貝内の総卵・仔魚数に対する死亡，衰弱個体数も0〜68.9％と貝によってかなりの違いがあるが，全ての貝を合わせた死亡の割合は27.3％で，貝内の卵・仔魚の死亡の割合は30％を超えることはないと推定できる．つまり生存率でいえば70％以上が貝内で生残するといえる（表1.3）．

なお，無事泳ぎ出た個体の発生段階（Nagata and Miyabe, 1978）は，Stage 25以後で，その95％は最終段階のStage 30であった．泳ぎ出た個体の全長は6.4〜7.9 mm，平均7.3 mm（165個体の平均）であった．これらの個体はわずかに卵黄が残っていて後期仔魚（中村，1969）と呼ばれ，摂餌を始める時期にある．一方，死亡，衰弱個体の94％がStage 27以後で，ほとんど貝から泳ぎ出る時期のものである．つまり，貝内でのバラタナゴの仔魚の死亡，衰弱は泳ぎ出る時期近くになってから起きることが多いようである．その理由はよく分かっていない．

生存曲線の作成

本章の始めから読んでいただいた読者には，これでやっと清水池のバラタナゴが貝に産みこまれ，貝内で生き延び，貝から泳ぎ出て自分で餌をとって成長，産卵して寿命を迎える，という生活史のサイクルが個体群のレベルでつながったことがお分かりいただけたことと思う．

個体群のレベルの研究ということは，生まれた年（年級群）毎の生活史を明らかにすることが前提となる．つまり，貝に産みこまれ，貝内で生き延び，貝から泳ぎ出て自分で餌をとって成長，産卵して寿命を終えるという生活史のサイクルが個体群のレベルでつながっていることを解明していくことになる．しかし，自然界の中では，複雑な要因が加わり断定的なデータは得にくいが，それでも，1974年級群のデータは何とか状況を説明できるのではないかと思われる．そこで，まとめとして1974年級群の生存曲線を図1.18に示そう．

既に推定した1974年の産卵数（106500個）のうち30％が貝内で死亡し泳ぎ出せないとすると，同年7月中旬までに産みこまれた卵93400個から約65000

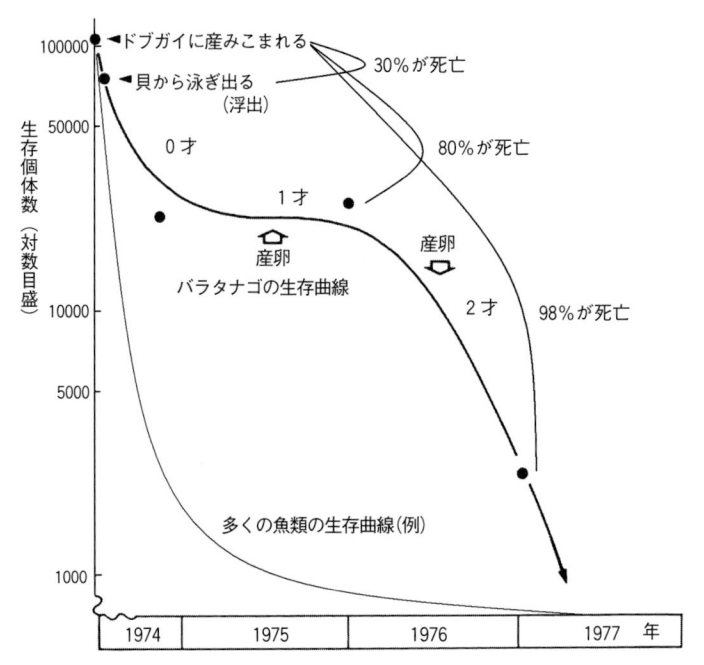

図1.18 清水池におけるバラタナゴの1974年級群の生存曲線．多くの魚類の仮想例として，同じ卵数を産卵した場合の生存曲線も示した．この場合，1974年の11月頃に98％の死亡率に達してしまうことになる．

個体，それ以後に産みこまれた卵13100個から約9000個体，合計74000個体が貝から泳ぎ出たことになる．

その後，同年11月下旬には1974年級群は22000個体と推定されるから（長田，1985bおよび図1.12），この時点で産卵数の80％が死亡し，20％が生き残ったことになる．貝から泳ぎ出た後からいえば11月下旬までに52000個体が死亡したことになる．その間の死亡率は（52000÷74000＝）約70％，逆にいえば30％の生残率となる．泳ぎ出た後の約半年間の死亡率は貝内期間のそれをかなり上まわっているようだ．つまり，泳ぎ出た後の後期仔魚よりも未熟な貝内卵・仔魚（前期仔魚ともいう）の方が，死亡率が低い状態にある．そのことは，貝への産卵はバラタナゴの繁殖にとって有意義な行動様式となっている，といえる．

1974年群のその後のようすを追跡すると，1975年に産卵数の約20％（25200÷106500×100）が生きのびて，80％の死亡率で親魚になり最初の産卵を迎え

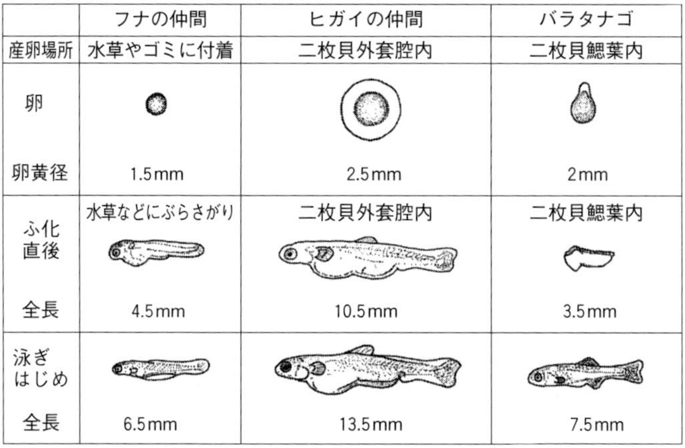

産卵場所	フナの仲間	ヒガイの仲間	バラタナゴ
	水草やゴミに付着	二枚貝外套腔内	二枚貝鰓葉内
卵			
卵黄径	1.5mm	2.5mm	2mm
ふ化直後	水草などにぶらさがり	二枚貝外套腔内	二枚貝鰓葉内
全長	4.5mm	10.5mm	3.5mm
泳ぎはじめ			
全長	6.5mm	13.5mm	7.5mm

(本図は，中村（1969）と Nagata and Miyabe（1978）を参考にした)

図 1.19 フナと二枚貝に産卵するヒガイの仲間およびバラタナゴの卵と仔魚の大きさの比較（福原，2000 を改変）．

る．その後，翌年の産卵期まで生存率は高く，産卵されてからほぼ 2 年半を経ても 1 桁減少することはない．そして 3 年目の秋までに急激に減少して産卵数の 98％が死亡する．この生存曲線は，一般の魚類よりも，むしろ爬虫類，鳥類，小哺乳類について用いる型に近いものといえる．ちなみに図には多くの魚類について，清水池のバラタナゴと同じ産卵数から始まるものと想定して，双方の生存曲線の比較が描かれている．この場合，親の保護もなく，単に水中にばらまかれたと想定しているので，産卵数の 98％が死亡する時期は産卵した年のうちに出現してしまうことをあらわしている．

一般に魚類は生活史の初期段階で著しく高い死亡率を示すといわれているが，この時期の死亡についての研究はきわめて少ない．水谷（1974）は，琵琶湖のアユが流入河川で産卵した卵のうち，ふ化までに 40％が死亡したり流失し，約 30％が他の魚類によって捕食されると報告している．さらのその後の流下仔魚の時期には，原因不明であるが 64.2％の減耗率を示すとしている．

いうまでもなく，バラタナゴも同様，仔魚は貝から泳ぎ出ると直ちに独り立ちしなければならないが，その時点で，他の多くの魚類とは異なり，すでに口器，鰓，各鰭の鰭条が分化し，移動力もかなりある（Nagata and Miyabe, 1978）．そのような，成長の仕方は，仔魚期における生存率を大きく向上させ

ているものと思われる．

　図1.19は，多数の卵がばらまかれるだけで親などの保護がないフナの仲間と卵が二枚貝の中に産みこまれるヒガイの仲間（第3章4.を参照）およびバラタナゴの卵および仔魚の大きさと形を示したものである．フナの卵黄が最も小さい．それに対応するように，受精から60時間程度経たふ化時も，泳ぎ始めて餌をとり始める後期仔魚も小さくて，体のつくりも未熟である．図1.18の多くの魚類の生存曲線の例のように，生活史初期に大部分が死亡するゆえんである．

　他方，貝に産みこまれて大きな卵黄を持つヒガイはふ化時にはすでに10 mmを超していて，日本のコイ科魚類の中で最大であり，また最も発生が進んでいる．ところが同じく貝内でふ化してもバラタナゴの場合は全長3.5 mmと極めて小さく，体も著しく未熟である．これは産卵からふ化までの時間に関係があり，バラタナゴで約30時間であるのに対して，ヒガイではなんと8〜12日（中村，1969）である．すなわち，ヒガイは安全な貝内で泳ぎ出る直前まで大きく，頑丈な体に育ち，バラタナゴは極めて未熟なままでふ化をしても，その後，2週間以上を貝内で発生を続けてヒガイ同様，体制を整えた後に貝から泳ぎ出る．つまり両者は貝の中での過ごし方が違うが，いずれもフナより生活能力を獲得した段階で貝から出て自由生活に入ることができるのだ．

　これらは，捕食からの逃避のみならず，摂餌や条件の良い場所への移動など仔魚の生存率を高める適応と見てよい．同様な適応は，カワヨシノボリ（水野，1961）の陸封化にともなう種分化を論じる際に延べられてきた．これらの魚種には共通して大卵・少産化が見られるが，タナゴ類の卵もコイ科魚類のなかでは大型で数が少ない（中村，1969）．同じことがやはり貝に産卵するヒガイでも見られる．

　結局，バラタナゴは二枚貝に産卵することによって，貝内の卵・仔魚の生残率を高めるのみならず，安全な貝内で豊富な卵黄を20日前後にわたって費やしながら生活力のある仔魚を貝から泳ぎ出させ，その後の生残率をも高めているものと思われる．これも素晴らしい進化の産物であり，驚嘆にあたいする技である．

（中田善久・長田芳和）

（3）みんな自分の遺伝子を残したい　―バラタナゴの繁殖戦略

　大阪府八尾市高安地域は春になり里山一面に梅・桃・桜と見事な花屏風が開

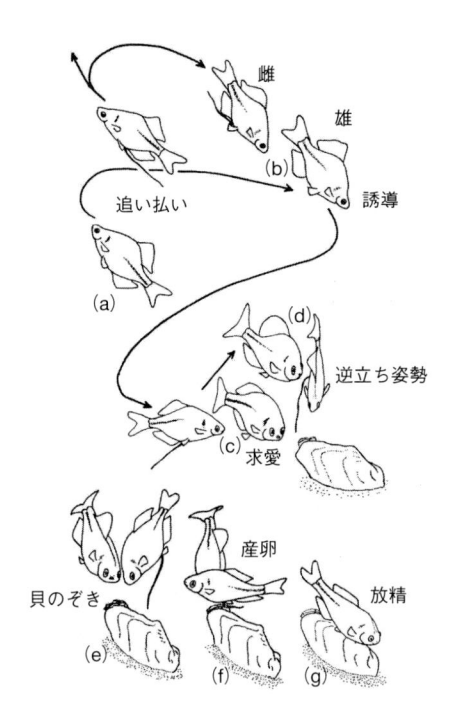

図 1.20 バラタナゴの産卵行動
（長田・西山，1976 を改変）

花しはじめるころ，溜池ではバラタナゴの繁殖シーズンが訪れる．バラタナゴは淡水二枚貝のドブガイなどに産卵するという面白い習性を持っている．このころの水温は日中にようやく20℃を超える程度で，水の透明度が非常に高いので，土手から容易にバラタナゴの産卵行動を観察することができる（図1.20）．ジッと観察していると，バラ色の婚姻色があらわれた大形の雄（体長4cm）はドブガイの周囲に縄張りを形成すると侵入してくる小形の雄を追い払い，同時に雌に求愛をおこなっている（a）．

雌は繁殖期になると腹部が膨らみ，長い産卵管を伸ばしはじめる．雄は背鰭や尻鰭を細かく震動させながら，産卵管が体長（3cm）よりも長く伸びた雌を貝へ誘導（b）してくる．雌は気に入った貝がないと縄張りから離れていく．雄は何度も何度も雌に求愛し，我慢強く雌の産卵を誘発する行動を繰り返している．ペアになったバラタナゴは貝の出水管をのぞき込み（e）互いに求愛行動である鰭を細かく震わせ（c）産卵の機会をうかがっている．次第に雌が雄の前へ移動し，貝の呼吸のタイミングをはかり逆立ちの姿勢（head-down:

d）をとり，一挙に沈みこみ貝の出水管に長い産卵管を挿入し産卵（touching: f）する．その直後に縄張り雄は入水管の上をかすめるように通過し（skimming），放精（ejaculation: g）をおこなう．入水管から吸いこまれた精子は，貝の鰓の中で卵と受精し発生しはじめ，受精卵は約1ヵ月後に体長7 mmぐらいの稚魚となって貝の出水管から泳ぎ出る．このようなバラタナゴの一連の繁殖行動は生得的な本能行動であるにも関わらず，それぞれの個体によってかなり個性的な行動が観察されるので，その多様な戦術を明らかにした．

溜池での観察方法

観察場の選定

バラタナゴが生息する溜池は比較的透明度が低い．観察場として選ぶ場所は岸から徐々に深くなるすり鉢型の比較的透明度の高い溜池を選ぶことが重要である．観察のために池に侵入すると泥が巻き上がり透明度が極端に低下してしまうので，水面と土手の高さが適度にあり，土手から手が届く範囲で貝の設置が可能な範囲を選ぶようにした．

観察例

八尾市の溜池においてバラタナゴの繁殖盛期である4月から6月まで行動観察をおこなった．池の面積は約700 m^2 であり，周囲は石垣によって囲まれ，底質は非常に固い粘土質からなり，わずかに泥と落ち葉で覆われていた．バラタナゴの産卵床となるドブガイは石垣の隙間や一部の砂礫に分布するので，池の縁からは観察しにくい状況であった．そこで池の土手から観察しやすいすり鉢状の場所を探し，産卵場として新たに13個体のドブガイを移植して観察場を確定した．その観察場は縁から2 m×幅5 mの範囲で，観察期間の水深は通常40〜60 cmで水位が下がっても20〜40 cmの範囲を維持できた．ドブガイにはA〜Mまでマークをつけ，貝の配置は他の地点に準じ，15〜120 cmの間隔で任意に決め，観察期間を通して一定になるように固定した．この池は比較的透明度は高く，偏向グラスをかけることによって土手からバラタナゴの産卵行動を観察することができた．また，特定の縄張りが形成される貝には水中ビデオカメラを設置して産卵行動を記録した．さらに，1つの貝の縄張り内で産卵時に参加したすべての雌雄個体を捕獲するために，図1.21に示すような直径60 cmの提灯形の引き上げネットを作成し，プラスチックの透明コップに

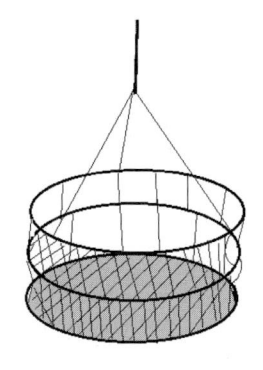

図 1.21　提灯形捕獲ネット.

貝を入れ，掘った土のくぼみにネットの上からさしこむことによって貝を固定した．そして観察する貝を任意に選び，産卵直後それぞれの雄の繁殖戦術を記録するとともにネットで捕獲し，体長と婚姻色の強さを記録し，捕獲した魚の鰭の一部をカットすることによって個体識別して再放流した．この方法で観察期間を通して雄 58 個体と雌 30 個体をマークすることができた．

　個体識別用にカットした鰭の一部を遺伝マーカーとしてアイソザイム分析をおこない，さらに貝に産卵された仔魚をアイソザイム分析することによって，親子判定をおこなった．（現在では遺伝子マーカーとして DNA 分析やミトコンドリア DNA 分析をおこなうことでより高度な親子判定ができるようになっている．）鰭の一部をカットすることが要因になって，その個体の行動が大きく変化することはなかった．また，鰭は 20 日間ほどでほぼ再生するが，ハサミでカットしたマークの痕跡は明確に確認することができた．

　このような方法で産卵に参加したすべての個体を捕獲しようとしたが，侵入雄（以後，スニーカー雄）の放精行動や雌の産卵行動には予想以上に行動の時間差があるため，同時に 1 回の産卵に参加したすべての個体を捕獲することはできなかった．しかし，何度もこの作業を繰り返しているうちに，同じ個体が縄張り雄になるときもあり，また状況によってはスニーカー雄になることもあり，さらにはグループ産卵に参加していることが判明した．

産卵場における産卵形態の比率

　バラタナゴの縄張りを維持する力は比較的に弱く，1 つの縄張りが形成されている貝を観察していると，1 日のうちに何度も縄張りが形成されたり，崩壊

(a) ペア産卵　　(b) スニーカー雄を伴うペア産卵　　(c) グループ産卵

図 1.22　バラタナゴの産卵形態．

　　□ ペア産卵
　　▨ スニーカー雄を伴うペア産卵
　　■ グループ産卵

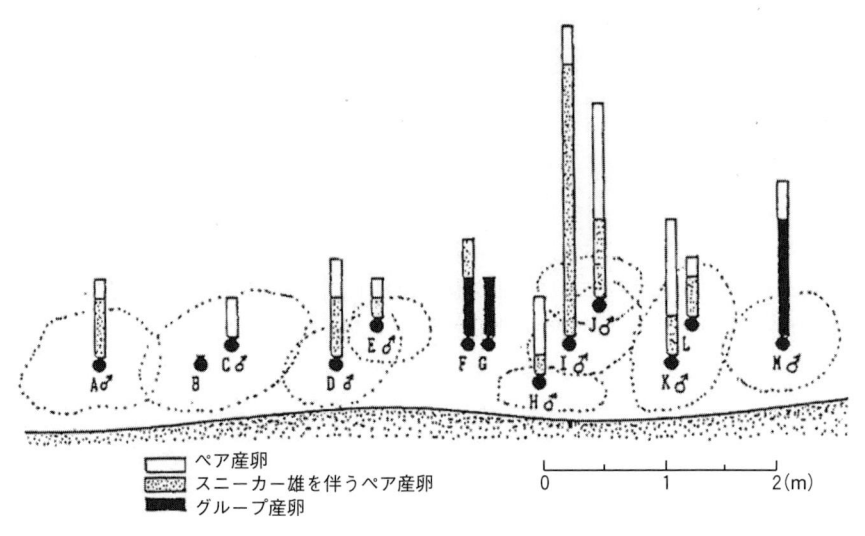

図 1.23　溜池の観察場と貝の配置．観察された各貝における産卵数と産卵形態の割合．●印は 13 個体の貝の位置をあらわし，点線はそれぞれの縄張り雄の縄張りをあらわす．

してグループ産卵になったりして，常に変動していた．

　一般に，バラタナゴの雄の個体数は産卵床となる貝の数よりも多いので，すべての雄が縄張りを形成することはできない．小形の婚姻色が弱い雄は縄張りを持つことができず，侵入雄（スニーカー雄）として繁殖に参加する．また，繁殖期の雌はほぼ 7 日間の産卵周期（妊卵周期）を持ち，約 10 個の卵を 1～2 日間で産卵するため，産卵場に参加してくる雄と雌の比（実効性比）はほぼ 3.5：1 であった（Kanoh 1996, 2000）．

　バラタナゴの産卵形態を次の 3 つに区分した．(a) ペア産卵，(b) スニーカー雄を伴うペア産卵，(c) グループ産卵である（図 1.22）．スニーカー雄を伴うペア産卵とグループ産卵は，つがい行動の有無で区別した．すなわち，複

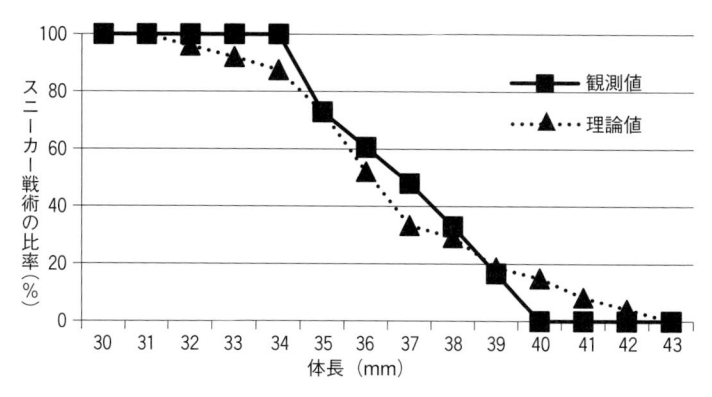

図1.24 各個体の体長とスニーカー雄の戦術を採用した割合の観察値と理論値.

数の雄が産卵に参加していても，縄張り雄が雌とつがい行動をおこなって産卵した場合は（b）のスニーカー雄を伴うペア産卵として判定した．したがって，グループ産卵とは，縄張り雄がいない状態で連続して雌の産卵と雄の放精が繰り返される産卵のことをいう．

図1.23は6月11日の2時間の間に観察された産卵の回数と産卵形態をあらわしたものである．産卵合計回数が69回のうちペア産卵は26回（38％），スニーカー雄を伴うペア産卵は31回（45％），グループ産卵は12回（17％）であった．縄張り雄が単独で卵を受精させることができるのは全体の約38％のみで，他の産卵ではスニーカー雄が侵入する産卵やグループ産卵になっているので，縄張りを持てない小形の侵入雄もかなりの割合で子どもを残しているものと考えられる．そこで，個体別に縄張り雄の戦術を採ったかスニーカー雄の戦術を採ったかを個体識別して各個体の採用した戦術の割合を出してみた．

図1.24は，各個体の体長と採用した戦術の割合を示している．点線は，ランダムに出会った2個体のうち体長が小さい個体の方がスニーカー雄になると仮定した理論値である．結果としてほぼ理論値と観察値が一致するので，縄張り雄の戦術を採用するかスニーカー雄の戦術を採るかは遭遇した個体間の相対的な体長差によって決定していると考えられる．したがって，雄と雌の繁殖行動は生得的な本能行動であると考えられるが，遺伝子に組みこまれたステレオタイプの行動だけではなく，個体間の関係性によって後天的に獲得された行動が個性的な行動を生み出しているといえそうだ．

スニーカー雄の戦術の繁殖成功を確かめる
　では，スニーカー雄が本当に子どもを残すことができているのだろうか．この疑問を明らかにするために親子判定をおこなった．

1）精子と卵の受精能力を見る
　卵と精子の受精能力を調べてみた．卵は雌の体内から取り出しても8分間は100％の受精能力が維持されていた．しかし，精子の方は1分間までは受精能力を100％維持していたが，放精後2分で70％，3分が経過すると10％まで急激に低下し，4分間が経過するとまったく受精する能力がなくなってしまった（Kanoh, 1996）．したがって，精子の受精能力は，水中に放精された後2分間は維持されるが，それ以上時間が経過すると受精能力が消えてしまうと考えられた．

2）スニーカー雄の産卵前放精は卵を受精できるか
　次に，縄張り雄と成熟した雌およびスニーカー雄の各1個体，合計3個体を水槽に入れ，行動を記録しながら産卵後，卵を受精させた雄を決定するために親子判定をおこなった．結果として，産卵後に雄の放精が観察された3例では，産卵直後に縄張り雄が放精しその後にスニーカー雄が放精した．親子判定の結果，この3例ではすべて縄張り雄の子どもばかりであった．
　しかし，スニーカー雄は雌の産卵前に放精することが頻繁に観察された．この行動を産卵前放精（pre-oviposition ejaculation）と呼んでいる．スニーカー雄の産卵前放精によって本当に卵が受精されるのかどうかを確かめるために，スニーカー雄が産卵前放精をおこなった後，雌の産卵が見られた2例において，産卵直後に水槽の縁を手で叩き，すべての繁殖行動を停止させた．その結果，卵はスニーカー雄の産卵前放精によって卵は受精されていた．
　他の3例では，スニーカー雄の産卵前放精と縄張り雄の産卵後の放精が共に観察された．親子判定の結果，すべてスニーカー雄の子どもであった．以上の水槽実験の結果から考えられることは，雌の産卵前後に放精が観察される場合，より早い時期に放精した雄の子どもが残るという結果になった．しかし，精子の受精能力は放精後2分間だけであるため，雄にとってはいかにして雌の産卵のタイミングを読み取るかが繁殖成功の重要な鍵となることが明らかになった（Kanoh, 1996）．

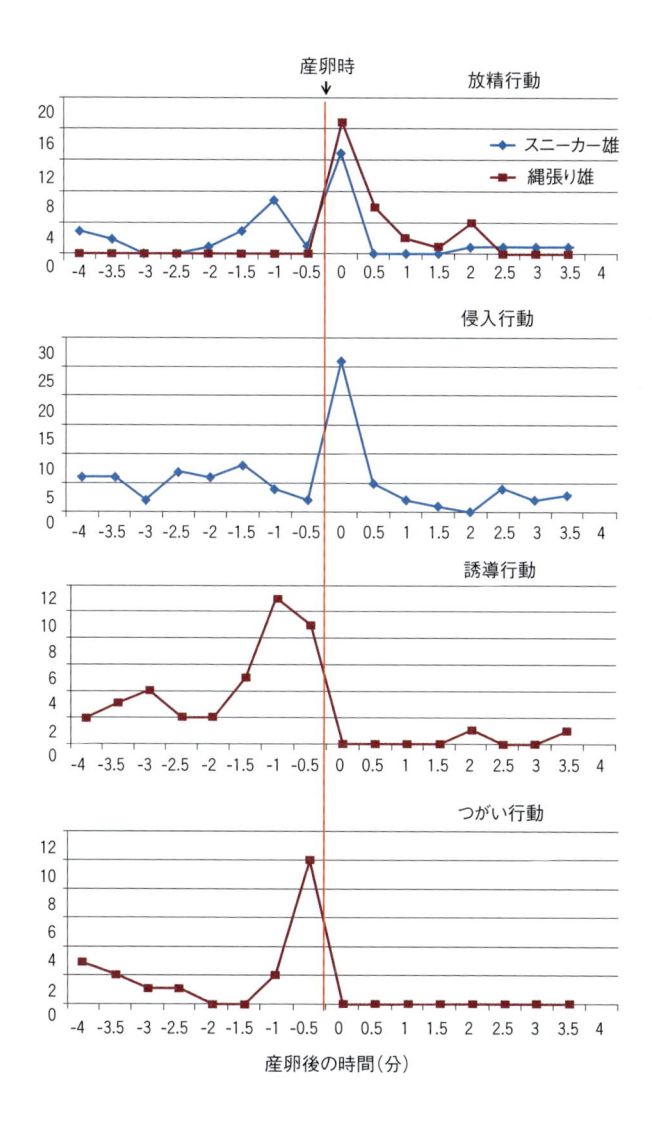

図1.25　野外で観察した13回の産卵時の前後4分間における縄張り雄とスニーカー雄の行動回数.

3）スニーカー雄はなぜ雌の産卵時期を予測できるのか？

　図1.25の上部のグラフは，野外におけるスニーカー雄と縄張り雄の放精するタイミングを示したものである．縄張り雄は，産卵直後に放精行動が集中しているのに対して，スニーカー雄の放精のタイミングは産卵前1分から30秒の間に集中している．縄張り雄の産卵前放精は3回あったが，その時は産卵が不成功に終わり，結果的には実質的な産卵成功時には1度も観察されなかった．

　そこで，スニーカー雄の放精行動がなぜ産卵前1分から30秒の間に集中するのかを解析するために，スニーカー雄の放精行動と侵入行動及び縄張り雄の雌を誘導する誘導行動とつがい行動のタイミングとその回数を同様にあらわし，比較してみることにした．その結果，次の重要な相関関係が見られた．

①産卵直後のスニーカー雄の放精行動と侵入行動のタイミングは一致した．
②産卵前放精行動のピーク時と縄張り雄の誘導行動のピーク時は産卵前1分から30秒の間であらわれた．
③産卵直前のスニーカー雄の放精行動と侵入行動の減少がつがい行動のピーク時と一致した．
④侵入行動の頻度は産卵直前までほぼ一定であり，産卵直前に1度減少し，産卵直後に急増し，その後産卵2分から2分30秒まで，ほとんど侵入がなくなる．侵入行動の頻度は産卵4分後にはほぼ産卵前の状態に戻る．

　結果①と③からスニーカー雄の放精行動の頻度は侵入行動の頻度に依存するように見えるが，結果②と③から，スニーカー雄の産卵前放精は，縄張り雄の雌に対する誘導行動が頻繁に開始されるときに起こり，かつ，ペアのつがい行動が同時に成立しているときにしている時に起こっている．

　したがって，小形のスニーカー雄は産卵直前の雌が縄張り雄によって貝に誘導され，求愛されているときに縄張りに侵入し，縄張り雄の追い払い行動が減少する産卵直前に放精していると考えられた．この結果から，スニーカー雄は雌の産卵を事前に予測していたのではなく，縄張り雄が雌に求愛するときには時間的にも空間的にもスニーカー雄を追い払う余裕がなくなり，スニーカー雄は産卵前に縄張りに侵入し，放精することができた．同時に，縄張り雄の求愛もうまく成立し，雌の産卵が成功したことになる．結果として，スニーカー雄の産卵前放精が成立したものと考えられる．しかし，私はもしスニーカー雄の産卵前放精が雌の産卵を誘発することができるのであれば，この観察結果をよりうまく説明できるかもしれないと思った．

雌の産卵行動は雄の放精行動を誘発する

バラタナゴの縄張り雄とスニーカー雄の放精行動は雌の産卵直後に集中している．雌の産卵は雄の放精行動を誘発しているようである．そこで，雌の卵を人工授精するときと同様にペトリ皿に腹部から絞り出し，その卵および卵巣腔液をピペットで繁殖実験をおこなっている水槽の片隅に注いでみた．すると雄たちは一斉に貝に集まりだし，貝の入水管めがけて放精を開始しはじめた．この雄の放精行動を誘発している性ホルモンとして，雌が放出する卵巣腔液の中に含まれる数種のアミノ酸が有効であることが明らかにされた（Kawabata，1993）．また，そのアミノ酸を貝が放出してバラタナゴの繁殖行動を誘発していることも明らかになった（谷口ら，2012）．いい換えるとバラタナゴはドブガイが放出しているアミノ酸によっても産卵行動が誘発されているということである．

雄の産卵前放精は雌の産卵を誘発するか？

雄の精液に含まれる成分にも多くのアミノ酸が含まれていた（谷口ら，2012）．そこで，スニーカー雄の産卵前放精によって雌の産卵行動を誘発するかどうかを試してみたくなった．雌の卵を人工授精するときと同様にペトリ皿に雄の精液を絞り出し，その精液をピペットで繁殖実験をおこなっている水槽の貝の入水管付近に注いでみた．すると雌たちはしだいに貝に集まりだし，貝の出水管をのぞきこむ行動が観察された．しかし，雌の産卵成功を誘発させるところまではいかなかった（谷口ら，2012）．微妙だが，雄の精液は雌の産卵を誘発させるようであるが，やはり生得行動としての雄の求愛行動がなければ雌の産卵を誘導させることはできないのであろうか． （加納義彦）

（4）小学校で学習するの？ ―バラタナゴの人工授精と発生
バラタナゴは不思議で魅力的な魚

小学校5年生の理科では，メダカ（ほとんどが市販されているヒメダカを教材としている）を飼育し，5月下旬から6月中に水草などに産卵された受精卵が仔魚に成長するまでを観察する学習がある．その内容は，小学校学習指導要領解説理科編には，①魚を育て，観察することを通して，雌雄では体の形状が異なることをとらえる．②産んだ卵中の変化を継続して観察し，日が経つにつれて卵の中が変化する様子やふ化する様子をとらえる．③卵の中には育つため

図1.26　モンドリで採集したバラタナゴ.

の養分が含まれていることをとらえる，の3点が示されている.

　ここでは，メダカの代わりにバラタナゴを教材化した5年生の学習を紹介する.

　まず，バラタナゴの入手であるが，最近では，バラタナゴは熱帯魚店などで入手できる．生息している池や川が近くにあれば，「モンドリ」（図1.26）という一方の口が内側に入りこんだ円筒形のアクリル製の容器にさなぎ粉団子などの寄せ餌を入れ，魚を捕獲することができる．このモンドリを使えば，魚の体を傷つけることなく，魚の活性が高いときには30〜60分ほどで20〜30個体程度採集することができる.

　バラタナゴを捕獲した川や池の底には，必ずといっていいほどドブガイやイシガイなどの淡水の二枚貝が生息している．バラタナゴの雌は，この二枚貝に産卵する．浅瀬の水辺の砂地や泥を掘ってみると，砂地ではイシガイが，泥のあるところではドブガイを見つけることができる．バラタナゴと一緒にいくつか貝を持って帰ろう.

　次にバラタナゴの飼育であるが，成魚は，横60 cm，奥行き30 cm，高さ40 cm程度の中型水槽で十分飼育ができ，卵を産ませることも可能だ．水槽に入れる魚は雄よりも雌を多く入れ，個体の大きさにもよるが10〜15個体程度にとどめ，魚の密度が高くならないように注意する．水槽に川砂を敷き，水草も植えておくと水質も安定する．他の魚種と一緒に飼育することは避ける．また，二枚貝（ドブガイ・イシガイなど）も4〜5個ほど入れ一緒に飼育しておく．エサは，金魚用のエサを荒くすり潰して，食べ残しのないよう1日2回程度与

えるとよい．

　特に，水温の管理調整は必要ないが，上部式フィルターを用いて，酸素の取りこみや水の循環・浄化をおこなうようにするなど，水槽の環境をより良い状態に保っておくことが大事だ．

どっちが雄？　雌雄の区別が容易なバラタナゴ

　メダカでは，背鰭や尻鰭の形状から雌雄を区別させるが，雌雄とも体の色が同じなので，子どもたちの観察眼では明確に見分けることが難しい．一方，バラタナゴの場合，繁殖期（3～9月）になると雄には鮮やかな婚姻色があらわれ，雌には二枚貝の中に産卵するための産卵管が長く伸びてくることから，子どもたちでも容易に雌雄を見分けることができる．また産卵期，雄の口のあたりに突出してあらわれる追星は雄の特徴を引き立たせ，より一層，雌雄の差は明らかである．産卵期でなくとも，雌には腹鰭後方に産卵管の白色の基部（産卵管の鞘のようなもので，そこから産卵管が伸びてくる）が突出して見られ容易に見わけがつく．教師が教えなくても，学習を進める過程で子どもたちが自ら発見するだろう．

貝の中に卵を産むの？　バラタナゴの不思議な産卵行動

　バラタナゴなどのタナゴ類は，二枚貝の鰓の中に卵を産みこむ特異な産卵習性を持っている．ドブガイやイシガイなどの二枚貝を水槽に入れておくと，雄は他の雄を貝から追い払う縄張り行動が見られ，このことからもバラタナゴの

図 1.27　雌の腹部を圧迫し卵を採取．　　　図 1.28　人工授精のイラスト．

雌雄を区別することができる．一方，雌の場合も産卵行動において雌独特の行動が見られる．二枚貝に近づき産卵管を出水管に挿入する行動で，非常に素早い行動なので子どもたちに観察させるのは難しいかもしれないが，バラタナゴに興味を持つ子どもたちであれば，観察することができる．その直後，雄が貝に近づき放精行動が見られる．その時一瞬，精子によって貝周辺の水が白濁する．精子は入水管から取り入れられ受精する．このように，バラタナゴは雌雄の形態上の区別だけでなく，産卵時における雌雄の行動もはっきりととらえることができる好都合な教材であるといえる．

命が生まれる！　感動を与えるバラタナゴの人工授精

　バラタナゴの受精卵を観察するためには，貝をこじ開けて鰓内から取り出さないと受精卵の観察はできない．また，取り出す過程で卵に傷をつけてしまう可能性もあり，後の成長に影響を及ぼすので適切な方法ではない．しかし，簡単に人工授精がおこなえるので，精子の役割を教えるとともに受精卵の成長過程をシャーレの中で継続して観察できる．

　人工授精は次のような方法を用いれば，小学5年生の子どもたちでも可能だ．
①はじめに湯冷まし（一度沸騰させ冷ました水）を入れた大形のシャーレ（浅いバットのような容器でもよい）と，後で受精卵を小わけする小形シャーレ（10 cm程度）を複数用意しておく．
②次に，体内に受精可能な完熟卵を持っている雌を用意する．完熟卵を持っているかどうかは産卵管の伸長の程度で判断できる．つまり，産卵管が尾鰭先端付近から先へ長く伸びているものは必ず完熟卵を持っている．このような雌の腹部を軽く圧迫すると，産卵管を通って数個～十数個の卵が出てくるので，用意していた大形シャーレの水に雌の産卵管を浸け，卵を取り出す（図1.27）．もちろん，これらの卵は未受精卵である．
③取り出した卵に，婚姻色が鮮やかにあらわれている雄の腹部を圧迫して精子をかけ，かき混ぜると精子が分散してほとんどの卵が受精する．この卵や精子の採取操作で親魚を死なせることはないので，子どもたちに，抵抗感なく実験をさせることができる（図1.28）．
④受精卵が入る大きさに先をカットした樹脂製の駒込ピペットを使って，継続観察用の湯冷ましを入れた小形のシャーレに受精卵を移し替え，蓋をする．1つのシャーレに入れる受精卵は3～4個ほどにとどめる．

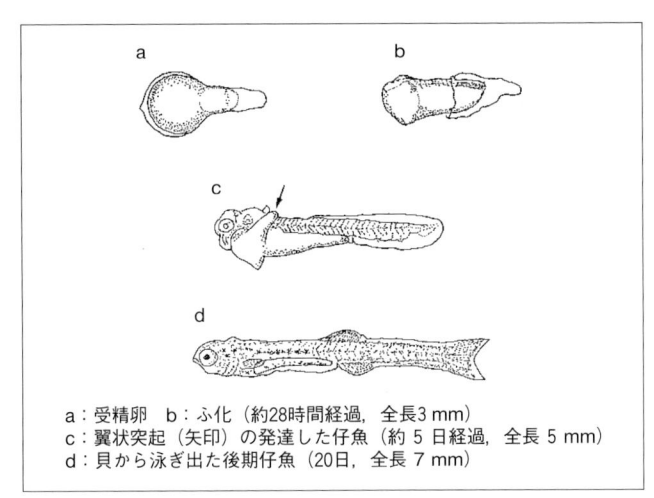

a：受精卵　b：ふ化（約28時間経過，全長3 mm）
c：翼状突起（矢印）の発達した仔魚（約 5 日経過，全長 5 mm）
d：貝から泳ぎ出た後期仔魚（20日，全長 7 mm）

図1.29　バラタナゴの発生段階．

⑤受精卵の発生には，水温の急激な変化を避けるため，蓋つきの発泡スチロールの箱にシャーレを並べ，室内の振動の少ない場所で保管する．また，シャーレの水は，観察後に毎日新しい湯冷ましと交換する．

⑥受精卵の観察時には，発泡スチロールの箱からシャーレを出し，実体顕微鏡等で観察する．今回，1つのシャーレの中の数個の受精卵を子ども 2 人 1 組で観察させた．個々の個体識別はできないが，子どもたちは「私のバラタナゴ」といった帰属意識が強くなり，その後の観察も熱心におこなうことができる．

子どもたちに様々な気づきをもたらせる受精卵の観察

受精卵は薄いオレンジ色をした長径約 3 mm の電球形で，卵膜は透明で中の卵黄や卵割および後期発生過程が低倍率（10～20倍）で観察できる．ふ化する時間は飼育温度によって異なるが，15～20℃であれば受精後 28 時間でふ化する．

その後，卵黄を栄養として後期仔魚（全長約 7 mm）まで成長する（図1.29）．子どもたちは，卵から稚魚になるまでに形や体色のみならず，体や心臓の動きなどに大きな変化があることを観察し，次第に魚らしくなっていく過程を感動を持って観察することができた．そして次のT子の感想文に表現されているように，この観察を通して子どもたちは，卵黄の役割についても理解し，卵

で生まれる動物は，養分を持って生まれてくることをとらえることができた．

> 〈T子〉 おなかについている黄色いものは？
> 　私は、黄色い部分は、た分、えいようが、入っていると思う。それは、人間が赤ちゃんを産む時、おなかの中で赤ちゃんは、お母さんが食べた物が、えいようになっている。それと、ちょっと違うけど、バラタナゴの赤ちゃんも、おなかの中で、えいようをもらっていると思う。
> 　それで、バラタナゴの赤ちゃんは、産まれてちょっとまでは、えさはいらない。だから、お中で、お母さんに、もらったえいようが、やくにたつと思う。大きくなるにつれて、黄色い部分が、少なくなってきていると思う。それで、私は、黄色い部分は、えいようのふくろみたいな、もんだと思いました。（原文通り）

　バラタナゴの人工授精実験が終了した後で子どもたちに感想文を書かせた．3名の子どもの感想文を紹介する．

> 〈N子〉 まず，1日おいた水をシャーレに入れて，雌のおなかをやわらかく押す．すると，ひょうたんが小さくなったみたいなたまごがうまれた．少しかわいそうだと思った．次に，雄も同じようにした．すると，白い液がでてきた．すると，たまごのまわりに，とうめいのまくがはった．このまくは，多分，雄が出した白い液と思った．まくは，外部からのしげきをふせぐためにあると思う．小さな小さな魚も，人間といっしょで，子どもが元気に育つようにいろいろな工夫をしているんだなと思った．今までの勉強でタナゴの子には，二ひきの親がいる．たまごを産んだ親と育ててくれた貝．たまごにとったら，貝のほうが，親と思う気が強いと思う．魚も人間と同じように，大切にたまごを生む．私も同じように生まれたんだなあと思って，お父さんとお母さんに，感謝した．（原文通り）

> 〈M男〉 卵は，始めうすいまくみたいなものの中に黄色いものが入っていたけど雄が出す白い液をかけると黄色いものが，だんだん白くなってきたのでとても不思議だった．
> 　それは生きているしょうこなんだなと思った．（原文通り）

> 〈K子〉 雄の白い液がなかったら卵は育たないんだろう．
> 　300倍で白い液を見た．小さな，まるい形のものが，たくさんいた．あれが，命の一部になるなんて，信じられない．母のほうも，卵に生命をあたえていた．卵は，母父から生命をもらって，育つことがわかった．（原文通り）

　M男の感想でも，受精の不思議さ，雌雄の関わりによって生命が誕生することへの感動が見られる．さらに，N子の感想には，卵膜が卵を守ることや貝

がバラタナゴの仔魚を守ることに気づいて，人と比べながらバラタナゴの繁殖の工夫を認識することができたようだ．また実際にバラタナゴの精子を顕微鏡で見た後のＫ子の感想からも，子どもたちは，卵は雌が産むと勝手に育っていくのではなく，雄の精子と雌の卵が結びついて生命が育まれることも理解できたようだ．この点については，メダカを教材にした学習では，なかなか理解させることはできない．バラタナゴを教材にするメリットである．

前述の感想文を含め，子どもたちが常に，人（＝自分）を意識していることがわかる．人の誕生を主教材にした「動物の誕生」については，同じ５年生の２学期以降に学習する．しかし，この段階では，あくまでも「魚の誕生」の学習であり，人の誕生と比較することはない．むしろ，後の「動物の誕生」の学習において，魚の学習を思い起こし，比較しながら人の誕生を学習する流れになっているのである．つまり，バラタナゴを教材化すること，人工授精による命の誕生の学習の流れの中で，人（＝自分）を意識させることができる．この点においても，バラタナゴはすぐれた教材なのだ．

受精卵の観察は，卵黄が吸収された仔魚をシャーレから成魚のいない水槽に移し，水槽内を自由に泳ぎ回り，自らエサを捕ることができる稚魚期までの成長を追い続けた．途中，卵黄が両側に翼のように突起し，時間経過とともに縮小する現象を観察した．当然この突起がどんな役割をしているのかと疑問を抱き，子どもの想像力をかき立てる．「二枚貝の鰓の中で吐き出されないような役割をしているのではないだろうか」と予想を立て，図鑑などで調べる学習に発展していった．また，成長の途中で観察される目の出現や心臓の動き，血管の形成，卵黄の吸収，鰭の形成，黒い色素の出現による体色の変化など，体の変化と成長の過程をこと細かく観察し記録することができた．

心臓については，２つに部屋が分かれていて，それが交互に動いていることの観察から魚の心臓が１心房１心室であること調べ，さらに「爬虫類や哺乳類の心臓はどうなっているんだろう？」という疑問から学習を発展させた子どももいた．きっと，６年生で心臓などの体のつくりを調べる「人の体のつくりと働き」の学習にもこの実践が生かされることであろう．子どもの学習意欲を沸き立たせることができたのもバラタナゴの存在が大きい．

このように，人工授精から約１ヵ月間の観察を子どもたちは，意欲的に興味を持って継続させ，多くのものを学び取った．

マルチ教材になり得るバラタナゴ

　バラタナゴを活用した5年生の授業では，受精から命の誕生，卵の発生と成長を体験的に学習することができる．特に，人工授精による発生実験では，雌雄の役割をとらえるとともに，受精という命の誕生をより身近なものとして認識させることができた．そして，子どもたちはこの活動を通して，命の誕生の神秘さに気づき，命を尊重する態度を育むことができた．

　このようにバラタナゴは採集も飼育もしやすく，また，雌雄の区別も容易である．さらに，人工受精が簡単にできることから，受精，発生だけでなく，様々な発展性を持った価値ある教材といえる．小学校だけでなく，中学・高等学校の理科学習においても教材としての活用用途は多い．子どもたちにとって身近な生きものであり，興味・関心を高めることのできるバラタナゴを活用したさまざまな学習にチャレンジしてみてはいかがであろうか．　　　　（藤川博史）

3．タナゴ類の共存メカニズム

（1）柳川市内を流れる二ツ川のタナゴたち
①これで本当に「産みわけ」ができるの？　―産卵床選択

　福岡県の観光地，水郷めぐりで有名な柳川市の掘り割りは，筑後川水系の矢部川に端を発している．矢部川の支流である沖端川から分岐して「二ツ川」と呼ばれるその川は，最大でもその幅が12〜15 m程度の小さな水路である．ところが，1976〜1980年当時の川には，なんとタナゴ類が6種類（ヤリタナゴ *Tanakia lanceolata*，アブラボテ *Tanakia limbata*，セボシタビラ *Acheilognathus tabira nakamurae*，カネヒラ *Acheilognathus rhombeus*，ニッポンバラタナゴ *Rhodeus ocellatus kurumeus*，カゼトゲタナゴ *R. atremius atremius*）が生息しており，その数も多かった．

　二枚貝の鰓の中に産卵するという独特の産卵生態を持つタナゴ類が，これほどの狭い川に6種類も共存している事は，その「産みわけ」がどのようになっているのかと，大変興味をおぼえた．

　そこで，二ツ川のタナゴ類の産卵生態を調べるにあたって次のような観点で調査項目を考えた．

各種の産卵時期…季節的な差を持って二枚貝を有効利用しているのではないか？
産卵場所の確認…河川内において空間的な産みわけをしているのではないか？
産卵利用貝の確認…二ツ川に生息する7種類の二枚貝のどれかを選択的に利用

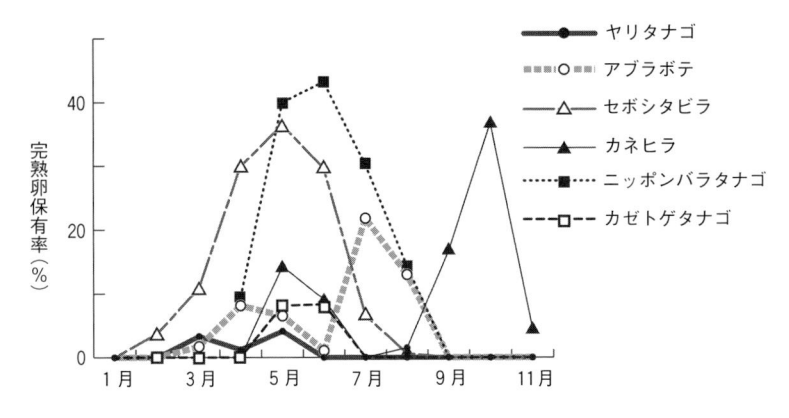

図 1.30　柳川市二ツ川における各タナゴ類雌の完熟卵保有率の月変化.

しているのか？
産卵行動の比較…雄の縄張り行動など雌雄の産卵行動が産みわけを可能にしているのではないか？

　なお二ツ川におけるタナゴ類の調査は，著者のほかに中田善久，谷川秀樹，石鍋壽寛，室山節子，田中浩ほかが様々なテーマで協同しておこなった．

産卵期の推定

　1976 年，各種の産卵期を推定するために月に 1 度の定点観察及び捕獲による調査をおこなった．タナゴ類は，産卵期になると雄には鮮やかな婚姻色があらわれ，二枚貝を中心とした縄張りを形成し，縄張り内に侵入する他の雄を排除する行動が見られる．一方，産卵期の雌は，「産卵管」が伸び，産卵が可能になると腹部を圧迫すると完熟卵が産卵管に押し出されてくる．このことから完熟卵を保有している雌の出現率の変化から産卵期を推測することとした（図 1.30）．

　この図から，ヤリタナゴ，アブラボテ，セボシタビラ，ニッポンバラタナゴ，カゼトゲタナゴの 5 種は，春産卵型でその産卵期の最盛期がほぼ重なっており，カネヒラだけが秋産卵型で「時間的な産みわけ」をおこなっているといえる（Nagata and Nakata, 1988）．

産卵場所の推定

　各種の産卵場所は，タナゴ類の分布状況および産卵行動を陸上や水中からの観察することで推定した．より詳細な観察をおこなうために，定点観察地点の中で，6種類が同時に観察でき，しかもその生息場所や産卵場所の推定には最適だと考えられる地点を絞りこんだ．そこは，二ツ川が集落の中を流れていて，小さな橋が架けられた場所であった．その橋の下は二枚貝の分布状況も採集して調べるには十分な状況であった．ここに，50 cm四方のコドラートを河床全面に固定し，観察地点や採集場所が明確になるようにして魚類・二枚貝の分布，産卵行動の観察の比較をおこなった．

　観察の結果，ニッポンバラタナゴとカゼトゲタナゴの分布の中心は岸部にあり，カネヒラは産卵期に川の広い範囲を遊泳していることが分かった．ヤリタナゴは川の流れの速い所で多く観察され，流れの速い所ほど密度が高くなる傾向が見られた．アブラボテ，セボシタビラは，ともにヤリタナゴよりも流速のゆるやかな区域に多く分布する傾向があったが，アブラボテの方がセボシタビラよりもさらに岸部に分布する傾向があった．これらのことから，タナゴ類のミクロな生息場所の選択については河川の流速が1つの要因になっており，河川の流心付近に分布するヤリタナゴから止水域に近い環境である岸部に分布の中心を持つニッポンバラタナゴまで，流れの速さによる傾斜的な分布様式があるのではないかと推測できた．

産卵利用貝の確認

　春産卵型の5種のタナゴ類について，河川内の生息場所に一定の傾向が認められたものの，河川の規模から考えても，流速によるすみわけが，産みわけを完全なものにしているとは考えられない．

　また，二ツ川にはタナゴ類が産卵に利用できると考えられる二枚貝が7種（イシガイ *Unio douglasiae nipponensis*，マツカサガイ *Pronodularia japanensis*，オバエボシ *Inversidens brandti*，ドブガイ *Anodonta woodiana*，トンガリササノハガイ *Lanceolaria grayana*，カタハガイ *Obovalis omiensis*，マシジミ *Corbicula leana*）生息しており，「産卵に利用する貝の種類によっての産みわけ」という可能性も考えられた．後にKondo (1982) によってニセマツカサガイ *Inversiunio yanagawensis* の生息も確認されたが，その割合は高くないという．

　調査地点における二枚貝全体の平均密度は1 m^{2}あたり284.2個体と非常に

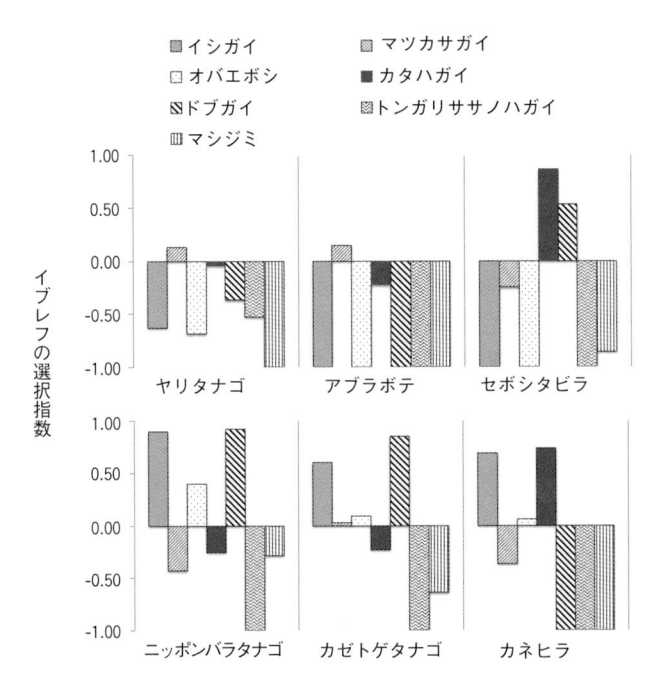

図 1.31 二ツ川のタナゴ類各種の産卵床選択．+1 に近いほど選択性が高い．

高い値で，タナゴ類の産卵床として豊かな環境であることがわかる．二ツ川の二枚貝はマツカサガイが優占種で全個体数の約 70% を占めており，次いでマシジミが 20%，カタハガイ，イシガイはともに約 4% 程度で先の 2 種類と比べると著しく少ない．

タナゴ類が産卵に利用する二枚貝を種によって選択的に利用しているかどうかを，採集された二枚貝より得られた卵・仔魚の種類をもとに，イブレフの選択指数（又は選択係数）(Ivlev, 1955) を用いて比較した（図 1.31）．

ここで使用したイブレフの選択指数 (E_i) は次のようにして求めた．

$E_i = (r_i - N_i) / (r_i + N_i)$

E_i：i 種の貝に対する選択指数

N_i：採集された二枚貝の総数に対する i 種の比率

r_i：産卵に利用された二枚貝の総数に対する i 種の比率

選択指数は，−1 と +1 の間の値をとり，+1 に近いほど選択性が高く，−1 に近くなるほど忌避の傾向が高くなる．

ヤリタナゴは，マシジミを除く全ての二枚貝から卵仔魚が得られたが，マツカサガイを94.9%と最もよく利用していて，カタハガイもその個体数に応じた頻度で利用していた．その他の種類の二枚貝については，忌避の傾向を示した．
　アブラボテは，マツカサガイ，カタハガイに限って利用しており，マツカサガイへの選択はヤリタナゴよりも強く，カタハガイに対してヤリタナゴよりも忌避の度合いは強いという結果であった．
　セボシタビラは，個体数では全二枚貝の4%ほどにしかならないカタハガイを選択的に利用し，その利用率は53.4%にもなるという驚きの結果であった．一方，マツカサガイに対しては忌避の傾向が認められ，その他の種類の利用は，ドブガイとマシジミに一例ずつのみに見られた．
　カネヒラは，マツカサガイ，カタハガイ，イシガイ，オバエボシを利用し，オバエボシはランダムに利用し，マツカサガイにはやや忌避の傾向を示した．
　ニッポンバラタナゴ，カゼトゲタナゴは，トンガリササノハガイを除く全種類の二枚貝を利用していて，イシガイとドブガイを選択する傾向とカタハガイ，マシジミを忌避するという同様の選択性を示した．しかし，マツカサガイの利用は，ニッポンバラタナゴは忌避の傾向を示したが，カゼトゲタナゴはランダムな利用という差が見られた．また，ニッポンバラタナゴ，カゼトゲタナゴは，他の4種に比べて二枚貝の種類を幅広く利用している傾向が認められた．
　二枚貝の種類による選択で，特に顕著な傾向が見られたのはセボシタビラで，これほどに明確な結果が出るとは考えてもみなかったことである．また，後述のセボシタビラの産卵行動が，他と比べて特徴的な面があったことも併せて，セボシタビラという種の特殊な面を感じさせられる結果となった．
　筆者らの二ツ川での調査の後，岡山県旭川水系（Kondo et al., 1984）と三重県祓川（Kitamura, 2007）で同様な調査・研究がおこなわれた．後者は本章3.(3)で述べられており，その中に3河川のタナゴ類の産卵時期や産卵床選択などについて比較し考察されているので参照してほしい．

産卵行動の比較
　産卵行動の詳細を自然の河川で観察するためには，陸上からの観察だけでは不十分であり，長時間の水中観察が必要となった．そこで，コンプレッサーにより加圧された空気を供給してくれるフーカーという潜水器具を利用した．このフーカーにより長時間の水中観察が可能になり，陸上からの観察では把握で

きなかった様々な産卵行動の詳細な観察データを得ることができた．ただし，観察時の水温が17～19℃程しかないため，水によって体温が奪われてしまい，せいぜい頑張っても1時間程の連続潜水が限界であった．

　産卵行動の観察を，実験室の水槽ではなく自然の中でおこなうことにはかなりの時間と「運」が必要である．「運」まかせとは非科学的な表現だが，自然界の中でおこなわれている産卵現場にうまく出会えるかどうかは，人間がいかに条件を整えたとしてもコントロール不可能なことである．だからこそ時間と根気をかけての観察が必要になってくる．

　待った甲斐があって，自然の中で営まれている産卵行動を目のあたりに観察できた時には表現に尽くせない「感動」がこみ上げてくる．1度その味を覚えてしまうと「自然観察」の虜になってしまう．

　低水温の中で歯をガタガタ震わせながらも観察を続けたり，送られてくるはずの空気の圧力が下がり息苦しさを感じていてもそのまま観察を続けてしまうほど，生きものの活動は魅力的なものだといえる．

　産卵行動を観察によって解き明かすといっても，何をどのような視点で観察し，どのようなまとめ方をすれば行動の特徴をあらわすことができるのか，ここで難しいのは「観察観点の決定」である．事細かに観察をおこないデータを集めたとしても，その観察の観点が妥当なものでなければせっかくのデータも価値が半減してしまう．とはいえ，観察をし始めて間もない頃から観察の観点について考えすぎてしまうと，何を見ても重要に思えてきたり観察観点の多さに圧倒されてしまって何も見えなくなってしまったりすることもある．何に着目するかのヒントは，やはり自然の中にあるといえる．

　まずは自然の中にひたりきって，特に何に着目することもなく，ただ目の前で起こっていることを無心に眺めていくことから始めればいい．行動観察などにおいては，はじめから細かな視点にこだわらずにじっくりと自然を観察することで次第に観察する視点がはっきりしてくる．何が何だか訳のわからない状態がしばらく続くが，ある時を境に様々な事柄が関連づけて見えるようになるものである．そして，その解釈が妥当であるか否かは，観察例を増すだけでなく，観察以外のデータとの突き合わせを重ねていくことで自ずと明白になっていく．

　観察記録を水中で記録するために，樹脂製のトレーシングペーパーを塩ビ製の自作画板に挟み，市販品のシャープペンシルで記入するオリジナルの水中フ

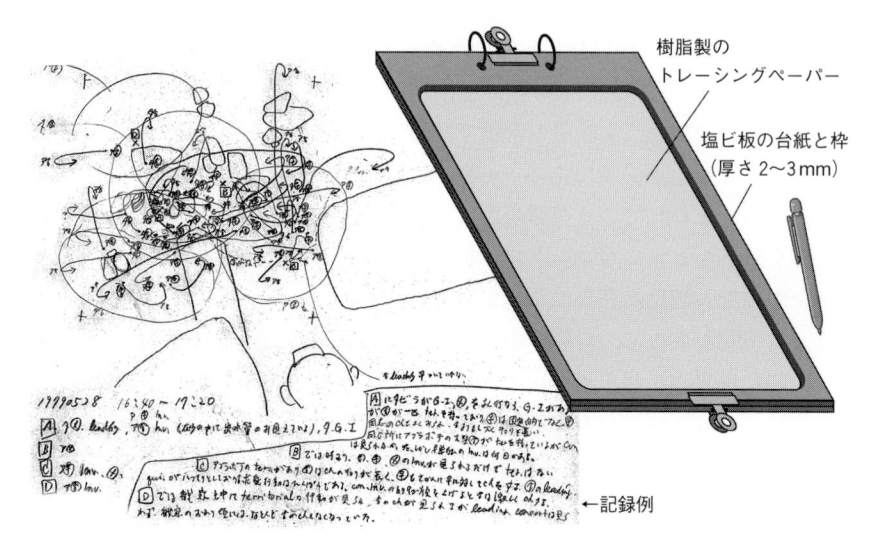

図1.32 作成した水中ノートで，多くの内容を記録することができた．

ィールドノート（図1.32）を考案し，水中でも細かな観察記録が残せるようにした．

　図1.33の観察記録は，この水中フィールドノートに描いた各種の産卵場における泳跡の例である．このような行動記録を得るために雄と雌に分けて次のような事柄に着目して観察を進めた．

　タナゴ類は，雄が二枚貝を中心とした縄張りを持ちそこへ雌を誘い，雌は雄の後を追って産卵貝に到達し，産卵・放精をおこなう．その場が産卵場であり，雌は産卵管が伸長した個体のみといってよい．そこで以下の要素についての観察から，各種の雌雄の産卵行動の解析をおこなった．

雄の行動

❶ 縄張りの広さ（T_w）…図1.34
❷ 行動域の広さ（H_w）…図1.34
❸ 縄張り及び行動域内ののぞきこみ貝の数（I_b）
❹ 1つの二枚貝に対するのぞきこみ行動の集中度（M_b）
❺ 侵入雄に対する防衛性の強さ（D）
❻ 縄張りの重複度合い（O_t）

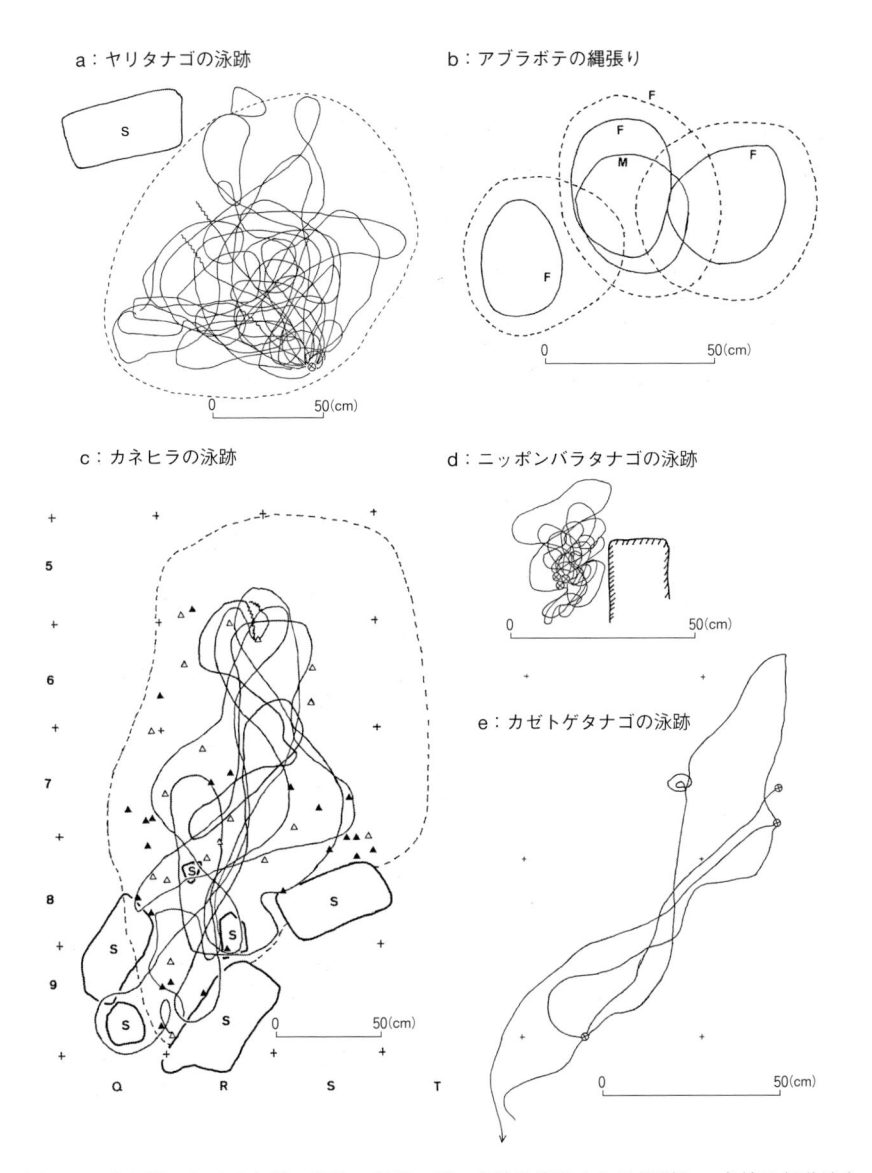

a：ヤリタナゴの泳跡
b：アブラボテの縄張り
c：カネヒラの泳跡
d：ニッポンバラタナゴの泳跡
e：カゼトゲタナゴの泳跡

図1.33 産卵場における各種の行動の記録の例．実線は泳跡または縄張り，点線は行動域を示す．F, Mは雌雄を，Sは石を示す．

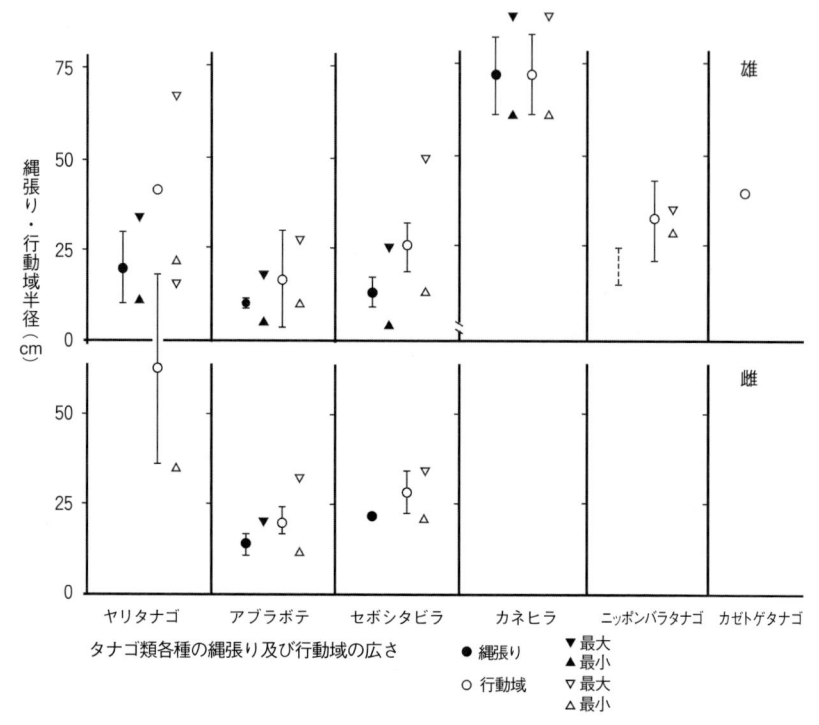

図1.34 二ツ川のタナゴ類各種の産卵時における雌雄の縄張りと行動域の広さ.

❼ 攻撃性の強さ（A）

雌の行動
　❶ 誘導される距離の長さ（L_l）
　❷ 雌単独による縄張りの有無
　❸ 雄の誘導に対し追随する頻度（F_o）
　❹ 雌単独による産卵貝への接近，貝のぞき行動（F_i）
　❺ 雄との結びつきの強さ（F_m）

　これらの要素から，まず**雄の産卵行動**の特徴（図1.33・34）を魚種ごとにまとめると次のようになる．

ヤリタナゴ：春産卵型の中で最も縄張り（図1.33a 実線），行動域（点線）が広い．その中で貝のぞき行動をおこなった貝数も多い．しかし，特定の二枚貝に対する貝のぞきの集中の度合いは，岸付近では集中性が高く，流心部付近では低いという傾向が見られた．縄張りも流心部では不明瞭になり数個体の雄が

同所的に産卵行動をおこなっている事が観察された．流心部では，防衛性と攻撃性は非常に低下し，縄張り防衛行動よりも雌を探索する行動が頻繁に見られた．また行動域は広がり，縄張りの広さとの差が大きくなっている．

アブラボテ：縄張り，行動域は最も狭く，その中で貝のぞき行動をとる貝の数も1個の場合が最も多い．また特定の二枚貝に対する集中の度合いは高く，攻撃性，防衛性は最も高い．縄張りは，岸部に多く見られ，雌（F）と雄（M）でよく似た広さの縄張りが，重複の度合いも小さく配列されていた（図1.33b）．ただ，特定の貝への集中は翌日には別の貝に移る．

セボシタビラ：セボシタビラの縄張りの広さは，アブラボテとほぼ同様であるが，行動域はヤリタナゴとアブラボテのほぼ中間といえる．行動域内の貝のぞき行動をおこなう貝数は1個のものが多く，長期間にわたって同じ場所での貝のぞき行動を続けるのが特徴的である．これは，セボシタビラが選択的に利用するカタハガイがその場に存在するためである．

　カタハガイに対する集中の度合いが高いことで，アブラボテに次いで特定の貝への執着性が高く，防衛性も同様に高い．しかし，攻撃性については強度の攻撃行動は認められずヤリタナゴに次いで攻撃性が低い．

　また，セボシタビラの産卵行動に特徴的なものとして，雌雄混合の集団での貝のぞき行動がよく観察され，集団のまま貝のぞき行動をしながら貝から貝へ移動する行動も見られた．

カネヒラ：調査したタナゴ類の中で最も縄張りが広く縄張りそのものが行動域という結果が得られた．縄張りが広いため，ときおり侵入する雄がいたが，縄張り占有雄は，よく巡回行動をしており侵入雄を発見すると執拗に追い払い行動をする．攻撃の強度も強くその度合いは *Acheilognathus* 属内では，アブラボテに次いでいる．行動域内に含む貝のぞき行動をおこなう二枚貝は，平均36.6個体と非常に多い．

　カネヒラの雄は，広い縄張り内を多くの二枚貝に貝のぞき行動しながら遊泳し，雌を発見するとすぐに誘導をする．そして雌を連れたまま貝のぞき行動を繰り返しながら長い距離を遊泳する（図1.33c）．

　また，カネヒラは産卵に利用する二枚貝の内イシガイとカタハガイに高い集中を示すのにもかかわらず貝のぞき行動した場所を調べてみると，貝の無い場所（図1.33c▲）への貝のぞき行動が他種と比較してかなり多いことも特徴の1つである．

ニッポンバラタナゴ：観察例が少なく不明な点もあるが，長田ほか（1976）の池におけるものの報告や二ツ川においても下流域で観察されたものよりも縄張りの広さは広く，またその中に含む貝のぞき行動をおこなった貝数も多い傾向が見られた．特定貝に対する集中の度合いは，アブラボテ，セボシタビラに次いで高い（図1.33d）．また，攻撃の強度も強い．

カゼトゲタナゴ：ニッポンバラタナゴよりさらに観察例が少ないため不明瞭な点が多い．しかし図1.33eに示したようにカネヒラと同様の広い行動域を持ち雌雄同伴で遊泳し，同種の雄に対してはかなり激しい攻撃行動をおこなう．

次に**雌の産卵行動**について特徴を示す．

ヤリタナゴ：誘導される距離は，春産卵型の中ではカゼトゲタナゴに次いで長く，その平均値においても雄の縄張りの平均半径の上限より長い値を示しており，このことはヤリタナゴの雌は，雄の縄張りの外から誘導されて産卵貝に到達していることが多いことを示している．ヤリタナゴの雌の縄張りは観察されず，雌の行動範囲はかなり広い．

追随の頻度は *Tanakia* 属と *Acheilognathus* 属内では，カネヒラに次いでおり，雌単独の貝への接近は，カネヒラ及び *Rhodeus* 属よりも頻度は高いようであるが，アブラボテ，セボシタビラとは大きな差があった．

アブラボテ：誘導される距離は最も短く，雄の縄張り半径とほぼ同じ長さであった．またアブラボテの雌は，単独で縄張りを持つこともしばしばであり，その広さは雄のものよりも広い傾向が認められる．そして雌も雄同様の縄張り配列が見られた（図1.33b）．

縄張りを持った雌は，雄と同様に攻撃性も高く，雌の侵入に対しては高い防衛性を示すだけでなく，雄さえも追い払うことがある．雄に対する依存度は低いといえる．

セボシタビラ：誘導される距離は，アブラボテよりもやや長く縄張り半径との差は小さい．雌が縄張りを持つこともあり，縄張りの広さは，アブラボテに次いでいる．

また，雄の誘導に対する追随の頻度はあまり高くなく，雌単独による貝への接近は多い．しかし，雄雌が同伴することはよく観察された．これは，セボシタビラは雄雌ともカタハガイへの集中の度が高く，常にその周囲に集まっているためと考えられる．

カネヒラ：誘導される距離が最も長く，雄への追随も積極的である．雌の縄張りは観察されなかったが，それぞれの雌が定位している場所がほぼ決まっているようで，雄の行動域は，複数の雌の定位域を含みこんでいる．そのため1個体の雄に2個体以上の雌が追随したこともあった．雄の誘導に対しては，ほぼ完全に追随し，雌単独の貝への接近は観察されなかった．

ニッポンバラタナゴ：雄に認められたように，調査地点においては誘導される距離が長くなり，雌の縄張り行動も少なかった．一方，雄の誘導に対する追随の頻度は増しているようで，雌単独での貝への接近は少なくなっている．

カゼトゲタナゴ：観察例数が少なく，雄同様詳細な点については不明であるが，雄雌同伴の貝のぞき行動をおこないながらの遊泳が1例記録され，その距離は長かった．また調査地点では密度が低い種であるにもかかわらず雄雌同伴での観察例が多いことから，雌が誘導される距離は長く，追随の頻度も高いと考えられる．雌の縄張りや雌単独での貝への接近は少なかった．

このように見ると雌の雄との結びつきの強さ（F_m）は，カネヒラ，カゼトゲタナゴ，ヤリタナゴ，ニッポンバラタナゴ，セボシタビラ，アブラボテの順になるようである．

産卵行動の各要素の相互関連

以上に述べてきた二ツ川における産卵行動の各要素の程度をタナゴ類の種類の順に配列したのが表1.4である．この順位をもとに各要素の相関を調べてみた．その中で，数値データではなく種間の比較による順位でしかあらわせない要素は，KENDALLの順位相関係数 τ を用いた．

1）雄の行動について：行動域の広さ（H_w），行動域内の貝のぞきをおこなった貝の数（I_b）は，縄張りの広さ（T_w）に対して正の相関を示し，縄張りの重なりの度合い（O_t）は，縄張りの広さとの相関は低く，防衛性の高さ（D）とはほぼ負の相関を示している．防衛性の高い種ほど縄張りの重なりの度合いは小さく，防衛性の高いものほど縄張りが狭い傾向がある．

1つの貝に対する集中の度合い（M_b）と縄張りの広さ（T_w），縄張りの重なりの度合い（O_t），防衛性の高さ（D）の関係調べてみると，縄張りの広さ（T_w）は，1つ1つの貝への集中度（M_b）が高くなると狭くなる．防衛性（D）は，1つ1つの貝への集中度（M_b）にほぼ比例するようである．

以上の事から，全体を通して見ると雄の行動の要素の多くは貝への集中性と

表1.4 二ツ川のタナゴ類における産卵行動要素の順位.

			ヤリタナゴ	アブラボテ	セボシタビラ	カネヒラ	ニッポンバラタナゴ	カゼトゲタナゴ
M	1つの貝への執着性	*M_b	4	1	2	6	3	5
	行動域の広さ	H_w	3	6	5	1	4	2
	縄張りの広さ	T_w	3	6	5	1	4	2
	行動域内の貝のぞき貝数	I_b	3	5	4	1	2	?
	防衛性	D	5	1	3	4	2	?
	縄張りの重なり度合い	O_t	1	4	2	3	5	?
	攻撃性	**A	6	1	5	4	3	2
F	雄への結びつきの強さ	***F_m	3	6	5	1	4	2
	誘導される距離	L_l	3	6	5	1	4	2
	追随の頻度	F_o	4	6	5	1	3	2
	雌単独による貝への接近	F_i	3	1	2	6	4	5
	1回の産卵数	N_o	2	4	1	3	5	6
	孕卵数（腹部圧迫で得た完熟卵数）		1	4	2	3	6	5
	利用可能貝密度	D_b	2	1	5	6	4	3
	魚の密度	D_f	3	1	2	6	4	5
	魚あたりの貝の数	B_f	3	5	6	1	2	4

* 貝に対する執着性の高いものが順位が上となる.
** 攻撃性の高い行動がよく見られるものが上位.
*** 雄への結びつきが強いものが上位.
その他のものは全てその値もしくは程度の大きいものを上位とした.

の相関があり，1つの貝への執着性（M_b）が，各種の雄の行動の違いをあらわすパラメーターとして重要であると考えられる．

2) **雌の行動について**：追随の頻度（F_o）は，誘導される長さ（L_l）と高い正の相関が見られ，雌の単独での貝への接近は，逆に高い負の相関が得られた．すなわち，雄の誘いによく呼応するものは，貝への単独での接近は少なくなっていることになる．そこで，雌が貝に到達する際にその経過が雄に依存的なものであるか（m），また独立的なものであるか（b）を全観察を通じての印象からまとめてみたものを，雌と雄の結びつきの強さ（F_m）とした．さらにF_mを雄に依存的なものから順位をつけて，誘導される長さ（L_l）との関連を調べてみると全く同じ順位となった．

この結果から，雌の行動を代表させるパラメーターは，雄との結びつきの強さ（F_m）が適当であろうと考えられる．

3) **雄の貝への執着性**（M_b）**と雌の雄への結びつきの強さ**（F_m）**の関係**：図

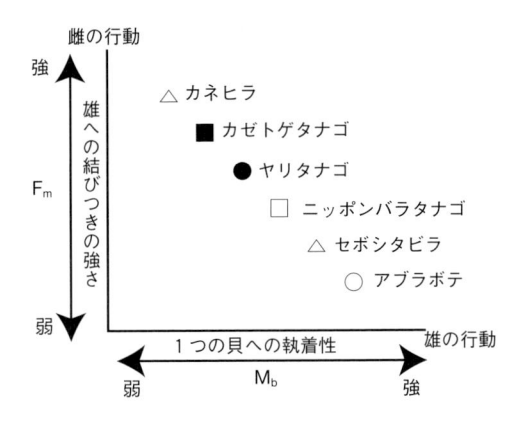

図 1.35 二ツ川のタナゴ類各種が示した貝への執着性（M_b）と雌の雄への結びつきの強さ（F_m）の関係.

1.35 にその関係を示したが，雄の貝への執着性の高い種は，雌の雄への結びつきが弱く，そのかわり単独でも貝に接近し，時には縄張りさえ持つという自立的な雌の行動が強い傾向がある．一方，雄が貝への執着性が低い種は，雌の雄への結びつきが強くなっている．

　この図は何を示唆しているのだろうか．アブラボテからカネヒラまでつらなっている「産卵行動の戦術」には，雄の貝への執着性（M_b）と雌の雄との結びつきの強さ（F_m）との間に相反する関係があるように見て取れる．つまり，一方の端に雄が縄張り内の特定少数の貝を強固に守り，雌も雄とは独立的に貝の周辺に集まる種（アブラボテ）がある．もう一方の端に，利用する貝の位置を確実に記憶しないで主に地形を頼りにし，長時間かかって長距離を遊泳しながら多数の貝にわたって貝のぞきをした後，複数の貝に到着するために雄と雌の結びつきを強固にしている種（カネヒラ）がある．そしてその両種の間に残りの種が並ぶ系列があるように見える．

　タナゴ類の産卵にとって二枚貝の確保という面から見れば，アブラボテのように貝に強い執着を示し，貝を中心とした縄張りを強固に持つ種が有利ではないかと考えられる．しかし，雄または雌が，それぞれ単独に二枚貝を占有してもうまく産卵に結びつくとは限らない．なぜならば，産卵は雄雌同時に二枚貝のそばにやってこなければ成立せず，雄と雌との結びつきの強さも産卵に大きな影響を持つと考えられる．

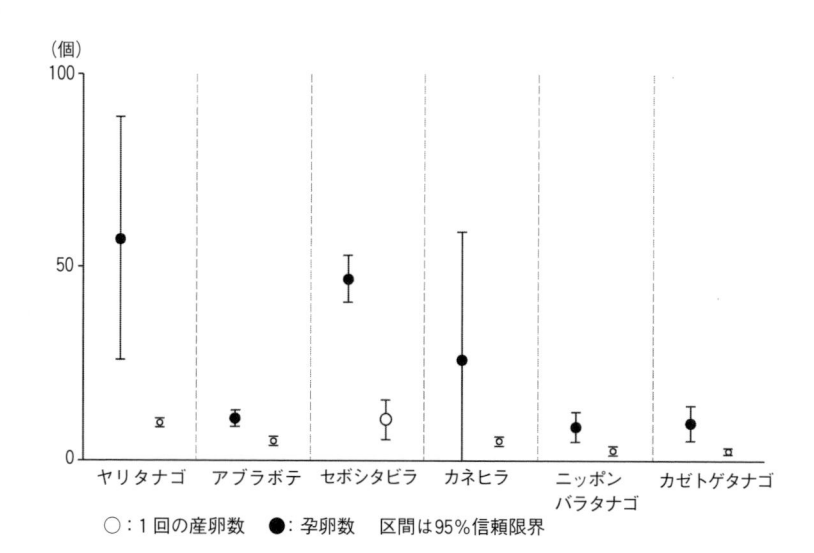

図1.36　産卵1回の産卵数と産卵管伸長時の孕卵数.

　そこで二ツ川のタナゴ類には産卵時に種族の維持に必要な投資量が必要であり，その投資量を達成するための方法が M_b，つまり産卵床となる二枚貝を雄が確保することにエネルギーを投資するのか，むしろ F_m，つまり雄と雌の絆を強めることに投資をするかといった双方のバランスのとり方がタナゴ類の種類によって異なると考えるのである．

　この様な縄張り防衛戦略と雌探索戦略の違いを扱った研究は，生方（1979）のヒガシカワトンボに関するものがある．生方は，産卵基質が集中し開放的な環境においては縄張り占有型が，基質が分散し閉鎖的な環境では雌探索型が，雌雄の出会いから見て有利であるとしている．

　タナゴ類においては元来，産卵の基質は開放された場にあり，さらに産卵基質が二枚貝といういわば「点」で，非常に集中している場であると考えられる．とすれば，タナゴ類は一般的に縄張り占有型になるはずで，特に二枚貝の密度の低い所では雄の貝への執着性は強くなるはずである．しかし，二ツ川におけるアブラボテとカゼトゲタナゴやカネヒラを比較すると，アブラボテの利用し得る産卵基質が特に集中し，カゼトゲタナゴやカネヒラの利用する貝が分散しているとは考えられない．従ってタナゴ類の縄張り占有戦略と雌探索戦略は，産卵基質の集中と分散だけで説明する事はできないと思われる．

さて，Winn（1958）は，北米産ダータ科（Pericidae）14種の産卵行動とその生態を比較し，孕卵数(ようらんすう)が防衛性の高いものほど少数であるとしている．そこで，今回の調査で得られた孕卵数と防衛性及び攻撃性の関連を調べてみた（図1.36）．なお産卵（Touching）1回の産卵数は貝から摘出した同一発生段階（発生初期のもののみ）の卵数であり，孕卵数は成熟雌の腹部圧迫により得られた完熟卵数である．その結果，孕卵数は防衛性と弱い負の相関が見られ，攻撃性に対しても同様の傾向があり，Winnの結果とほぼ一致する．

　タナゴ類は産卵管が伸びている間に孕んだ卵が貝内で死亡せず，吐き出されない貝に産みたいはずである．卵が入る貝の鰓腔の容積には限りがあり，また1つの貝に卵が多いと貝が衰弱したり，卵が菌の感染で大量に死亡するのを筆者らは見てきた．卵・仔魚も鰓から吐き出されない様々な形態や動きも知られている（中村，1969；福原，2000）．

　アブラボテやニッポンバラタナゴでは，産みつける貝を縄張りによって占拠し，その縄張りの位置を日々代えることによって着実に少数ずつ卵を産む縄張り防衛戦略を採用する．孕卵数が多いヤリタナゴやカネヒラは，相対的に雌と雄の結びつきが強く，同伴しながら複数の貝に分散して卵を産みわけていく探索戦略型を採用しているものと思われる．カゼトゲタナゴの孕卵数は少ないが，雄の強い攻撃性は雌と同伴して遊泳しているときによく見られることから，防衛する対象として産卵基質（貝）よりも雌をより強く選ぶ戦略が発達したものと思われる．いずれにしても限りある完熟卵を，限りある貝（この点については次節を参照）の鰓内で安全に育てる方策を各タナゴ種は進化させてきたに違いない．セボシタビラは孕卵数はヤリタナゴに次いで多いが，産卵場で4％しかないカタハガイに選択的に産みつけている．この点は，他のタナゴ類が産卵貝に分散して産卵する2つの戦略を採用しているのに唯一反している．ということは本種が　カタハガイに選択的に産卵するよほどのメリットか本種独特の妙技があるはずなのだが，何なのであろうか？

まとめにかえて

　二枚貝の鰓に産卵するタナゴ類にとっては，自然の中で産卵できるところはかなり限定されている．その限定された産卵床をめぐって競争すべき関係の近縁種が6種類も，しかもかなり密集した状態で共存していることは驚くべきことである．今回の調査対象となった二ツ川は，二枚貝の生息密度が類を見ない

ほど豊富な環境であった．その豊かな産卵床があればこそ可能となっている共存ではあるが，そこには種固有の産卵戦略や戦術がある．それぞれの種が，それぞれの戦略と戦術（やり口）を持ち，生息場所の様々な環境の変化に対応して微妙に戦術も変化させている．そのことによって見事に共存を可能にしているに違いないのだが，今回の調査ではほんの一部を垣間見たに過ぎない．セボシタビラの独特な貝の選択性・産卵行動をはじめとして，それまでに知られていなかったことがいくつも記録できた調査であったが，その成果だけでなく，新たな疑問がいくつも見いだされた調査であった．

*

　この調査から30年以上経ち，観察のフィールドとなった地点は河川環境が大きく変化してしまった．豊富であった二枚貝も，タナゴ類もその面影すら無い状況である．30年前の疑問に答えられるフィールドは，もはや日本に数えるほどしか存在していないのかもしれない．しかし，数こそ減ったとはいえタナゴ類はいまだ生息し，共存し続けているのを見ると，生きもののしたたかさに何がしかの「嬉しさ」を感じる．やはり，自然はすばらしい．　　（松島　修）

②貝をめぐる魚の三角関係

　卒論生になりたての私が興味を持ったのは，大学院生だった松島 修氏の「タナゴが産卵するときの貝の好みの話」だった．「好き嫌いがあるなら選ばないといけない．貝を選ぶなんてことができるのだろうか」，いかにも生物特有の良くできた話に引っかかりを感じた私は，まず文献を整理し，産卵する貝の選択性に関する部分を洗い出し，どの魚種にどのような可能性があるのかを探ってみた．主な文献は2報あって，平井（1964）は琵琶湖産タナゴ類4種の産卵貝がマツカサガイ属及びドブガイ属に限られることを調べていた．もう1つは中村（1969）が，タナゴ類が産卵床としての貝種及び大きさに関する選択力を持つ可能性について述べていた．本章の松島氏の福岡県二ツ川におけるセボシタビラがカタハガイへ限って産卵する研究はとんでもなく単純明快である．しかし一方で，セボシタビラが示すカタハガイへの選択性（嗜好性）は，産卵する場所での魚同士の関係（種内関係），魚の種類（種間関係）で決まるかもしれないため，貝を選べることが生まれつきあるいは生まれた後に獲得するのかも含めて気になった．

　私は同級生前川 渉氏と共同で野外での研究と室内実験を平行しておこない，

まずは野外観察でセボシタビラの選択性が他の場所（貝の種類と組成比が異なる）でも変化しないのかを調査した．またその場所での魚の数と二枚貝内に産みこまれた卵・仔魚数を比べようとした．梅雨空の産卵期を長田先生が運転する軽自動車で3人が寝泊まりしながら，岡山，広島，鳥取，北九州から筑後平野と巡り，佐賀平野まで足を伸ばして帰阪した採集旅行は，今思い出しても楽しいものだった．時期を同じくして，大学の屋上に設置した実験小屋で，ヤリタナゴ，アブラボテ及びセボシタビラの3種を数が違った組み合わせで入れた実験水槽内で産卵させ，3魚種がどの貝を選ぶのか，貝をめぐる三角関係の展開はどうなるのか，さらには産卵にまつわる魚同士の人間関係ならぬ魚関係を探ることにした．

選ぶ？　選ばない？

縄張り雄が産卵するときに見せる行動として，鼻先の吻端を出水管に近づけ貝をのぞくようにする行動を貝のぞき（investigation）と呼んでいる．まるで貝の臭いをかいでいるようにも見えるこの行動は，雌を誘導し産卵させようとする貝の出水管が開いているかどうかを確かめ，産卵のタイミングを確認することで興奮を高めているらしく，貝のぞきをする貝を産卵に利用する．まずは単独種で貝選びを探るのにこの行動を観察した．魚を落ち着かせるために周囲を囲った水槽（底面積 $0.48\ m^2$）に細いのぞき孔を設置した．水槽内にはプラスチックコップに入れた二枚貝（福岡県二ツ川水系水路産カタハガイとマツカサガイ）各5個体ずつを入れた．魚は同水系水路産ヤリタナゴ，アブラボテとセボシタビラで水槽にそれぞれ雄3個体と雌5個体を組み合わせた．縄張りができた後，カタハガイとマツカサガイに対する各魚種別に貝のぞきの回数を時間あたりで求め，さらに二枚貝へのIvlevの選択指数（前節①を参照）を計算した．結果は，セボシタビラはカタハガイを選び，マツカサガイには強い忌避（$-0.9 \sim -1.0$）行動を示した．またアブラボテはマツカサガイを選び（$0.1 \sim 0.4$）カタハガイを選ばなかった．一方，ヤリタナゴは日替わりでのぞく貝種がカタハガイとマツカサガイで激しく入れ替わり，特定の貝種を選ぶのではなく他の要因によって決めているかもしれないと考えられた．この時点では利用する貝を選んだのはアブラボテとセボシタビラであった．

		1		2		3	
		雌	雄	雌	雄	雌	雄
A	ヤリタナゴ	7	10	3	5	10	25
	アブラボテ	7	10	10	25	3	5
B	ヤリタナゴ	7	10	3	5	10	25
	セボシタビラ	7	10	10	25	3	5
C	セボシタビラ	7	10	3	5	10	25
	アブラボテ	7	10	10	25	3	5

表1.5 アブラボテ，セボシタビラ，ヤリタナゴで2種ずつの組み合わせで，数を8個体，17個体，35個体と変えた場合におけるマツカサガイとカタハガイの産卵利用率を調べる実験．貝は各水槽に10個体ずつ投入した．

魚にも複雑な事情がある?!

1980年二ツ川水系水路で採集したヤリタナゴ・アブラボテ及びセボシタビラを水槽（底面積1 m^2）に入れ，飼育実験をおこなった．魚の数は，雄3個体，雌5個体（合計8個体），雄7個体，雌10個体（17個体），雄10個体，雌25個体（35個体）で，これを2種類ずつの全ての組み合わせを用意して（表1.5），産卵貝としてマツカサガイ・カタハガイの各10個体を約2週間水槽に入れて産卵させてみた．どの水槽も貝の配置はランダムになるように，また各組み合わせ間での魚の体長差あるいは二枚貝の殻差がないようにした．これを4月から7月の期間にそれぞれの実験水槽で2～3回繰り返した（福原ほか，1984）．

2魚種ずつの組み合わせで産卵した結果，当然二枚貝の鰓には2魚種の卵と生育した仔魚があるだけだが，その同定（種類を決める）は順調ではなかった．当初は，2種の組み合わせなのだから中村（1969）にあてはめれば，簡単に全てのものが判別できるはずだったが，どこをどう見比べても違いがない．識別できるのは僅かで，特定できないもの（不明個体）をそのままにしておいてはデータ数が少なくなる．ヤリタナゴとアブラボテは卵形の区別ができないが，セボシタビラの卵は長楕円形で明らかに違っていた．中村（1969）は卵・仔魚の発生段階を，ふ化直後から脊索の末端が上に曲がるまでを8段階に，さらに，尾鰭の縁に二叉が入るところまでを5段階にそれぞれ区分していて，この通りに仕分けをした．この区分ごとにサイズを比べ，頭部に出現する黒色色素胞の違いで分けたところ，サイズはヤリタナゴ＞アブラボテ＞セボシタビラの順だった．しかし全長には重なりがあり，確実に種類を決定できなかった．毎日試行錯誤が続き方法は出尽くしたと諦めかけた時，長田先生が「仔魚の表皮を剥いで顕微鏡で見てみたら!?」と一言，本当に何気なくいわれた．タナゴ類で

もヤリタナゴ，アブラボテ，セボシタビラ，カネヒラ，イチモンジタナゴなどの前期仔魚期には，「鱗状突起」と呼ばれるぶつぶつがある．飛行機の翼のように卵黄が飛び出した「翼状突起」を持つバラタナゴ類，カゼトゲタナゴ，スイゲンゼニタナゴ，貝の鰓のなかで「蛆虫運動」をするイタセンパラ，ゼニタナゴ，カネヒラとともに二枚貝の鰓から吐き出されないための適応現象らしい．そこで眼科用ピンセットの先を砥石で研ぎ，剥いだ表皮を顕微鏡下で観察すると，鱗状突起が細長く円錐状に飛び出すヤリタナゴとお椀を伏せたようなアブラボテが形状は似ているが，なんとか区別できた．セボシタビラは明らかに突起の形状（ラグビーボールの半分）が全く違い，卵・仔魚を分ける目標は達成できた．それならば他のタナゴ類についてもよく調べてみると，これがタナゴ類の近縁関係を反映していることが分かり，慌てて日本魚類学雑誌に投稿するおまけまでついた．卒業後魚類学会での口頭発表では，ほぼ同じ内容での発表が2題続き，他方の発表が私の発表よりも明らかに鱗状突起を題材に系統だて研究してあった．しかし私は先に投稿を済ませてから口頭発表に臨んでおり，ついでにおこなった研究なのに私の名前が残ってしまった（福原ほか，1982）．

　後日談はさておき，ヤリタナゴ・アブラボテ及びセボシタビラの3魚類が実験期間中に各組み合わせで産んだ総卵・仔魚数には，かなりのばらつきがあった．そこで各組み合わせのうち，最も活発な産卵がおこなわれた期間，とにかく産んだ数が最大の期間をその組み合わせの結果として採用した．

　各水槽内の2貝種のうち，3魚種が産卵するのに利用した二枚貝の数の割合は図1.37のようになった（福原ほか，1984）．ヤリタナゴは，対アブラボテ（A組），対セボシタビラ（B組）のどの組み合わせでもマツカサガイを多く利用し，A-2組を除く他の5組では同時にカタハガイも利用していて，B-3組ではカタハガイをマツカサカイよりも多く産卵貝として利用している．アブラボテもヤリタナゴと同様に，マツカサガイを多く利用したが，どの組み合わせでもカタハガイも利用していて，A-3組ではカタハガイをマツカサガイよりも多く利用している．カタハガイを多く利用したA-3組とB-3組はどちらの組み合わせも，相手魚種に比べヤリタナゴの数が最大になる時の組み合わせで，アブラボテはA-3組では数が最小の組み合わせだった．つまりヤリタナゴとアブラボテでは貝利用の仕方が違い，相手の数だけでなく同じ種類の数も影響をしているようだった．これに対してセボシタビラは，対アブラボテのC-3組（セボシタビラの数が最大）で少しマツカサガイを利用したほかはまったくマ

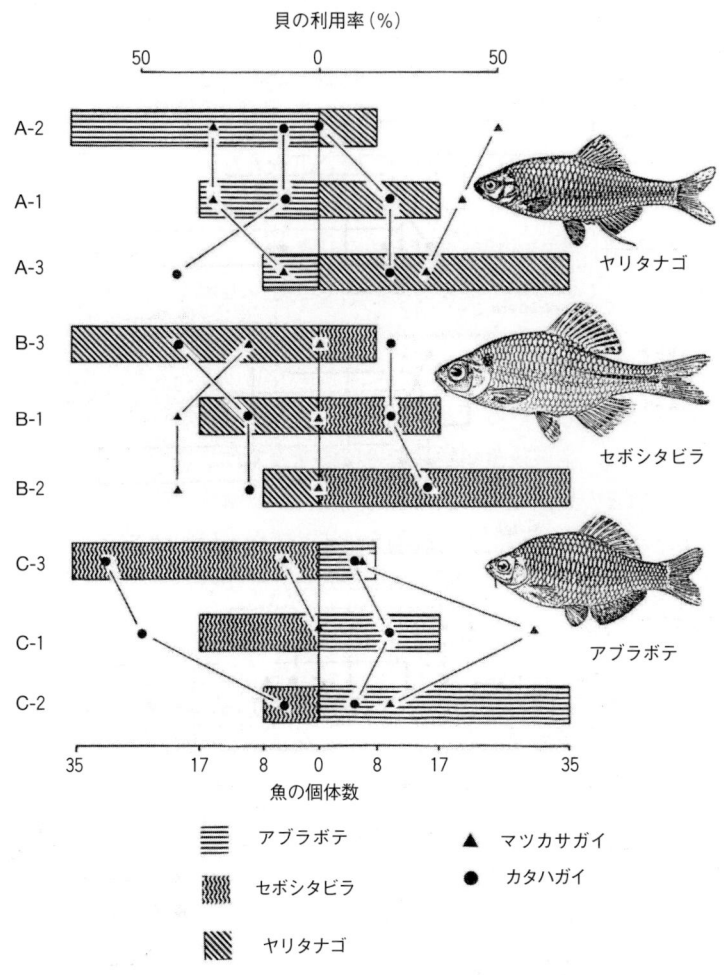

図1.37 アブラボテ，セボシタビラ，ヤリタナゴで2種ずつの組み合わせで，数を8個体，17個体，35個体と変えた場合におけるマツカサガイとカタハガイの産卵利用率（％）（福原ほか，1984を改変）．

ツカサガイを利用せず，カタハガイだけを利用し産卵をしていた．またセボシタビラ自身の数が増加するにしたがってカタハガイ利用率も高まっていた．
　セボシタビラはどの組み合わせにおいても常にカタハガイだけを選んでいて，マツカサガイをほとんど使わない．これに対してヤリタナゴとアブラボテはマツカサガイを好んでいるようだが，特に強く選んではいない．またヤリタナゴ

表1.6　各組の産みこまれた雌あたりの卵・仔魚数.

ヤリタナゴ	対アブラボテ	対セボシタビラ
多	1.5	0.4
同	2.9	7.0
少	4.5	4.1

アブラボテ	対ヤリタナゴ	対セボシタビラ
多	8.3	4.1
同	2.9	8.0
少	9.2	5.2

セボシタビラ	対ヤリタナゴ	対アブラボテ
多	7.0	0.4
同	24.3	5.9
少	7.3	0.4

多は35個体，同は17個体，少は8個体

B-3組，アブラボテはA-3組では，選んでいた貝種がマツカサガイからカタハガイへ逆転している．しかしその数値の動きは小さく，マツカサガイ選択から強いカタハガイ選択へ変化したものではない．アブラボテは単独でおこなった実験ではマツカサガイを選んだことから考えても，魚関係のなかでもやはりマツカサガイを選んでいるようだ．ヤリタナゴはマツカサガイを強く選び利用しているのではなく，セボシタビラがカタハガイを選ぶために，マツカサガイを選ばざるを得ない結果のようだ．そのため両種の貝選択性はセボシタビラの数と幾分関係があるように思われる．

　次に産みこまれた卵・仔魚数を各組の雌1個体あたりの卵・仔魚数に直して比べた（表1.6）．しかし種類で雌が卵巣に持つ卵数は異なっているので，異なる種類間での比較はおこなわずに対象魚の卵数がどのように変化しているかだけに注目した．セボシタビラは相手の数ではなく，対ヤリタナゴの組み合わせでは雌あたりの卵・仔魚数は安定して多い（7.0〜24.3）．対アブラボテは同数の組み合わせではやや多い（5.9）が他の組み合わせでは極端に少ない（0.4）．カタハガイだけを選び利用することで産卵には他種に比べ有利と思われるセボシタビラなのだが，アブラボテとの関係では理由は分からないが分が悪いようだ．ヤリタナゴは組み合わせの種類に関係なく対セボシタビラ，対アブラボテともに，自身の数が最多の組み合わせで最小数になる．ヤリタナゴは限られた空間で同じ種類の数が増えることが制限要素で，すなわち仲間内に問題を抱えている．アブラボテは個体数，相手の魚種ともに無関係で，雌あたりの卵・仔

魚数の変化は小さく（2.9～9.2），最も気楽に産卵したようだ．

　貝の鰓にはタナゴ類の卵が数百も産みこまれることがあって，容量はかなり大きいように見える．同じ雌雄の組み合わせ，あるいは同じ雄が異なる雌との組み合わせ，異なるペアでの産卵，他魚種の産卵など，1つの二枚貝が何度も繰り返し利用される．一方どの魚種の組み合わせでも，同貝種のなかでも産卵に利用されるもの（多くて50%，多くは30%以下）とそうでないものが存在し（図1.37），それは貝が置かれている位置などとも関係がないように見えた．何を基準に「この貝！」と決めて産卵しているのか，是非魚に聞いてみたいものだ．つまり産卵に利用できる貝はタナゴ類から見たら案外少ないのかもしれない．つまり貝が豊富にあってもタナゴたちは産卵床となる「貝は不足している」と思い続ける習性を持っているのかもしれないのだ．

　貝のなかには複数種の複数の発生段階の卵・仔魚が残されている．図示していないが，各組み合わせで産みこまれた卵・仔魚を発生段階別に整理をし，各組魚ごとの産卵のタイミングを検討した．セボシタビラとの組み合わせでは，セボシタビラの利用する貝がカタハガイに偏るため，ヤリタナゴ，アブラボテともに産卵のタイミングを相手のセボシタビラとずらしている兆候は認められない．ではヤリタナゴとアブラボテではどうなのか．卵・仔魚を発生段階別で整理すると，明瞭に産卵期がずれているわけではないが，産卵のピークはずらしていることがわかり，発生段階から見ると数時間から半日ぐらいのずれではないかと思われた．ヤリタナゴとアブラボテの間には競争が存在し，産卵貝が両者にとって不足気味であることを示している．セボシタビラはカタハガイを積極的に選ぶことで競争を排除することに成功していると予想していたが，アブラボテとの組み合わせでは原因は分からないが分が悪い．二ツ川のアブラボテが産卵時に，タナゴ類の中で最も強く1つの貝に執着し，最も強い防衛性と攻撃性を持つことと関係があるのかもしれない（本章3.(1)①を参照）．今回の実験では産卵行動の観察ができていないが，何か発見できることがありそうである．

貝を選ぶの？　どうやって？

　タナゴ類は産卵する二枚貝の産地を区別することができるのか．できるとしたら，それは嗅覚を利用しているのではないかと考えてみた．水槽（底面積1 m^2）に1980年に二ツ川水系水路で採集したアブラボテ46個体，ヤリタナゴ3個体，セボシタビラ13個体を入れて予備的な実験をおこなった．産卵貝とし

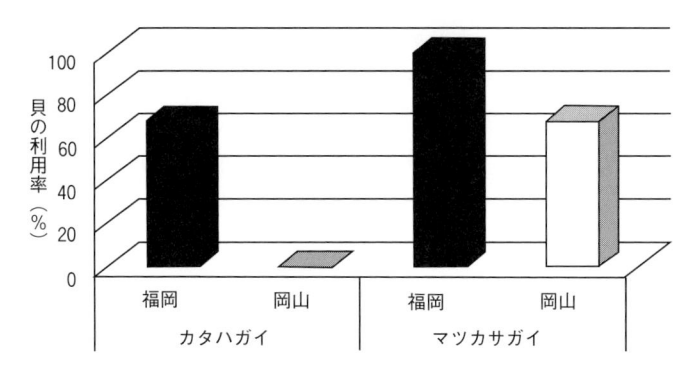

図 1.38　福岡県二ツ川産アブラボテとヤリタナゴ，セボシタビラに，二ツ川産と岡山県旭川産のカタハガイとマツカサガイに産卵させた実験の結果．説明は本文を参照のこと．

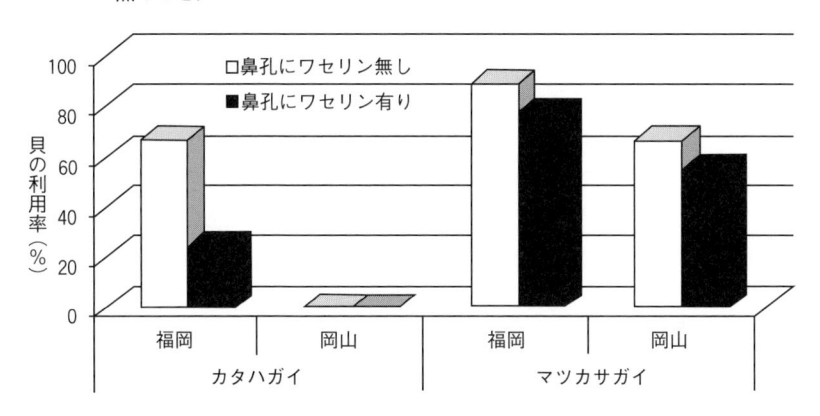

図 1.39　図 1.38 の実験後に，魚の鼻腔にワセリンを詰めて同様の実験をおこなった．

て岡山県旭川水系水路と二ツ川で採集したカタハガイとマツカサガイそれぞれ 9 個体を入れ，貝を回収後には産みこまれた卵・仔魚を観察した（図 1.38）．
　マツカサガイ及びカタハガイの利用率を比較してみると，マツカサガイについては福岡産（88.9%）と岡山産（66.7%）の間に有意な差は存在しないが，福岡産カタハガイを 66.7% 利用し岡山産にはまったく産卵していない．今となれば大変残念であるが，このときの鰓内卵・仔魚は詳しく魚種別に同定できていない．ただ，セボシタビラの卵は長楕円形で他の 2 種の卵とは異なるので確認したところ，福岡産カタハガイを利用したのは殆どがセボシタビラであると思えた．すなわちセボシタビラは自身の生息する河川のカタハガイだけを利用して，他のカタハガイは利用しなかったようだ．

そこで魚の鼻孔にワセリンを詰めることで嗅覚を無くして水槽に戻し，先と同じ2つの水路で採集したマツカサガイとカタハガイのそれぞれ9個体を入れ産卵させた（図1.39）．福岡産マツカサガイの利用はワセリン処理をする前後で88.9％→77.7％，また岡山産のマツカサガイも利用率は66.7％→55.6％とほとんど変化はなく，ワセリン処理の影響は無かったと考えて良いだろう．それに比べカタハガイの利用率は，岡山産カタハガイは処理後も利用はされていないが，福岡産では66.7％→25％と激減していて明らかに影響を受けている．セボシタビラが貝を選ぶ手段として嗅覚を利用していることを想像させないだろうか．

さてさて続きは？
　実験からどうやらセボシタビラが，産卵時にカタハガイを選んで利用しているようだ．ヤリタナゴとアブラボテは魚の組み合わせや自らの数の変化によって，利用する貝が変化し選択性は怪しいのに対して，セボシタビラは魚の組み合わせや数の増減には左右されず，常にカタハガイを積極的に利用している．ただ当初の主題「二枚貝への嗜好性（好み）」については明らかになったタナゴ類だが，産卵場では，他にも種間競争（種類間のバランスによる競争）や同種内での競争が存在することもかいま見えた．研究室で長く取り組んだ二ツ川水系水路での観察結果は，その場でのバランスの中で，貝利用が微妙に揺れる種と深く結びついた種が複雑に織りなした産卵であった．私たちはこの実験と平行して各河川での産卵の状況を調査しており，その結果から見る限り，セボシタビラの分布する北中部九州では必ずカタハガイに産卵しており，カタハガイの生息しない水域にはセボシタビラは進入していないようである（福原ほか，1998）．
　現在タビラは5種・亜種に分類されているが，他のタビラが二枚貝を選択する習性があるかどうかの確認はあまりできていない．これからの研究結果が楽しみである．セボシタビラとカタハガイの結びつきは，実験結果から「臭い」を刺激としているようだ．セボシタビラの産みこんだ卵は，カタハガイの鰓のなかで過ごし，泳ぎ出てくる．この泳ぎ出てくるときのセボシタビラの体のつくりは，他のタナゴ類も同じであるが他魚種の泳ぎはじめに比べ，非常に器官が発達しているので，嗅覚においてもそうであるはずである．卒業後，何度か九州へ採集に出かけマツカサガイから泳ぎ出たセボシタビラはマツカサガイに産卵するのか，つまりサケの母川回帰のような「刷り込み」が存在するのかを

確かめようとした．また人工授精で得た卵に特定の貝の臭いがついた水で飼育するとその貝種を選択するかを確かめようともしたが，成魚になるまで飼育がかなわず，いずれも結果を得ていない．

　想像も交えながらも，私が突き止めることができたのは，残念ながらここまでである．
(福原修一)

(2) 姫路市内水路の2種のタナゴたち
なぜ，この研究テーマを選んだのか

　わが国の淡水魚類相を構成するグループのなかで，特徴的なものの1つに，コイ目コイ科タナゴ亜科魚類（以下，タナゴ類と表記）があげられる．なぜならタナゴ類は，世界で約40種・亜種が知られているが，1種を除く残りのすべての種が，東アジア地域を中心に分布し，このうち，わが国には，8種8亜種が知られ，世界のおよそ4割が日本の狭い国土（約37万 km^2）に生息しているからである．これは日本の気候や風土，地史・地理的な要因などがタナゴ類の分布や種分化に大きく関与したものと考えられる．日本に分布するタナゴ類のうち，約半数が日本の固有種であることから，日本でタナゴ類が繁栄していることがわかる．近年の研究で，タナゴ亜科魚類の系統分類がより詳細に明らかとなり，日本ではヤリタナゴ *Tanakia lanceolata* やアブラボテ *T. limbata* の含まれるアブラボテ属が，タナゴ類の中で最も原始的なグループであるとされている．

　今回の研究対象としたヤリタナゴは，国外では朝鮮半島西部に，国内では本州，四国，九州北部に分布し，日本産のタナゴ類のなかでは，最も広域に分布する種である．また，アブラボテは，国外では朝鮮半島西岸部に，国内では濃尾平野以西の本州，四国北部，九州北部，淡路島に分布する種である．両種とも平野部の細流や灌漑用水路，湖などに生息している．したがって，両種が同所的に生息しているフィールドが多い．さらに，アブラボテの分布域には，他のタナゴ類の分布域が重なり，混生しているところも見られる．

　ここで，両種の種間関係を象徴する興味深い研究がある．両種の種間同士で人工交雑種（正逆交雑も含む）を作出すると，F_1 雑種であるにもかかわらず，雌雄があらわれ，しかも妊性があり，その F_1 雑種同士を交配しても（正逆交雑も含む），F_2 雑種が誕生し，この F_2 雑種にも雌雄があらわれ，妊性があることが報告されている（鈴木，1986）．このような両種の雑種に見られる妊性

の特徴は，別種として記載されている日本のタナゴ類の種間同士では，両種の組み合わせのみ知られている特徴である．このことは，両種は別種でありながら，極めて近縁な種間関係にあることがうかがわれる．元来，タナゴ類は，すべての種が淡水産二枚貝類の体内（鰓腔内）に産卵するという特異な習性から，受精は貝の鰓腔内でおこなわれ，雌の産卵と雄の放精行動との間で，それぞれ時間差があるなかで，繁殖行動がおこなわれる．このため，時には同じ貝を巡って別の種同士が産卵することもあるため，一般的に他の魚類と比較すると，別種間の交雑種ができる可能性が高いと考えられる．それゆえに自然界でも稀に，天然交雑種が採集されることもある．

しかし両種は，外部形態（体形や体色など）が明確に異なり，視覚による交配前の隔離が確立されていると考えられる．

このように，わが国において極めて種分化の進んだタナゴ類の中で，最も近縁な種であるヤリタナゴとアブラボテについて，同所的に生息するフィールドでその繁殖生態を比較検討することによって，種ごとの繁殖戦略やその共存のメカニズムを明らかにする目的で本調査をおこなった．

よいフィールドの選定

フィールドの調査を始めるにあたって，最も重要なことは，いかによいフィールドを選定するかということである．元来，タナゴの仲間は，平野部の水路や池など，水の少し汚れたところに生息していることが多いため，水の透明度があまりよくない場所がほとんどである．また灌漑用水路などは，農繁期になると，池や河川から田圃へ利水するため，水路の水量が多くなり，さらに田圃からの水路への再流入（濁水の流入）など様々な点から，フィールドの観察ポイントとして透明度が不安定な要素が多い．また平野部という場所に生息している環境条件から，我々の生活圏とも重なることが多く，観察に集中できないことや障害となることもあり，さらに，タナゴ類は観賞魚としての人気が高いため，マニアなどによる採集にも注意を要する．このため，フィールドの選定にあたっては，下記の項目に留意した．

①降雨や出水などの影響の少ない．
②水が比較的清澄で，水深が可能な限り浅い．
③フィールドへのアプローチがよく，陸上からも行動観察がしやすい．
④フィールドのポイントとして，ある程度小規模．

⑤川遊び，魚とりなどの人間の活動の影響が受けにくい．
⑥調査にあたって必要機材を持ちこみやすい場所で，車輌の駐車などにも影響がない．
⑦地元の方からフィールド調査を実施する際に理解が得られる．
⑧自然保護区や漁業権（禁漁期や禁漁区など）の設定がない．
⑨フィールドと調査者の居住場所が近い．

　上記の内容は，淡水魚の生態を観察するために留意する事項としても該当する内容であるが，今回のテーマであるヤリタナゴとアブラボテの繁殖生態を比較研究するうえで，さらに以下の追加項目を設け，フィールド選定をおこなった．
⑩タナゴ亜科魚類の分布種がヤリタナゴとアブラボテの2種しか生息していない．
⑪両種の生息密度に大きな偏りがない．
⑫両種の産卵母貝となる二枚貝が分布し，その貝が可能な限り単一種であること．

　以上の①～⑫までの条件をできる限り満たすポイントを検討した結果，兵庫県姫路市内の夢前川水系の細流をフィールドに選定した．

共存のメカニズムを解明するための繁殖生態の調査方法

調査場所：1990年4月～1991年9月にわたって調査を実施した．本細流で採集された魚種は6科18種で，アブラボテが優占的に生息し，次いでカワムツ，ヤリタナゴの順であった．また，アブラボテとカワムツは周年，水路内から採集されたのに対し，ヤリタナゴは12～翌2月の間では，ほとんど採集されなかった．

　調査は主に夢前川から導水する取水口から約500 m下流までの調査区域Aでおこなった．当時は両岸にほとんど護岸工事がされていない自然区間で，流幅が約2.0～4.1 mで，河床は礫底から軟泥底までの多様な環境である．また，取水口より上流にある本河川最大の淵によって，非常に清澄な水が周年流入し，タナゴ類の産卵母貝としてカタハガイ *Obovalis omiensis* が生息していた．

　他に取水口より約1 km下流の地点から，さらに約600 m下流までの区間を調査区域Bに選定した．調査区域Aから下流の全ての区間は，三面コンクリート護岸の区間で，調査区域Bもすべて三面コンクリート護岸が施され，流幅が約0.8～2.4 mで，二枚貝類は全く生息していなかった．また周辺の集落

図 1.40　実験区域 A 内に設置したヤリタナゴとアブラボテの繁殖様式を調べる実験区画.

から家庭排水が流入し，富栄養化した流域となっていた．

採集：ヤリタナゴとアブラボテの採集は，網口が 45 cm の半月状のタモ網とセルビンを用いておこなった．雌の産卵管が十分に伸長した個体からは，完熟卵を搾出することができる．両種の雌については，産卵管が十分に伸長している個体の有無を調査し，完熟卵を保有しているかの有無についても調べた．

行動観察：タナゴ類の自然状態における繁殖行動の観察は，1990 年 4～9 月に実施した．雄が雌を自分の縄張りにある貝へ誘導行動（Leading）をした距離，縄張りと行動域の大きさ（Territory，Home range の各長径）について記録した．さらに水中カメラにより，1991 年の繁殖期間中に，48 日間，撮影をおこない，産卵行動を記録した．

1 年間の産卵管伸長回数と 1 回の産卵管伸長時の搾出卵数：両種の繁殖生態を解明するため，1991 年 4～9 月の期間に，調査区域 A に両種の繁殖行動を観察するため，図 1.40 のように 2 つの区画を設置し（約 4.5 m^2，約 3.5 m^2 の 2 区画），区画の内外で魚類の出入りができないように，ステンレス製の金網（5 mm 目合）で周囲を覆うことによって隔離，陸上と水中の両方から繁殖行動を観察した．区画内へ投入するヤリタナゴとアブラボテについて，繁殖期に入る直前に標準体長を測定し，個体識別（フィンカット）を実施した．

また区画内に生息していた二枚貝（カタハガイ）についても同様に，タナゴの繁殖期前に採集し，その殻長・殻高・殻幅など外部形態を測定し，個体識別するために殻の表面にマーキングし，区画内へ投入した．2区画のうち1区画では，投入したタナゴ両種の雌個体について，1年の繁殖期間中に，どのくらい完熟卵を保有するかを調査するために，各個体の産卵管伸長時に完熟卵を搾出し，卵数と卵重量を計測するとともに，あわせて年間の（一繁殖期）の産卵管の伸長回数を調査した．

共存のメカニズムを解明するための繁殖生態の比較（調査結果より）
1）両種の主産卵群
　両種の繁殖生態の比較表を表1.7に示した．繁殖の中心となる成魚の体長は，ヤリタナゴは雄の標準体長40〜93 mm（平均65.9 mm），雌は43〜98 mm（平均64.7 mm）であった．アブラボテでは，雄は標準体長25〜74 mm（平均42.2 mm），雌は24〜67 mm（平均38.9 mm）であった．両種ともに体長の平均は雄の方が雌よりも大きく，ヤリタナゴの方がアブラボテよりも大きかった．両種の雌雄とも，それぞれの個体群の平均体長が，主産卵群として解釈でき，この平均体長に近い個体を各種の代表値として両種を比較していくことにする．

2）性比
　ヤリタナゴは，非繁殖期に調査区域において性比（全体に対する雄数の割合）の偏りが見られないが，繁殖期になると，調査区域Aでは雄の方に大きく偏り，逆に調査区域Bでは，繁殖期に全く雄が確認されなかった．それに対してアブラボテは，調査区域Bでは周年採集されず，調査区域Aでは繁殖期，非繁殖期ともに性比の偏りは見られなかった．また，ヤリタナゴについては，調査区域Aからは二枚貝に産卵された仔魚は確認されているが，貝から泳ぎ出た直後の仔魚は採集されず，それに対して，アブラボテは，調査区域Aからは仔魚から成魚に至るまでの様々なステージの個体が採集された．

3）雌の産卵管伸長率
　調査区域Aにおいて，ヤリタナゴの繁殖期の雌は76.5％と非常に高い産卵管伸長個体の割合を示したが，調査区域Bでは，1個体も伸長している個体は採集されなかった．このことにより，調査区域Aでは，ヤリタナゴの雌は産卵のために来遊していることが示唆され，調査区域Bでは産卵以外の目的で来遊していると考えられた．それに対して，アブラボテの産卵管伸長個体は，

表1.7 ヤリタナゴとアブラボテの繁殖生態の比較.

調査項目	ヤリタナゴ 雄	ヤリタナゴ 雌	アブラボテ 雄	アブラボテ 雌
調査水系での分布	下流域		中〜下流域	
雄の平均体長(mm)	65.9±12.0(40.0〜93.0,n=170)		42.2±9.2(25.0〜74.0,n=785)	
雌の平均体長(mm)	64.7±11.7(43.0〜98.0,n=126)		38.9±6.2(24.0〜67.0,n=1,057)	
産卵期	4〜8月		4〜8月	
区域A:繁殖期の性比(♂/♂+♀ %)	0.97(n=296)		0.45(n=1,865)	
区域A:非繁殖期の性比	0.5(n=40)		0.47(n=1,865)	
区域B:繁殖期の性比	0(n=48)		確認されず	
区域B:非繁殖期の性比	0.43(n=132)		確認されず	
区域A:産卵管の伸長個体の割合(%)	76.5(n=17)		19.8(n=459)	
区域B:産卵管の伸長個体の割合(%)	0(n=48)		確認されず	
雌個体の1回の抱卵時の完熟卵数[A]	125.9±48.0		23.5±9.2	
個体の1年間の産卵管伸長回数[B]	5.9±1.2		17.5±1.9	
1年間の総完熟卵数[A]×[B]=[C]	745.1±125.5		409.6±110.2	
区域Aにおける産卵可能な雌の出現数	4		155	
完熟卵1個の重量(mg, [D])	4.6		6.9	
1回の抱卵時の完熟卵重量(mg, [A]×[D]=[E])	579.1		162.2	
1回の総完熟卵の重量(mg, [E]×[B]=[F])	3416.7		2838.5	
雌の平均体長個体の重量(g, [G])	65		1.7	
1回の抱卵時の完熟卵重量の雌の平均個体の体重に占める割合(%, [E]/[G]×1,000=[H,J, ge)	8.9		9.5	
1年間の総搾出完熟卵重量の雌の平均体長個体の体重に占める割合(%, [H]×[B]=[I], GE)	52.5		166.3	
1回の一枚貝への産卵数([J])	91.3±22.6(n=10)		4.0±1.6(n=6)	
雌の平均体長個体の1回の行動圏(3か月間の行動解析)	確認されず		5.9	28
攻撃・逃避行動(Territory)	攻撃6	逃避10	攻撃90	逃避5
	79.2±9.3(n=38)		24.9±7.8(n=45)	70.0±20.0(n=12)
行動圏(Home range,cm)	155.8±14.6(n=38)	490.0±80.0(n=10)	41.1±12.0(n=45)	140.0±60.0(n=35)
雄の遭遇回数に対するつがい形成(Courtship)の割合(%)	75.0		25.0	
雌の遭遇回数に対する産卵(Touching)の割合(%)	12.5		3.1	
雌が遭遇後の二枚貝への誘導(Leading)の距離	142.0±50.8(n=20)		27.1±6.3(n=41)	
つがい形成の方法(%)	雄の誘導(Leading)	83.3		25.0
	雄が一枚貝を覗き雌に接近	16.7		62.5
	雌が雄に積極的に接近	0		12.5

80

調査区域Aにおいて19.8％と，産卵可能な個体よりも次の抱卵の準備をしている産卵管の未伸長個体が多くを占めた．

4）年間の産卵管伸長回数と1回の産卵管伸長時の搾出卵数

両種の産卵期は，ほぼ重なっており，4～8月であった．上述の両種の雌の平均体長に最も近い区画の中の個体について，年間の産卵管伸長回数と1回の産卵管伸長時の搾出卵数を調査した．その結果，ヤリタナゴでは，1回の産卵管伸長時に搾出卵数が多く（平均±SD＝125.9±48.0個），また次の産卵管を伸長させるまでの日数が16日前後と長いので，年間の繁殖期の産卵管の伸長回数が少なかった（5.9±1.2回）．それに対して，アブラボテでは，1回の産卵管伸長時に搾出卵数が少なく（23.5±9.2個），次の産卵管を伸長させるまでの日数が7日前後と短く，よって繁殖期の産卵管の伸長回数が多かった（17.5±1.9回）．また，1回の産卵管を伸長させた時の卵数（A）と年間の繁殖期の産卵管伸長回数（B）の積で算出される年間の繁殖期に完熟させた総搾出卵数（＝総完熟卵数）は，ヤリタナゴの方が多い．しかし同じ体長のものを比較すると，両種間で有意な差は認められなかった．

このことから，ヤリタナゴは，繁殖期間中の産卵管の伸長回数が少なく，1回の完熟卵数が多い少回多数卵タイプであり，逆にアブラボテは，繁殖期間中の産卵管の伸長回数が多く，1回の完熟卵数が少ない多回少数卵タイプで，卵生産様式では対照的な繁殖戦略を持っていることが分かった．

5）卵生産のためのエネルギー

上記のように，対照的な卵生産様式を持つ両種は，卵1個を生産するためのエネルギー投資量が異なることが予想される．そのためには，体の大きさ（体重）を加味して比較する必要がある．そこで，1回の産卵管伸長時の完熟卵重量の体重に占める割合（ge）と年間の総搾出完熟卵重量の体重に占める割合（GE）の両方で比較検討した．ここでいうGEとは，先のgeと年間の繁殖期の産卵管伸長回数の積で算出することができる．その結果，geでは，ヤリタナゴは8.9％，アブラボテは9.5％で，両種間でほとんど変わらないのに対して，GEでは，ヤリタナゴは52.5％，アブラボテは166.3％で，アブラボテがヤリタナゴの3倍以上もあった．このことから，アブラボテでは，実に自分の体重の約1.7倍もの卵を繁殖期間中に生産しているが，ヤリタナゴでは体重の約半分ほどしかなかった．このように，両種が卵生産のために投資するエネルギーの総量は大きく異なり，両種の卵生産の生理的な様式が，繁殖行動にも大きく

影響していると考えられる.

6）産卵（Touching）の様式

　対照的な卵生産様式を持つ両種が完熟した卵をどのように二枚貝へ産卵するかを調べた．その結果，ヤリタナゴは，1回の産卵管伸長時に抱卵した卵を，1回の産卵で多くの卵を二枚貝に産みこむ産卵様式（1～3回，91.3±22.6個，少数回多産タイプ）であった．逆にアブラボテは，1回の産卵管伸長時に抱卵した卵を，1回の産卵で少なく卵を二枚貝に産み，多数回に分けて貝に産卵する様式（5～10回，4.0±1.6個，多数回少産タイプ）であった．このように対称的な Touching の様式もまた種独自の繁殖特性と考えられる．

7）産卵場での繁殖行動

　1990年7月21日に調査区域Aにおいて，水中カメラで撮影した約3時間30分の繁殖行動を解析した．

雄の闘争行動：両種が実際に産卵した前後の時間において，縄張り雄の闘争行動について解析したところ，ヤリタナゴでは，調査区域Aにおいてアブラボテより密度が低いことから，種内の闘争が少なく，攻撃行動よりも逃避行動が多かった．この逃避行動の内訳は，同種間の闘争による逃避ではなく，アブラボテの縄張り雄からのものが，ほとんどであった．それに対して，アブラボテは密度が高いことも加わって，同種間の遭遇回数が多いため種内闘争が多く，その内訳は攻撃行動がほとんどで，わずかにヤリタナゴの縄張り雄からの逃避行動が見られた．

雄の空間利用：繁殖期の雄の空間利用として，縄張りと行動域を調査した．ヤリタナゴは，縄張り，行動領域ともに広い空間を利用し，産卵場内を広く遊泳し，逆にアブラボテはヤリタナゴと比較して有意に狭い空間を利用していた．

雌間の闘争行動：雌の闘争行動は，ヤリタナゴでは産卵場内での雌個体が極端に少ないこともあり，全く確認されなかった．それに対して，アブラボテでは，比較的頻繁に見られた．

雌の空間利用：ヤリタナゴの雌は，縄張りを持たずに，行動域は非常に広く，雄のそれよりも広かった．またアブラボテは，雌についても縄張りが見られ，雄のそれよりも広かった．また行動域についても同様に雄よりも雌の方が広かったが，ヤリタナゴの雌ほど広くなかった．このように，ヤリタナゴの雌は産卵場内を広く遊泳することによって広い空間を利用し，アブラボテは比較的狭い空間を利用し，対照的であった．

産卵可能な雌の訪問回数：ビデオ録画をもとに，実際の産卵場における産卵可能な雌の訪問回数を調べると，アブラボテがヤリタナゴより圧倒的に多かった（約40倍）．本調査域でのヤリタナゴの密度はアブラボテのそれより低く，産卵場での産卵可能なヤリタナゴの雌の個体数がきわめて少ないが，雄と遭遇する雌の多くが産卵可能な状態であった．これに対してアブラボテでは，産卵場での産卵可能な雌個体はヤリタナゴより少ないが，産卵場への来遊頻度は高頻度であることが特徴であった．

産卵行動（つがい形成）：ヤリタナゴは，遭遇回数が少ないものの，遭遇すればほとんどつがい形成（Courtship）に成功し，産卵へと至る．それに対してアブラボテは，ヤリタナゴより遭遇回数は圧倒的に多いが，遭遇回数に対するつがい形式の成功率は低かった．つがい形式から産卵成功に至るまでの行動については，両種間でほとんど違いは認められなかった．ヤリタナゴは，雄が体を震わせながら雌を貝のところまで誘導する行動（Leading）によるものがほとんどであった．それに対して，アブラボテは，貝に定位する雌に雄が接近するものがほとんどであった．また，誘導の距離について見ると，ヤリタナゴは非常にばらつきがあり，その距離はアブラボテより有意に長い．アブラボテは上述のように誘導してもその距離は短かった．

両種の繁殖生態の比較から見えてきた繁殖戦略の方向性

　タナゴ亜科魚類は，淡水産の二枚貝類に産卵する習性から，他のコイ科魚類と比べて，大卵少産の戦略を持つグループといえる．これにより，タナゴ類は貝内の卵・仔魚の生残率を高め，生活力のある仔魚を泳ぎ出させるという特徴を持っている．ヤリタナゴとアブラボテも大局的には大卵少産の戦略を持つが，卵生産様式や産卵の様式については，両種は以下のように対照的である．

　ヤリタナゴは繁殖期間中の産卵管の伸長回数が少なく，1回の産卵管伸長時の完熟卵数が多い少回多数卵タイプであり，逆にアブラボテは多回少数卵タイプである．そして実際の産卵については，ヤリタナゴは，貝に産卵管を挿入する回数は少ないがその都度多くの完熟卵を産みこむ少数回多産タイプであり，アブラボテは多数回少産タイプである．

　ヤリタナゴは，貝から泳ぎ出た直後と思われる仔魚が調査区域Aから採集されなかったことから，流下していることが示唆された．Nagata et al.（1988）によると福岡県の水路でも同じような事例が確認されている．また本種におけ

る繁殖期の性比の偏りからも，繁殖期の雌が調査区域Aとその下流域（調査区域Bも含む）の間を移動していることが示唆された．バラタナゴの繁殖期の雌も，溜池の沖部と岸部（二枚貝が生息）の間を産卵の前後で移動していることが報告されている（長田，1985a）．このように，ヤリタナゴは調査区域Aを産卵場に，調査区域Bを索餌場と成育場に利用し，下流域の空間を多面的に広く活用していると考えられる．

　他方，アブラボテは卵から成魚まで調査区域Aのみで採集されたことから，定住していることが示唆された．つまり，生活史のうえで必要不可欠な産卵場，成育場，摂餌場，越冬場を調査区域Aという同一空間で完結できるという点で，水路という環境に非常によく適応していると考えられる．しかし，ヤリタナゴと比べて空間利用が狭いために，その同一空間での生産量には限りがある．このため，卵や仔魚の同時発生群の競争を避けるために，雌の繁殖期における産卵管の伸長の多回性や1回の産卵の卵数が少ないという習性が積極的な適応と考えられる．

ヤリタナゴとアブラボテの共存メカニズム（まとめ）

　ヤリタナゴは，その生活史に移動する習性を獲得することで，体成長にエネルギーを大きく配分してより大きく成長し，1回に多くの卵を完熟させ，多くの卵を貝に産卵するという移動型戦略をとった．1回に多くの卵を完熟させるために，次の産卵管の伸長までに日数がかかることや密度が低いことも加わり，配偶者の獲得が繁殖成功を高める究極の要因となっている．それゆえに，個体間の闘争を少なくし，空間を広く利用して長距離の誘導によるつがい形成が繁殖のうえで有利となる．配偶者獲得が繁殖成功の大きな鍵となる裏づけとして，ヤリタナゴの抱卵雌が種特異性のある性フェロモンを分泌して雄を誘引することが知られている（Honda, 1982）．

　それに対してアブラボテは，ほとんど移動することなく，体成長を抑え，小形化することによって，成長よりも繁殖にエネルギーを大きく配分したと考えられる．さらに，定住型の戦略を持つアブラボテは，1回に少ない卵を完熟させ，それを多数回に産みわけることによって競争をより少なくしていると考えられる．アブラボテは産卵場に産卵可能な個体のほかに卵の完熟を待つ雌，つまり未成熟雌が同じ空間に存在するために，実際のつがい形成，そして産卵までの成功率が低いことから，他の個体が介入することのない強固な縄張りを占

有していることが繁殖戦略上重要であると考えられる．

　以上のように，ヤリタナゴは移動・大型・探索・回遊戦略，アブラボテは定住・小型・固定・占有戦略という対照的な繁殖戦略を持つことによって，両種は同所的な共存を可能にしていると考えられる．　　　　　　　　（横山達也）

(3) 三重県の祓川（はらい）での実態から
祓川とは？
　三重県の中勢地方に祓川という流程約 14 km の小さな川がある．この川は，平野部を流れているのに今ではめずらしく岸のほとんどが自然護岸の土で河畔林が生い茂り，淡水魚だけでなく昆虫や鳥など，たくさんの動物が生息し，自然が豊かであるのが特徴だ．この川にタナゴ亜科魚類（Acheilognathinae）は，アブラボテ *Tanakia limbata*，ヤリタナゴ *T. lanceolata*，シロヒレタビラ *Acheilognathus tabira tabira*，カネヒラ *A. rhombeus*，タイリクバラタナゴ *Rhodeus ocellatus ocellatus* の 5 種が生息している．一方，タナゴ類が卵を産みこむイシガイ科淡水二枚貝類は，オバエボシガイ *Inversidens brandti*，カタハガイ *Obovalis omiensis*，ヨコハマシジラガイ *Inversiunio jokohamensis*，マツカサガイ *Pronodularia japanensis*，トンガリササノハガイ *Lanceolaria grayana*，イシガイ *Unio dauglasiae nipponensis*，ドブガイ属貝類 *Anodonta* spp. の 7 種が生息している．現在でも，5 月に川に潜れば，生息個体数の少ないタイリクバラタナゴを除いたタナゴ類すべての種が一目に収まる．今やこの様な場所は，残念ながら日本にほとんど残されていない．

共存するということ
　食う食われるの関係や，エサや産卵場所などの資源を取り合う関係の多くの種が，なぜ絶滅せずに長い間共存することができるのか？ この疑問は，多種共存機構（大きくは生物多様性の維持機構ともいう）として，古くから生態学の主要なテーマである．食い尽くされた種は絶滅するし，エサや産卵場所を獲得できない種も絶滅する．そこで，現存する種は，長い間共存してきた種と相互に関係を及ぼし合いながら，種固有の形質を獲得し，得意な環境に適応進化してきたとされる．その結果，種固有の食べる時間や餌サイズ，産卵時期や場所など"生態的地位（niche）"を確立して，他種との競争を避けて生き残ってきたと考えられている．

野外での実態把握の調査方法

　ここでは，タナゴ亜科魚類を材料に，2001年から祓川でおこなった研究成果（Kitamura, 2007）を元にその多種が共存している実態を明らかにしようと思う．タナゴ類は，産卵するための貝を巡って種内種間とわず互いに競争関係にある．実際に，春先に祓川をのぞいてみると，カタハガイに産卵しようとしたシロヒレタビラのペアに対して，アブラボテのペアがその貝に産卵しようと横取りしに来て，ケンカをしている光景がよく見られる．そこで，産卵生態に注目して，共存する4種のタナゴ類がいつ，どこで，どの貝に卵を産みこんでいるかを調査することにした．

　調査は，毎週1回，餌を入れた瓶モンドリ罠を仕掛けて，タナゴ類の雌を採集した．採集したタナゴ類は種を同定した後，標準体長と産卵管長を計測し，腹部を軽く圧迫することにより，完熟卵の有無を確認した．

タナゴ類はいつ産卵するのか？

　アブラボテ，ヤリタナゴ，シロヒレタビラは，4月上旬には産卵が始まり，4月中旬から6月下旬まで産卵盛期で，7～8月まで産卵していた（図1.41）．一方，カネヒラは，9月上旬から産卵が始まり，9月中旬から10月下旬まで産卵盛期で，11月上旬まで産卵していた．この様に，春と秋で産卵期が大きく異なり，秋に産卵するカネヒラは他3種と産卵時期を違えていることで，産卵資源を独占でき，産卵資源を巡る種間の競争を結果的に避けることができている．これに対し，春に産卵する3種については，産卵時期や盛期に違いが見られなかったが，これらはどこでどの貝種に産卵しているのだろうか？

タナゴ類はどの淡水二枚貝類を利用するのか？

　このことを明らかにするため，春に産卵するタナゴ類の産卵期である2002年4～7月にかけてイシガイ科二枚貝類を採集して，タナゴ類の卵が貝内に産みこまれているかどうかを確認した．調査方法は，両岸から1mおきに4mまで，1mごとに25cm四方の方形枠を4つ設置して，枠内の二枚貝類を素手にて採集した．この採集方法により，貝がどの場所に生息していたかが解るようにした．採集した貝は，種を同定し，貝開け機ともいう道具を用いて貝の鰓内に産みこまれているタナゴ類の卵・仔魚を確認した．

　鰓に産みこまれているタナゴ類の卵や仔魚がどの種かを同定するのは，肉眼

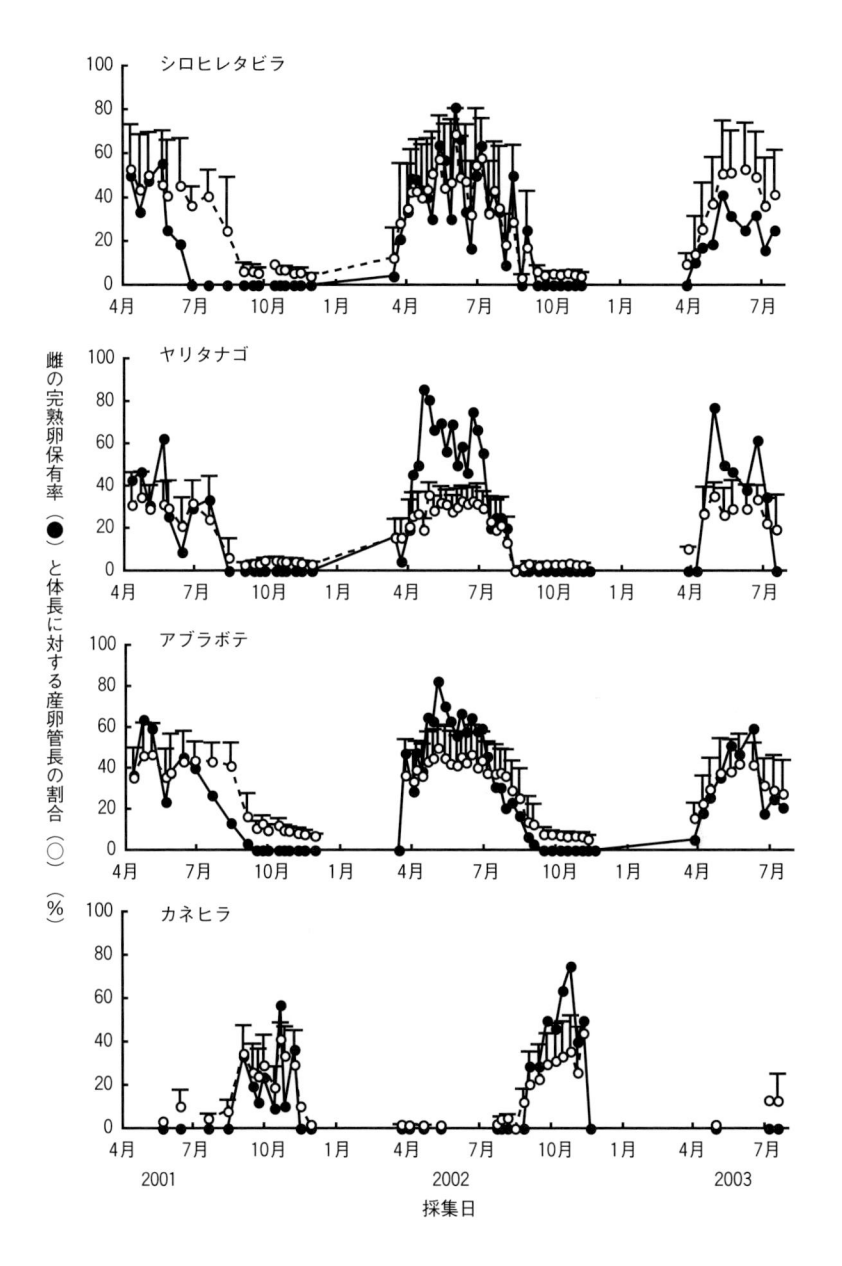

図1.41 祓川に生息するタナゴ類4種の雌の完熟卵保有率と体長に対する産卵管長の割合の季節変化．黒丸が完熟卵保有率で，白丸が体長に対する産卵管長の割合．

で形態の違いを判断するのは難しいので，DNAによって種を同定した．貝を殺さないでタナゴ類を捕獲するため，タナゴ類の卵が産みこまれていた貝ごとに生け簀を作り，稚魚が貝から泳ぎ出てくるまで，祓川で飼育した．貝から泳ぎ出た稚魚は100％アルコールで固定し，実験室で個体ごとにミトコンドリアDNAのcytochrome b 領域を抽出した．抽出したDNAはPCRで増幅させ，その後，特定のアミノ酸構造の部分を切断する制限酵素でDNAを切断した．切断される場所は種ごとに異なることから，切断されたDNAをゲル上で電気を流して泳がせ，切断したDNAの泳いだ位置を観察することによって種を同定した．

　その結果，春産卵型のタナゴ類3種は，生息する7種の二枚貝類の内，イシガイ科のオバエボシガイ，カタハガイ，ヨコハマシジラガイの3種に産卵していた（表1.8中の生息地⑦）．その中でも，シロヒレタビラはオバエボシガイを，ヤリタナゴはカタハガイを主に利用していた．さらに，シロヒレタビラは，オバエボシガイでも流心部にある殻長50 mm以上の大きな個体のみを利用していた（図1.42）．一方，アブラボテは，主に岸際の貝を利用していた．

　他方，カネヒラは秋に産卵し，卵はふ化後，初期の発生段階で発生を止めて貝内で越冬する．春になり水温が上昇すると発生を再開し，4月下旬には貝から泳ぎ出るという繁殖様式を獲得している．実際，4月5日と14日に採集した貝からは，カネヒラの稚魚が採集された．カネヒラもまた，生息する7種の二枚貝類の内，イシガイ科のオバエボシガイ，カタハガイ，ヨコハマシジラガイの3種に産卵し，その中でも，オバエボシガイを主に利用していた．

多種共存下において観察されたタナゴ亜科魚類の淡水二枚貝類の利用様式の理由は？

　ここで，祓川においてタナゴ類がなぜこの様に淡水二枚貝類を利用したのかについて論じてみたい．この理由について，①特定の貝種や産卵場所を好んでいる，②ある特定の貝種は物理的に利用できない場合がある，③同じ場所に生息する他種のタナゴ類との産卵資源を巡る競争の結果によって，本来好む特定の貝種を利用することができないので，仕方なく次善の貝種を選んでいる，ことが考えられる．

タナゴ亜科魚類が特定の淡水二枚貝種や産卵場所を好んで利用している理由

　タナゴ類がある特定の貝種を好むのは，タナゴ類の子が貝内で生存するため

表1.8 各生息地の淡水二枚貝類の生息割合（％）と，各貝種について（タナゴ亜科魚類が産卵に利用している貝の割合（％））．生息地の数字は，①琵琶湖の南湖と②北湖（平井，1964），③岡山市祇園用水（Kondo et al. 1984），④福岡県五町田川，⑤福岡県新川，⑥福岡県堀川用水（福原ほか，1998），⑦三重県鮠川（Kitamura, 2007）．下線のある数字は，各生息地でタナゴ類が主に利用された貝種．●はタナゴ類に利用されなかった貝種．破線は各生息地で各種のタナゴ類が生息していることを，実線はその生息地で各種のタナゴ類が生息していないことを示す．？は淡水二枚貝類の中での割合が知られていない種を示している．タビラ類は①②③⑦に生息するのがシロヒレタビラ，⑤⑥がセボシタビラ，④⑥がアリアケタビラでタナゴ類は両種ドブガイである．

属名	和名	各生息地における割合							アブラボテ							ヤリタナゴ							タビラ類							カネヒラ						
		①	②	③	④	⑤	⑥	⑦	①	②	③	④	⑤	⑥	⑦	①	②	③	④	⑤	⑥	⑦	①	②	③	④	⑤	⑥	⑦	①	②	③	④	⑤	⑥	⑦
Inversidens	オバエボシガイ	?	?	?	4	?	1	14	●			●			4						1	2	●						●	●					1	92
Obovalis	カタハガイ	?	?	24	72	82	33				3	19	13	9				3	34	13	18							7	●					1	6
Inversiunio	ヨコハマシジラガイ							28				10									6															18
	オトコタテボシガイ	3	29						28	9																				10	29					
	ニセマツカサガイ			12														7							●												
Unio	イシガイ			23	7	3	2	9											●	●	3	2				●	●	●						●	15	3
	クテボシガイ	86	68																				●	●						●	●					
Pronodularia	マツカサガイ	4		21	90	25	14	4	2		27	13	2	●	●	44			8	16	13	5				3	2	●	●	5					1	11
Lanceolaria	トンガリササノハガイ	?	?		5			3																		●										
Anodonta	ドブガイ属類	4	2	4	3	1	1	10	●	●	●	●	●	●	●					29		●				●	●	●	●	●	●	●	●	●	●	●

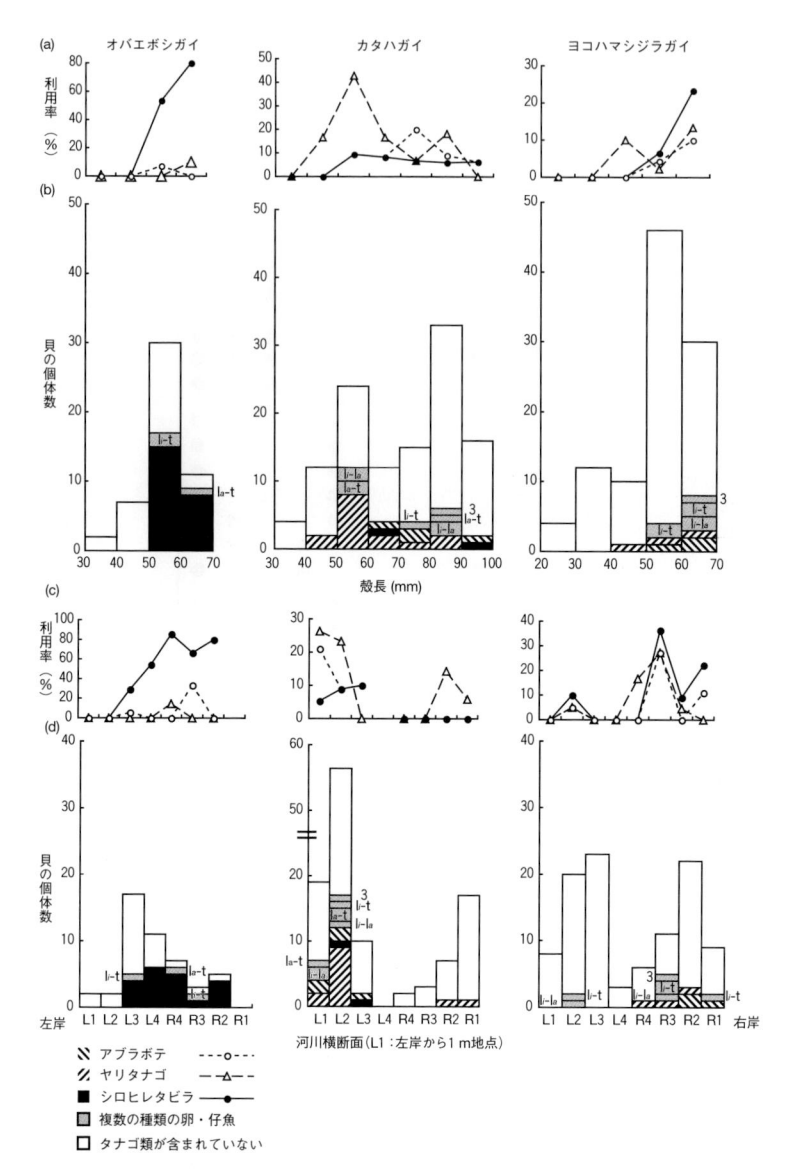

図 1.42 2002 年 5 月 20 日から 7 月 5 日における（a）淡水二枚貝類各種の殻長範囲ごとのタナゴ類 3 種の利用率と，（b）利用した貝と利用しなかった貝の頻度分布の比較．（c）河川横断面の両岸から 1 m ごとの淡水二枚貝類各種のタナゴ類 3 種の利用率と，（d）利用した貝と利用しなかった貝の頻度分布の比較．複数の種類のタナゴ類が同じ貝を利用していた場合に，利用していた種をグラフの棒の横に次の様に記している（l_i：アブラボテ，l_a：ヤリタナゴ，t：シロヒレタビラ，3：タナゴ類 3 種）．河川横断面の表記は岸の側を（L：左岸，R：右岸）に示し，岸からの距離を数字で示している．

のタナゴ類の子の形質と産みこまれた貝種の形質が適合しているためと考えられている．タナゴ類は，先祖が二枚貝類に卵を産みこむ形質を獲得してからこれまで，タナゴ類と淡水二枚貝類は共進化してきた．貝類にとって，タナゴ類に卵を産みこまれると成長率が下がることが分っており，また，酸素やエサを吸収する鰓の部分に，異物であるタナゴ類の子がいれば，せっかく吸水した水の酸素を奪われ，水循環を妨げるなど，酸素やエサの獲得が妨げられると推測される．一方，利益となる証拠はこれまで見つかっていない．このことからタナゴ類と二枚貝類の関係は，タナゴ類が二枚貝類に寄生していると考えられている（Smith et al. 2004）．

　そこで二枚貝類は，タナゴ類に卵を産みこませないために，タナゴ類が近づくと貝の水管を閉じる行動や，産みこまれた卵を吐き出す行動が観察される．一方，タナゴ類は，出水管をのぞきこむ行動が観察されるが，これは貝の出水管から吐き出される水の質（酸素・二酸化酸素濃度）や量を感知し，産卵床としての質を確認していると考えられている．また，タナゴ類の雌は，産卵する時に産卵管の付け根のある腹部を貝の出水管に近づけ，体液（尿）と一緒に産卵管を貝内に挿入し，同時に卵を産みこむのであるが，腹部を近づけるまでは同じであるが産卵管を貝に挿入しない行動も頻繁に見られる．これは卵を産みこむために貝の出水管が開くタイミングを測っていると考えられている．

　実際，祓川産の個体を用いてオバエボシガイとカタハガイが，シロヒレタビラが貝の出水管をのぞきこむ行動に対して，どのくらい出水管を閉じるかを水槽で観察してみたが，オバエボシガイよりカタハガイの方がよく閉じていた（北村，未発表）．祓川でシロヒレタビラとカネヒラがオバエボシガイを良く利用していたのは，産みやすい貝を選択した結果かもしれない．

　タナゴ類の卵や仔魚は貝から吐き出されると，すぐに親や外敵に捕食される．そこで，タナゴ類の卵と仔魚は，貝内で吐き出されずに過ごすために，多様な形態や生理，行動的な適応形質を持っている．例えば，形態的な適応では，コイ科の中では比較的大きな卵，電球形や細長いなど特異な卵の形，翼上に発達した大きな卵黄の突起，卵黄の表面上にまんべんなくある微小な突起があり，これらは貝の鰓内にフィットし，鰓の壁面に引っかけることにより吐き出されることを防いでいる．生理的には，粘着性のある卵，コイ科では比較的早い発達段階のふ化，発育を休止しての冬眠がある．さらに，早い発達段階で行動し水流走性がある．これらの形質の形や大きさ，および有無は，タナゴ類の種に

よって異なっている．

　タナゴ類が貝から吐き出される割合は，産みこまれる貝種の鰓の構造とタナゴ類の適応形質が適合しているかどうかに関係していると考えられている．鰓の構造は，貝の種類や大きさによって異なっている．祓川ではシロヒレタビラは，カタハガイが最も多く生息しているのにも関わらず，殻長 50 mm 以上のオバエボシガイを主に利用していた．一方，福岡県のセボシタビラ *A. tabira nakamurae*（シロヒレタビラと亜種関係）と岡山県のシロヒレタビラは，オバエボシガイが生息しているのにも関わらずカタハガイのみを利用している．ただ，福岡県と岡山県の河川には 50 mm 以上のオバエボシガイは生息していない（Kondo et al. 1984；福原ほか，1998）．また，ヨーロッパタナゴ *R. sericeus* では，タナゴ類が吐き出される割合の低い貝種を好んでいる（Mills and Reynolds. 2002）．結論として，タナゴ類は，各種が持つ適応形質と適合しタナゴ類の卵や仔魚が吐き出されにくい貝の種類と大きさを好んで利用していると考えられる．

　さらに，祓川では，シロヒレタビラはオバエボシガイでも流心部にある個体を利用していた．祓川においてオバエボシガイのみが生息環境として流心部に生息する傾向にあった．流心部は，岸際よりも深く水流も早かったことから，貝にとって渇水による死亡を避けやすく，また，水流により貝内の水循環も良くなり，貝内のタナゴ類にとっては生存に有利になると考えられる．結論として，貝が生息する水深や流速は，タナゴ類が貝を好んで選択する要因の 1 つかもしれない．

タナゴ亜科魚類がある特定の貝種を物理的に利用できない理由

　タナゴ亜科魚類の観察された淡水二枚貝類の利用様式を説明する 2 つ目の理由として，タナゴ亜科魚類が好む貝種を物理的に利用できない場合を考えよう．例えば，利用されていない貝は，タナゴ類が産みにくい向きになっていること，そして出水管を閉じていることが考えられる．また，タナゴ類の雄が複数の貝の周りに縄張りを構えることがあるため，縄張り雄に追い払われることにより，貝に近づけないこともあるであろう．さらに，早い流速によって産卵できないこともある．流速に耐えて産卵できるかは体型が影響すると考えられる．祓川では，相対的に体高の高いアブラボテは，流速の遅い岸際に生息し，岸際の貝を主に利用していた．一方，アブラボテより体高が細長いシロヒレタビラとヤ

リタナゴは，シロヒレタビラが流速の早い流心部の貝を利用し，ヤリタナゴが河川横断面を幅広く利用していた．

産卵資源を巡る競争の結果によって，本来好む特定の貝種を利用することができない理由

　3つ目の理由は，同じ場所に生息する他種のタナゴ類との産卵資源を巡る競争の結果からくるものである．祓川でシロヒレタビラは，流心部にあるオバエボシガイに対して高い利用率を示した．この理由として，2つのことが考えられる．1つ目はシロヒレタビラがオバエボシガイ，あるいはより大きなオバエボシガイが生息している場所を好んでいることである．2つ目は，シロヒレタビラが他種のタナゴ類と競争し岸際から追いやられた結果，否応なしにより大きなオバエボシガイのいる流心部で産卵することを強いられているのかもしれない．

　そこで，水槽内に祓川産のシロヒレタビラのみを入れてタナゴ類間の種間競争が生じない状態にし，オバエボシガイとカタハガイを提示して，どちらの貝種に産卵するかを実験した．その結果，祓川産のシロヒレタビラは，オバエボシガイをカタハガイよりも好んで産卵していた（北村，未発表）．このことから，シロヒレタビラはそもそもオバエボシガイを好んでいることが明らかとなった．

　一方，福岡県産のセボシタビラと岡山県産のシロヒレタビラは，河川においてオバエボシガイが生息しているのにも関わらずカタハガイに高い産卵の利用率を示している（Kondo et al. 1984；福原ほか，1998）．両生息地において祓川産のシロヒレタビラと産卵に利用する貝種が一致しないのはなぜか？　全貝種の中でオバエボシガイの出現頻度は，祓川で14％であったが，福岡県と岡山県はそれぞれ1％と4％と極めて低い（表1.8）．また，祓川産のシロヒレタビラが主に利用していた殻長50 mm以上個体は，福岡県と岡山県では出現しない．

　タビラ類が淡水二枚貝類を選択する1つの理由として，オバエボシガイの生息量やサイズ分布（つまり年齢構造）が影響しているかもしれない．祓川のシロヒレタビラは殻長50 mm以下のオバエボシガイを一切利用していないことから，何らかの理由で小さなオバエボシガイはタナゴ類の子の生存に不利であり，シロヒレタビラは50 mm以上のオバエボシガイが無ければ，次善の策としてカタハガイを利用しているのかもしれない．

　福岡県産のセボシタビラにおいて，水槽内で種間競争の影響下で，産卵母貝

種の利用を実験し検証した研究がある（福原ほか，1984）．水槽内に福岡県産のセボシタビラとヤリタナゴ，アブラボテの内2種をお互いが干渉できるように入れて，彼らに対してカタハガイとマツカサガイを提示し，どちらの貝種に産卵するかを実験した（本章3.(1)②）．その結果，福岡県のセボシタビラは，いずれの種との組み合わせにおいてもカタハガイを利用していたことから，貝を巡る競争においてこれら3種のタナゴ類の中では最も強く，他の2種を押しのけてカタハガイを好んで利用していることが明らかになっている．

　一方，ヤリタナゴとアブラボテは，上記の実験や野外の種間競争下での貝種の選択性においては，セボシタビラやシロヒレタビラの様に，強い好みを示さず，幅広く貝種を利用する．また，ヤリタナゴとアブラボテの両種は，産卵時期や産卵母貝種の利用，および貝を利用する場所が岸際とよく似ている．このことは，ヤリタナゴとアブラボテが，シロヒレタビラやセボシタビラよりも，貝を巡る種間競争において劣っているかもしれない．

タナゴ類が産卵に利用する貝を選択するときの理由

　これらを簡単にまとめると，タナゴ亜科魚類は，貝を巡る種間競争や，潜在的に産卵母貝となる貝種の個体群構造である密度やサイズ頻度分布，空間分布，および流速などに関連して，柔軟に淡水二枚貝を選択して産卵に利用していることがいえるだろう．

　祓川においては，タナゴ類の中でもシロヒレタビラは競争的に強い種で，ある特定の貝種とサイズで流心部にある殻長50 mm以上のオバエボシガイに極めて高い利用率を示すスペシャリストの可能性が高い．一方，ヤリタナゴは，カタハガイにやや高い利用率を示すものの3種の貝を河川横断面で幅広く状況に応じて柔軟に利用するジェネラリストであると考えられる．さらに，アブラボテは，岸際で3種の貝を幅広く状況に応じて柔軟に利用するジェネラリストであると考えられる．カネヒラにおいては，秋季という他のタナゴ類が利用しない時期に貝を独占でき，オバエボシガイを利用するスペシャリストと思われるかもしれないが，他の生息地において，タテボシガイ *Unio douglasiae biwae*，オトコタテボシガイ *Inversiunio reinianus*，イシガイ，マツカサガイと利用している貝種が変わることから（平井，1964；Kondo et al. 1984；福原ほか，1998；表1.8），各生息地の状況に応じて柔軟に利用するジェネラリストかもしれない．

（北村淳一）

4．天然記念物のタナゴ類を追う

（1）氾濫原の先駆種　―イタセンパラ
長田研究室とイタセンパラとの出会い

　イタセンパラ *Acheilognathus longipinnis* は，生きた二枚貝に産卵するコイ科タナゴ亜科の一種である（図1.43）．イタセンパラとの初めて出会いは1983年，3回生の時であり，以後この魚を研究して今年（2014年）で31年になる．その第一印象は「なんて臆病な魚だろう！」であった．

　イタセンパラの生活史は非常に変わっていて，また1974年に淡水魚類の第1号として国の天然記念物に指定されるほど早くから絶滅が心配されていた．しかし，私が研究を始めた当時，それらの理由について説明できる先行研究はあまり存在しなかった．「日本のコイ科魚類（中村，1969）」には，中村守純博士の鋭い観察力によって得られたイタセンパラについてのさまざまな知見や考察が記載されていた．イタセンパラはコイ科魚類では珍しく秋季に産卵すること，ふ化した仔魚は貝内で越冬しながら長期間生活すること，成魚の食性は植物に極端に偏っていて，生育環境によって成長に著しい差が見られることなど．それらの知見は非常に示唆に富み，何度も読み返した．

　これから淡水魚研究を志す読者の方々が少しでも参考にしていただけるように，私の研究について紹介したい．私の研究史は，1980年代の淀川のワンド（第1期），1990年代の木津川のタマリ（第2期），2000年代の保護増殖池（第3期）と3期3ヵ所のフィールドに大別できる．まずは，私が初めて取り組んだ大学の卒論研究の内容を中心に第1期の研究について紹介する．そして，イ

図1.43　産卵期に二枚貝をのぞきこむイタセンパラの雄．

タセンパラの生態解明が一気に進んだ第2期，さらに発展した第3期の研究について，エピソードなどを含めて概要を紹介する．

なお，イタセンパラは国の天然記念物ならびに国内希少野生動植物種（1995年）に指定され，その捕獲などが厳しく制限されている．ここで紹介するすべての調査は，関係機関から許可を得て実施したものである．

淀川のワンドに多くのイタセンパラがいた時代

私の初めての調査はイタセンパラの繁殖行動であった．1983年の秋季，幅4m×奥行き2mの大型水槽でイタセンパラの繁殖行動を日の出から日没まで観察した．淀川産イタセンパラの雌雄それぞれ10個体ずつの鰭を切って個体を識別し，1分ごとにどの個体がどこでどのような行動をとったのか，ノートに記録した．雄の闘争行動や縄張り防衛行動が非常に激しく，それに対して雌の「give up」と呼ばれる特有の行動が観察されたイタセンパラの繁殖行動についてはすでに記載した（長田ほか，1984）ので，参照していただきたい．

同年の冬季，翌春の仔稚魚調査に備え，同定（種の判別）をおこなうための検索表の作成を試みた．仔稚魚の形態は近縁種の間では非常によく似ていて，発育段階の初期では種を判別できないものも少なくない．コイ科魚類の仔稚魚の形態については前述の「日本のコイ科魚類」に発育段階ごとに詳細に記載されており，それをもとに仔稚魚のサイズ別に識別できる特徴を整理した．幸い，イタセンパラは最も未熟な仔魚であっても他種と判別できる形態的な特徴を持っていることが分かった．

1984年5月中旬，いよいよ仔稚魚を調査するために淀川の城北地区（大阪市旭区）のワンドへ向かった．ワンドやタマリと呼ばれる水域は，河川敷に存在する湾や池のような止水域（流れの緩やかな水域，「静水域」ともいう）で，淀川には明治から昭和初期にかけて航路維持のために設置された水制（石積み）に由来したものが多数存在した．しかし，それらの多くは1970年ごろから一気に進められた大規模な改修工事によって消失し，1980年代には城北地区のワンド群など一部が残存するのみであった．そして，それらはイタセンパラにとって重要な生息場所となっていた（小川，2010）．

城北ワンドの水辺のヨシやマコモなどの抽水植物群落の内部や周縁部には，すでに多くの仔稚魚が泳いでいた．早速，小型のタモ網で捕捉し，網のなかから透明容器で水とともに魚をすくい上げた．この方法は，取り上げて水を切る

と急速に弱る仔稚魚に配慮したものである．種を同定すると，植物群落周縁部の仔稚魚の多くがイタセンパラであった．国の天然記念物に指定されるほどの希少種だから容易には見つからないだろうと予想していたが，あまりにも多いので，誤りがないかと何度も同定作業を繰り返したほどだ．この予備調査の結果から特に生息密度が高かったワンド No. 41（淀川に残存したワンドに上流から順につけられた番号）の一角を定点とし，5月22日から7月31日までイタセンパラの生活場所，群れのサイズ，成長，食性などについて調査を実施した．当時の城北ワンド群は日本屈指の豊かな魚類相を育み，この季節の水辺には多くの魚種の仔稚魚が出現したが，イタセンパラの仔稚魚の近傍に出現する魚種については同様の調査をおこなった．

5月下旬に標準体長（吻端から尾柄部の椎骨末端までの長さ）8 mm 前後であったイタセンパラの仔魚は，7月下旬には 40 mm の未成魚に成長した．

5月下旬，貝から泳ぎ出た後あまり時間が経過していないと思われる仔魚は，抽水植物群落の周縁部の表層で数十～数百個体の群れを形成していた．イタセンパラだけでなくタナゴ類の仔魚は，貝内で体制の形成が進むため，他魚種，例えばコイやフナ類がふ化後しばらく水面の葉などに懸垂して動かないのに比べ，遊泳能力や摂餌能力が泳ぎ出た直後から格段に優れている．5月下旬のイタセンパラ仔魚は，表層を群泳しながらプランクトンを活発に捕食する様子が観察された．抽出した一部の個体の消化管内容物を調べたところ，ワムシ類（動物プランクトン）を主に捕食していることが分かった．

その後，成長に伴って群れ同士が集合し始め，群れを構成する個体数が顕著に増大した．6月に入ると，300～600 個体の群れが見られるようになり，時折それぞれの群れが合流して 1000 個体を超える大群になることもあった（図 1.44，1984 年は詳細な記録がないため，同様の調査をおこなった 1988 年のワンド No. 42 における記録を示す）．そして，その頃から遊泳層が少し深くなり，遊泳能力が格段に向上して，タモ網では捕獲しにくくなった．食性は，ワムシ類からケイ藻類へと徐々に変化し始めた．図 1.45 の「イブレフの選択指数」は環境中のプランクトンと消化管内容物の組成から算出したもので，0 が無作為，1 までの正の値が選択の度合いを，−1 までの負の値が忌避の度合いを示す．食性は 6 月 10 日頃を境に動物プランクトンから植物プランクトンへと変化したことがわかる．イタセンパラの成魚の消化管は巻き数，長さともに群を抜いていて（Kafuku, 1958），植物に偏った食性との関係が示唆されるが，それが

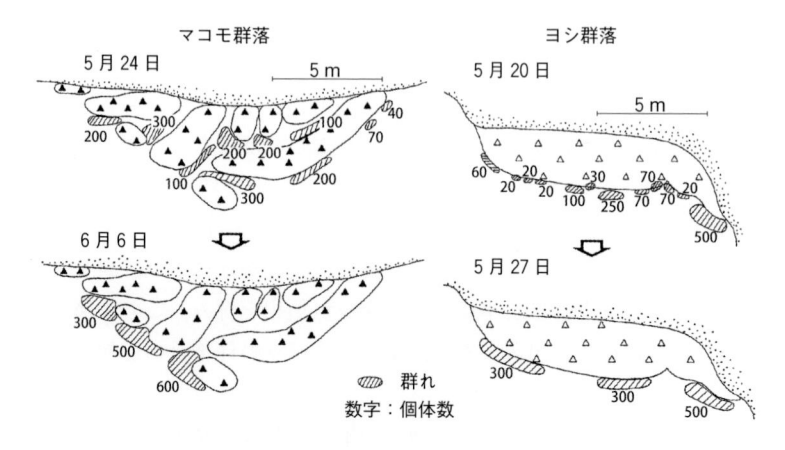

図 1.44 イタセンパラ仔稚魚の成長に伴う群れサイズの変化.
（1988 年の城北ワンド No. 42 にて）

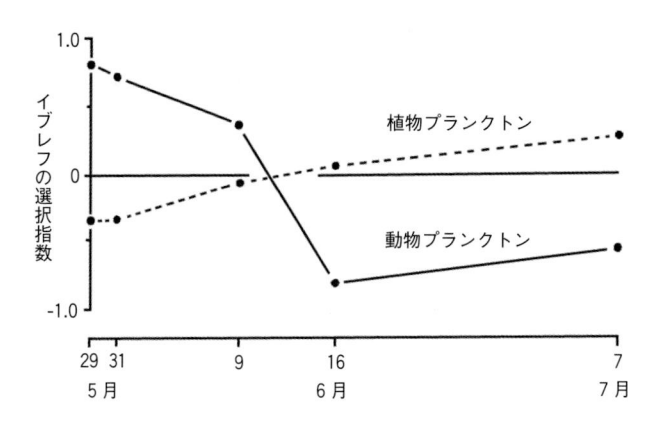

図 1.45 成長に伴う食性の変化.（1984 年の城北ワンド No. 41 にて）

食性の移行期に急速に発達していることも分かった（図 1.46）.

さて，5 月下旬〜6 月上旬にイタセンパラ仔稚魚の近傍に出現した主な魚種には，ギンブナなどのフナ類とバラタナゴがいた．図 1.47 は 3 種の出現時期，生活場所，食性について関係を示したものである．3 種の初期の食性はいずれも動物プランクトンに対して非常に強い選択性を示したことから，同所に生息すれば競合関係が生じた可能性がある．フナ類は産卵が早期に始まるため，イタセンパラの仔稚魚と同様の発育段階で成長する個体が多く見られたが，植物

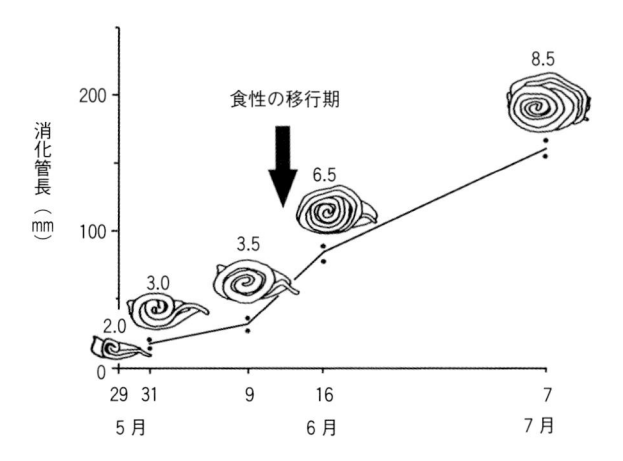

図1.46 消化管長の変化．（スケッチ上の数字は消化管の巻き数を示す）

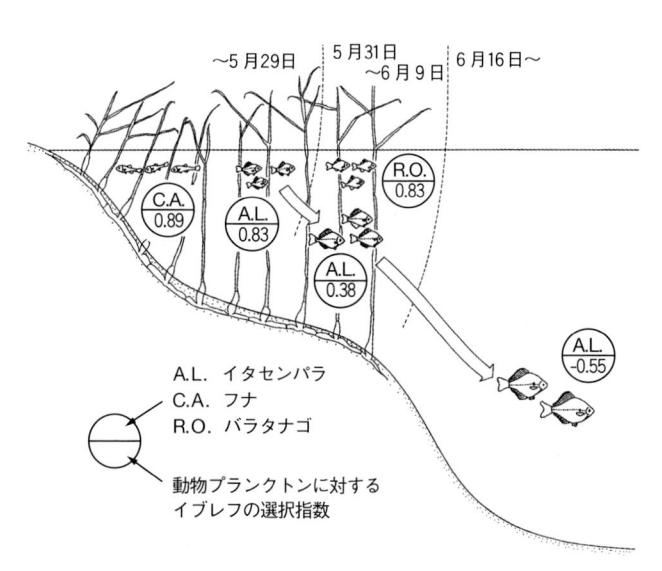

図1.47 イタセンパラ仔稚魚の成長に伴う生活場所・食性の変化と他種との関係．

群落の内部に多く見られ，周縁部を主な生活場所としたイタセンパラとはすみわけが見られた．一方，バラタナゴは6月上旬植物群落の周縁部に出現し始めたが，その時期のイタセンパラは遊泳層が深くなり，また食性が植物プランクトンへと変化し始めており，出現時期の違いから生じる時間的なすみわけが見られた．その他タナゴ類ではシロヒレタビラも多く見られたが，やはり出現時期がイタセンパラよりも遅く，秋季に産卵し早期に泳ぎ出るイタセンパラ仔稚魚の成育は，他種に比べ早期に生活場所や餌資源を得るという点において有利であると考えられた．

ところで，6月16日以降，イタセンパラの群れを確認することができなくなった．そのため，それ以降の採集はモンドリ（トラップ）を用いたが，多くの個体を採集することはできなかった．1985年以降も毎年同様の調査を繰り返しおこなったが，やはり6月中旬を境にイタセンパラの大群が姿を消し，その後の行動を把握することが長年の課題であった．

氾濫原の先駆種—イタセンパラの生態を目のあたりにして

1991年，淀川水系の中流域にあたる木津川（京都府南部）でイタセンパラが発見された．1992年河川管理者である建設省淀川工事事務所（当時）がその生息状況について調査したところ，木津川の広域に生息していることが明らかとなった．淀川水系のイタセンパラは，淀川の純淡水域（海水の塩分が混じらない水域，潮止め堰より上流）および宇治川の下流部での生息が報告されていたが，木津川ではこれが最初であった（小川ほか，2000）．

1993年，私は木津川のイタセンパラの発見者に案内されてその場所を訪れた．発見場所だというタマリを目前にしたとき，あまりにも小さく浅くて，ここにイタセンパラが生息していることをにわかには信じられなかった．それは淀川の城北ワンドがイタセンパラの最良の生息環境だと認識していた私にとって，あまりにも環境が異なって見えたからだ．

1994年の春季，調査はまず木津川のイタセンパラの生息状況を把握することから始めた．木津川の流程約25 kmの区間に存在し，イタセンパラの産卵床であるイシガイ科二枚貝類が生息する25ヵ所のタマリについて調査したところ，8ヵ所でイタセンパラの生息を確認した．驚くことに，それらのほとんどが小さく浅いタマリであった．そこで，生息密度の高いタマリを選んで，生活史を追跡することにした．貝内の仔魚を調査していた11月下旬のこと，タ

マリは水位が低下して干上がり始めたのである．これは河川水位の季節変化に伴うものであったが，12月のある日，タマリは完全に干上がってしまった．この日の驚きは今でもはっきりと覚えている．私は卒業後も長田研究室の学生と一緒に調査することが多かったが，学生のひとりである中嶋祐一君が干上がったタマリの砂のなかから小さなドブガイを取り上げた．それは生きていたが，若いドブガイは貝殻が柔らかいので前後から手で圧迫すると，容易に開いて内部を観察できた．ドブガイの鰓のなかにイタセンパラの仔魚が見えたが，その形と色から生きていることがすぐにわかった．このときの衝撃は言葉で表現できないほど大きく，同時にさまざまな仮説が頭の中を駆け巡った．そして，1997年までの4年間，頻繁に現場へ足を運び，調査や現場実験をおこなった．

　この木津川の調査では，イタセンパラの真骨頂を目のあたりにすることができた．イタセンパラは河川水位の季節変化の影響を受けやすい浅いタマリを好んで繁殖し，消耗した成魚の多くは1年で寿命を終えたが，貝内の仔魚はタマリが干上がっても，宿主の貝が生存する限り生存し続けた．そして，春季に回復した水域に泳ぎ出してその環境を独占した（小川ほか，1999）．河川環境の季節変化がつくり出す新たな環境を先取りする，まさに河川氾濫原の先駆種の生存戦略であった．秋季産卵の特異な生活史は，河川環境の季節変化に見事に合致していた．

　さて，イタセンパラは渇水期の冬季を含む約半年間を貝内にとどまるため，その遅れを取り戻すかのように，貝から泳ぎ出た後秋季の繁殖期までのわずか4ヵ月間に急速に成長した．淀川で追跡できなかった成長期の後期（植物食性への移行後）の行動については，木津川の調査でもこれといった知見は得られなかった．ところで，淀川水系のイタセンパラは，残念ながら2005年を最後に生息が確認できなくなり野生絶滅の可能性が高まった．イタセンパラの生態研究は，遺伝子保存のための保護増殖池でおこなわざるを得なくなった．しかし，このことが成長期後期の摂餌生態の解明につながることになった．

　2006年，保護増殖池でイタセンパラの生活史を追跡することにした．実は，この年は高校教員を休職して長田研究室に籍を置いていたが，この研究生活を非常に充実したものにする出来事が起きた．6月上旬，それまで点在していたイタセンパラ仔稚魚の群れが水深10 cm程度の非常に浅い場所に集合し始め，2000個体もの大群を形成して頻繁に堆積物を摂餌するようになった．6月下旬になると，大群は警戒心が非常に強くなり，少しでも近づくと深みに逃げて

しまい思うように観察できなくなった．淀川で大群が忽然と姿を消したあの時期である．そこで，小型水中カメラをイタセンパラの摂餌場所に設置し，私は少し離れた物陰に身をひそめてビデオモニターを見る，いわゆる隠し撮りをすることにした．この観察者の影響を極力排除した方法によって，栄養摂取効率が非常に良いと考えられるイタセンパラの摂餌行動を観察することに成功した．イタセンパラは大群を形成することによって警戒性を高め，太陽高度が最も高い6〜7月の晴天時に水温と底面照度が上昇しやすい非常に浅い水域，つまり生産力が非常に高い水域に進入し，堆積した微細珪藻の群体を大量に摂餌したのである（小川，2008b；小川，2011）．淀川や木津川の調査では，警戒性の高まった大群は人の気配をいち早く察知して逃げてしまい，この行動を観察することができなかったのであろう．また私が研究室で初めて出会ったあの臆病なイタセンパラは，この時期のものだったのだ．

生態研究において大切だと思うこと

　1980年代の淀川では，1970年代よりも多くのイタセンパラが確認された．1980年代には，1983年に調節能力が格段に向上した巨大な潮止め堰-淀川大堰が稼働し，一気に延長した湛水区間（城北ワンドを含む）の水位が徐々に上昇した時期である．その環境の変化が，先駆種としての生態を持つイタセンパラに対して有利に働いた可能性がある．しかし，淀川大堰は河川環境の季節変化を過度にほとんど消失させ，1990年代に入るとイタセンパラは絶滅寸前まで生息数を急速に減らした．それは，イタセンパラを野生絶滅へと追いやったと考えられるブラックバスなどの外来魚が爆発的に増殖し始めた2005年より10年以上も前のことである．現在淀川水系では，生息環境の再生と人工増殖したイタセンパラの野生復帰の取り組みがおこなわれている．私も研究成果を少しでも役立てたいと，1990年代半ばから関係者の1人として保護増殖事業に関わってきた（小川，2008a；小俣ほか，2011）．最近ようやく，河川氾濫原の止水環境の再生が軌道に乗り始め，イタセンパラが淀川に再び定着する可能性が高まってきた．

　私が生態研究において大切だと思うことを1つ挙げるとするならば，「繰り返し生活史を追跡すること」である．わが国に生息するすべての生物種は，春夏秋冬の季節変化がつくり出す環境に適応して生存している．繁殖期や生活史初期など生存戦略上重要な時期に目が奪われがちだが，酷寒酷暑あるいは乾季

雨季（渇水増水）の厳しい季節を乗り越えなければ生存できない．イタセンパラは乗り越えるどころか，その環境をうまく利用する戦略を持ったといえよう．しかしながら，イタセンパラが種分化した当時の環境があってこそ，その戦略的行動を見ることができたのである．私の第1期の研究は，生息環境が人為的に大きく変化するなかでおこなっていたのであり，そのまま淀川で調査を続けてもイタセンパラ本来の生態を見ることはできなかったと思う．

　生態研究では，先入観を持たず，また季節を問わずフィールドへ足を運んでほしい．生物種の生存戦略上重要な場面は，生活史のなかのほんの一瞬かもしれない．その場面に遭遇できるまで努力してほしい．現在，日本の淡水魚の多くが生息数を減らしている．淡水魚の生態研究者が1人でも増え，その成果が淡水環境の保全に役立つことを期待する．わが国の淡水環境と淡水魚がいつまでも健全であり，生態研究の醍醐味をいつまでも味わえることを切に願う．

（小川力也）

（2）ミヤコタナゴ　―千葉県における保全の取り組み

はじめに

　私が生まれた東京下町の千住という場所は大変タナゴ釣りが盛んな地域で，小学校のクラスの半数の男子は休日にタナゴ釣りに行くほどだった．釣り場は主に霞ケ浦・手賀沼周辺の流入河川，埼玉県から東京に流れる中川本流，最も近くは葛飾・水元小合溜（こあいため）など，今では消失してしまった場所がたくさんある．釣れた種類は，霞ケ浦・北浦では，アカヒレタビラ，タナゴ，ヤリタナゴ，タイリクバラタナゴ，秋口にはゼニタナゴなど．手賀沼・印旛沼流入河川ではタナゴ，ヤリタナゴ，東京の中川本流ではヤリタナゴ，大型タイリクバラタナゴ，後楽園・小石川植物園には東京オリンピック前はタナゴ，ゼニタナゴ，タイリクバラタナゴであった．これ以外にも駒込六義園の池にはミヤコタナゴもいた．

　その後，ミヤコタナゴ *Tanakia tanago*（図1.48）は，1974年に天然記念物に指定されるほど減少してしまった．現在，野生状態のものは千葉県，埼玉県，栃木県の一部に分布するのみである．千葉県のミヤコタナゴの生息地の保全については，私なりに30年以上も関わり，大きな成果はないが，今日に至るまで3水系十数ヵ所を保全できていることは，私の人生の誇りである．ここではミヤコタナゴの保全について以下のようにまとめてみた．なお，より詳細なミヤコタナゴの実践的保全については近日中に出版する予定である．

図1.48　ミヤコタナゴの雄(上)と雌(下).

千葉県のミヤコタナゴの現状とそれに至る経緯

　本来，千葉県のミヤコタナゴは，房総半島南西部を除く広い範囲に普通に生息していた．その減少が始まった時期の正確な記録はないが，高度経済成長が始まった1960年頃から急激に減少したと推測される．当館では千葉県のミヤコタナゴが危機的な状況になりつつあった平成2・3年に，ミヤコタナゴの緊急生息状況調査（図1.49）を千葉県の委託を請けておこなった．

　平成3年以後は，千葉県立中央博物館と共同してミヤコタナゴの減少原因解明のための調査とその成果に基づく保全対策について検討を始め，県内の自治体と連携して保全策を実施してきた（千葉県教育委員会，1996）．また，生息地における開発，改変，災害復旧等に際しては，文化庁・環境省と千葉県の教育庁文化財課，環境部自然保護課，千葉県立中央博物館，観音崎自然博物館，地元市町村との協議に基づき，適切な対応を心がけてきた．また主な生息地A〜Gでは以下のような諸事業を実施してきた．

　A：棚田環境保全，タイリクバラタナゴ除去，維持管理組織確立，再生基本構想作成など．
　B：開発事業影響予測調査と対応策の検討をふくむ総合的保全策の検討など．
　C：開発地内に人工小水路（流程約600 m）をつくり生息地としての再生など．

図 1.49　ミヤコタナゴの生息地での淡水二枚貝調査（右から 2 人目が筆者）．

　D：水路周辺の適当な草刈
　E：小学校と地域組織による水路内のごみ清掃
　F：良好な生息状況のため増水後の視察と底質状況の確認．
　G：現状は良好なので，適当な草刈と，底質状況の確認．
　また，千葉県では，自治体，関係研究機関による連絡協議会の設置，取り扱いマニュアルの作成など，多面的組織的取り組みを地道に進めてきている．さらに，当館と千葉県内水面研究センターでは，ミヤコタナゴの人工繁殖技術の高度化と飼育保全，水路でのマツカサガイ人工繁殖の世界初の成功（千葉県教育委員会，1996），溜池でのドブガイとミヤコタナゴの再生の成功（観音崎博，横浜）などの成果も産み出している．
　これらの取り組みには，当館をはじめ，県立中央博，県内水面水産研究センターが継続して参加・協力してきた．その結果，他県ではミヤコタナゴの安定した自然生息地が失われた中，千葉県では現在でも複数の生息地が比較的安定して維持されている．

ミヤコタナゴの減少原因とその歴史的背景

　ミヤコタナゴの減少原因には，直接的原因と，その直接的原因を引き起こす背景や根拠となった間接的原因がある．前者には人が起こすものと自然自体のなかに潜むものがあり，後者は基本的に人（社会）の問題である．本来，減少原因の推定では，良好な環境が時代的にいつ頃までであり，その時の生息数（量）・生態系がどの様な状態で，それを支えた条件が何かなど，可能な限り把握・推定した上でおこなわなければならない．しかし現状は，なんとなく減った，あるいはいつの間にかいなくなったなど，分布や量など，基礎的な調査に基づく客観的な判断はなく，漠然と感じたことを，「常識」レベルで適当に「推定」して判断されることが多い．その際に水生生物の種の減少はそれぞれの種毎に異なった要因や背景があるにもかかわらず，これらの違いを基盤整備や水路改修等による弊害といったような一般常識として，一括りにしてしまうことも多い．これらは一般市民には受け入れられやすいが，科学的妥当性の点で重大な問題があることが多い．また，減少原因の間接的原因が，直接的原因を産み出す根本的原因になっていることから，これらのことを十分に理解していないと，ミヤコタナゴをはじめ，対象となる種の保全のために選択すべき方向性と到達可能水準が明確に見えてこず，結果として真に有効な策がとれないことになる．

　以下，このような視点を踏まえ，ミヤコタナゴが健全に生息していた時期とそれを支えた条件，直接的減少原因，間接的減少原因の順に見ていきたい．

ミヤコタナゴが健全に生息していた時期とそれを支えた条件

ミヤコタナゴの本来の生息状況と分布環境の推定

　房総半島南東部での聞き取り調査によると，かつての良好な時には，水底が見えなくなるような数百～数万個体に上るミヤコタナゴの高密度の群れが，至る所で泳ぎまわっていた．また，産卵床になるマツカサガイ，ドブガイ，ヨコハマシジラガイなどが高密度に生息していた（数百個/m^2）．また，これ以外の里の多様な生物も，湧くように生息していた．そのため，一過性の災害における大量死などが発生した場合でも回復力は大きかった．また人為による近隣の田んぼや上流の田にも，積極的に放流されていた．

　ミヤコタナゴの本来の分布地は，関東平野の丘陵地周辺部の谷，その周辺の低地の湧水や扇状地の湧水に起源する細流から河川上・中流部，およびその周

辺に開発された水田と付属の水系などである．なお，灌漑用の溜池は人工物であることから，ミヤコタナゴは人為的に導入されたものである．なお，中村（1969）によると，ミヤコタナゴは，タナゴ類のなかで最も上流部に分布する．

良好な生息を支えた条件等の推定

千葉県のミヤコタナゴは，昭和30年頃までは丘陵地の谷（谷津）とそこを水源とする河川上流部から平野部の水田とそこを流れる水路，さらにそれらの水を集める河川中流域まで，広く面として連続的に分布していたが，昭和50年頃には極めて限定された場所に残っているだけになった（図1.50）．これらから，良好に生息していたのは昭和30年を少し越えた頃までであると推測される．

この昭和30年頃までの，当該水系の環境を推測すると以下のようになる．

①地域に降った雨を繰り返し田畑で使う必要性から，高度な水循環系と維持管理作業の膨大な投入により作られた「生きた水」が安定して流れていた．

②水系の主要構成部が溜池・田の脇を流れる小川・1年中水田（の一部）に水がある湿田などで，ミヤコタナゴやミヤコタナゴと同所的に生息する多くの水生生物などの冬季の生き残りが保障され，移動可能な連続水系を形成していた（図1.51）．

③丘陵地の手入れの行き届いた林や水田を水源とする，安定した地下水系があり，そこから豊富で安定した湧水があった．

④水田では豊かな実りのために10aあたり3tもの大量の有機肥料を使用し，これが大量の微小動物を春先から発生させ，大きな現存量を持つ多様性の高い水田生態系を支えるとともに，それが自給自足における食料として豊かな食生活を支えた．

一方，このようなミヤコタナゴにとっての良好な条件は，人にとって好都合な状況になるよう生態系の遷移を一定の状態に留めるための膨大で多様な管理作業により維持されていた．これには，現代の機械化された米作りに係る労働時間の5倍に相当する日常的に大変な労働力を投入し続けることが必要であり，また様々な知識や維持管理のための高い技術と発達した道具が必要であった．これは視点を変えると，重労働で質素ではあったが，豊かな自然環境のもと，旬の食材を食し，村共同体の一員としてハレの日を楽しむ余裕もあるなど，豊かな生活であったと考えられる．しかし，大変さの軽減を望み，安定した高い収入を望むという「近代化」に向けての基盤となる条件も醸成されていた．

直接的減少原因

　ミヤコタナゴが減少した直接的原因は，生息環境の消失や悪化による．最も厳しかったのが，都市化や開発による水域自体の消失である．また，水の高度利用に伴う地下水の枯渇や強度の水汚染もある．次に，水域は残ったが，高度に人工化されたり，水汚染等で生息に適しなくなることである．

　後者では，①水循環系の人工化・連続性の分断（水路の直線化・掘下げ・段差形成・コンクリート護岸化，水田の乾田化と人工的給排水システム化，堰・ダムの設置，湖沼・堰のコンクリート護岸・消波堤など）（図1.52），②有機肥料から無機肥料への転換や農薬・除草剤等の化学薬品多用による生態系の変質，③水質の悪化，草刈や掃除等の維持管理作業がなくなったことによる流れ環境の悪化（有用な水が流れる川から排水路化への役割の変化が土台），安定した土砂の流下がなくなる（流下量の低下・一時的増大等）など，④食害動物や競争種など，生態系を変化させる外来生物の導入，⑤圃場整備などによる微小地形の消失（地形の平坦化），その他などが考えられる．

間接的減少原因

　上記の直接的減少原因を発生させた土台となる間接的減少原因は，なによりも「高度経済成長政策に伴う第一次産業から第二次・三次産業への移行を基本とする社会の近代化」である．これは，第一次産業従事者のなかの若年労働力を都市に移動させ，第二次・三次産業を発展させる一方で，第一次産業については，少ない労働力で生産できるよう「近代化」と「切り捨て」を導入し，さらに量的な不足分や経済効率の観点から輸入で補うというものである．

　このことにより，東京・横浜などの都市部ではミヤコタナゴ生息水域の消滅や生存が不可能な強度汚染等による絶滅が起こった．農村部では様々な変化が発生したが，主要なものには以下のようなものがある．

地域共同社会の崩壊による自然の遷移

　第一次産業の人口減少・高齢化・兼業化などが進み，地域外就労人口増や地域への第二次・三次産業の進出などにより地域経済への影響が高まり，地域に依存しない生活への移行が急速に進んだ．そして，地域共同体的社会の崩壊と自然を必要としない社会化により，地域の人々が自身で担ってきた自然の維持管理作業をする必要性が極度に低下し，必然的に自然の放置が起こった（困った場合は行政がおこなう）．これにより，自然は自身の力により遷移し，人に

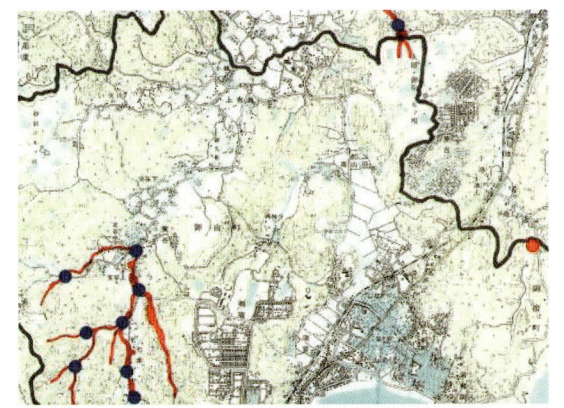

図 1.50　千葉県のある地域のミヤコタナゴ分布状況（昭和 50 年）.

図 1.51　原風景のイメージが残る栃木県のミヤコタナゴ生息地.

図 1.52　千葉県のかつてのミヤコタナゴ生息地.

とって良好なものではなくなるとともに，人の維持管理作業下で繁栄してきた在来生物の大部分にとっては大変住みにくい環境・生態系になってきた．

農業の近代化に伴う第二次・三次構造への移行と農業の変化

農業の近代化による自然の豊かさを必要としない第二次・三次産業的な構造への移行が進行した．これは，「つらい労働」であった農作業からの解放への願望という基盤の上に，大都市周辺巨大商業地域や京浜・阪神など臨海部の巨大コンビナートなど，第二次・三次産業への労働力の移動とその発展に対応するという性格を併せ持ちながら，国の政策としての農業「近代化」が歴史的な社会の近代化・発展の一翼として以下のことなどが取り組まれた．

①農作業の機械化，さらには，農家一戸あたりの農地の大規模化を強力に進めた．大型農作業機械が水没するなどの理由で，農作業用機械の使用が難しい湿田から乾田への移行が，耕地整理・圃場整備などの名目で，耕作地の大規模化や付属水路の排水路化・人工化とともに進められた．さらにそのための地下水位管理が進み，水田耕作期以外の水田の地下水位をかなり下げることで多くの水生生物の生息条件を消失させた．

②農業用給水系が地下パイプによる水道方式になり，1度使った水は不要なものとして排水路に栓ひとつで排水するシステムの導入が進んだ．そして用水としての流れの水が不要なものになり，生きた水が流れ水生生物のたくさん生息している用水路から，水生生物の極端に少ない単なる排水路になった．そのことは第一次産業従事者を生きた水の維持・管理者から単なる消費者へ変質させた．

③有機肥料の多用や人力による除草など物質循環系を重視した維持管理から，化学合成物（肥料，農薬，除草剤など）の多用による労働力の軽減が進んだ．

地表水を河川に閉じこめる政策と社会の近代化の推進に伴う地下水系を含む水循環系の人工化推進により，水の高度利用と1度使用した水の廃水化がすすみ，水資源の枯渇が進んでいる．

このような変化が，昭和30年頃までの「自然が豊かであった時代」の具体的姿を人々の記憶から失わせ，またそれを支えた地域の生活や文化がどのようなものであったかが忘れられてしまった．その一方で，現実の地域の「あり様」に基づく「自然」の認識，人と自然の関係，地域社会のあり方，生活スタイルなどが新たに形成され，その結果全ての点で変化してしまった．また，学校教育のなかでも，自然について適切に教えていないという現実も，この傾向を助長している．

以上のような，間接的原因が直接的原因を必然的に生んでいることから，両者をきちんと把握した上で，今後を考えていかなければならない．

ミヤコタナゴ保全の展望
　これまで見てきた点をふまえると，ミヤコタナゴの今後とそれから示唆されるミヤコタナゴの将来のための方策は，以下のように考えられるであろう．
　ミヤコタナゴの保全策の方向性
- ミヤコタナゴが良好に生息する自然が，地域の財産として人々の手で維持管理できる仕組みの構築．鍵は，ミヤコタナゴの住む自然が収入源となることで，一定の人がそれにより生活を維持できること．
- そのための市民組織の確立と行政のバックアップの仕組みの確立．
- それらを実行するため，かつての文化体系を参考にした，新しい時代の文化体系の確立．
- 日本社会の自然再生の取り組みのなかで，山林の管理・利用，地下水を含む水循環系の自然化，自然をいかした農業への再転換，自然と共生できる新しい地域文化の再構築などをする．

放流について
　人工繁殖個体の野外への放流は，自然再生の一手段としてあり得るが，放流の効果がなかったり，様々な問題を引き起こす等の可能性があるため，以下の点を踏まえるべきである．
　ここで注意すべきことは，放流さえすればその生物の数が増えたり，自然がよくなるという，今日本の社会に広く存在する認識は，科学的に証明されたことのない幻想であり，自然界に悪影響を与える可能性がある危険な行為であることを再確認すべきである．
- はじめに，十分な調査により，対象生物が対象水域に全く生息していない，いい換えれば完全に絶滅したことを確認する．対象生物が少しでも生存している場合は，基本的に放流は効果がなく，悪影響を与える可能性が高いためすべきではない．減少原因を調べ，その改善により生息状況の回復を図る．
- 絶滅確認の場合，環境改善策を検討・実施し，生息環境が回復したと判断した上で次の段階に行く．
　同時に，放流が生態系に与える影響について検討し，影響（放流前と後に

できるであろう新生態系のどこがどの程度変るか）が十分に許容性の範囲であると判断される場合に次のステップにいく．
・放流個体が，対象水域産個体からの人工繁殖個体である場合，もとの個体群の遺伝子組成と放流個体のそれとの違いを十分に考慮し，問題がない場合に放流を考える．他水域産個体やそれからの人工繁殖個体の場合，元の生息場所と放流場所の環境の違いと遺伝子組成の違いを十分に考慮し，その放流の適性について慎重に判断すべきである． （石鍋壽寛）

5．複雑な分類を一刀両断？ —多様なタビラ亜種の実態

3亜種から5亜種になった日本産タビラの仲間たち

ごく最近まで，日本在来のタナゴ亜科魚類は，アブラボテ *Tanakia* 属3種，バラタナゴ *Rhodeus* 属3種，タナゴ *Acheilognathus* 属10種の3属14種・亜種とされてきた．

その中で，タビラ *Achelognathus tabira* Jordan et Thompson は北海道，四国を除く本州および九州北西部の河川や池沼湖に生息し，3亜種として分類されていた．つまり，産卵期に見られる婚姻色が，臀鰭後縁が白色に発現し，かつ幼魚期の背鰭に黒斑のないものをシロヒレタビラ *A. tabira tabira*，臀鰭後縁が赤色に発現するものをアカヒレタビラ *A. tabira* subsp.（a），そして，幼魚期や雌成魚の背鰭前縁に黒斑があるものをセボシタビラ *A. tabira* subsp.（b）と分類されてきた（中村，1969）．アカヒレタビラは東北・北陸・関東地方に，シロヒレタビラは近畿・山陽地方に，セボシタビラは九州西北部にそれぞれ異なる場所に分布している．タビラは中国大陸や朝鮮半島にも分布する（伍ほか，1964）．

このように，タビラ3亜種は日本各地に広く生息し異所的な分布をしている．しかし，これらの分類学的取り扱いや類縁関係につての詳細な研究はされておらず，亜種レベルよりも下位の地理的変異型であるとする見方もあり，そのためアカヒレタビラとセボシタビラに学名が与えられないままになっていた．

しかし最近，筆者らのより詳細な形態形質による分類学的研究や生化学的研究により，シロヒレタビラならびにアカヒレタビラ，セボシタビラは亜種レベル以上の分化が認められ，亜種として正式な学名を記載することに至った．さらに，アカヒレタビラにおいて生息域での形質の違いが認められたことから，アカヒレタビラを地域型の3亜種に分類し，シロヒレタビラ・セボシタビラと

合わせタビラを5亜種に分類した（Arai et al., 2007）．その経過を少し詳しく説明しよう．

日本各地のタビラの形質を調べる

　タビラ亜種の分類については，筆者の1980年代初頭の研究（藤川，1983）まで詳細な比較研究がなされていなかった．この研究にあたっては，広く全国各地からタビラの採集をおこない，その形態や形質を詳細に調べる必要があった．また，繁殖期の婚姻色が亜種を分類する大きな形質の1つであることから，採集時期は婚姻色があらわれる3月下旬から10月上旬に採集しなければならなかった．そこで，1府13県の河川や池沼湖32ヵ所から，約1000個体のタビラを2年間かけて調査した．

　シロヒレタビラは，大阪を流れる淀川水系をはじめ，琵琶湖，兵庫，岡山の河川や池沼湖など1府4県12ヵ所から，セボシタビラは，福岡，熊本，長崎の3県5ヵ所から採集した．アカヒレタビラについては，その分布が東北から関東，北陸にかけ非常に広範囲であるため，採集には日数と動力を費やした．8月の盛夏に自宅の大阪から車で，関東から東北地方を駆け足で回った．残念ながら過去にアカヒレタビラの生息が確認されていた山形県や宮城県では採集ができなかったが，絶滅が危惧されているゼニタナゴ*Acheilognathus typus*やタナゴ*Acheilognathus melanogaster*などのタナゴ類を初めて観察することができた．アカヒレタビラは，秋田県・茨城県の池沼湖などで採集することができた．さらに，他の魚種の調査で訪れていた鳥取県の多鯰ヶ池で偶然にアカヒレタビラを採集することができた．これは，アカヒレタビラの従来の南限を超えるもので，山陰地方で初めて確認したものであった．また，弘前大学から提供していただいた青森県の個体についても生息域の北限を超えるものであった．その後に訪れた北陸の富山，石川両県の河川や池沼を合わせ，アカヒレタビラは東北・関東・北陸・山陰の7県計15ヵ所の池沼湖の個体を得ることができた．

　採集には，おもに錘をつけた透明アクリル製モンドリにさなぎ粉団子を入れ河川や池沼に1時間ほど沈めておき，タビラが入るのを待った．この方法だと，魚を傷つけることなく採集することができる．また，モンドリの使えないところでは，目の細かい投網やタモ網を用いた．採集した魚は，野外で太陽光のもと，写真撮影をおこない婚姻色の発現状態を記録した．また生化学的研究に使用するための個体は，そのまま水と酸素を入れたナイロン袋に保管し，生かし

て研究室に持ち帰り水槽内で飼育した．

体の細部を測定する個体については，10%ホルマリンで固定し標本とした．その際，測定の精度が上がるように，背鰭をはじめ各鰭は，完全に伸ばした状態にすることを心掛けた．この作業は現地で固定した後すぐに，各鰭を伸ばさなくてはならず，非常に時間を費やした．採集地点の状況や水温などの記録，採集個体数や婚姻色の状態など，気づいたことをこと細かく記録していったので，夜遅くまで携帯ライトのもとで作業したことも思い出される．2年間で使ったフィールドノートは10冊を超えた．

タビラは異所的に分化し，新たな形質を身につけた

分類をおこなう場合，個体それぞれの形質の細部まで測定しデータを集めなければならない．測定には，精度をあげるため，測定面の先が尖ったポイントノギスを使い0.1 mmまで計測した．また，背鰭と臀鰭の分岐鰭条数（以下，単に鰭条数）や脊椎骨数は，ホルマリンで固定した個体を低出力のX線投影画像から計数をおこなった．側線上にある鱗の枚数（横列鱗数）や縦列する鱗も計数した．また，雄に見られる追星についてもその形状と出現部位を，セボシタビラなど背鰭に見られる黒斑については並び方や位置をスケッチし記録した．体各部の測定部位は26形質，計数は6形質に及んだ（図1.53）．

全国の32地点から採集したタビラの形質を比較した結果，次のような形質の違いが明らかになった．

①体高/体長比を比べると，シロヒレタビラが最も体高が高く，アカヒレタビラとセボシタビラ間における地理的な分布に伴う形質の連続傾向（地理的傾斜＝クライン）は見られなかった．

②同様に，頭長/体長比を比べると，シロヒレタビラの頭長は短い傾向にあり，この点からも連続傾向は認められない．

③眼窩径/頭長比を比べると，シロヒレタビラは眼窩径が大きい．

④背鰭長/臀鰭長比もシロヒレタビラにおいて尻鰭が長く，他のタビラと有意な差が見られた．

⑤背鰭の条数はシロヒレタビラが最も多く，また，側線有孔鱗数においてはセボシタビラで多く，他のタビラと有意な差が認められた．

シロヒレタビラの分布域はアカヒレタビラとセボシタビラの中間位置であることから，地理的変異種であるという見方は適さず，異所的分布をするタビラ

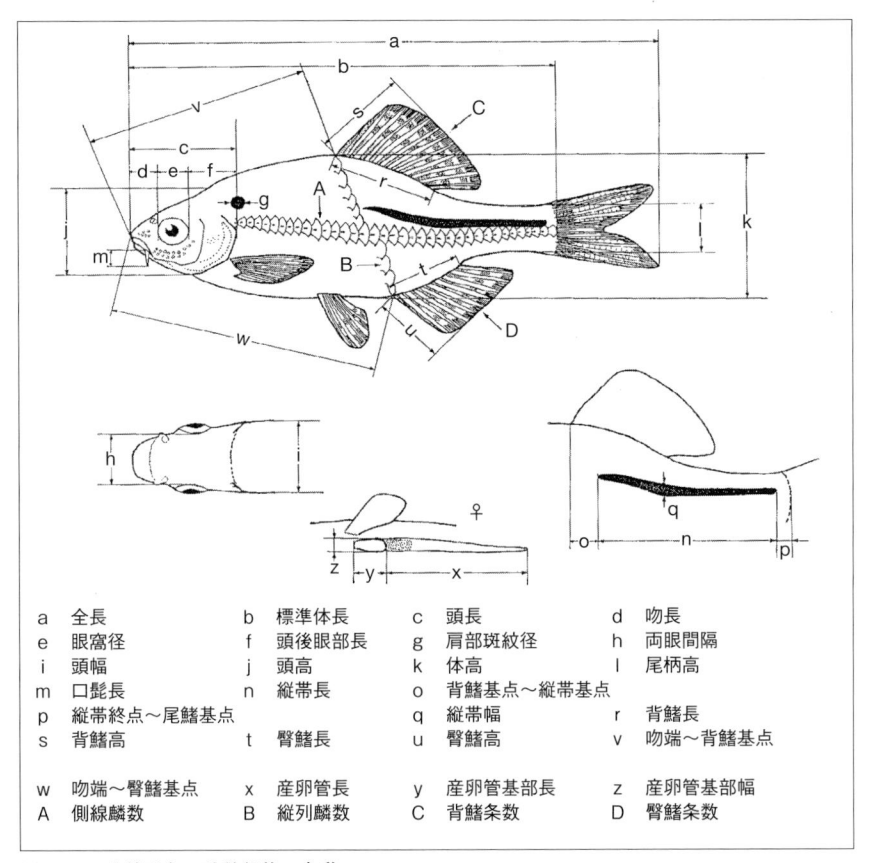

a	全長	b	標準体長	c	頭長	d	吻長
e	眼窩径	f	頭後眼部長	g	肩部斑紋径	h	両眼間隔
i	頭幅	j	頭高	k	体高	l	尾柄高
m	口髭長	n	縦帯長	o	背鰭基点〜縦帯基点		
p	縦帯終点〜尾鰭基点			q	縦帯幅	r	背鰭長
s	背鰭高	t	臀鰭長	u	臀鰭高	v	吻端〜背鰭基点
w	吻端〜臀鰭基点	x	産卵管長	y	産卵管基部長	z	産卵管基部幅
A	側線鱗数	B	縦列鱗数	C	背鰭条数	D	臀鰭条数

図1.53 形質測定，計数部位の名称．

の3型は亜種レベルとして分類する中村（1969）の見解は妥当であるという結論に至った．

日本産タビラの起源を探る

　日本産タビラについては亜種レベルの分化を遂げていることがわかったが，その起源については，明確にされていない．新井（1978）はタナゴ類の核型分析に5つの質的形質を加味し，タナゴ類の類縁関係について報告している．これによると，タビラ3亜種は，ヤリタナゴおよびアブラボテを原始的種とし，分化したものであると推測している．

　一方，中国大陸のタビラについて見ると，形態の記載では背鰭の鰭条数，臀

鰭条数，側線鱗数，体長/体高比，体長/頭長比において，また雄の臀鰭にあらわれる婚姻色は白色であることからシロヒレタビラと類似するが，雌の背鰭に黒斑があらわれることからセボシタビラにも類似する（伍ほか，1964）．

　セボシタビラについて見ると，壱岐島で採集したセボシタビラは，九州内陸のセボシタビラと体高，側線有孔鱗数，脊椎骨数，口髭長，眼窩径，背鰭長，吻端から背鰭の基点までの長さの7つの形質において有意な差が見られ，壱岐のセボシタビラはこれらの点で，シロヒレタビラと非常に類似している．細谷（1988）は壱岐島産の本亜種から九州産の長楕円形卵とシロヒレタビラの鶏卵形卵を得ている．しかし，眼窩径はシロヒレタビラと比べ小さい．日本産タビラと大陸のタビラの祖先が共通であったとするならば，セボシタビラが原始的種と考えられ，そしてシロヒレタビラと分化し，さらにアカヒレタビラと分化していったと推測される．このことは，筆者らのアイソザイム分析（Fujikawa et al. 1984）と合致する．壱岐島に生息するタビラは，タビラ亜種のルーツを知る上で，さらに詳細な調査研究をする必要がある．ただ近年，壱岐島でセボシタビラが採集されていないのが気になる．

　西村（1974）によると，鮮新世中～後期に日本は中国大陸とつながり，古黄河水系の一部は九州西北部から西日本を結ぶ湖沼群に流入していた．日本産淡水魚の組成が中国南部と朝鮮半島と共通であることから，日本産タビラについても他の淡水魚と同様に大陸に分布していたものが九州北西部および琵琶湖に分化していったと推論している．アカヒレタビラについて西村（1974）は，西日本に分布していたタビラが新しい時代にフォッサマグナ帯を超えて北上したと考えている．今回の調査研究から，さらに関東から東北に，また，北陸から山陰へと分布を拡大していく中で分化を遂げたということにも関係づけられるのではないだろうか．

広域分布をするアカヒレタビラの実態

　タビラ3亜種のうち，アカヒレタビラは特に分布の範囲が広い．私の形質測定およびアイソザイム分析の結果から，東北地方から関東地方の太平洋側のアカヒレタビラと日本海側の東北地方のアカヒレタビラ，北陸以西の日本海側のアカヒレタビラにおいて，亜種レベルの変異が確認された．例えば，頭長と口髭の長さを比べると，太平洋側のアカヒレタビラは他より短く，また，臀鰭の長さは反対に長く，有意な差が見られる．さらに，脊椎骨数の数を比べてみる

と，太平洋側のアカヒレタビラは他より少ない（藤川，1983）．

　日本のタビラの分類学的研究はその後途絶え，結局，東京大学新井良一先生と著者らの最近の研究にゆだねられた（Arai et al., 2007）．

著者が計測したデータの再確認

　先に述べたタビラに関する著者が作成した大量のデータやX線写真などを採集した標本も添えて長田先生を通じて新井先生に送った．新井先生はそれらを逐一確認あるいは再計測などをしながら，タビラ3亜種の特徴を整理していった．その時の新井先生と長田先生の間のパソコンと電話のやり取りは壮絶なものであったと聞いている．長田先生は，分類学者の意地と情熱はすごい，と今でもいう．結果は著者の研究結果を支持するもので嬉しく思ったものである．

アカヒレタビラのこれまでとは異なる形質の発見

　研究の過程で多くの方々から協力を得た．標本，写真，情報などの提供である．その中で，本研究に決定的な影響を与えた2つの形質についてお礼もこめて紹介する．

卵の形

　中村（1969）によれば，アカヒレタビラの完熟卵はシロヒレタビラ（図1.54d）とほぼ同じ鶏卵型であるとされていた．ところが島根県大田市産の本亜種の卵は，長径3.1 mm，短径1.3 mmの長楕円形であるという（鴛海，2003）．さらに石川県いしかわ動物園の山本邦彦さんから送られてきた木場潟のアカヒレタビラの卵の写真には長楕円形の卵が写っていた（図1.54b）．このタイプは北九州産のセボシタビラ（図1.54e）の卵形のはずである．当時秋田県職員の杉山秀樹さんからは五城目町産のアカヒレタビラの卵も長楕円形（図1.54a）とのこと，そうすれば日本海側のアカヒレタビラの卵はすべて長楕円形ということになる．

　その後，水産庁の斉藤憲治さんからは，宮城県名取川水系産の本亜種の卵は楕円形で，鶏卵型ほど丸くはないとのこと（図1.54c），タビラ類の写真を依頼していた写真家内山りゅうさんからは霞ヶ浦産のアカヒレタビラの卵も楕円形だと連絡が入った．こうなるとアカヒレタビラに卵の形が全く異なる日本海側と太平洋側の2系統が存在することに間違いなさそうだ．

　実は先に述べたように，筆者らのアイソザイム分析（Fujikawa et al. 1984）

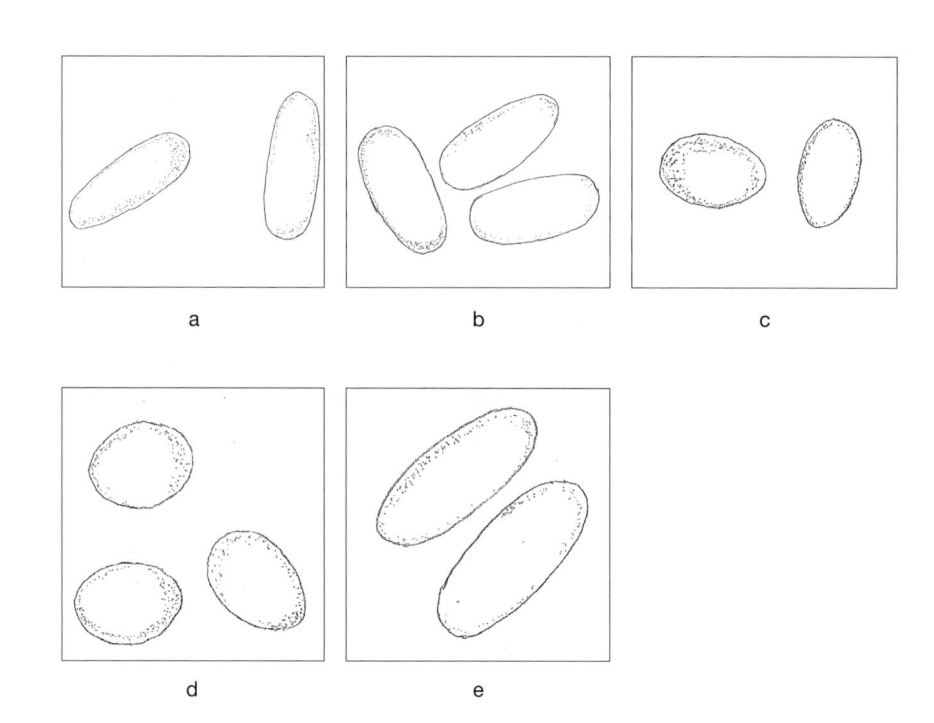

図1.54　タビラ5亜種の卵の形．
　　a: キタノアカヒレタビラ　b: ミナミアカヒレタビラ　c: アカヒレタビラ
　　d: シロヒレタビラ　e: セボシタビラ

でも，これを示唆する結果を得ていた．

稚魚の背鰭の黒斑

斉藤ほか（1988）は，島根県大田市の川で採集したアカヒレタビラの稚魚の背鰭に黒斑（図1.55a）が出現することを報告した．タビラ類の背鰭の黒斑はセボシタビラ（図1.55b）にしか発現しないとされていた（中村，1969）．ところが山本邦彦さんから送っていただいた石川県産の稚魚の背鰭にも黒斑があったのだ．この黒斑は成長すると消失する．

では先に卵形を調べた秋田県産と宮城県産のアカヒレタビラの稚魚はどうであろうか．こちらの背鰭には黒斑がなかったのである．そうすると，日本海側のアカヒレタビラには稚魚の背鰭に黒斑が存在しない北方の系統と存在する南方の系統が存在することになる．

図 1.55　a: ミナミアカヒレタビラ稚魚（島根県大田市産　標準体長 22.1 mm）の背鰭の黒斑.
　　　　b: セボシタビラ雌の背鰭の黒斑（福岡県柳川市産　標準体長 50.2 mm）.

アカヒレタビラ 3 種の記載

　以上のことから，従来のアカヒレタビラをさらに 3 つの亜種に分類することにした．

・キタノアカヒレタビラ新学名 *Acheilognathus tabira tohokuensis* subsp. nov：日本海側の東北から新潟までのアカヒレタビラ．

・ミナミアカヒレタビラ（新学名 *A. tabira jordani* subsp. nov.）：北陸から山陰地方に分布するアカヒレタビラ．新学名の *jordani* は、日本の淡水魚の研究に貢献し、また，タビラの最初に学名を記載したデイビット．S. ジョーダン博士の名前をとって名づけた．ミナミアカヒレタビラとキタノアカヒレタビラの分布の境界線はフォッサマグナと一致している．

・アカヒレタビラ新学名 *Acheilognathus tabira erythropterus* subsp. nov.：太平洋側の東北・関東のアカヒレタビラについてはこれまでの和名とした．

タビラ 5 亜種の検索表

　我が国のタビラ 5 亜種は，他のタナゴ属のタナゴ類とともに，婚姻色や形質の特徴から次の形質で検索することができる．

```
1a……側線鱗数は 55 以上……………………………………ゼニタナゴ
1b……側線鱗数は 41 以下……………………………………………2
2a……背鰭の鰭条数は 12～13 本……………………………カネヒラ
2b……背鰭の鰭条数は 13 本以上……………………………………3
2c……背鰭の鰭条数は 12 本以下……………………………………4
3a……背鰭の鰭条数―尻鰭の鰭条数は 3～6 本……オオタナゴ（外来種）
```

3b……背鰭の鰭条数—尻鰭の鰭条数は 0～2 本……………イタセンパラ
4a……背鰭の鰭条数は通常 10 本．雄の背鰭外縁部は灰色．繁殖期の雄の
　　　尻鰭外縁部は白色……………………………………シロヒレタビラ
4b……背鰭の鰭条数は通常 10 本以下……………………………………5
5a……背鰭の鰭条数は 8 本………………………………イチモンジタナゴ
5b……背鰭の鰭条数は通常 9 本…………………………………………6
6a……尻鰭の鰭条数は 8 本．雄の背鰭外縁部は黒色………………タナゴ
6b……尻鰭の鰭条数は通常 9 本．雄の背鰭外縁部は赤色………………7
7a……繁殖期の雄の尻鰭外縁部は白色．若い雌の背鰭に黒斑がある
　　　………………………………………………………セボシタビラ
7b……繁殖期の雄の尻鰭外縁部は赤色．若い雌の背鰭に黒斑がない……8
8a……稚魚の背鰭に黒斑がある………………………ミナミアカヒレタビラ
8b……稚魚の背鰭に黒斑がない……………………………………………9
9a……卵は楕円形（長径 / 短径比 1.4～2.2）．脊椎骨数は 36.0±0.6
　　　……………………………………………………アカヒレタビラ
9b……卵は楕円形（長径 / 短径比 2.0～3.3）．脊椎骨数は 37.0±0.6
　　　…………………………………………………キタノアカヒレタビラ

なお，これまで正式に学名が付されていなかったセボシタビラにも学名をつけた．

セボシタビラ新学名 *A. tabira nakamurae* subsp. nov.

　亜種学名 *nakamurae* の語源は，淡水魚の研究に貢献し，タナゴ類の分類研究の草分けである中村守純博士に由来する．

　結局，今回の筆者らの研究で得られたタビラ 5 亜種の外観と分布を図 1.56 と図 1.57 に示す．

日本産タビラの保全

　日本の広い地域に分布を広げ，各地において独自の分化を遂げてきた日本産タビラ 5 亜種は，さまざまな環境への適応力も優れていたのであろう．しかし，近年の環境の変化，河川の改修，タビラを捕食する外来種の侵入，産卵床となる二枚貝の減少などによりそれぞれの個体数を減らしている．

　平成 19 年 8 月に発表された環境省のレッドデータブックには，セボシタビ

図1.56　タビラ5亜種の雄の婚姻色などの外観.
　　a: キタノアカヒレタビラ（新潟県上越市産　下は雌．馬場吉弘氏撮影）
　　b: ミナミアカヒレタビラ（島根県大田市産）
　　c: アカヒレタビラ（茨城県一ノ瀬川産）
　　d: シロヒレタビラ（滋賀県瀬田川産）
　　e: セボシタビラ（長崎県壱岐島幡鉾川産）

図1.57 タビラ5亜種の分布.

凡例:
⊙ キタノアカヒレタビラ
● アカヒレタビラ
○ ミナミアカヒレタビラ
▲ シロヒレタビラ
■ セボシタビラ

ラが絶滅危惧IA類（CR）として一気に2段階ランクを上げ指定されており，九州北西部の河川や池沼で急激に個体数を減らしている．福岡県でもセボシタビラを県の絶滅危惧種として指定し，その保護活動に取り組んでいる．

　ミナミアカヒレタビラについても，島根県の希少生物として絶滅危惧種に指定している．かつて，生息していた川の近くにある小学校では，その保護・保全活動に毎年5年生が中心となって取り組んでいる．この活動が，河川流域の他の地域にまで広がっていると聞く．

　同様に他の3亜種もそれぞれの生息地での個体数を減少させており，各地で保護・保全活動が進められている．複雑すぎる日本産タビラ亜種の生態を突きとめるためには，まずそれぞれの生息地での保護・保全活動が重要である．

（藤川博史）

6. しぶといカネヒラ ―秋産卵が生む絶妙な世代交代劇

みなさんはカネヒラ *Acheilognathus rhombeus* という魚をご存知でしょうか？
・日本で1番大きなタナゴ．
・ピンク色でメタリックな緑色の婚姻色がとても鮮やか．
・秋に産卵し，ふ化した仔魚は貝の中で越冬する．
・産卵期がとにかく長い．
・他のタナゴ類が消滅する中でカネヒラだけはむしろ増加する川が多い．
これだけ聞いただけでもわくわくしませんか？

私は，個体識別をおこなったカネヒラの雄の婚姻色の出具合，精子の有無，雌の卵保有状況などを調査することでカネヒラの産卵期の様子を探ろうした．章のサブタイトルにもある"秋産卵が生む絶妙な世代交代劇"という，私なりの結論にいたるまでには，紆余曲折あり，発想の転換ありで，なかなかスムースに結論に至ったわけではない．

この章では"カネヒラ"の研究を始めてからデータをまとめていく中で"しぶといカネヒラ"の生活を垣間見るまでの紆余曲折も含めみなさんにお伝えしていきたいと思う．

調査河川の概要

カネヒラの調査は淀川水系木津川中流域の本流と平行に流れるクリーク状の場所で1996年5月から1998年1月までおこなった．平常時，この場所は流れが緩やかであり，左岸にはブロックが沈められているため，ブロックの付近では特に流れが緩やかであった．しかし降雨による増水時には水位が3 m以上も上昇することがある，いわゆる氾濫原といわれる川である．この区域の水深は中心部で20〜30 cmで底質は砂，ブロックがある場所では水深が20〜50 cmで底質は砂泥もしくは泥となっていた．ブロックがある場所にはカネヒラの産卵母貝となりうる淡水産二枚貝のイシガイ，ドブガイ，トンガリササノハガイが生息していた．

調査区域にはカネヒラの他に，シロヒレタビラ，タイリクバラタナゴ，コイ，フナ類，モツゴ，タモロコ，オイカワ，ヌマムツ，カマツカ，スジシマドジョウ，ハス，ヨシノボリ類，ギギ，ナマズの生息を確認した．

成魚の捕獲

　調査地点70 m区間に市販のカゴ状のモンドリ17個を用いて，寄せ餌として釣具店で市販されているさなぎ粉と植物性の練り餌を入れ，2時間後，カゴモンドリを引き上げカネヒラを捕獲した．その後は餌を補充せずに同じ場所にカゴモンドリを沈め15～20分後に引き上げて本種を捕獲するという作業を7～8回繰り返し，少しでも多くの個体を捕獲できるように工夫した．

　餌の入っていないカゴモンドリをもう1回浸けるというのは，少しでもカネヒラの捕獲数を増やしたい一心で，"ダメもと"で始めたものであったが，これが意外にカネヒラの捕獲数を増やすことができたのだ．とにかくやってみるというのが，いかに大切なことかがよくわかった．

　捕獲したカネヒラはエチレングリコールモノフェニルエーテルを約3000倍に希釈した水溶液中に泳がせて麻酔をかけ，水をはったバットに寝かせ，ノギスを用いて体長，全長，体高を測定した．雄については婚姻色の度合い，追星の有無，腹部を軽く押して精子の有無を確認した．また雌については産卵管長も合わせて測定し，腹部を軽く押して完熟卵の有無も確認した．年齢査定のため雌雄ともに背部から2枚程度，腹部から1枚程度の鱗を採取しホルマリン10%溶液にて保存し，後日顕微鏡で鱗の年輪から捕獲個体の年齢を推定した．最後にエルバージュを溶かした水の中で2～5分薬浴させた後，捕獲した場所に静かに放流した．なお一連の作業は魚が弱らないよう細心の注意をはらっておこなった．

個体識別

　雌雄ともに背鰭の13～14本ある軟条を根元からピンセットで1～3本抜き去りその組み合わせによって個体識別をおこなった．なお，前年に個体識別をおこなった個体と区別するために翌年の個体は尻鰭の第1軟条を抜くことで区別した．処置後は薬浴させた上で，捕獲した場所に静かに放流した．

　この方法での個体識別は，再捕獲した個体を見ると抜き去った軟条の間の膜は再生するものの，軟条は再生せず，容易に識別がおこなえた．

　このフィールドは上流，下流で本流とつながっているオープンなスペースであるにもかかわらず，個体識別をしたカネヒラの再捕獲率は非常に高く，9月12日の調査では14個体を捕獲した内，9個体が識別個体であった．フィールド調査においてこのように同一個体を再捕獲できる場所は珍しく，私は，この

ことを使って研究成果をまとめられないかと模索しながら調査を続けているうちに，同じカネヒラが同じ場所で採取できるような気がしてきた．

捕獲した個体は捕獲した場所に放流していたが，誤って異なる場所に放流してしまった時も，もともと捕獲した場所で同一個体を捕獲したことから，カネヒラは広い行動範囲を持ち，川の地形を何らかの方法で記憶しながら，ある地点にとどまっていることが示唆された．

研究を進めながら，最初はこのことを膨らませ論文を仕上げていこうと思っていた．しかし，何度もデータを見ているうちに，ふと気がついたのである．

カネヒラが入れ替わってる！

そう，ある時期に何度も捕獲していた個体が急に捕獲できなくなり，代わって新しい個体が捕獲されるようになる時期が2回ほどあったのだ．

個体の入れ替わり　その1

産卵期の初期である7月22日，8月14日，19日に捕獲できた個体は，前年に個体識別をした個体であった．その個体は前年の10月28日，11月18日，25日に捕獲した際に雄は婚姻色が鮮やかで放精も確認でき，雌は完熟卵を持っていた（図1.58 ○印，後で述べる1群）．それらの前年生まれの個体について観察すると，雄は昨年同様の鮮やかな婚姻色を発色し，雌は完熟卵を確認することはできなかったものの，産卵管は白く十分に伸びていたことから，この時点で産卵をしていたと推測される．

前年生まれの個体が捕獲されたのと同じ時期である8月15日から29日捕獲された鱗の年輪から当年生まれと推察される個体は，放精はするものの婚姻色は鮮やかではない個体がほとんどであった．しかし前年生まれの個体が捕獲されなくなった9月2日以降は，今年識別をおこなった個体の婚姻色は鮮やかに発色していた（図1.58，2群）．

個体の入れ替わり　その2

9月22日，29日，30日の3日間に測定した平均水温22.5℃あった本地点で，10月2日，7日，9日の3日間の平均水温が19.5℃へと短い期間に3℃も下がった時期に9月以前から産卵に参加していたと思われる今年生まれの個体は急激に捕獲数を減らし，これまで捕獲されなかった群が新たに捕獲されるようになった（図1.58．3群）．

これらの入れ替わりのあった2つの個体の同時期の体長には差があり，9月

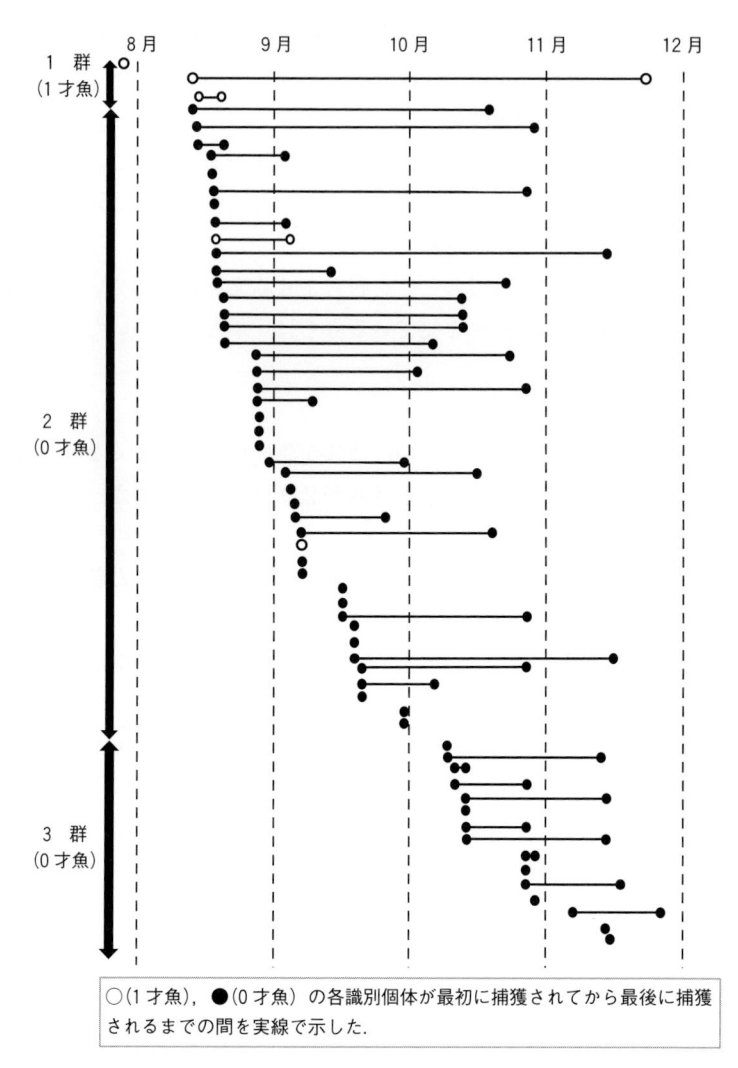

○(1才魚)，●(0才魚) の各識別個体が最初に捕獲されてから最後に捕獲されるまでの間を実線で示した．

図1.58　2群の識別個体と入れ替わるかのように出現する3群の識別個体．

以前に捕獲された個体の平均体長よりも10月以降に捕獲され始めた個体の平均体長の方が統計的に有意に大きかった（表1.9）．
　つまりこの年の，このフィールドには，カネヒラが3群存在したのである．その内訳と推測はこうだ．
1群：越年した前年の生き残り個体で，前年の後半に産卵に参加したか，ほと

表1.9　後から出現した3群の方が有意に体長が大きかった.

	9月以前に捕獲した個体 （2群）	10月以降に捕獲した個体 （3群）	P値
個体数	8	8	
平均体長±SDmm	48.2±8.58	63.8±7.61	$P<0.01$ (Mann-whitney U-Test)

※9月以前から捕獲されていた個体と10月以降に捕獲され始めた個体の，同じ時期（捕獲時期が重なる10月初旬）での標準体長を比較すると，10月以降に捕獲された個体の方が有意に大きい．

んど産卵に参加できなかった個体．

2群：1群に比べ明らかに小さな今年生まれの個体で，1群が再捕獲できなくなった時期に成熟を迎え，産卵に参加し始めた今年生まれの個体．

3群：2群に比べやや大きな今年生まれの個体で，2群に比べ成長が遅れたため2群と同時期に産卵に参加できず，機会をうかがっていた個体．

　※2群と3群の平均体長の差は統計的に有意であった．

　結果として，この3群の個体は2群が繁殖をおこなっている時期に産卵に参加できなかったことでエネルギーを成長に充てることができたためなのか，2群に比較して平均体長は大きく，その差は統計的にも有意な差が生じていた．長いといわれていたカネヒラの産卵期は実はいくつかのグループが入れ替わって産卵をしていたため，長く見えていたのである．

　論文が書き上がるまで，ここから少し迷走したのだ．本来はこういった迷走は文章になることはなく，結論へ向けて一直線に進んでいくのだが，ここではその迷走の様子を記したいと思う．

秋に産卵することの意義

　ここで，この話の面白さが広がったのが，カネヒラはイタセンパラやゼニタナゴと同じ秋産卵型のタナゴであったことである．秋産卵のタナゴは秋に淡水二枚貝の鰓の中に卵を産みつけ，仔魚期に発生を一旦停止した状態で冬を越し，水温が温かくなる頃に停止していた発生を再び開始する．その後，発生を進め，自力で泳げる状態まで成長した後，貝から泳ぎ出る．

　魚類に多く見られる，春に産卵する種であれば早い時期に産卵された卵はその後に産卵された卵よりも先にふ化し，ふ化した稚魚は大きく成長し産卵を開始する．つまり，1群，2群，3群……という個体がいくつ存在するような場

所であっても，その順序どおりにふ化，成長し，産卵を始めるならば，群の順序が大きく入れ替わることはないであろう．

たとえ秋産卵のカネヒラであっても早く産卵に参加した個体の子孫が貝内で越冬後，産卵された順序どおりに貝から泳ぎ出してくるとすれば，先に産卵に参加した個体の子孫は，後から泳ぎ出してくるライバルよりも先に餌を確保し大きくなることができ，産卵に参加するために有利に働くのではないか？

よし，そんなことを裏づけるデータを取ることができれば，早く産卵したほうが有利に働くという結論が導き出せる！　水温が低下し，餌も少なくなる冬前に産卵するよりも，餌も豊富で暖かい早い時期に産卵するほうが子孫を残すのにより有利に働くであろうから，きっとそのような結果が出るに違いない！　そう思った私は，貝内仔魚の観察結果を解析し，産卵された時期と泳ぎ出す時期に相関がないかを調べた．

貝内仔魚の観察

異なった時期に産卵されたイシガイをフィールド内に設置した生け簀で飼育し，一旦産卵がおこなわれた貝に再度産卵されないように工夫し貝内仔魚の観察をおこなった．貝内仔魚の観察には，貝開け機を用いて閉殻筋を傷めないようにして貝の口を少し開き，細かいさじで左右，内外の鰓をめくり，本種の卵，仔魚の数，発生の段階の違いを確認した．また泳ぎ出す直前の時期には貝内の残っている仔魚の数を記録した．この時期に減っている仔魚数は貝から泳ぎ出たためと考えられる．

これらのデータからの解析結果はいつ産卵されても仔魚が貝内から泳ぎ出る時期に大差はないという結果となった（図1.59）．思うようには行かないものだ……．てっきり，早い時期に繁殖をおこなう個体ほど早く泳ぎ出し，次の繁殖に優位に働いていると思ったのに……．

発想の転換

産卵時期による泳ぎ出す時期に差がないのであれば，貝内で守られているとはいえ，何が起こるかわからない自然界では，仔魚の期間が短くなる産卵期後半に産卵するほうが有利ではないか？　暖かい時期に産卵された仔魚は貝の中で過ごす期間も長くなり，さらに夏場は貝の活動が活発なため吐き出される確率が大きくなるはずで，後半に産卵する個体のほうが有利に働くということも

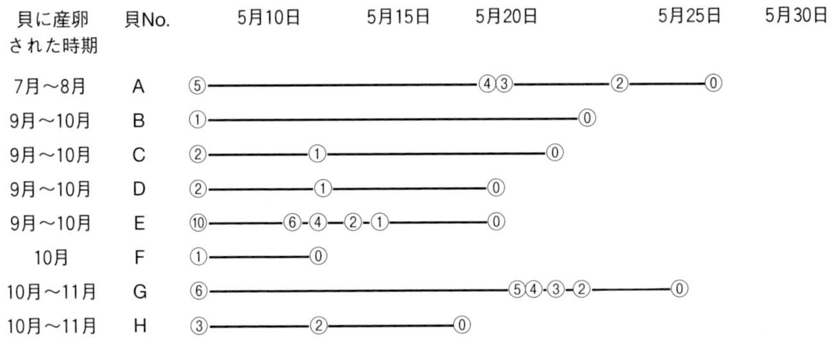

| 貝に産卵
された時期	貝No.	5月10日	5月15日	5月20日	5月25日	5月30日
7月～8月	A	⑤―――――――④③―――②―――⓪				
9月～10月	B	①―――――――――――――⓪				
9月～10月	C	②――――①―――――――⓪				
9月～10月	D	②――――①―――⓪				
9月～10月	E	⑩――⑥-④-②-①―――⓪				
10月	F	①――⓪				
10月～11月	G	⑥―――――――⑤④-③-②―⓪				
10月～11月	H	③――――②―――⓪				

丸数字は貝内の仔魚数を示す．早い時期に貝内に産卵されても，貝から泳ぎ出る時期には大差がないことがわかる．

図 1.59　貝に産卵された時期と貝から泳ぎ出る時期には相関はない．

表 1.10　貝内の仔魚生存率に産卵時期による差はない．

	1996年観察 最終確認日 1997年2月24日			1997年観察 最終確認日 1998年1月7日		
産卵時期	8月	10月	11月	8月	10月	11月
仔魚数	33	10	26	5	15	5
生存仔魚数	14	5	17	5	7	4
生存率(%)	42.4	50.0	65.4	100.0	46.7	80

※　1996年の観察では，生存率に大きな差はなく，1997年の観察では早い時期に産卵された仔魚であっても全ての個体が生存していたことから，産卵時期による仔魚の生存率に大きな差は生じないことが示唆された．

考えられるのではないか！
　貝から吐き出されにくくするためには貝の活性が落ち，仔魚の期間も最短で済む冬季に近い時期に産卵する方が有利に働くのではないか？
　そう考えた私は，自分の予想に酔いながら解析を急いだのだ．しかし，解析結果はいつ産卵された仔魚であってもその生存率は統計的に有意な差はないことが示唆された（表 1.10）．
　行き詰まった……．
　異なる時期に繁殖するグループがいる限り，その時期に対する有利不利があるはずではないか？しかし，データ解析からはそれを示唆する内容は示されなかった．ではなぜ異なるグループが形成されているのか？　単なる偶然なの

か？　異なるグループが形成されることの意義は何なのか？

さらなる発想の転換

　驚くべきことに，カネヒラの仔魚は貝内で越冬する間に，一旦発生が止まり，その後，植物の春化処理のように低温状態を経験することで発生を再開させる．秋産卵のイタセンパラやゼニタナゴでも共通する習性だ（Kawamura et al., 2005, Uehara et al., 2006）．

　ひょっとすると，いつ貝に産卵されたとしても，貝から泳ぎ出る時期のわずかな差によって，その後の成熟時期にも差が生じるかもしれない．その結果，同一個体から生まれ，同じ貝の中で育った兄弟姉妹といえども，繁殖に参加する時期は，産卵期の前半，後半にわかれる可能性が生じる．さらには後半に繁殖をおこなった個体は，越冬して翌年には繁殖に参加できるかもしれない．このことに気づいてからこの研究は，私の中で一気に面白みを増したのである．

稚魚の成長

　では，貝から泳ぎ出した後の稚魚の成長について述べておこう．貝から泳ぎ出した稚魚は貝が生息するブロック近辺の表層あたりを群れで行動していることが観察できた．これらの群れを金魚網で捕獲しホルマリン固定した上でその体長を記録した．その後の稚魚の成長は驚くほど早く，泳ぎ出す時期の数日の違いがその後の成長の違いに大きく影響すると推測された．

　ここまでの結果から，カネヒラは長い産卵期を世代が異なるグループや，同世代の中でも数グループに分かれて繁殖していることが示唆された（図1.60）．さらに，早い時期に産卵に参加した個体を親に持つ子孫であっても，貝内で発生を停止して越冬することで，必ずしも早い時期に産卵するという親の性質を受け継ぐことはないのかもしれない．

　カネヒラは世代間の違いや，産卵時期の違いを"発生停止"という形で一旦揃え，その後貝から泳ぎ出る時期の違い，成長の違いによってシャッフルすることによって，大きな幅を持たすことに成功したのではないか？　このことが生活環境の大きく変化する氾濫原で彼らが"しぶとく"生き抜いてきた要因になっているのではないかと思われる．

　なお，本種と同じ秋産卵のイタセンパラやゼニタナゴは正に絶滅の危機にひんしている．私のカネヒラの研究が2種の研究に少しでも参考になれば嬉しく思う．

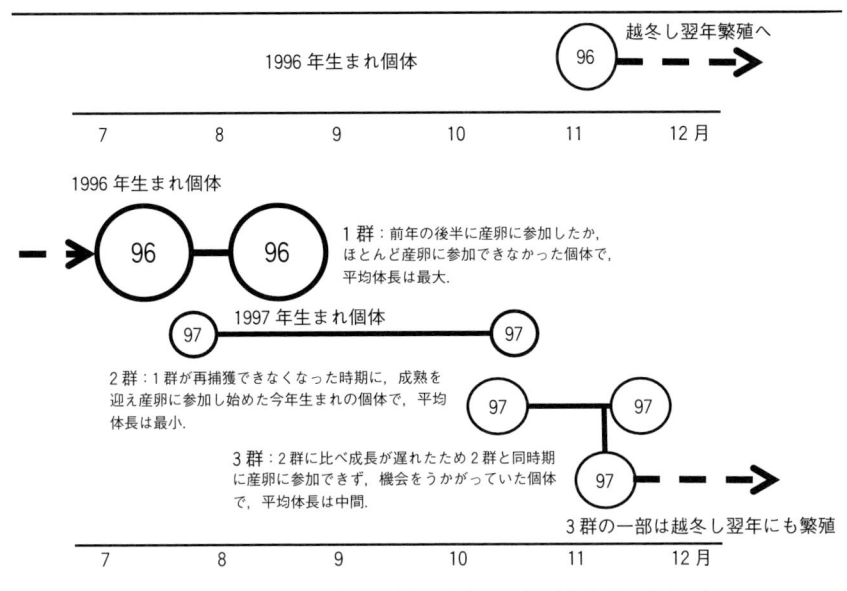

```
                                              越冬し翌年繁殖へ
                              1996年生まれ個体      ⬚96⬚ ‐ ‐ ‐ ▶
         7      8      9     10     11     12月
```

1996年生まれ個体

▶ （96） （96）　1群：前年の後半に産卵に参加したか，
　　　　　　　　　ほとんど産卵に参加できなかった個体で，
　　　　　　　　　平均体長は最大．

　　　　　1997年生まれ個体
　　　　⚬97　―――――　97⚬

　　　　2群：1群が再捕獲できなくなった時期に，成熟を
　　　　迎え産卵に参加し始めた今年生まれの個体で，平均
　　　　体長は最小．
　　　　　　　　　　　　　　97　―　97
　　　　3群：2群に比べ成長が遅れたため2群と同時期
　　　　に産卵に参加できず，機会をうかがっていた個体
　　　　で，平均体長は中間．　　　　 97 ‐ ‐ ‐ ▶
　　　　　　　　　　　　　　3群の一部は越冬し翌年にも繁殖

　　 7   8   9   10   11   12月

図 1.60　3つの個体群の繁殖時期の違い．（○の大きいほど平均体長が大きい）

おわりに

　ここまで読んでいただいた方はお気づきであろう．研究は思い通りにはいかないものである．人間が予想したことなんて，簡単に覆されてしまう．だからこそ，生態研究は面白いのである．だからこそ自然は偉大なのだ．

　そうやって壁にぶちあたって，いろいろ考えて……．もしかすると今回お話しさせていただいたことも，事実とは若干違うかもしれない．もっとすごいことを彼らは水の中でおこなっているのかもしれない．研究とは，そんな彼らの生活を垣間見ることのできる貴重な時間なのだ．みなさんも研究を通じて，そんな楽しいひと時を感じたらどうだろう．

　　　　　　　　　　　　　　　　　　　　　　　　　　　　（中嶋祐一）

第2章

ムギツクの多彩な托卵

1．卵をあずける魚の技を追う

　本章は，川底の石の周りにいるトビケラなどの小動物をなかば逆立ちをしてついばむときに発するコン，コンという音が，杵で麦を突く音に似ているのでムギツクと名づけられたという魚の物語である．本種はコイ科ヒガイ亜科に属する体長 10〜15 cm の魚で，口から尾鰭のつけ根にかけて一筋の太い縦帯がはしる．イシコツキとか口先がとがって細いのでクチボソともいう．朝鮮半島のほぼ全域にも分布する．ムギツクも他の多くのコイ科魚類にもれず，くすんだ色彩で目立たず，その生態も特徴が感じられず，知る人は知る程度の雑魚の典型的存在だった．それがある時からその汚名？　を返上した．はからずも我が研究室はこの物語に初めから関わったのだ．

　詳しくは馬場玲子さんの記述に譲るが，ムギツクによる他魚種への托卵の最初の発見が，オヤニラミの巣に産みつけられた卵を毎日数える過程で偶然になされたのである．

　その後，同じ調査区域で流木の下に一緒に産みつけられたドンコ卵とムギツク卵が見つかった．ドンコへの托卵だ．これについては吉本純子さんほかの卒業生が語ってくれる．

　そして 2000 年にはギギへの托卵を確認することになる．この時期はオヤニラミへの托卵を発見してからちょうど 10 年目を迎えて，〈ムギツクという種の存続には宿主となる他種の存在が必要〉との仮説への心象を強くしていた．紀ノ川水系にはギギが多く生息することは知っていたし，ギギは水槽内で他個体を追い払うことも図鑑で知っていた．ただギギの生態についての研究は知る限りなかった．産卵行動はおろか産着卵すら確認したという報告はなかったのだ．

　ギギを新たな宿主とあたりをつけて，2〜4 月の間，紀ノ川中・下流域の十数本の支流を巡り，手作りの赤外線水中カメラを岩の下に入れながら隠れている

ギギとムギツクを探索した．あるいは後述の自家製水中マイクを釣竿でぶら下げて，ムギツクのこつき音とギギの威嚇声を探した．この時期はムギツクもギギも非繁殖期なのだが，岩下ではギギが同種のみならずムギツクまでもググッと発音して激しく追い立てていたのだ．おっ，これならばムギツクはギギの巣を托卵する場として狙うなと直感した．間もなく岩下でムギツクのギギへの托卵の録画に成功したのだ．おまけに巣の入り口から奥1mほどのツルヨシの根に付着したギギの卵とそれを守る雄を録画することができた．感激の瞬間であった．

その後もギギへの托卵の研究は山根英征さんによって続けられ，その詳細が本章で語られる． (長田芳和)

2．オヤニラミへの托卵

最初に見つかったムギツク托卵の宿主

オヤニラミ *Coreoperca kawamebari* はムギツク *Pungtungia herzi* による托卵が最初に確認されたときのムギツクの托卵先（宿主）魚種である．当時，ムギツクが托卵する魚だと考えていた人はいなかった．そもそも，ムギツクそのものの繁殖行動を野外で観察した例はなかったのだ．

私がこの現象に出会ったのは，最初から最後まで全くの偶然の重なりの結果に過ぎない．大阪市立大学大学院進学が決まった時点で研究対象が決まらず，当時の教授が長田助教授（当時）の元に連れて行ってくれたことがそもそもの始まりだった．新年度が始まる直前，かねてから長田先生が目をつけていた川に下見に行ったところ，そこはオヤニラミの数が多くて流れが緩やか，水量は膝から太ももの高さという程よさで，淡水魚の野外観察初心者の私にも観察しやすい，理想的な調査地であった．そして，川自体がオヤニラミやその他の水生生物にとって非常に条件の良い環境だった．ここで初めて，ムギツクの秘密が明らかにされる舞台が整ったのだった．

私の卒論のテーマは，子を保護するシクリッド（カワスズメ科魚類）の配偶者選択であった．オヤニラミが父性保護をする魚であり，私以前の学生のテーマが雄の縄張りや卵への執着性という，卵保護に関する能力を明らかにしようとするものであったことから，雌による雄選択が私の修士課程のテーマになったのだった．つまり，研究を始めた時の私の研究テーマは，ムギツクと全く無関係だった．

オヤニラミはどんな魚か

　現在，オヤニラミはスズキ目ケツギョ科オヤニラミ属に分類されている．全長は最大で13 cm，体高が高く，体幅は狭いが厚みがある．体色に雌雄差はなく，ベージュの地色に暗褐色の横縞が6～7本見られる．鰓蓋の後端にある緑色の眼状紋が大きな特徴だ．

　国内の分布は由良川以西の本州と四国および九州で，朝鮮半島には亜種のコウライオヤニラミが生息する（香田・渡辺，1989）．中河川の中流域の，水深が浅く流れの緩やかな川で暮らすオヤニラミは俊敏な魚ではない．水中で出会うと，一旦後ずさりしてから物陰に向かって必死に泳いで行こうとするが，透明度の高い水中なら，大体目で追っていける程度の速度しか出せない．尾を一所懸命左右に振りながら泳ぎ急ぐ姿はいじらしく，何ともユーモラスである．

　繁殖期になると，雄は川岸のヨシなどの草の茎や水底に沈んだ木の枝，岩などを産卵床とするために腹をすりつけるようにして掃除し，その周囲を縄張りとして防衛しながら雌を待つ．雌は卵が成熟すると複数の雄の縄張りを訪問し，産卵床に行儀よく並んだ卵を産着させる．その後は雄が1個体で卵に水を送ったり，外敵を追い払ったりしながら卵を守る．卵がふ化したあとも，稚魚は体が小形のオヤニラミの形になるくらいまで親の縄張りに留まる．雄によってはこの時期に次の雌を受け入れ，新しく卵を保護し始めることもあった．産卵期は4月中旬から9月まで続く．

　観察を続けるうち，私自身の目もオヤニラミの雄の目に近くなっていたに違いない．川の中をシュノーケリングしながら渉猟していると，いかにも産卵床にうってつけのヨシの株や，崖に背後を守られた岩場といった，オヤニラミが好みそうな地形に勘が働くようになった．だから，オヤニラミの雄を見つけるのには苦労はなかった．オヤニラミは縄張りへの執着がかなり強いため，捕獲に1度失敗してもあとでやり直しがきくし，水中での捕獲はコツをつかんだらまず失敗することはなくなった．縄張り雄のうち大きな個体は，馴れてくると私が巣をのぞきにいっても逃げることもなくなってきて，卵を数えようとする私の手や脇腹のあたりにアタックするものまで出てきた．このため，縄張り雄に施した個体識別の再確認も楽だった．

　だが，雌の方はこうはいかなかった．まず，雌に出会うことが少ない．オヤニラミの縄張りに産卵をひかえて全身を黒く変えた雌の姿を見たのはほんの数回程度だった．さすがに産卵という大仕事を観察者の目の前でやってくれるカップル

はいなかったし，私自身，雌が訪問中は観察の順番を後回しにするなど遠慮していたので，産卵そのものを見ることはできなかった．なにより，縄張りを持たない雌はこちらの姿を見ると必死で逃げる．いくら泳ぎが遅いといっても，逃げていく魚を捕獲するのはタモ網では無理だった．通常の体色では雄との区別はできないし，産卵に訪れる現場を見ることもできないのでは，個体識別したとしても，それが雌であることを確認することが難しい．雌の立場からの配偶者選択など，どうアプローチしていいのかさえ，実はよく分からなかった．

おかしな卵

1989年4月中旬に川に入った私は，産卵床の準備を始めた雄や，既に卵を保護している雄を見つけるたびに小さなタモ網で雄を捕獲し，背鰭や尻鰭の棘条を折ってその組み合わせで個体識別をした．雄の縄張りの中心である，複数の産卵床の集まり＝巣にマークをつけ，産卵1回分の卵塊を見分けて，産着部位を図に描いて卵塊を識別しながら卵の数をほぼ毎日数えていった．

オヤニラミの卵は直径が2.5 mmほどできれいな球形をしており，産卵床の表面にほぼ直線状に産みつけられる．大概は2粒ずつが交互に並んでいて，卵塊毎に白やクリーム色，ピンク色など，微妙な色の違いが見られるため，特に産着直後はどれが雌1個体分の卵塊かが一目で判別できた（馬場，1997）．卵は発生が進むと色素胞ができ始め，だんだん灰色がかってくる．産着直後の色が鮮やかな時期を発生ステージ1 (Stg. 1)，卵黄嚢表面に色素胞ができ始めて灰色になってきた頃をStg. 2として便宜上区別した．このあと，卵の発生が進むと卵黄嚢の表面の色素胞が増えて黒っぽくなると同時に眼胞が黒く目立つようになり (Stg. 3)，やがて眼胞の周囲に銀色の光彩ができてくる (Stg. 4) (Baba et al., 1990, 図2.1)．ふ化までの日数は産卵期初期では平均18日程度，水温が上がるにつれて短くなり，7月に入ると9日程度であった（馬場，1997）．

観察を続けていた5月半ば，オヤニラミの卵の横や卵塊に重なるようにして，見慣れない卵を目にするようになった．オヤニラミの卵より小さく，より透明で，産着された状態が「球」というよりドーム型に近く，何より産着された状態に何の秩序もなく，くっつけられるなら所かまわずという行儀の悪さが目についた（図2.2）．卵の発生のしかたもオヤニラミのものとやや違っていて，卵黄嚢の表面には目立つ色素胞がほとんどあらわれなかった．発生途中で見られた卵の変化は，ほぼ透明な眼胞ができ (Stg. 2)，この眼胞が黒くなって (Stg. 3)，

図 2.1　オヤニラミの卵．発生が進むにつれて白色から黒色に変化する．

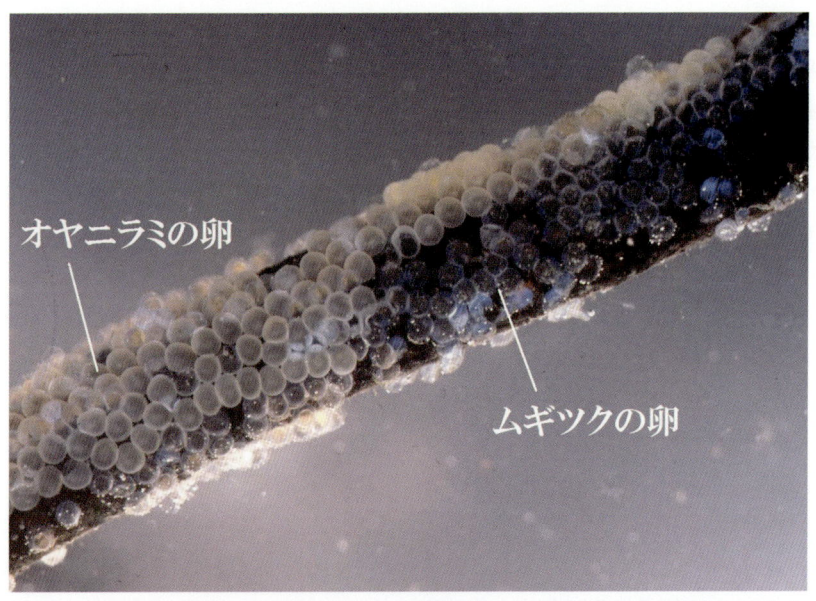

図 2.2　オヤニラミの巣に産みつけられた 2 種類の卵．白く丸い卵（発生段階 Stg. 1）とやや小さく透明な卵が隣接して並ぶ．後に前者がオヤニラミ，後者がムギツクの卵と判明した．

やがて銀色の光彩ができる（Stg. 4）．ふ化の瞬間は，オヤニラミと違ってほとんど見ることはできず，ある日巣を観察すると，昨日卵があった場所に薄い膜状の殻だけが残ったのを確認して，おそらくふ化したのだろうと推測した．

　もう1つ，この卵が見つかる時は，オヤニラミの卵が極端に減ったのも気になることだった．

　この小さな卵を見つけた時は「妙な小さな卵が混じるなあ」と感じただけだった．オヤニラミの卵は数えやすいのに，この小さな卵は数えにくく，とにかく勝手気ままな産着のされ方で，昨日の卵と今日の卵の見分けが非常につきにくい．とりあえず通常のオヤニラミの卵を「大卵」，小さな卵を「小卵」として，これまで通り観察を続けた．

　この卵が見られるようになってから間もなく，長田先生に2種類の卵が混じることを報告した．長田先生はすぐさま現地に来られ，私がいう「2種類の卵」を確認した．そして，小さな卵は明らかにオヤニラミのものではないことを見抜いた先生は，小さな卵を持ち帰ってふ化させた仔魚から，卵がムギツクのものであることを確認された（図2.3）．

托卵を確信した瞬間

　小さな卵がムギツクの卵であることはわかったものの，オヤニラミの巣で見つかったことが偶然によるものか意図的なのかがわからない．ムギツクの卵があらわれた巣や縄張りの周辺にはムギツク卵が産みつけられている様子はなく，オヤニラミの巣でのみ見つかるようなのだ．観察を続けていくと，ムギツクの卵が出現するオヤニラミの巣には，あるパターンがあることが見えてきた．そこで，ここぞと思われる巣の前に水中ビデオカメラを据え，産卵の瞬間を狙うことにした．ところが，なぜかビデオで狙う巣には何も起こらず，「次点」と思われた巣で小卵が見つかることが何度か繰り返された．たった1台のカメラではいくつもの巣を狙うことはできないので，勘を頼りにひたすら待ち続けた．連続録画をすること3日目の朝，オヤニラミの雄が守る巣にムギツクの数個体の集団が列をなしてすっすっと入ってきた．ムギツクが托卵に来るはずと思って粘っていたのだから来て当然なのだが，長田先生はそのモニター画面にびっくりして折りたたみ椅子から後ろにひっくり返ってしまった．その映像は，次のようなものだった．

　画面中央にオヤニラミがいて，何個体ものムギツクが群れでしきりと画面の

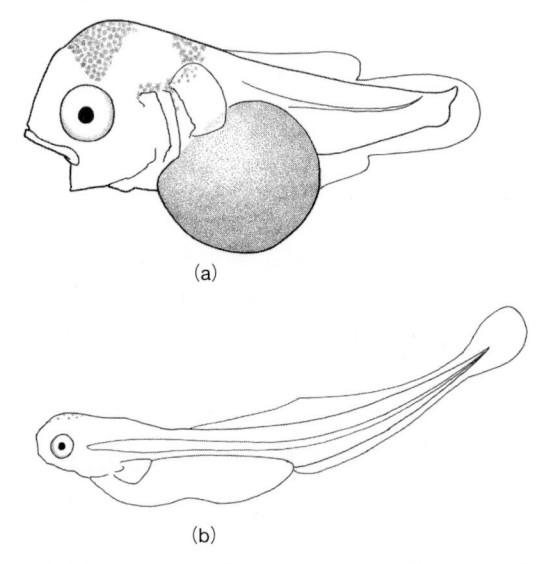

図2.3 丸く大きな卵からふ化したオヤニラミの仔魚（a）と少し小さく透明な卵からふ化したムギツクの仔魚（b）．まったく形が違うのが分かる．いずれも全長6〜7 mm．

前を行ったり来たりしているのが写っていた．ムギツクの数はおよそ20個体，ときどき一斉にオヤニラミの巣に接近する様子が見られた．オヤニラミはかなり怒っていて，体の色は輝くばかりに明るい色になり，全ての鰭を広げ，ムギツク達が近づくたびに体を翻して追い払った．そのうち，ムギツクの群れにカワムツが数個体混じるようになって，オヤニラミの追い払い方が激しくなっていった．ムギツクが巣に接近する間隔は次第に短くなり，オヤニラミの卵塊のすぐ横を通ると，オヤニラミが狂ったようにアタックを繰り返すのだった．

　ムギツクによる巣への接近頻度が高まるにつれ，カワムツがオヤニラミの卵を食べるのが観察された．オヤニラミはムギツクも気になるしカワムツにも攻撃しなくてはならないし，同時に突進して来る敵達をどう扱っていいのか分からなくなり，最後には川底に腹をつけて動けなくなってしまった．その隙にムギツク達は一斉に巣に突進し，団子のようになってオヤニラミの卵が産みつけられた産卵床に体をすりつけた．ほんの十数秒間の出来事だった．ムギツクはあっという間に姿を消し，残されたオヤニラミはムギツク達が体をこすりつけていたあたりをしきりと口でつついていた（Baba et al., 1990）．撮影終了後，オ

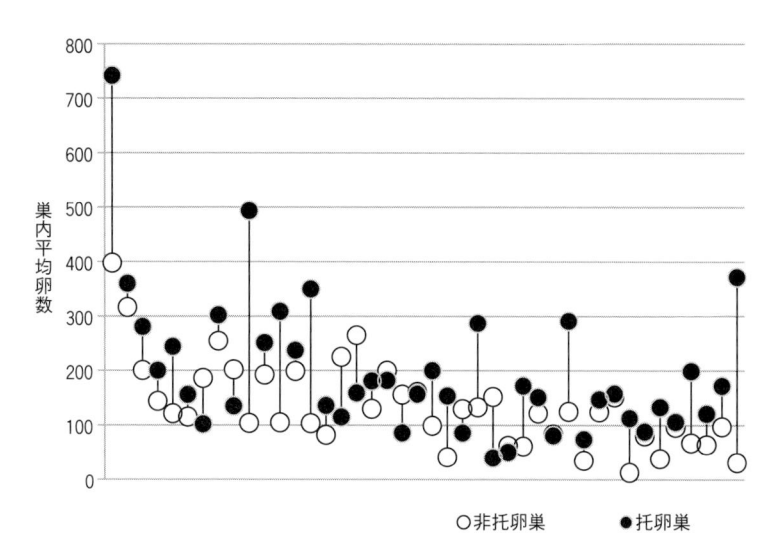

図 2.4 托卵前日の巣内にあったオヤニラミの Stg. 1 卵の数を，托卵された巣（●）とされなかった巣（○）でそれぞれの平均値を比較．托卵が発生した日ごとに，川の流程 20 m 以内の範囲にある巣同士（上下のラインで結束）で比較すると，托卵された巣の方が托卵されなかった巣より有意に卵数が多かった（$p < 0.001$, Mann-Whitney U-test）．

ヤニラミの縄張りには，わずかではあったが生みたての小さな卵が産卵床に残っていた．

ビデオ撮影により，ムギツクの卵は偶然にオヤニラミの巣に紛れこんだのではなく，ムギツクがオヤニラミの縄張りと知って，意図的に産卵している，つまり托卵しているということが明らかになった．

オヤニラミの巣には，ムギツクの托卵が起こりやすいパターンがあることを述べたが，それは「オヤニラミの Stg.1 の卵がある巣」であり，かつ，「どちらかというと Stg. 1 卵がたくさんある巣」というパターンである（図 2.4）．

托卵が起こった前日に存在したオヤニラミ巣について，托卵前のオヤニラミの卵を調べたところ，5 月 15 日から 6 月 8 日までの期間中に Stg. 1 のオヤニラミ卵があった縄張りはのべ 312 確認されており，そのうちののべ 74 の縄張りが托卵された．同じ期間に，Stg.1 の卵がなかった縄張りはのべ 116 存在したが，これらには一切托卵が起こらなかった．こうしたパターンがあるという事実も，ムギツクが意図的にオヤニラミに托卵していることを示す証拠といえるだろう．

ビデオではカワムツがムギツクの群れに混じってオヤニラミの巣に近づき，

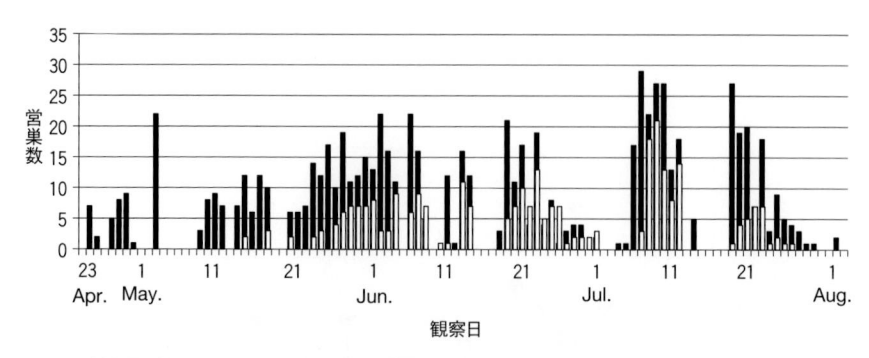

図 2.5 新卵が追加された営巣数の推移．■はオヤニラミの，□はムギツクの卵が新規に産みつけられた巣の数を示す．

オヤニラミの卵を激しく捕食する場面が撮影されていた．このことは，なぜムギツクの卵が出現するとオヤニラミの卵が大きく減るのかということの1つの答と考えられた．観察した限りでは，ムギツクの托卵には，かならずカワムツが同行していた．別の撮影では，ムギツク自身もオヤニラミの卵をつまみ食いしていることが明らかになったが，いずれにせよ，オヤニラミにとってはムギツクの托卵は大きな迷惑であることは間違いなさそうだった．

ムギツクの托卵はオヤニラミの産卵が始まってから約1ヵ月後に始まり，7月下旬まで続いた．オヤニラミの産卵は8月に入ってから急に減少したが，ムギツク卵はそれ以前に見られなくなった（図2.5）．つまり，ムギツクによるオヤニラミへの托卵は，オヤニラミの産卵期に合わせておこなわれていた．

ムギツクが托卵する目的

ムギツクがオヤニラミの巣を選んで，縄張り雄の攻撃をかわしながら托卵する目的は何か．観察結果から考えてみよう．

オヤニラミに托卵するのは，オヤニラミが自身の卵に対しておこなっている行動や役割をムギツクが利用しようとしているからだと考えるのが妥当だろう．オヤニラミの卵保護行動には卵へのファニングと，捕食者からの防衛がある．縄張り雄は，産卵後，かなり頻繁にファニングをおこなうことが観察された．ファニングする部位は，当然，オヤニラミの卵が産着された産卵床に限られる．一方，ムギツク卵が産着された部位は，必ずしもオヤニラミの卵と同じ面ではなかったり，同じ産卵床でさえないことも多い．それでも，ムギツクの卵はオ

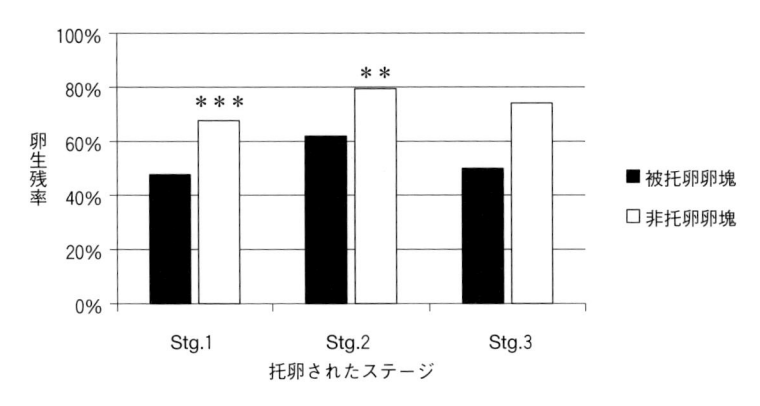

図2.6 托卵された卵塊と托卵されなかった卵塊の，托卵時期別発生ステージ間の卵生残率の比較．発生ステージが進行しても，托卵が起こると卵生残率は托卵されていない場合に比べ，低下した（Mann-Whitney U-test．＊＊＊：$p<0.001$，＊＊：$p<0.01$）．

ヤニラミの縄張り内にある場合，大体順調に成長し，銀色の光彩ができたあと殻だけ残して消えた（「ふ化」が起こった）．そこで，オヤニラミとムギツクの卵をそれぞれビニール袋に川の水とともに入れて，1日中日陰になる川面に繋留して調べたところ，オヤニラミの卵は全くふ化しなかったが，ムギツクの卵はほぼ100％ふ化した（Baba, 1994）．一方，卵保護中のオヤニラミの雄を隔離すると，数時間のうちに巣にあった全ての卵がきれいに消失した（Baba et al., 1990）．こうしたことから，ムギツクがオヤニラミに托卵する目的は，捕食者から卵を防衛することであると結論した．

卵を捕食者から守るために，なぜムギツクは，「オヤニラミのStg.1の卵がたくさんある巣を選ぶ」のだろうか．オヤニラミの卵のふ化にかかる日数は，ムギツクのふ化日数より1〜4日ほど長い（Baba, 1994）．ムギツクの托卵が起こった後にオヤニラミのStg.1の卵が巣の中にあると，それだけムギツクの卵のふ化がオヤニラミのふ化前に終了する確率が高まる．また，観察で明らかになった通り，オヤニラミの卵は托卵されるときに激減する（図2.6）（Baba, 1994）．最初からオヤニラミの卵が多い巣ならば，托卵のあとに残るオヤニラミの卵も多くなると期待できる．逆に，オヤニラミの卵があまり多く残らない場合，その後卵が全部消失する確率は高くなる．オヤニラミの縄張り雄は卵保護中に自分の卵が全部消失すると，しばらく縄張りから姿を消すことが観察された（馬場，1997）．これはムギツクにとっては卵の生存に関わる大問題である．

そうしたことを考え合わせると，ムギツクが托卵のときにターゲットにしたオヤニラミの卵が無事にふ化することが，ムギツクの托卵を成功させる鍵となることが想像できる．

対象をとことん観察すること

ムギツクの托卵は，こんな風に明らかになっていった．生きものを野外で観察する時，テーマをある程度決めて調査に臨むことは大切だが，自分は観察対象をほとんど知らないということは常に頭に入れておく必要がある．誰も見たことがない現象を目にした時，おかしいなとか，変だなと思う気持ちは大切にすべきだ．何より，その生きものについて，今このとき一番知識があるのは，今まさに観察している自分自身なのである．目にしたことを疑わず，とことんまで掘り下げる気持ちを持てば，観察対象は誰も見たことがないようなとんでもない事実を教えてくれるかもしれない．

これは淡水魚の研究に限らないが，寝ても覚めても研究対象のことが頭にある，という状況をつくることで，研究対象はあなただけに秘密を教えてくれるかもしれない．

（馬場玲子）

3．ドンコへの托卵

（1）ドンコの巣をねらうムギツクの思惑

ドンコとの出会い

ドンコって，あの不細工な魚ですか？ ―私がハゼ亜目ドンコ科ドンコ *Odontobutis obscura* の研究をしていた数年間，何度もいわれ続けた言葉である．頭でっかちで，黒っぽいぬめっとした体．口角が下がった大きな口に小さなギョロッとした目は，確かに不細工な魚といわれても仕方がない．だが，私がドンコを研究対象にした理由は，一目惚れの一言に尽きるのである．あまりに凛々しくドシッと構える姿に見とれ，手に取ったのを覚えている．ズシッと重みがあり，しっとりした触感と，手にのせても慌てることなく何ら動揺しない姿にすっかり私は虜になってしまった．

ムギツクによるドンコの巣への托卵

ムギツクがドンコの巣に卵を産みつけることが揖保川水系のほか，同県加古川水系，琵琶湖などでも確認されていた（長田・前畑，1992）．ムギツクによる

オヤニラミの巣への托卵が報告された後のことである．その後研究室ではムギツクによるドンコの巣への托卵を水槽飼育下で観察したが（川井，未発表），再度，私の卒論で，水槽飼育下でのドンコの繁殖行動を詳しく観察するとともに，どのようなタイミングでムギツクがドンコの巣に托卵するのか，どのようなドンコの雄の巣へより多く托卵するのか，について詳しく観察・実験することになったのである．

ドンコの分布は愛知県・新潟県以西の本州と四国・九州であり，河川の中・下流部に生息する．4月から7月頃に雄が石の下や岩のくぼみなどに営巣し，ふ化までの間，雄が産着卵を保護することが知られている（岩田，1989）．ドンコは岩下などの観察しにくい場所に巣をかまえることもあり，当時はまだ，野外においての繁殖生態に関する詳しい報告はなかった．もちろん，ムギツクによるドンコの巣への托卵に関する詳しい報告も皆無であった．

水槽観察実験

観察は，1993年5月から8月にかけて，大阪教育大学柏原キャンパス構内の観察小屋に設置された横240 cm×縦60 cm×深さ45 cmの透明アクリル製水槽を用いておこなった（兵井・長田，2000）．水槽内には砂を敷き，横一列にさまざまな大きさの空間ができるよう任意に石を組み合わせ，野外でのドンコの巣に類似して入り口が狭く奥が広くなるように配置した（図2.7）．そしてドンコ及びムギツクの繁殖行動や産着卵などを巣の奥側（後側）から容易に観察できるよう，卵の産着面となる天井部の石を後方に高く傾斜させた．さらに巣の奥側には，観察個体から観察者が見えないように暗室を作り，各巣が後からのぞけるように観察窓をつけた．また水槽の残り3面には，水槽の前面から巣の入り口や水槽内を観察するための数ヵ所ののぞき穴をあけたビニールシートをかぶせた．ビニールシートで水槽を覆うのは，観察個体を驚かせないためである．

観察には，兵庫県夢前川の支流で捕獲したドンコ17個体とムギツク30個体を用いた．ただしムギツクは観察の初期に白点病により多数が死亡したため，同河川でムギツク23個体を再度採集し，観察途中で水槽内の全てのムギツクを入れ替えた．水槽実験では，水温変化などで観察個体が病気になることがよくある．病気になった個体を見つけたときには手遅れのことが多く，すぐに水槽内で病気が蔓延してしまう．観察小屋は屋外にあり，当時はまだ水温調節が難しく，水槽実験で一番大変だったのは観察個体が病気にならないようにするこ

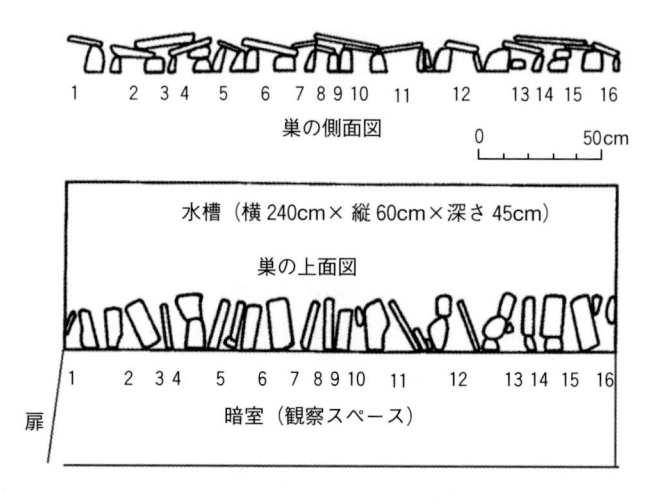

図2.7 水槽観察におけるドンコの巣．巣の側面図は，水槽の奥から見たドンコの巣．奥側は全面を黒い紙で覆い，1巣ずつ観察できるよう，各巣に合わせて紙に切りこみを入れた．巣の上面図は水槽の上から見たドンコの巣で，巣の構造が分かるように，天井部分の石をとりのぞいて示した．

とであった．採集した個体には標準体長を測定後，個体識別を施した．個体識別には，直径1.5 mmの色ビニールチューブを用い，それらを組み合わせた長さ10 mmの標識を，麻酔した各個体の第1背鰭の前方に縫いつけた．観察期間中は毎日，朝夕2回，水槽の前面からと暗室側から全ドンコ個体の位置を水温とともに記録し，各巣内のドンコ卵とムギツク卵の総数及び変化を記録した．また両種の繁殖行動に合わせて早朝や夜間にも観察をおこない，適宜，ビデオカメラを用いて巣内での繁殖行動を撮影した．

ドンコの繁殖

　ドンコの繁殖は，5月25日から7月28日までの間，計16回おこなわれた．繁殖行動から雄と確認できたのは5個体であり，体長の大きな順からA〜Eと名づけた．一方，雌と確認できたのは7個体であった．雄は体長の大きな個体から早期に繁殖したが，雌にはそのような傾向は見られなかった．さらに雄の繁殖回数も体長の大きな個体ほど多い傾向が見られたが，雌は体長に関係なくほぼ2〜3回の産卵をおこなった．また，雄が保護した総卵数も，大きな個体ほど多い傾向が見られた．繁殖ペアの組み合わせは13組あり，そのうち3組は，

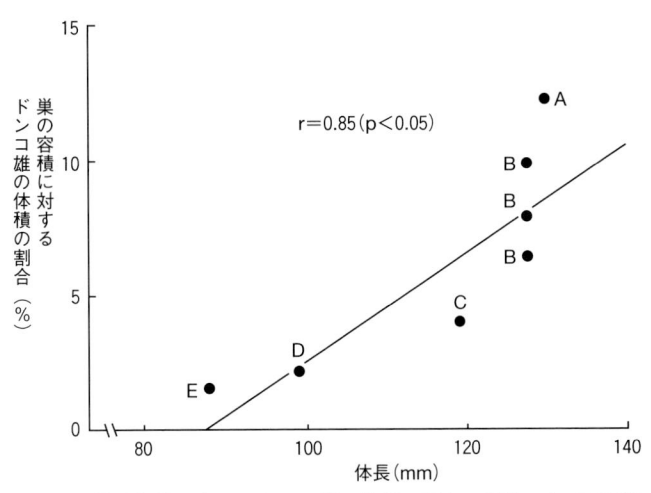

図 2.8 ドンコ雄の体長と巣に占めるドンコ雄の体積の割合の関係．A～E はドンコ雄の個体番号で，体長の大きな順につけた．3 巣を利用した B 個体は別々に示した．

　同ペアによって 2 度ずつ繁殖がおこなわれた．また，どの雄も繁殖前から 1 つの巣に定着したが，その期間は個体によりかなりの差が見られた．一方で，雌は産卵直前に巣に入り，産卵後はすぐに巣から出て行った．その後は雄だけで巣内に産みつけられた卵をふ化まで保護したが，その間にも雄は複数の雌と繁殖をおこなった．また多くの雄が同じ巣で複数回繁殖をおこなったが，繁殖に複数巣を利用した個体もいた．ここで，雄がどのような巣を繁殖巣として選んだのかを，巣の容積に対する雄の体積の割合と雄の体長との関係から見ると，大形の雄ほど自分の体に対して狭い割合の巣を選んでいた（図 2.8）．採集したドンコを水槽内に入れたとき，はじめは雄も雌も関係なく石で囲まれた空間に隠れていたが，いつのまにか雄が一定の巣に定着するようになった．一方で雌は，巣外の砂の上か巣の上の石面，雄のいない巣内にいるなど，1 ヵ所に定着することはなかった．雄が一定の巣に定着する前には，雄と雌，雄と雄が同じ巣に入ってしまい，一方が追い出される様子を何度か見かけたが，追い出されるのはたいてい，雌か小形の雄であった．このことから，大形の雄は好んで自分の体に対して狭い巣を選ぶことによってより効率よく卵を守ることができるようにしていると推測される．

　繁殖前，雄は巣内の主に天井部分に腹をあて，体を揺り動かしながら掃除をした．卵の産着面となる石についた汚れが落ち，観察していると，つるつると

きれいになっていくのが分かる．いつ雌が来るか分からないので，場合によっては何日も何日も雄は掃除をして待つのである．そこに他雄や他種が巣内をのぞきにくると，雄はグググググーっと，体を震わせながらとても大きな威嚇の声を出す．相手がしつこいと，巣から飛び出して追い払うこともある．その時の雄の顔は凄い形相で，本当に怖い．一方で，巣を構えている雄の巣に雌が近づいてくると，雄は今度はグッグッグッグルルルーと，求愛の声を発する．必死に雌によびかけている様子がけなげである．雌はすぐに巣に入って産卵することもあれば，何度も巣の近くに来て雄の様子を観察してから産卵する場合，何度も巣をのぞきに来ていたのに結局別の雄の巣で産卵する場合もあった．産卵時，雌は主に天井部分に腹ばいになって，5〜14時間かけて卵を1粒ずつ均一に産みつけていった．その間雄は，雌の体に寄り添いながら丁寧に卵を受精させていくのである．雌は，産卵前には大きく膨らんでいた腹部が巣を出ていくときには小さく萎んでいたことから，1度の繁殖で体内の完熟卵を全て産みつけてしまうと考えられる．その数は110個から1000個とかなりの個体差が見られたが，各個体の産卵数は繁殖を重ねるごとに減少する傾向が見られた．雌の産卵周期は平均29日であった．ふ化までの日数は水温にもよるが，長い時には雄はたった1個体で約1ヵ月間，ほとんど何も食べずに稚魚が出てくるまで卵を守る．この時の観察でも，複数回繁殖を重ねながら卵を守り続け，ふ化後はふらふらと巣外へ出て行き，そのまま眠るように死んでしまった個体がいた．一番大形のA個体である．私はこの水槽観察でドンコの雄の忍耐強さにすっかり心を奪われた．水槽観察だからこそのぞくことができたドンコの繁殖行動に，すっかり夢中になってしまったのである．

ムギツクによる托卵

　ムギツクの托卵は，5月27日から7月2日まで延べ9日間おこなわれた．このうち，はじめの3日間は最初に採集した個体によるものである．ムギツクはドンコのようなペア繁殖ではなく，雌1個体に対して雄1〜3個体の複数でドンコの巣に卵を産みつけた．そして雌雄とも同日のうちに複数回托卵を繰り返した．ムギツクの雌は2日連続して産卵することはなく，1日のうちに一腹の卵を数回に分けて産みつけたと考えられる．托卵に参加するムギツク雄の構成は毎回変化したが，一番体長の大きな雄はほぼ毎回参加した．托卵時，ムギツクは1個体を先頭に複数でドンコの巣に入りこむ．雌はものすごい早さでドンコ卵塊の

空いた隙間や周りにぎっしりと卵を産みつけ（図2.9），雄は素早く卵を受精させるのである．ムギツクのあまりに素早い托卵行動に加え，受精時の放精により巣内が一瞬で白く濁るので，観察中はムギツクの托卵行動を見逃さないようにするのが大変であった．ドンコの雄はというと，ムギツクのあまり速い動きについていけないのか，身動き1つできず，托卵された後にはっと気づいてムギツクたちを巣外に追い払う．そして自分の卵とともにムギツク卵を，ふ化するまで保護するのである（図2.10）．ただ，図にあるように，ドンコの卵がムギツクの托卵時に食べられて全くなくなってしまうことがある．それでもドンコはムギツクの卵がなくなるまで保護をし続けてしまう．

　ムギツクによるドンコの巣への托卵は簡単そうに見えるが，ムギツクも容易にドンコの巣内に入れるわけではない．托卵前には何度も巣をのぞき，ドンコ雄に威嚇され追い払われる．その際，ドンコ雄に頭から食べられそうになり，体にドンコの噛み跡ができているムギツクもいた．実際に，川でも噛み跡のあるムギツクを見かけたことがある．ムギツクも命がけで托卵するのである．

ムギツクによるドンコの巣への托卵のタイミング

　それでは，ムギツクはどのようなタイミングでドンコ雄の巣に卵を産みつけるのであろうか．ドンコ雄の巣の状態とムギツクの托卵のタイミングを，両種の卵数変化を用いて示した（図2.11）．ムギツクはほとんどの場合，ドンコの産卵後1～4日の間にドンコ卵及びドンコ雄の存在する巣に卵を産みつけた．しかし，産みつけられたドンコ卵がムギツクの捕食により早いうちに全て消失した場合には，その後すぐにはムギツクの卵は産みつけられなかった．一方，ドンコ卵もドンコ雄も存在しないときに少数のムギツク卵が産みつけられた例もあるが，これらはいずれも隣の巣でムギツクによる托卵があったため，近接した石面にも卵を産みつけただけであると考えられる．これらのムギツク卵は，ドンコ雄による保護がないため，ムギツクにより3日以内に全て捕食されてしまった．またドンコ卵のないときに数多くのムギツク卵が産みつけられた例（巣12）もあったが，この巣にはドンコの雄が絶えず出入りをしていたこと，同日に隣の巣でムギツクによる托卵がおこなわれたことの2つの要因が考えられた．このドンコ雄は自分の卵がないのにムギツクの卵を約2週間守り続け，その約半数をふ化させた．その後，その巣に雌がきてやっと自分の卵を守ることができたのである．ムギツクからムギツク卵を守っているこの雄個体の姿はとても

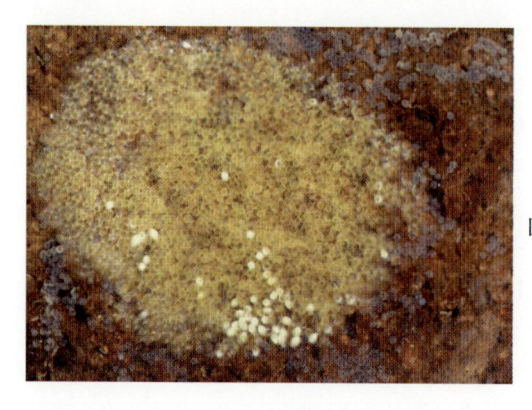

図2.9 石裏に産みつけられたドンコの卵（黄色）とその周囲に産みつけられたムギツクの卵（半透明）．
ムギツクはドンコ卵を捕食しながら空いた所に卵を産み増やしていく．

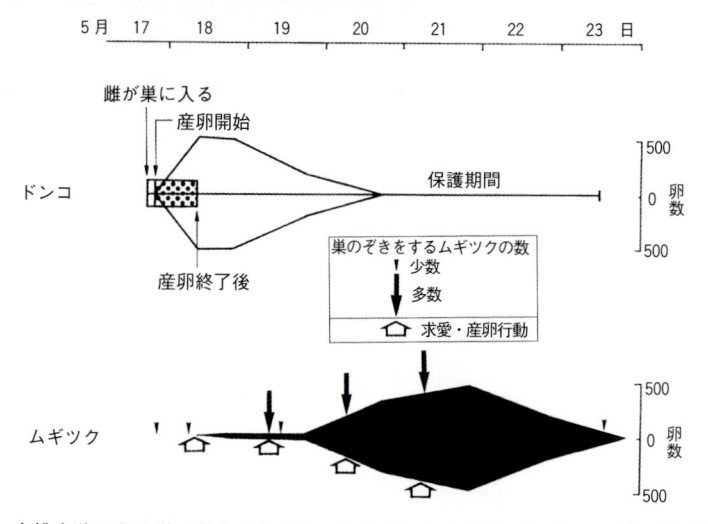

図2.10 水槽実験のある巣で見られたドンコとムギツクの産卵のタイミングと産卵数の変化．巣のぞき後にムギツクの托卵がおこなわれる．ドンコの卵がムギツクにすべて捕食されても，ドンコの雄は保護を続けることがよく分かる（川井，未発表）．

変で面白い行動に見えたが，同時に，他種の卵を一所懸命に守る姿が何ともいじらしく，またこの雄が自分の卵を保護することができたとき，私はとても嬉しかった．

　いずれにしても，ムギツクの托卵は，必ずどこかの巣でドンコの繁殖がおこなわれた後にのみ生じた．そして隣接する石面などの例外を除けば，托卵はドンコ雄が守る巣においておこなわれた．今回の観察では，ドンコ卵のふ化には約3週間，ムギツク卵のふ化には約2週間を要した．ムギツクは，ドンコ卵が

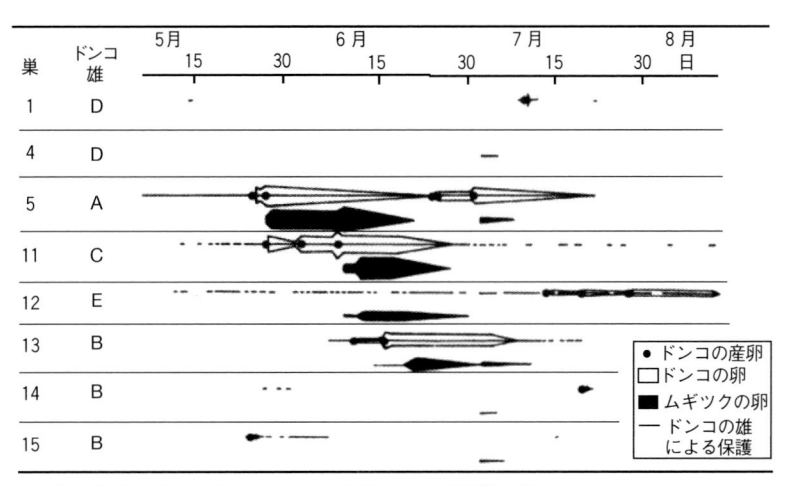

図2.11 各巣におけるドンコとムギツクの産卵日および卵数変化.
黒丸はドンコの産卵日，白い枠はドンコ卵数の変化，黒い枠はムギツク卵数の変化をあらわしている．ドンコ卵数を横切っている線は，ドンコ雄が巣にいたことをあらわしている．

ふ化する期間内で，しかも自種の卵がふ化できるように托卵する必要がある．つまりドンコの産卵から1週間以内に托卵する必要があり，実際にほぼその期間に托卵をしているように見える．オヤニラミへの托卵では，同じくタイミングの理由で宿主の卵が白い，つまり産みつけられてから間がない卵の存在が，ムギツクの托卵のシグナルになっている（本章2.）．ドンコへの托卵の場合は，本章3.（2）で述べるように，そのタイミングを決める単一のシグナル（鍵刺激）は見つかってはいない．むしろドンコ雄が自種の卵を得たことによる様々な変化，例えば卵の存在，防衛力（鳴き声や追い払いによる威嚇）などの増加が総合的にムギツクを刺激をしたと考えている．托卵時にムギツクが栄養価の高いドンコの卵を早い者勝ちに執拗に捕食する事実もムギツクの托卵の動因になると考えられないであろうか．

ドンコ雌とムギツクが選ぶドンコ雄の巣

それでは，ムギツクはどのようなドンコ雄の守る巣により多く托卵したのであろうか．ドンコ雌もムギツクも，繁殖前には巣内のドンコ雄の様子をうかがっていた．それぞれに，自分が卵を託す相手をじっくり見極めていたはずである．そこでドンコ雄が保護する巣におけるドンコ総卵数とムギツク総卵数の関係を

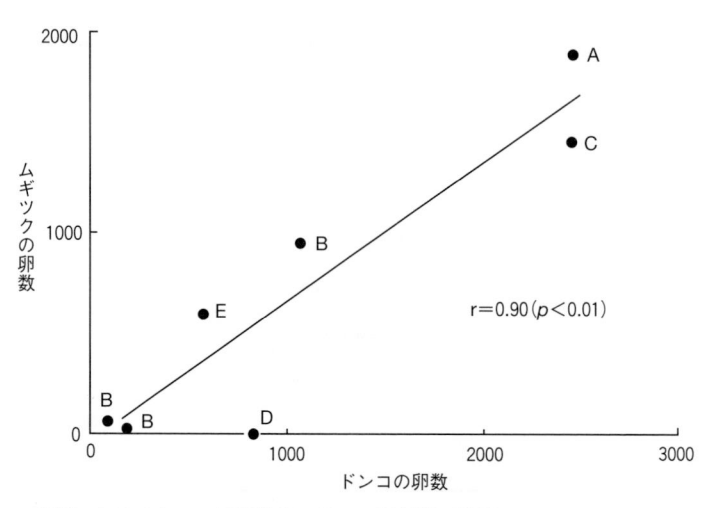

図2.12　各巣におけるドンコ総卵数とムギツク総卵数の関係.
　　　　A～Eはドンコ雄の個体番号で，3巣を利用したB個体が保護した卵数は別々に示した.

　見てみると，それらには有意な正の相関が見られ（図2.12），ドンコ卵が多い巣にはムギツク卵も数多く産みつけられていた．このことからムギツクは，ドンコ卵の数の多さを基準に托卵する巣を選択した可能性も考えられたが，托卵前にムギツクが巣の奥のドンコ卵の数を確認することは難しいことから，ムギツクは他の基準で托卵する巣を選んでいたと考えられる．また3巣を利用したB個体が保護した卵数は別々に示したが，B個体は体長が大きいわりには，保護したドンコ卵も托卵されたムギツク卵もそれほど多くはなかった．このことから，雄の1つの巣への定着性も，ドンコ雌やムギツクに選ばれる重要な要因であることが示唆される．おそらく，配偶者を選ぶドンコ雌と托卵巣を選ぶムギツクは，類似した基準で卵を産みつけるドンコ雄の巣を選択したのであろう．
　ドンコ雄の巣に産みつけられた両種の卵はその後，ムギツクによる捕食または水生菌による病死などで減少していき，ふ化できるのは一部であった．ドンコ雌やムギツクにとって，繁殖や托卵の回数も大事であるが，もっと重要なのは産みつけた卵がふ化できるかどうかである．ここで，各ドンコ雄が守る巣におけるドンコ及びムギツク卵のふ化率を示した（表2.1）．
　ドンコ卵に関しては，どの巣もふ化率には大差がないように見えるが，ムギツク卵ではその総卵数が多い巣ほどふ化率は高いようである．つまりドンコ雌は，産卵前に営巣しているドンコ雄の様子をうかがい，卵を捕食者からより守って

表2.1 各巣におけるドンコ卵とムギツク卵のふ化率.
各巣でドンコ雄が保護したドンコ卵およびムギツク卵の総卵数を示した．かっこ内の数字はそれぞれのふ化率である．

ドンコ雄	ドンコ総卵数 （ふ化率 %）	ムギツク総卵数 （ふ化率 %）
A	2450 (40.6)	1904 (93.5)
B	1071 (59.8) 180 (0.0) 89 (0.0)	950 (55.9) 0 0
C	2455 (31.4)	1472 (84.9)
D	837 (0.0)	0
E	585 (41.0)	595 (45.2)

くれそうな大形の雄，なおかつ卵をより保護してくれそうな1つの巣への執着性が高い雄を選択したと考えられる．しかも大きな雄は，今回の水槽実験では自分の体に対して小さめの巣を選択していた．効率よく卵を守るためだと思われる．そしてムギツクは，托卵前に巣をのぞきドンコ雄に威嚇されることでドンコ雄の防衛能力を見極め，より卵を守ってくれそうなドンコ雄の巣により多くの托卵をしたと考えられた．なお，ドンコ卵とムギツク卵のふ化率が同傾向にならなかったのは，ムギツクから托卵される巣のドンコ卵は捕食される機会が多く，ドンコ雄の保護能力が高い巣でもドンコ卵のふ化率は他の巣とあまり変わらないことからくるのではないかと思われる．

ドンコは托卵されることで必ず壊滅的な影響を受けるわけではないが，明らかに不利益を被っていると思われた．オヤニラミの雄の場合は，自種卵とムギツク卵との区別ができるため，巣にムギツク卵しか残っていないと巣を放棄してしまう (Baba, 1994)．またオヤニラミの雌は，ムギツクの托卵期には非托卵期と異なり，卵を分散させて産みつけることがわかっている (Baba and Karino, 1996)．それに対してドンコ雄は，ムギツク卵しか残っていない巣でも保護することから，自種卵とムギツク卵の区別はついていないと思われる．ドンコ雄の本能行動のなせる業である．また，ドンコ雌は1度に一腹卵を全て産みつけたことから，オヤニラミのように卵を分散させて産みつけることはないと思われる．

ドンコが生息している河川では，托卵者であるムギツクが生息している川とそうでない川がある．それらを比べることで，托卵によるドンコの繁殖への影響など，詳しく知ることができるであろう．また今後，ムギツクの他種魚への托卵についても，より一層研究が進むであろうと思われる．ドンコやムギツク

の繁殖生態について，少しでも面白いと興味を持っていただければ嬉しい限りである．　　　　　　　　　　　　　　　　　　　　　　　　（吉本純子）

（2）ムギツクのみの繁殖は存在するのか？
テーマは「100％なのか」である

　ムギツクは，本章にあるように，オヤニラミ，ドンコ，ギギ，ヌマチチブといった複数種の宿主に托卵をおこなうことが報告されている．今では，ムギツクの托卵は水族館でも展示がなされているほど認知度が上がってきたが，発見当初は疑問の声も上がっていた．そこでムギツクの托卵の不思議さを解明するために本研究室では何年もかけて野外調査や水槽実験をおこなってきた．
　これまでのムギツクとドンコを用いた水槽実験では，その全てで最初のムギツク産卵は水槽内の最初のドンコ産卵より後におこなわれた（川井・三澤，未発表；兵井・長田，2000）．本章前節では，ドンコが自種卵を守っている巣あるいは守る範囲内の場所にムギツクが産卵することを見てきた．つまりドンコの産卵がおこなわれた後にムギツクは明らかにそのドンコの巣に托卵し，あるいはしようとした．水槽内のムギツクの繁殖の開始には托卵の場所としてドンコの巣は必要なのにちがいない．
　これまでの実験では，水槽内にドンコとムギツクを同居させていた．つまり，ドンコの産卵をムギツクは間近で直接体験することができた．その際にムギツクは自身の産卵をするための刺激をドンコから受けていると思われるが，そもそもムギツクにとってドンコなどの宿主の存在が必須なのだろうか，この微妙で本質的な課題は皆が納得するほど明快になっていないのかもしれない．
　2004年の大和川水系でドンコがいない石下にもムギツクの卵が確認されることがあった（西沖・松浦，未発表）．紀ノ川水系でも同じことが確認された（山根，未発表）．「うわっ！　ムギツク単独による産卵だ」．『ムギツクは100％托卵のみによって繁殖しているのだろうか？』，『托卵に頼らない産卵もしているのでは？』という根本的な疑問がうかんできた．
　そこでまず考えたのが，「ムギツクが生息する河川で，宿主となる種がいない河川が発見できれば，ムギツクは托卵をおこなわずに繁殖をすることが証明できる．」ということであった．しかし，実地調査や国土交通省「水辺の国勢調査」などの文献を調べた範囲では，既知の宿主種が存在しないムギツクのみの河川を探すことはできなかった（古川，未発表）．むしろ今後，ムギツクの生息

する川で新しく宿主種の方が発見される可能性があると思う．

　しかし他方では宿主がいない環境でムギツクが繁殖する可能性については吟味しておく必要はあるだろう．野外ですべての情報を記録することはむずかしい．本節は，ムギツクとドンコの2種のみを飼育する水槽実験を通して，筆者と西亀成郎，岸本（旧姓下戸）宏子，小川達郎が，その可能性を追求したものである．ドンコがいない水槽で托卵が生じなかった場合の原因として，実験に用いた魚の状態や実験の設定が問題になることがあるので，よほどの慎重さが必要である．筆者らがこの問題にいかに挑戦してきたかをこれから述べたいと思う．

実験の開始
　繁殖期のドンコの雄は巣を守るためや雌を呼びこむためによく鳴く．その鳴き声はムギツクにとってドンコの繁殖を知る聴覚刺激になるはずである．また，ドンコの産卵の際に出る体液・精子など化学物質は嗅覚刺激として働くかもしれない．そして，ドンコの産卵行動や巣・卵を守る威嚇・世話行動は視覚刺激となる可能性がある．特に巣を守るドンコ雄は，同種，異種にかかわらず巣の入り口に接近する個体に強い威嚇姿勢を示し，巣から遠ざける追い払い行動を繰り返す．この追い払いは，ムギツクにとっては単に視覚刺激というより，恐怖を伴う物理的，心理的刺激といってよいだろう．

　以上の刺激を意識していくつかの条件を設定して飼育をおこない，ドンコより先にムギツクが単独で産卵することがあれば，その産卵は托卵ではなく，ムギツクが実験条件とした刺激に反応して自種のみで産卵をおこなった可能性が高いといえる．また，必ずドンコの産卵より後でムギツクが産卵をするという結果が得られれば，ドンコの産卵にムギツクは産卵を合わせているといえるので，ムギツクの自種のみの繁殖を大いに否定できる．そしてドンコが発するどのような刺激にムギツクが反応して産卵・托卵するのかを確認できるかもしれない．

　実験は，大阪教育大学構内にある水生動物飼育観察小屋で，2006年（実験A）と2007年（実験B）におこなった．実験に用いたムギツクは2006年4月下旬～5月上旬に和歌山県の小河川でモンドリによって採集し，観察終了の8月まで飼育し続けた．

　また，宿主となるドンコは先述の小河川で夜間潜水によりタモ網で採集した．採集後，生殖突起（図2.13）で雌雄を判断してから，細菌性魚病用薬剤で薬浴した．ドンコは長期間の飼育は難しいと考え，1くくりの実験期間が終了するご

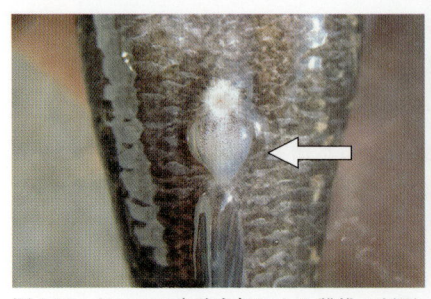

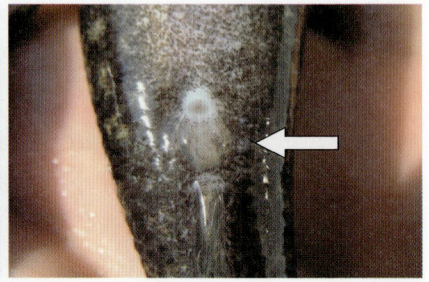

図2.13　ドンコの生殖突起による雌雄の判別．左：雄　生殖突起（矢印）が大きく膨らみ先がとがる．右：雌．

とに河川に逃がした．

　観察期間にわたってほぼ毎日，各生け簀内のドンコとムギツクの行動を観察するとともに，産卵行動が認められたときには当日の観察終了時に巣内の両種の卵数を数えた．

実験A：観察小屋に設置された大型水槽（縦200 cm×横400 cm×高さ60 cm）内に10個の生け簀（幅50 cm×奥行き80 cm×高さ40 cm）を設置しておこなった．生け簀は2つを一組（区画と呼ぶ）とし，それぞれが隣り合うように設置した．

　生け簀は観察面のみが透明な塩ビ板で，水槽側面ののぞき窓から生け簀の内部が観察できるようにした．観察面以外の側面は，園芸用トリカルネットを用いた．この網生け簀の内部にはドンコの巣として内容積が狭い石組みと，ムギツクの隠れ家用の広い石組みを設置した．各区画の間には黒いプラダンボールの仕切りを入れ，他の区画の様子は見えないようにした．

　各区画の生け簀には，一方にドンコ雄1個体と雌1～2個体，ムギツク雄5個体，雌4個体を，他方にムギツク雄5個体，雌4個体のみを入れた．水や音（ドンコの鳴き声など）はネットを通して他の生け簀内の魚に影響し合う．また，視覚的にも同一区画の隣合う生け簀の様子はムギツクはネット越しに確認できる．

　実験Aでは2パターンの実験をおこなった．実験A-Ⅰは主に5～6月におこなったもので，ドンコの巣が各生け簀の観察面中央にあり，ドンコが産卵しても隣のムギツク単独生け簀のムギツクはドンコの巣の内部を見えない．実験A-Ⅱはドンコの巣を生け簀の境界に設置し，透明な塩ビ板を通して隣の生け簀から間近にドンコの巣内が見えるもので（図2.14），主に7～8月におこなった．

図 2.14　実験 A-Ⅱ：(左) 1 区画内の生け簀の上面．手前が透明な観察面．図の上側（奥）がムギツクの隠れ家を，下側（手前）がドンコの隠れ家（巣）を想定して作った石組み．(右) ドンコの巣内がムギツクのみの生け簀から見える．巣の屋根ははずしてある．

実験 B：大型水槽の中に，網生け簀ではなく 6 個のアクリル水槽（幅 45 cm × 奥行き 90 cm × 高さ 45 cm × 厚さ 5 mm）を設置しておこなった．水槽は 2 つを 1 組み（1 区画）とし，それぞれが隣り合うように設置した．実験 A と同様に，一方にドンコとムギツクを，他方にムギツクのみを入れ，個体数は実験 A にならった．各組の間には黒いプラダンボールの仕切りを入れて，区画内の魚から他の区画の様子は見えない．

　本実験においても，小型の石組を観察面の中央に設置するもの（実験 B-Ⅰ）と対になった水槽の境界に置く（実験 B-Ⅱ）2 つのパターンを採用した．本実験が実験 A と異なる点は，他の実験区画からの化学物質（嗅覚）の影響を受けなくなったことである．他の区画に届くドンコの鳴き声は，実験 A の時より少なくなったであろうが，まったく影響がなかったかどうかは不明である．

結果—ムギツクのみの生け簀（実験 A）または水槽（実験 B）で産卵したのか？

　紙面の関係で，各組の各生け簀における両種の産卵の様子を詳しく述べることができないので，結果の要点のみをまとめてみよう．

ムギツクの最初の産卵

　実験 A において，ドンコが大型水槽内で最初に産卵したのは 5 月 12 日に区画 1 においてであった．そして同区画のムギツクのみの生け簀で，ムギツクの最初の産卵が 5 月 14 日におこなわれた（表 2.2）．その卵数は極端に少なく，

数えるまでもなくすぐにムギツクによって捕食されてしまった.

また実験Bでは，区画bにおいてムギツクは5月18日にムギツクのみの水槽で最初の産卵をしたが，その前日と当日に同一区画の隣の水槽でドンコが産卵をしていた．ムギツクの卵数は23個と少なく（表2.3），間もなく同種によって食卵された．

ただ以上をもってムギツクの単独産卵が証明されたとするのは時期尚早であろう．なぜならば実験Aにおいてはムギツク単独の生け簀にもドンコの鳴き声や産卵時の匂い，ムギツクの動きなどの刺激が届いていた可能性があり，実験Bでは，水槽間の化学物質の交流は無いが，視覚や聴覚の刺激が届いていたと思われるからである．

結局，実験A，Bともに，これまでの水槽実験の結果，つまり，「ムギツクの繁殖期の開始に宿主ドンコの産卵が必要」に近いもので，ドンコは不要と決めつけるわけにはいかない．

ムギツクの産卵を引き起こす刺激考

実験A，Bともに，その後，ドンコもムギツクも産卵を重ねていくが，ここでは特にムギツクの産卵に的を絞って詳しく述べる.

実験A：実験A-Iでのムギツクの産卵は準備した5区画のうちの4区画でおこなわれた（表2.2上）．両種が入った生け簀では区画1以外のすべてドンコの巣にムギツクの卵が360〜1350個，合計4850個（1回の産卵の平均＝970個）が産みつけられた，すなわち托卵された．その産卵の様子は前節で吉本が述べたように，ドンコの雄が自卵を保護・世話する巣をムギツクがしつこくのぞき，ドンコに威嚇（追い払い，この時グッと鳴くことがある）されながら隙を見てドンコの卵の周辺に産みつける．その際にドンコ卵を捕食する個体もいる．

ムギツクのみの生け簀では，隣の生け簀でドンコが産卵すると，しばらくの間ほとんどのムギツクが隣を向いて網壁を右往左往するのが見られ，何らかの刺激を受けているのが分かる．この場合ドンコの巣内は見えないので，その他の刺激ということになる．実験A-Iでは3回の産卵中2回はムギツク用の内容積の大きな石組内に，1回は狭い石組内に産みつけた．ただ，ムギツクの卵数はいずれも極端に少なく（平均1.7卵/産卵），とても積極的な産卵とはいえず，ほどなく同種によってすべて捕食された．ドンコが守る巣への産卵の衝動とはほど遠い低レベルの刺激しか受けていないのであろう．

表 2.2 実験 A-Ⅰ（上）と実験 A-Ⅱ（下）におけるムギツクの産卵日と産卵数．
表のすべての区画の生け簀では，ムギツクの産卵に先立ってドンコが産卵した．ムギツクのみの生け簀からは，実験 A-Ⅰではムギツクはドンコの巣内は見えないが，実験 A-Ⅱでは見える．

実験 A-Ⅰ		網生け簀 ドンコ+ムギツク			網生け簀 ムギツクのみ	
区画番号	産卵日	ドンコの産卵後日数	産卵数	産卵日	ドンコの産卵後日数	産卵数
1				5/14	2	?（極少）
2	5/17	5	360			
3	6/16	6	1350			
4	6/11〜12	3〜4	720	6/11〜12	3〜4	?（極少）
	7/17	8	1170			
	7/22	0	1250	7/22	0	5
5						
合計			4850			5+α

実験 A-Ⅱ		網生け簀 ドンコ+ムギツク			網生け簀 ムギツクのみ	
区画番号	産卵日	ドンコの産卵後日数	産卵数	産卵日	ドンコの産卵後日数	産卵数
①				7/5	3	38
				7/17	1	179
②	7/21	5	458			
③	8/1〜2	4〜5	487			
合計			945			217

実験 A-Ⅱにおいても2区画でムギツクの産卵が見られ，ドンコの巣にはほぼ500個づつ托卵された．ところが驚くべきことに，区画①のムギツクのみの生け簀において38個と179個の卵が産みつけられ（表2.2下），この卵数は実験 A-Ⅰに比べるとかなり多い．実験 A-Ⅱは，ドンコの巣内が隣のムギツクから透明な塩ビ板越しに良く見える点で実験 A-Ⅰと異なる（図2.14下）．どうやら先の2回のムギツクの産卵は，ドンコの産卵に関連する視覚刺激に興奮して，実験 A-Ⅰの場合より多くの卵を産んだと推測できる．事実，ドンコが産卵するとその巣を隣のムギツク単独の生け簀から執拗にのぞくムギツクの行動が頻繁

に観察された．ドンコの雄はそのムギツクに対して威嚇することもあるが透明塩ビ板越しなので直接追い払うことはできない．それでも隣のムギツクは，その威嚇行動を含むドンコの巣内からの視覚刺激を受けて，その刺激がない実験A-Ⅰの場合よりも強い産卵衝動が生じたものと思われる．産卵はすべて小型の石組内であった．といってもこの場合もドンコの巣への直接的托卵の衝動に比べればやはり頼りないレベルで限定的だ．

ムギツクのいずれの産卵も同一区画内のドンコの産卵の当日～8日のうちにおこなわれていて，これまでの実験とかわらない．つまり，別区画のドンコの産卵の刺激に反応したとみる必要は特にないように思われる．実験Aは網生け簀を使用したために，ドンコの産卵を発端とするドンコとムギツクの共存生け簀内の刺激の多くは網目を通して隣のムギツク単独の生け簀に直ちに届く特徴を持つ．例えばドンコやムギツクの産卵（行動と卵）と発生する化学物質（視覚と嗅覚刺激）やドンコ雄の威嚇・世話時に発する鳴き声や動き（聴覚と視覚・心理的刺激），興奮したムギツクの動き（視覚刺激）などである．それでもムギツク単独生け簀のムギツクの産卵数はドンコの巣への托卵に比べて極めて少なく，このことはムギツク単独水槽に届いた先の刺激以外にムギツクの産卵に必要な強力な刺激が存在することを示唆する．

実験B：本実験はアクリル水槽を用いたために，ドンコやムギツクの産卵時の化学物質がムギツク単独水槽へ及ぶことはないのが特徴である．実験B-Ⅰの両種が共存する区画a，b，cおよび実験B-Ⅱの区画ⓐ，ⓑ，ⓒ水槽では，ムギツクは前者で合計14回，10195個（平均728個／産卵），後者で12回，合計5633個（平均469個／産卵）をドンコの巣に托卵した（表2.3）．1回の産卵あたりの平均卵数は両者でそう大きく違わない．

実験Bにおいても，ムギツク単独の水槽での産卵数は両種共存の水槽より極端に少なく，やはり間もなくムギツクによって捕食されてしまった．ムギツクの産卵数は，ドンコの巣内が見える実験B-Ⅱにおいてそれが見えない実験B-Ⅰより多く，産卵1回あたりの平均卵数にすれば前者が55個，後者が19個で約3倍の差異がある．（表2.3）．本実験においても，ドンコの巣内からの視覚刺激がムギツクの産卵を引き起こすのに重要に思える．しかしその程度の強さの刺激では，ドンコが守る巣への産卵（托卵）ほどの卵数を産むためにはやはり不足であり，限定的なようである．

表2.3 実験Bは各区画に2つの透明アクリル水槽を並べた．実験B-Iは小型の石組を観察面の中央に，実験B-IIは水槽の境界付近に設置した．後者ではドンコの巣内がムギツク単独の水槽からも見える．

実験B-I		アクリル水槽 ドンコ＋ムギツク			アクリル水槽 ムギツクのみ		
区画 番号	産卵日 (回数)	ドンコの 産卵後日数	産卵数	産卵日 (回数)	ドンコの 産卵後日数	産卵数
a	5/19〜6/14(3)	4〜10	2498	5/22 (1)	2	20
b	5/20〜6/24(5)	3〜11	2738	5/18 (1)	1	23
c	5/20〜6/25(6)	0〜11	4959	5/25 (1)	3	15
合計	(14)		10195	(3)		58

実験B-II		アクリル水槽 ドンコ＋ムギツク			アクリル水槽 ムギツクのみ		
区画 番号	産卵日 (回数)	ドンコの 産卵後日数	産卵数	産卵日 (回数)	ドンコの 産卵後日数	産卵数
ⓐ	7/22〜8/4(4)	5〜13	1629	7/28〜8/3(2)	3〜9	128
ⓑ	7/5〜7/26(2)	8	434	7/18〜7/23(2)	2〜7	91
ⓒ	7/8〜8/7(6)	0〜6	3570			
合計	(12)		5633	(4)		219

他の実験：ドンコ雄の鳴き声も刺激として否定はできないが，筆者らの別の水槽実験において，テープレコーダーに録音した鳴き声を石組の内部から水中スピーカーで流しても繁殖期間中であるにもかかわらずムギツクは巣のぞきなど特に反応を示さなかった．宿主と知られるギギやヌマチチブは営巣中に鳴くがオヤニラミは鳴かない．

また実験B-IIと同じアクリル透明水槽2つに，ドンコのみの水槽で産卵した水槽から水槽半分の水をムギツク単独水槽に移動させた．ムギツクは4回産卵したが，1〜42個と少なかった．ドンコの産卵時の匂い物質が産卵を誘発した可能性はあるが，効果は限定的である．

ムギツクを托卵にかり立てる刺激はこれだ！

以上に述べたすべての実験から，ムギツクの産卵を促す刺激について考えてみよう．読者の皆さんがすでにお察しのように，今回のムギツク単独の水槽で

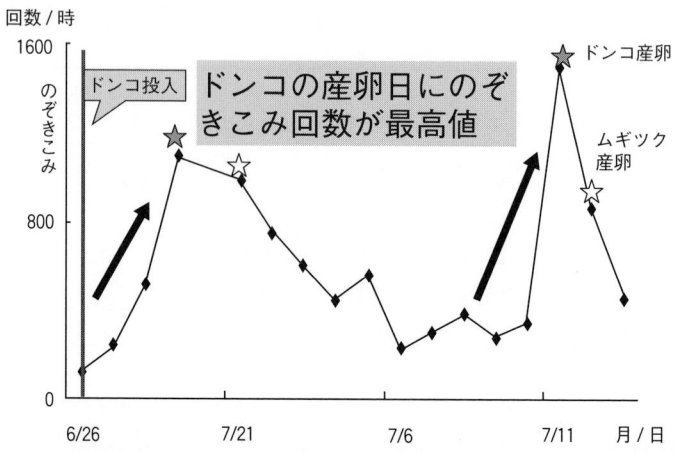

図2.15 ムギツクはドンコの産卵にあわせて巣へののぞきこみをおこない，ドンコ雄はそれを威嚇し追い払う．それを通してムギツクは托卵する巣を決め，産卵する（下戸，未発表）．

足らない刺激は，何といっても巣を守るドンコ雄によるムギツクへの直接的な威嚇である．ムギツクは下手をすると噛みつかれるかもしれない，そうでなくても打撃寸前の物理的刺激は心理的に極めて怖いに違いない．しかし反面ムギツクはその巣に首尾よく自分の卵を産みつければ自種を含む捕食者からうまく守られるに違いないと思うはずである．そこにこそ托卵の意義があるからだ．

　図2.15は水槽にドンコの雌雄を入れたときのムギツクの行動の一例である．ドンコの雄は巣を構え，ムギツクはその巣を気にして巣の入り口から内部をのぞき始める．そのムギツクに対してドンコ雄は巣の入口付近，激しい時は巣から飛び出して威嚇と追い払いをする．

　ドンコの成熟雌が巣に接近すると，雄の威嚇の頻度と強さは増し，ムギツクの巣のぞきこみも執拗で頻繁になる．そしてさらにドンコ雄の威嚇が強まる．この相互作用のうちにドンコ雌が産卵するとその終盤にはムギツクの巣のぞきこみの頻度が最高に達する．そのようにしてムギツクは托卵をする巣に狙いを定め，その間に排卵を済ませ完熟卵を持ったムギツクの雌とともに産卵集団（ペア〜10個体前後）は宿主の防衛の隙を狙って托卵する．その後に別のムギツクの成熟雌があらわれると，ドンコ雄は巣のぞきをするムギツクに対して威嚇・追い払いをし，さらに托卵が繰り返されるといった具合である（図2.15）．

　それでは大和川水系におけるドンコの雄がいない石下のムギツク卵の確認

(西沖・松浦，未発表）はどのように解釈すればよいのだろうか．ムギツクは流程のいずこかでドンコの産卵・保護・威嚇に触れて繁殖期に突入し，産卵床（ドンコの巣）を探索して徘徊する．川でムギツクの宿主の巣を発見する簡単で確実な方法は，ムギツクの産卵集団を土手上から追跡し，執拗にのぞきこむ場所を見定めればよい．この年のドンコの巣の数は，理由は判然としないが（4〜5月上旬の高水温か？），前年に比べて著しく少なかった．産卵床となる資源が不足していた可能性が強い．そのような状況では，付近のドンコの産卵で産卵の衝動が高ぶったムギツクがちょうど今回の実験A，Bのムギツク単独槽にで見られたような中途半端で限定的な産卵をしたのではなかろうか．事実，産みつけられた卵数は多くても1500個ほどで少なく，巣の環境がよくない（開放的であったり，流砂で埋まるなど）こともあって間もなく全て消滅した．ドンコが産卵し，あるいは雄が巣に定着する巣にはやはりムギツクは2000〜3000以上の卵を産卵し，ムギツクの卵のふ化率も高かった．

今後，巣に接近したムギツクを威嚇し，追い払う習性を持つ種類がムギツクの新しい宿主種として発見される可能性は大いにある．あるいは読者のどなたかがムギツクのみによる繁殖の確認にさらに挑戦してみてはいかがだろう．

（岸本純平）

改良した実験によるさらなる追及

ムギツクという種が托卵をする相手（以下，宿主）が存在することによってこの世に存在するのかどうか，つまり絶対的な托卵魚であるということは証明するのは難しい．

しかし，私たちはこのテーマを捨てることはできないのだ．私たちの研究室ではこれまでに数回にわたってムギツクだけの水槽実験で子孫が生まれないことを見てきた．ただ魚や水槽の条件が悪くて産卵しない可能性もあって，確信を持てずにいた．

この疑問を解決するために，これまでの実験と違って，ドンコが存在する水槽とドンコが存在していない水槽を別室に置き，その2つの状況の間に，ムギツクの托卵の有無およびムギツクの卵巣内の卵の成熟具合にどのような差が出るのかを調べることにした．宿主としてドンコを用いたのは，オヤニラミやギギに比べて入手しやすく，飼育も楽で，かつ産卵させやすいためである．

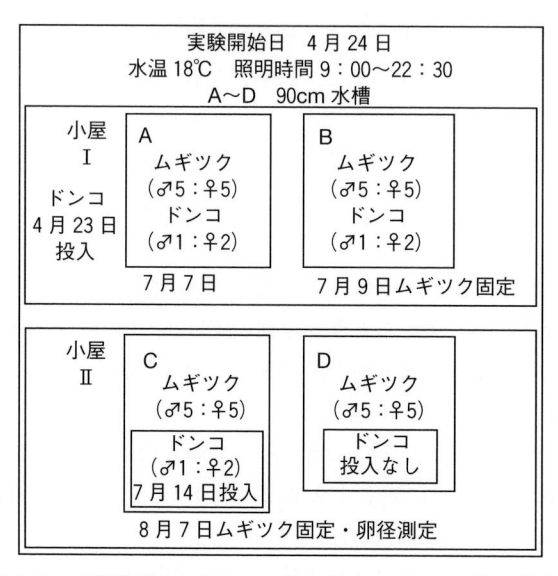

```
┌─────────────────────────────────────┐
│     実験開始日　4月24日              │
│     水温18℃　照明時間 9：00～22：30  │
│     A～D　90cm水槽                   │
│ ┌───┬──────────┬──────────┐       │
│ │小屋│ A        │ B        │       │
│ │ I │ ムギツク │ ムギツク │       │
│ │   │(♂5：♀5) │(♂5：♀5) │       │
│ │ドンコ│ドンコ   │ドンコ    │       │
│ │4月23日│(♂1：♀2)│(♂1：♀2) │       │
│ │投入 │         │          │       │
│ │   │ 7月7日  │7月9日ムギツク固定│ │
│ ├───┼──────────┼──────────┤       │
│ │小屋│ C        │ D        │       │
│ │ II │ ムギツク │ ムギツク │       │
│ │   │(♂5：♀5) │(♂5：♀5) │       │
│ │   │ ドンコ   │ ドンコ   │       │
│ │   │(♂1：♀2) │投入なし  │       │
│ │   │7月14日投入│         │       │
│ │   │8月7日ムギツク固定・卵径測定│ │
│ └───┴──────────┴──────────┘       │
└─────────────────────────────────────┘
```

図2.16　水槽実験のデザイン．各水槽にはドンコの巣を想定したこぶし大の空間を1つ，ムギツクの隠れ家を想定した大きな空間を1つ，レンガや石，石板を組んで作った．

水槽の設置：本実験は，2008年に大阪教育大学柏原キャンパス内の小屋Iに $90 \times 45 \times 45$ cm^3 水槽（以下，90 cm水槽）を水槽番号A，Bの2つ，小屋Iの外に建てられている小屋IIに同じく90 cm水槽を水槽番号C，Dの2つ設置しておこなった（図2.16）．小屋I，IIとも屋根または窓から自然光が入るが強くはない．各水槽の外側には黒いプラダンボールを取りつけて目隠しとし，魚から観察者が見えないように配慮した．プラダンボールには小さな小窓を作り，観察はその小窓からおこなうようにした．照明時間や水温の調節は過去の水槽実験と同様に設定した．

魚の投入：今回の実験では和歌山県紀ノ川支流で採取したムギツクとドンコを使用した．4月中旬に，ムギツクを4つの90 cm水槽に雄5個体，雌5個体ずつ入れた．各水槽の雄のムギツクの左腹鰭は切ってあるので雌雄は判断できる．また背鰭の鰭条抜きをおこなうことで個体識別をおこなった．

水槽A，Bには4月23日にドンコ（雄1個体，雌1個体）を投入した．繁殖の効率をあげるために水槽Aには5月30日に，水槽Bには5月26日にドンコ雌を1個体ずつ追加した．これまでの研究からムギツクの繁殖期開始は5月中

旬ぐらいであるが，たとえムギツクの繁殖期であってもドンコが存在しなければ単独産卵をおこなわないが，ドンコが存在することによってムギツクは托卵をおこなうということを確認するために，水槽Cに7月14日にドンコ（雄1個体，雌2個体）を投入した．ムギツクは単独産卵をおこなわないということを確認するために水槽Dには1度もドンコを投入しなかった．4月24日から観察を開始した．こまめに目視観察をおこないドンコの産卵やムギツクの産卵がないか確認した．産卵が確認された場合，デジタルカメラで撮影し，卵数を数え，記録した．他にも150 cm水槽も設置して，適宜，補充実験をおこなった．

精子，排卵の確認
　ムギツクの成熟を確認するために，ムギツクの腹部から総排出腔にむけて指でなでるように圧迫した．雄の場合，十分に成熟していれば精子が確認され，雌の場合は排卵（成熟卵は卵巣から腹腔内に分離し落ちこんだ状態）が起こっていれば卵が確認される．ムギツクの卵は粘着性が強く卵巣内で卵同士が強くくっつきあっているため，排卵していなければ多少指で圧迫したところで卵が総排出腔から出てくることはない．
　産卵時には総排出腔から卵が放出（放卵という）されて，宿主がドンコの場合は，石の巣の天井や側壁などに付着する．
　注）硬骨魚類では肛門管，輸尿管，生殖輸管のすべてが総排出腔に開口する．

固定・解剖：実験終了時に固定・解剖をおこなった．排卵している状態の個体をサンプルにするために，できるだけムギツクが托卵した直後を見計らって固定した．固定には80％アルコールを用いた．固定時には排卵の有無を確認して体長・体重・体重（生殖腺除く）・生殖腺重量を測定して生殖腺（重量）指数（gonado somatic index: GSI）を求めた．
　　　GSI＝生殖腺重量÷体重（生殖腺重量除く）×100（％）

卵巣の観察
　80％アルコールで固定しておいたムギツクの卵巣（片側）を実体顕微鏡と1 cmを100等分した目盛りの入ったスライドガラスを用いて観察した．卵巣内でよく観察される卵の大きさ0.3～1.7 mmの大きさの卵を，0.3 mmごとに0.3～0.5 mmを特小，0.6～0.8 mmを小，0.9～1.1 mmを中，1.2～1.4 mmを大，1.5

〜1.7 mm を特大の5段階の大きさに分けて数と重さを測定した．排卵時の卵径は 1.8〜2.0 mm で，放卵して巣の石に付着した卵の直径は 2.1 mm ほどである．0.2 mm 以下の卵は測定困難のため無視することにした．

ドンコとムギツクの産卵の結果から　（図2.17）

　水槽A：実験開始から7月7日に固定するまでの間にドンコの産卵が3回，ムギツクの托卵が3回確認された．6月6日のムギツクの産卵はドンコの卵はないが，ドンコ雄が守る巣に対しておこなわれた．

　水槽B：実験開始から7月9日に固定するまでの間にドンコの産卵が4回，ムギツクの托卵が3回確認された．

　水槽C：ドンコを7月14日に投入するまではムギツクの産卵が1度も確認されなかったが，投入してからは8月7日に固定するまでの間にドンコの産卵が2回，ムギツクの托卵が2回確認された．

　水槽D：ムギツクの産卵が1度も確認されなかった．

　つまり，4月23日にドンコを投入した水槽A，Bでは例年通りの時期にドンコの産卵後1〜10日後にムギツクが托卵をおこなったにもかかわらず，7月14日にドンコを投入する前の水槽C，ドンコの存在していない水槽Dでは実験期間を通して1度たりともムギツクの産卵が確認されなかった．そして，水槽Cにドンコを投入後7日目でドンコが産卵，その翌日にはなんとムギツクが托卵したのである．

　このことから，水槽C，Dでドンコが存在しなければムギツクが産卵しなかったのは，ムギツクの状態が悪かったためとか，水槽の環境が悪かったというのが原因ではなくて，ドンコが存在しなかったからムギツクは産卵しなかったといえる．この結果は，ムギツクが托卵だけを繁殖の手段として用いている『絶対的な托卵魚』だということを証明するための1つになり得る．

　また，以上の結果は次の事を示している．本研究では 90 cm 水槽ではムギツクの托卵が8回おこなわれた．そのうち6回は，ドンコの卵が存在している状態だったので，ムギツクというのはほぼ意図的にドンコ卵が存在している期間をねらって托卵しているといえる．しかし，残りの2回はドンコの卵が存在していない状態だった．つまり，ムギツクの托卵にはドンコの卵の存在，あるいはドンコの産卵行動，又は卵の保護行動は必ずしも必要ではないといえる．ただいずれにおいても，今回の実験においてはムギツクは，ドンコが定着してい

る巣にのみ産卵していることから，ムギツクの産卵＝『托卵』と見なすことができる．

では，この托卵への直接的な鍵刺激は何なのか．この最も重要な疑問について順次解きほどいていこう．

ムギツクの精子の成熟：ムギツク雄の精子は5月17日にドンコの存在していない水槽Cで初めて確認された．翌5月18日にドンコの存在している水槽A，B，ドンコの存在していない水槽Dでも1個体以上確認された．

5月23日までに水槽A～Dの20個体中17個体から精子が確認された．残りの3個体はそれぞれ6月3日，6月3日，6月16日に精子が確認された．つまり個体差はあるものの，ドンコの存在の有無は関係なしに5月の中旬に集中して精子の初確認がされたことから，ムギツク雄はドンコの存在の有無に関係なく繁殖期になると成熟することが明かになった．

卵の成熟：ムギツク雌の排卵は，ドンコが存在している水槽Aからは4個体，水槽Bからは2個体から延べ6個体13回確認された．

一方，ドンコ投入する前の水槽C，全期間にわたってドンコが存在していない水槽Dの個体（$n = 8$）からは1個体からも排卵は確認されなかった．

すなわち，ドンコの存在している水槽では半分の個体以上から排卵が確認されたこと，ドンコの存在しない水槽では1度も排卵が確認されなかったことから，ドンコが存在しないと排卵まで成熟が進まないことが明らかになった（図2.18）．このことは，勿論，ドンコが存在しない水槽Dではムギツクの産卵が全くおこなわれなかったことの原因である．

ムギツクの生殖腺の分析

生殖腺指数（GSI）と卵径分布：図2.17で示した各水槽におけるムギツク雌検体3～5個体の固定・卵径測定時のGSIを図2.19にあらわした．図中のGSIは検体のうち比較的大きな値を示したものをあらわした．

ドンコが存在している水槽A，Bのムギツク雌個体，またドンコ投入後に固定した水槽Cの雌個体のGSIは3.6～18.1％であった．その卵巣の卵径分布を見てみると，中，大，特大といった比較的卵径の大きな卵が卵巣の全体の数（0.3 mm以上）の1/3～1/2占めていて，卵成長の進んでいるのが分かる（図2.19，上か

4月

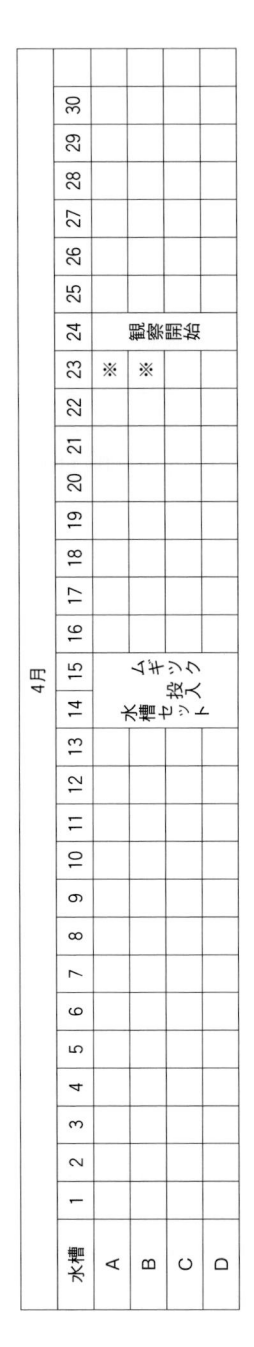

水槽	1	2	3	4	5	6	7	8	9	10	11	12	13	14	15	16	17	18	19	20	21	22	23	24	25	26	27	28	29	30
A																														
B														水槽にムギツクを投入									※							
C																							※	観察開始						
D																														

5月

水槽	1	2	3	4	5	6	7	8	9	10	11	12	13	14	15	16	17	18	19	20	21	22	23	24	25	26	27	28	29	30	31
A																					■	■	■	■	■	■	■	■			■
B															●	■	■				●						●	☆			
C																															
D																															

6月

水槽	1	2	3	4	5	6	7	8	9	10	11	12	13	14	15	16	17	18	19	20	21	22	23	24	25	26	27	28	29	30
A						☆			●			■	■	☆	●			■	■	■	■	■								
B			■		☆		—	—	—	—	—																			
C																														
D																														

7月

水槽	1	2	3	4	5	6	7	8	9	10	11	12	13	14	15	16	17	18	19	20	21	22	23	24	25	26	27	28	29	30	31
A	●				☆	ー	固定・卵径測定																								
B							●	☆	固定・卵径測定																						
C														※							●	☆	ー	ー	ー	ー	ー	ー	ー	ー	ー
D																															

8月

水槽	1	2	3	4	5	6	7	8	9	10	11	12	13	14	15	16	17	18	19	20	21	22	23	24	25	26	27	28	29	30	31
A																															
B																															
C		●			☆		固定・卵径測定																								
D							固定・卵径測定																								

● ドンコ産卵　☆ ムギツク産卵　ー ムギツク卵存在　■ ドンコ卵存在　※…ドンコ投入日

図 2.17　ドンコの産卵日とムギツクの托卵日．両種の産卵終了時期の 7〜8 月において，水槽 A〜C は，ムギツクの産卵（托卵）直後に雌をホルマリン固定後解剖して卵巣内の卵を測定した．なお 7 月 13 日に，ドンコのいない水槽 D とドンコを入れる直前の水槽 C の比較的腹が膨れた雌それぞれ 1 個体についても別途同じ処理をした．

第 2 章　ムギツクの多彩な托卵　● 167

	水槽	個体	5月			6月			7月
			上旬	中旬	下旬	上旬	中旬	下旬	上旬
ドンコあり	A	1				○○	○		
		2				○	○		
		3							
		4					○○○		
		5							○
	B	1							
		2							
		3							
		4				○○○			
		5							○
ドンコなし	C	1							
		2							
		3							
		4							
		5							
	D	1							
		2							
		3							
		4							
		5							

図2.18 ムギツク雌の排卵の確認日（○印）．

ら2段目）．

　一方，ドンコが存在していない水槽Dの個体，またドンコを投入する前に固定した水槽Cの雌個体のGSIは，なんと，ドンコが存在する水槽A, Bの場合とほぼ同じ7.4～18.2％ではないか（図2.19, 3段目）．卵径分布もやはり中，大，特大の占める割合が高い．ドンコの存在の有無は関係なしに卵成長は起こるのである．

　11月5日に固定した非繁殖期個体のGSIは1.3～1.7％（図2.19, 最上段）なので，差ははっきりしている．卵径も特小以下のものが99％を占めていた．つまり，ドンコが存在していなくても繁殖期になるとムギツクの卵巣内では卵の成熟が進む．一般に他の春～初夏に産卵する魚の卵成熟が，日長が長くなることや日射量が強くなること，そして水温の上昇などが影響することが知られている．筆者らの実験では，水槽を段ボール板などで目隠しをし，水温と照明時

間は実験期間中一定にしているので，今回のムギツクやドンコの卵成長は恐らく体内リズムによって引き起こされたものと思われる．

また排卵・産卵個体の卵径分布は，排卵・産卵（放卵）された卵径（1.8～2.1 mm）を持つ卵の割合が約20～30％を占める（図2.19, 最下段）．その代わりに大，特大の割合が1～2％と極端に低くなる．つまり卵成長によって大，特大まで成長した卵が，産卵するタイミングに合わせて卵径がさらに増大して排卵が起こり，産卵に至るのではないかと考えられる．そのため，産卵したと思われる個体の卵径分布の大，特大の割合は極端に低くなるのであろう．

以上のことから，大，特大の割合が20～30％を占めている個体は，きっかけ（刺激）があればいつでも産卵できる状態にあるのでなかろうか．すなわち，ドンコが存在する水槽のムギツク雌個体と同様に，ドンコが存在していない水槽の個体も排卵の手前まで卵の成熟が進んでいることが示唆されたのだ．そして，前者はドンコが産卵すると排卵・托卵するのに対して，後者は排卵も産卵もおこらないのだ．

宿主ドンコがいないのにムギツクの卵が排卵直前まで成熟する意義

ドンコの存在していない水槽Dでは1度もムギツクの産卵は確認されなかった．しかし，成熟していないわけではなく排卵直前までは成熟しているのである．つまりムギツク雌は排卵手前という産卵ぎりぎりの成熟状態を維持することができるのではないかと考えられる．このように排卵直前の成熟状態を維持できることが，托卵するためにどのようなメリットがあるか考えてみたい．

そもそも托卵とは自らは造巣・抱卵・育仔をせずに，いっさいを他の個体に托す動物の習性である．托卵は一見都合のいい繁殖方法だと考えられるが，実際はそう簡単なものではない．宿主に自分の卵を受け入れさせるだけでも難しいことである．まず宿主を見つけなければならない．しかも，捕食者からのより強い保護を受けるためにより防衛能力を持った宿主を見つけなければならない．また宿主自身の繁殖のタイミングを狙って托卵しなければならない．そういった様々な条件をクリアしてようやく托卵がおこなわれる．それを可能にしているのが排卵直前の成熟状態の維持ではないかと考えられる．もし，宿主の存在関係なしに成熟が進み排卵が起こってしまったら，その時点で都合のよい宿主が見つからなければ産卵することができずに体内で卵を吸収するか，単独産卵をおこなうしかない．だからといって，都合のよい宿主が見つかってから

非繁殖期の個体の卵径分布

	150 cm 水槽♀1	150 cm 水槽♀2	150 cm 水槽♀3
卵数〔個〕	99	115	108
生殖腺重量比〔%〕	1.7	1.3	1.5

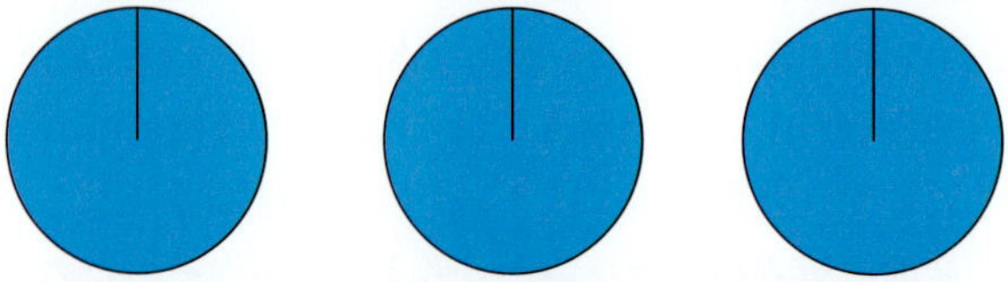

卵成長が起こっている個体の卵径分布（ドンコが存在している水槽）

	A♀1	A♀2	B♀1
卵数〔個〕	1088	1731	947
生殖腺重量比〔%〕	9.5	18.1	16.0

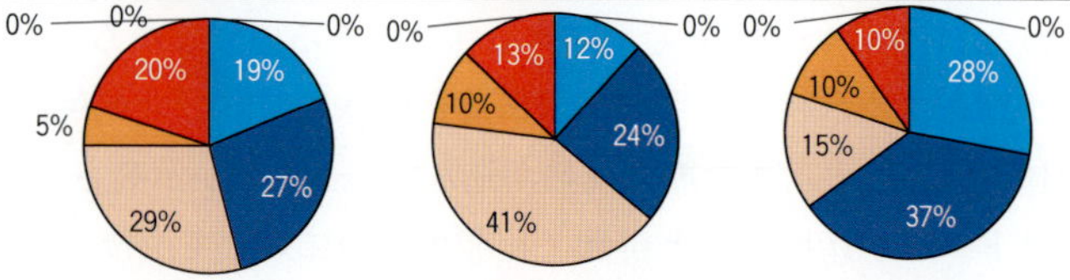

卵成長が起こっている個体の卵径分布（ドンコが存在していない水槽）

	C♀2	D♀3	D♀4
卵数〔個〕	1851	1189	1824
生殖腺重量比〔%〕	16.3	14.2	18.2

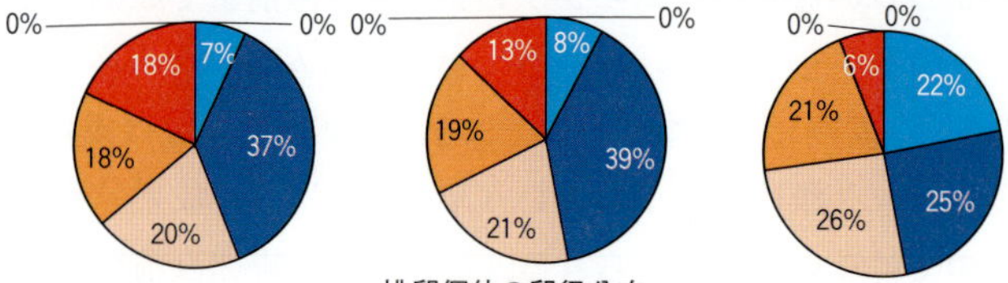

排卵個体の卵径分布

	A♀5	B♀5	C♀1
卵数〔個〕	2149	959	1121
生殖腺重量比〔%〕	18.3	3.6	7.1

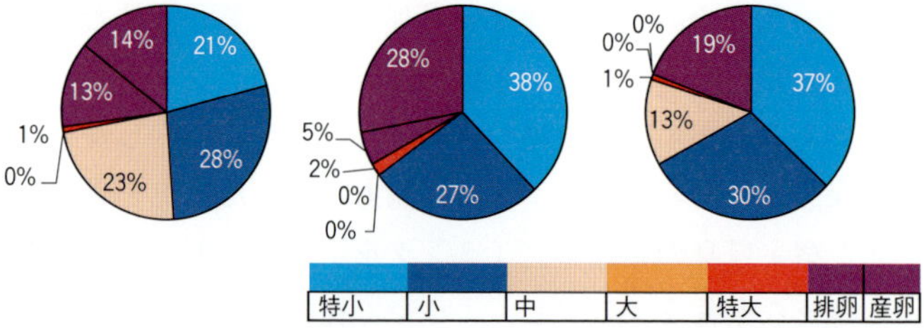

凡例：特小／小／中／大／特大／排卵／産卵

図 2.19　各状況におけるムギツク雌の卵径分布など．A～D は水槽番号を，♀数字は雌の個体番号を示す．

成熟が開始されるのであれば，宿主の産卵・保護に間に合わない可能性が出てくる．つまり托卵という特殊な繁殖方法をおこなうためには，いつでも産卵をおこなえる状態に成熟を維持しておくことが必要と思われる．

ムギツクの産卵（放卵）の鍵刺激

　本研究でムギツクはドンコがいないと産卵しないことが確かめられた．しかし，やはり疑問に残るのはムギツクの産卵（放卵）のための鍵刺激が何なのかということである．

　刺激となるものとして，視覚によるドンコそのものや巣内の産卵行動・卵・世話行動（ファニングなど）や産卵時の化学物質，そしてドンコの鳴き声，ドンコからの威嚇などがあげられる．過去の実験の結果から（岸本，未発表），それらの刺激を単独で与えてムギツクが直ちに産卵（托卵）するというような鍵刺激は考えにくい．たとえ産卵をしてもその卵数が通常の産卵より極端に少ないからである．

　もう1度今回の水槽実験を振り返ってみよう．ムギツクが托卵を開始したのはドンコの産卵後である．ドンコの卵がふ化する20～30日の間はドンコの雄は卵を守って巣に接近した他のドンコやムギツクを威嚇し，追い払う．ムギツクはドンコに卵を守ってもらうことからすれば，ドンコ卵がふ化してしまう以前，それもムギツクの卵がふ化に要するほぼ10日前，つまりドンコの産卵日から10～20日の間にムギツクは托卵する必要がある．ところが，実際はムギツクの托卵はドンコの産卵の翌日から数日以内の場合が多い．何かその時期にムギツクの産卵をうながす刺激があるに違いない．

　ドンコを投入する前のムギツクの様子は，非常に落ち着いていた．しかし，そこにドンコを投入すると，明かにドンコを警戒し，ドンコが存在する巣をのぞきこみ，威嚇を受ける，ドンコに追いかけられ捕食されそうになるなど，その都度ムギツクは必死で逃げ回るといった様子がうかがえた．そしてドンコ雄が自分の卵を得ると威嚇と攻撃は一段と強くなる．

　つまり，ドンコの存在に関係なくムギツクの繁殖時期を迎えて排卵直前で維持されていた卵の成熟状態は，ドンコが存在することによる緊張とドンコの産卵後の威嚇・攻撃の強まりが刺激となり，排卵・産卵へと移行するのかもしれない．ムギツクは子孫を残すために，危険を承知で何度も巣へののぞきこみをおこなうことで，防衛能力の高そうなドンコの雄，あるいは防衛効率が良い場所，

構造の巣のドンコを選び，托卵（放卵・産卵）のタイミングを計り，最も都合の良い瞬間に托卵をおこなう（本章3.(1)）．ドンコの存在自体やドンコの産卵行動・卵・保護活動を五感で感じ，威嚇を体験してという一連の流れがムギツクの排卵をうながすと考えられる．少なくとも何か1つの刺激を与えてやれば，産卵をおこなうといった単純なものではないことは確かだ．そういったことからやはりドンコを含む托卵の宿主の存在がムギツクの繁殖，すなわち種の存続に欠かせない存在であると考えられる．といっても，今回の実験では例数が少なく，読者によるさらなる検証を望む． (小川達郎)

4．ギギへの托卵

なぜ「ギギとムギツクの托卵の研究」なのか

　魚類の卵は栄養価が高く，強い捕食圧にさらされる．そのため，魚類は様々な手段（例えば，親による保護，隠蔽，分散など）で卵に対する捕食圧を軽減させる．ムギツクは卵保護をしている他種の巣に卵を産みつけ，他種の親に子育てを任せるという托卵行動を持つ（Baba et al., 1990; Yamane et al., 2009）．このような托卵行動は鳥類でよく知られている．生態学的，行動学的，進化学的にも興味が持たれ，これまで多くの研究がおこなわれてきた．

　本研究室の観察から，ムギツクはオヤニラミやドンコの巣に卵を托すことが確認されている．しかし，ムギツクが生息するにもかかわらず，オヤニラミやドンコといった托卵相手（宿主）がいない河川があるようなのだ．そこで，托卵の相手として焦点があてられたのがナマズの仲間であるギギであった．本章の「はじめに」にあるようにギギの1巣にムギツクが托卵したことが長田先生によって確認され，ビデオ録画がされていた．そこで，私はムギツクが托卵相手としてギギを利用することを確認し，ギギとムギツクが托卵を通してどのような関係を築いているのかを明らかにしたいと思った．しかしながら，托卵宿主であるギギが，野外でどのような場所で産卵をし，どのように子育てをおこなうのか全く報告されていなかった．そのため，ギギへのムギツクの托卵の研究をスタートさせる前に，ギギの繁殖生態を明らかにする研究からとりかかった．本章では，ギギの繁殖生態を簡単に説明し（詳しくは第3章3.(3)を参照），ムギツクとギギの関係について述べる．

ギギの産卵場所と子育て

　ギギ *Tachysurus nudiceps* はナマズの仲間で，昼間は，岩や石で形成された空隙や物陰などに身をひそめ，夜になると，隠れ家から出て，水生昆虫や小魚を食べる．大きいもので全長約 30 cm になり，河川生態系の頂点に位置する魚類である．

　私は，まず，ギギの産卵場所を探すところから始めた．研究を順調に進めるには，よいフィールドを見つけることが大切である．研究の対象となる魚たちが多く，観察がしやすい場所で，なかでも，私がフィールド選びにこだわったのは，ムギツクの宿主がギギのみである河川を探すことであった．私は兵庫，大阪，和歌山のいくつかの河川を見て回った．しかしながら，ギギの生息が確認されても，観察するには河川が大きすぎたり，ドンコがいたり，水の透明度が悪かったりでなかなかよいフィールドは見つからなかった．そのうちに紀ノ川水系の1つの小河川で多くのムギツクが採集され，托卵宿主がギギのみである河川を探しあてた．水もきれいで，ギギの隠れ家となる空隙も多く，調査・研究には最適だと思い，その小河川で調査をスタートさせた．

　ギギは普段利用している隠れ家を産卵場所としても利用すると考えた．そこで，ギギの個体数や隠れ家となる空隙が多い区間（約 100 m）を選び，5月から8月にかけてその区間にある空隙に赤外線ビデオカメラを挿入してほぼ毎日観察し，空隙内にギギの卵が産みつけられていないかどうかの確認をおこなった（図 2.20）．

　同時に，陸地からムギツクの行動を観察することでギギの産卵場所の捜索もおこなった．ムギツクは産卵期になると，托卵する相手を探すため河川内を群れで移動する．このムギツクの群れがギギの産卵場所を探す大きな手がかりとなる．

　このような観察の結果，ギギの雄親が縄張りを形成している奥行きが 50 cm ほどの空隙内（巣）の底に分散して産みつけられたギギの卵を発見した（山根ほか，2004）．また，継続的な観察により，ギギの産卵は6月下旬から8月にかけておこなわれることや，巣内に産卵された卵は産卵後2〜3日でふ化をし，ふ化した仔稚魚はしばらく巣内に留まって，卵黄を吸収し終えると巣立ちを開始することが分かった．雄親は巣の入り口に近づく魚類に対して激しく攻撃を繰り返すことで子を捕食者から守る．さらに，雄親による子への保護は，産卵からほぼすべての仔稚魚が巣立ちするまでの約 10 日間にわたって継続しておこな

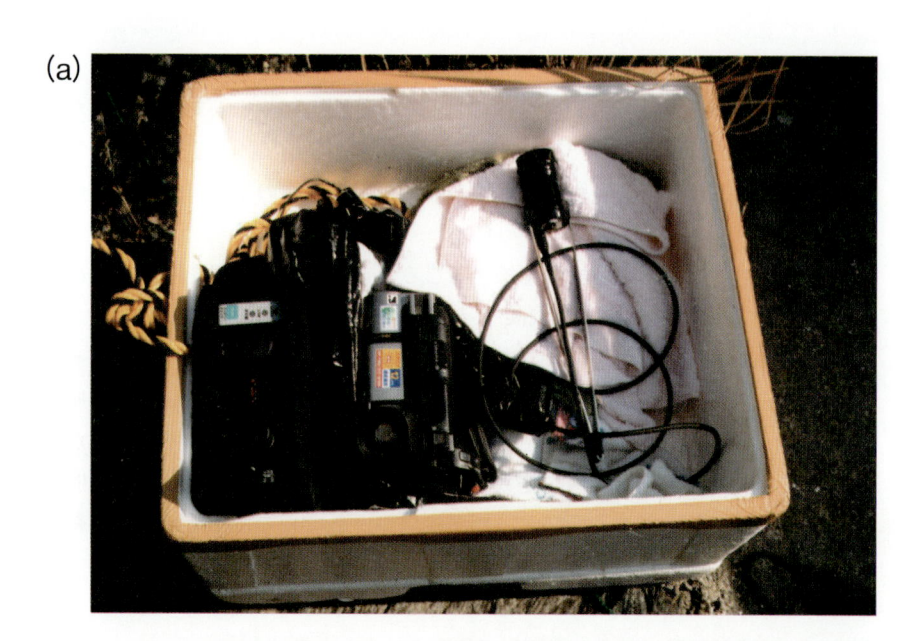

図 2.20 （a）野外観察に用いた機材．左から，バッテリー，録画用ビデオカメラ，赤外線ビデオカメラ．（b）機材を使ってギギの巣を捜索している様子．機材は発泡スチロールの箱の中に入れ，水面に浮かせながら持ち運ぶ．

われた．本調査ではギギのペアによる産卵行動も観察された．野外におけるギギの一連の繁殖行動は我が国最初の確認である（山根ほか，2004）．

ムギツクの托卵行動

オヤニラミやドンコへの托卵と同じように，ムギツクは群れをなしてギギの巣内に産卵をおこなう．ムギツクの群れは，ギギの巣の入り口付近に留まり，入り口から巣内の様子，特に巣を守っているギギの雄親の行動を観察する．時に，ギギの雄親に威嚇されながらも，しぶとく入り口付近に留まり，巣内に侵入するタイミングをはかる．ギギの雄親の隙を見て，1個体のムギツクが巣内に侵入すると，すぐさま他の個体も巣内に侵入し，ムギツクの産卵がおこなわれる．ムギツクの産卵は一瞬で，卵はギギの巣内の天井に産みつけられる．巣内に侵入してきたムギツクに対し，ギギの雄親は自分の卵や仔稚魚を守るため，ムギツクに対して激しく攻撃をする．そのため，ムギツクは卵や精子を放出した後，すぐに巣の外へ泳ぎ出る．このような一連のムギツクの行動が何度も繰り返され，ギギの巣内のムギツクの卵数が増えていく．

1つの巣にムギツクは複数回産卵をおこなうが，それらの産卵は決まったタイミングでおこなわれる．そのタイミングとはギギの産卵に合わすことである（図2.21; Yamane et al., 2013）．これは，ムギツク卵のふ化時間とギギの親が巣を保護する時間とが関連していると考えられる．ムギツクの卵は約7日でふ化し，ふ化をした仔魚は直ちに巣立つ．ギギの親は産卵後，子が巣立つまでの約10日間巣を保護する．つまり，ムギツクがギギの産卵と同じタイミングで産卵をおこなうことで，ギギの親がおこなう子育てを確実に利用し，より多くの子をふ化させるためのムギツクの戦略であると考えられる．このように宿主の産卵と同じタイミングでおこなわれるムギツクの産卵は，オヤニラミやドンコへの托卵でも観察されている（Baba, 1994）．なお，図2.21のように，ギギの雄親がふ化後の仔稚魚を保護する時期にもムギツクの産卵が継続する．この場合，ムギツクの卵がふ化できない興味深いあることが起こる．これについては後に述べることにしよう．

ムギツクは産卵のタイミングをはかるために，宿主の何らかの行動や情報を利用することが知られている．宿主がオヤニラミの場合，巣に産みつけられているオヤニラミの卵の色がそのシグナルになっている（Baba, 1994，詳しくは第2章2を参照）．宿主がギギの場合，そのシグナルについて詳細には明らかにさ

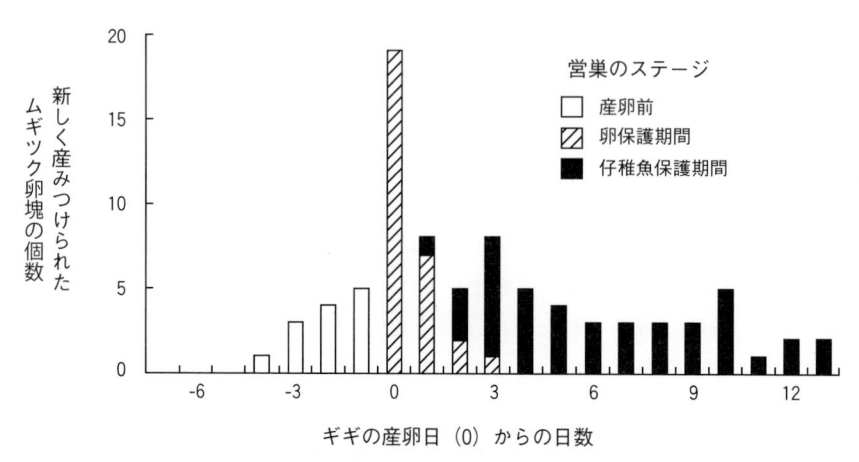

図2.21 ギギの巣へのムギツクの産卵のタイミング．横軸は，ギギの親が巣を保護した期間を示す．ギギの産卵が観察された日を0とした．ギギの子は産卵（横軸の0）から巣立つまで約10日間かかる．ムギツクの卵塊とは，ある巣内である1日の内に産みつけられた卵を1卵塊として扱った．グラフは観察された12巣のギギの巣の合計を用いた．(Yamane et al., 2013 より改変)

れていないが，ギギの雄親が雌に巣の場所を知らせるためのコミュニケーション（例えば，鳴き声，化学物質など）や，雄が巣を守る威嚇行動などをシグナルとして利用している可能性がある．

ムギツクの托卵による影響とギギの反応

子を托された宿主は，托卵によって様々な影響を受けることが知られている．托卵の研究が詳細におこなわれている鳥類では，血縁関係のない子を受け入れて育児することは，子への世話の増加や子間での競争を招くため宿主の繁殖成功に悪影響をもたらす．

では，ムギツクの托卵相手はムギツクに托卵されることでどのような影響を受けているのだろうか．

オヤニラミへのムギツクの托卵において，ムギツクは産卵時にオヤニラミの卵を捕食することが観察されていて（Baba et al., 1990），オヤニラミは卵の減少という直接的な影響を受けることが明らかとなっている．また，同じような結果がドンコでも観察されている（詳しくは第2章3.(1)を参照：図2.22 (a)）．これは，ムギツクが宿主の卵塊に接するように卵を産みつけるため，ムギツクが産卵にまぎれて宿主の卵を捕食することを可能にしている．しかしながら，

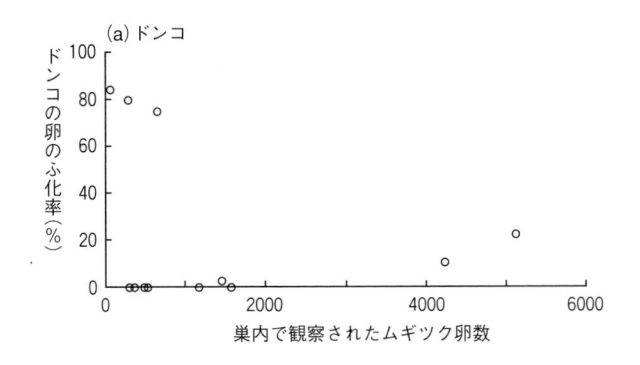

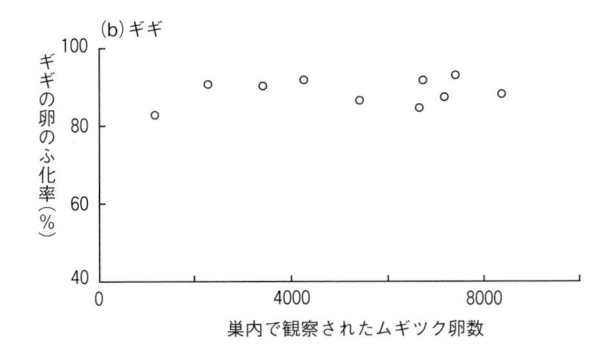

図 2.22 それぞれの巣において，巣内に産みつけられたムギツクの卵数と宿主の卵のふ化率の関係．(a) 宿主がドンコの場合（$n = 12$ 巣）．(b) 宿主がギギの場合（$n = 10$ 巣）．(Yamane et al., 2013 より改変)

このようなムギツクによる直接的な悪影響はギギでは観察されておらず，托卵されたムギツクの卵が増加してもギギの卵のふ化率は変わらない（図 2.22 (b)）．これは，ギギとムギツクが利用する産卵基質が異なるためであると考えられる．つまり，ギギは巣の底に卵を分散させて産むが，ムギツクは巣内の天井に卵を産みつける．このような利用する産卵基質の違いが，ギギの卵に対するムギツクの捕食を回避しているものと考えられる．

一方で，巣内から採集されたギギの仔稚魚の胃内容物からムギツク卵が観察された（図 2.23；Yamane et al., 2016）．ムギツクの産卵は，いずれの宿主種に対しても宿主の産卵と同調させて産卵がおこなわれる．このようなタイミングで産卵されたムギツク卵は，宿主の子よりも早く巣立つことができる．しかしながら，宿主がギギの場合にのみ，ムギツクの卵がふ化に必要な時間が十分で

第 2 章　ムギツクの多彩な托卵 ● 177

図2.23 巣内から採集されたギギの仔稚魚．(a) ギギの胃内容物にムギツクのふ化直前の仔魚が確認される．(b) ギギによるムギツク仔魚の捕食．

ない，つまり遅れたタイミングでもムギツクの産卵がおこなわれることがある（図2.21）．このタイミングで産卵されたムギツク卵の多くは巣内にいるギギの仔稚魚によって捕食される．そして，ムギツク卵を捕食できたギギの仔稚魚は巣内でより大きな体サイズに成長することが確認されている．ムギツク卵の捕食による，より大きな体サイズの獲得は，巣立ちをしたギギの仔稚魚の生存にプラスに働くと考えられる．

これまで，托卵とは托卵者が宿主に悪影響を与えるものである（寄生）と考えられてきた．しかしながら，ギギはムギツクに托卵されることで仔稚魚の生

存が高まる可能性がある．つまり，ギギとムギツクの関係は，双方が良い影響をもたらす相利共生な関係であるかもしれない．托卵された卵を宿主が育児に利用するケースはこれまで報告されていない．

おわりに

　身近な生きものについての図鑑や本が多く出版されているが，まだまだ未知な部分も多いことも事実である．

　野外観察は，自然の中で生きものたちのありのままの姿を観察することができる．そのような観察を通して，生きものの興味深さ，不思議さ，力強さを感じ，さらに多くの発見もできる．本研究では，これまで情報がほとんどなかったギギの繁殖生態をかなり詳細に明らかにした．また，野外でギギの産卵の瞬間も観察することができた．野外で初めて，ギギの産卵行動を見た時はとても感動したし，大きな達成感を感じたものである．さらに，最大の発見は托卵宿主であるギギの子がムギツクの卵を捕食することである．ギギの稚魚によるムギツク卵の捕食は，もしかしたら，ギギが故意にムギツクの産卵を誘発させ，稚魚の初期餌料として利用しているのかもしれない．ギギとムギツクの関係はとても興味深い関係である．

　研究を成功させるには，忍耐，行動力，直感力，発想力が必要であると思う．
　自然を相手に研究をするため，研究が順調に進むことはまずないといってい

図2.24　自然河川に設置したギギの人工巣．
　　　　（山根・渡辺, 2008より改変）

い．調査期間中に大雨が降り，地形が変わったり，観察をしていた巣が壊れたり，また時に人的な影響を受けたり，多くの困難を経験する．しかし，生きものたちは，このような過酷な環境の中でしたたかに生きている．生きものたちの真の姿を見るために，多くの困難の中から確実にデータをとるのが研究者としての役目ではないかと思う．このような過酷なフィールド研究において，大きな目標を持ち，その目標を達成するために，日々，一歩一歩着実に前に進むことが大切である．たとえ，失敗しても無駄に終わることはない．

また，データを確実にとるために自分の直感を信じ，何事にもチャレンジする姿勢を持つことも大切である．ギギの巣は限られた場所にしかなく，研究をスタートした数年間は数例しか観察することができなかった．科学的な根拠には多くの観察例数が必要になるため，どのように多くのデータを集めるか悩んだ．悩んだ結果，思いついたのが，人工巣の設置であった．失敗を覚悟して，野外の巣を参考に自然河川に人工巣を設置したところ，見事に成功した（図 2.24；山根・渡辺，2008）．

また，岩下などの空隙の観察では，防犯用に市販されている小型の防水ビデオカメラが威力を発揮した．本研究ではこのカメラなしに大きな成果は得られなかっただろう．

研究をスタートして現在まで，多くの仲間，先生方，地域の方々，漁業組合の方々に支えられながら，研究を進めてこられた．大きな目標を達成するには，多くの支えがあることも忘れてならないと思う．今でも忘れない長田先生の一言がある．それは，「生きものは人が想像もつかないことをやっている」である．今後もこのような視点を忘れず，生きものと接していきたい．　　　　（山根英征）

第3章

身近な淡水魚の産卵生態

1．古来からつづく親と子の絆

　水中の世界はそれなりの覚悟と装備がないと眺めることが難しい．それだけに水中の生物の営みを直接観察した人は多くはないはずである．近年はテレビジョンでハイビジョンの素晴らしい水中映像を見かけることが多くなったが，それはやはり疑似体験である．また，大型の水族館が人気をはくしていて誰でも実物を間近に見ることができるが，それもまた一種の疑似体験といえよう．生物は文字通り生活している生きものであり，生活を全うできる場所にいてこそ本当の生きものである．

　本章は，様々な淡水魚が子孫を残すために続けてきた産卵の様子を極力，野外，つまりそれぞれの種類が生活する場所で調査・研究した結果を綴ったものである．一部水槽による観察もあるが，それらは野外での観察を検証するためのものであったり，野外での観察が技術的に不可能であった場合などである．

　さて，淡水魚に限らず生きものは自分の子どもをできるだけたくさん，そして安全に育つように産卵，産児するのが命題であり，それが進化の推進力であった．言うに及ばず今そこにいる生きものは，その種類が出現してから何十万年，何百万年，何千万年それ以上を世代を繰り返してきたものばかりだ．それが進化の力なのだ．

　淡水魚の殆どは体外受精の繁殖様式をとる．交尾による体内受精はカダヤシ目やダツ目で見られるが，我が国在来の淡水魚はすべて体外受精魚である．

　Balon博士は，魚類の繁殖の仕方に初期発生や個体発生上の形質，産卵の特徴などにおいてパターンがあるとしてそれまで提唱されていた「繁殖スタイル」の概念を次のように拡張した（1975a, b）．つまり，3つの行動的区分 ── A：無保護魚，B：保護魚，C：運搬魚──内での行動的グループ（例えば，A.1：開放的底面でのばらまき産卵魚（コイ，オイカワなど），B.1：卵世話魚な

ど(モツゴ,ドンコなど))や生態的グループ(例えば,A.2:隠蔽産卵魚(タナゴ類など),B.2:巣産卵魚(イトヨなど))は,それぞれが保護が無いか少ないスタイルから多いタイプへ,卵黄が少ないタイプから多いタイプへと系統進化的に連続的に配列されるとした(後藤・前川,1989).この時点では,第2章で述べたムギツクがおこなう托卵はまだ発見されていない.なお,C:運搬魚は口内や体内で保育する魚で日本在来の純淡水魚にはいない.

　本章では,我が国の淡水魚で卵・仔魚が親などの保護を受けない種類と保護を受ける種類について,Balon博士の提唱する「繁殖ギルド」の断片を紹介しようと思う.そこには,古来から延々とつづく多様性に富んだ産卵行動や産卵基質や卵・仔魚の生存をかけた巧妙な繁殖スタイルが展開されるはずである.ただ,大学の在学中という調査時間の不足のなかで,十分追及できていない面も多々あるが,足りない部分は今後の課題として,読者の中から挑戦者があらわれることを期待する.

　なお,Balon博士を,1993年に琵琶湖での調査と福岡県柳川市の二ツ川に1週間ほど案内した.特に後者では奥様もご一緒で,タナゴ類の採集や撮影など楽しい時間を過ごしたことを思い出す.　　　　　　　　　　　　(長田芳和)

2. 卵(仔魚)を親が守らない魚

(1) 川の中の類似品にご注意　―カワムツとヌマムツ
研究の背景
　中部地方以西の河川上流域から中流域でウキ釣りやミャク釣りをするといとも簡単に釣れてくる魚の代表選手としてハエとかハエジャコが知られているが,これらの魚こそがここでのお話しの主役となるオイカワとカワムツである.このカワムツという魚,よくよく見ると外見の特徴がほんの少しだけ異なる2つのタイプに分けられることを東京水産大学(現東京海洋大学)の水口憲哉先生と当時学生であった渡辺昌和さんが発見し,その内容を1988年とその翌年の日本魚類学会で発表された.非常に話題にはなったが,この2つのタイプのカワムツに関する生態の研究をやっている研究者はまだいなくて,長田芳和先生からカワムツの生態の研究をやってみないかと勧められたのがこの研究を始めるきっかけであった.

　この2つのタイプは後にカワムツとヌマムツという和名がつけられ,共通の祖先からわかれた互いに最も近い種(sibling species 姉妹種)であるというこ

図 3.1 クイズ：どちらがカワムツでどちらがヌマムツでしょうか？ 答えは文末にあります．

ともわかってきた（Hosoya et al., 2003）．

最も近い親戚である姉妹種は外見の特徴（形態）が非常によく似ているのは当然といえば当然だ．今回ご紹介するカワムツ *Nipponocypris temminckii* とヌマムツ *Nipponocypris sieboldii* は，はじめは別種として記載された．ほどなく1種として取り扱われることとなり，前出の水口・渡辺両氏が再発見するまで50年以上誰も'類似品'なのか'同じもの'なのか区別にいたらなかったほどだ．

この2種の外見上の違いは，鱗の数や尻鰭の鰭条数（きじょうすう）がヌマムツのほうが若干多いこと，胸鰭や腹鰭の前方に朱色の線が入るなどほんのわずかな違いである．間違い探しのクイズで答えを先に聞いていればわかるけれども，ぱっと見ただけで違いがわかる人は50年に1人の観察眼の持ち主であるといえよう（図 3.1）．

一般に生物の形態は生活する上でそれぞれ無駄なく機能的にできており，形態の違いからその生物の持っている生態的な特徴や機能を垣間見ることもできる．肉食動物と草食動物の目の位置と顎（歯）の形態などは皆さんがよく知っている例だといえよう．

『肉食動物であるライオンやオオカミは目が正面を向いており距離を正確に

第3章 身近な淡水魚の産卵生態 ● 183

測って獲物を捕らえ，発達した犬歯で捕らえた獲物に致命傷を負わせるのに適している．かたや草食動物であるシマウマやキリンは捕食者への警戒のため視野が広くなるように目が横へ位置し，その発達した臼歯は草や葉っぱを上手にすりつぶして食べるのに適している．』読者の皆さんもなんとなく思い出してきただろうか．また変わった話としてクジャクの雄の羽は日々の生活に支障をきたすかと思われるほど発達しているが，それがなぜなのかを形態の特徴から生態的な意味づけをする研究例もある．これはより華やかで目立つ羽のほうが雌にモテるために過剰に発達してきたと解釈されている．

　さて本題のカワムツとヌマムツの話に戻ると，形態は似通っていることはわかったが，生態も似ているのか特徴的な差異があるのかどうかは肝心の生態的なデータがなければ話が始まらない．産卵生態や河川内の生息パターンに焦点を絞って調査をおこなったのは主に兵庫県姫路市を流れる大津茂川という源流から河口までが20 km程度の小さな河川である．予備調査からこの河川にはカワムツ，ヌマムツのほかに，やはり近縁なオイカワ *Opsariichthys platypus* も生息していることが明らかとなっていた（足羽ほか，1994）．最初はカワムツ，ヌマムツだけを調査対象にしようと考えていたのだが，このオイカワは，カワムツが1種類と考えられていたころから近縁で形態も生態も似ているためたびたび取り上げられていた種でもあることからオイカワも比較対象に含めた．しかしながら生息場所が重なっているのかそれともずれているのか，産卵をする時期や場所，食べているものが同じなのかなど研究を始めた時点では皆目資料がなく，手始めにどんな場所にすんでいるのかを調べ始めることにした．

河川内の3種の生息場所に関する知見

　調査地点は前出の大津茂川で調査地点は上流から7地点を選んで3種類の採集をおこない，採集には投網を用いた．この網はうまく投げると直径2 m程度の円形に開き，水深の浅いところなら一網打尽，有無をいわせず魚を捕らえることができる．調査対象がどんな餌が好きかもわからない状況で空腹・満腹のいかん，餌の好き嫌いで採集できたりできなかったりすると困るので，魚の都合に関係なく採集できる方法を選んだわけである．採集した魚は倫理的な観点から，さらにその場所で今後も観察をおこなう予定であったのでできるだけ弱らせないように配慮しながら種別・性別・サイズといったデータをとった後，再放流をおこなった．採集の結果を7地点での3種の割合を図3.2に示した．

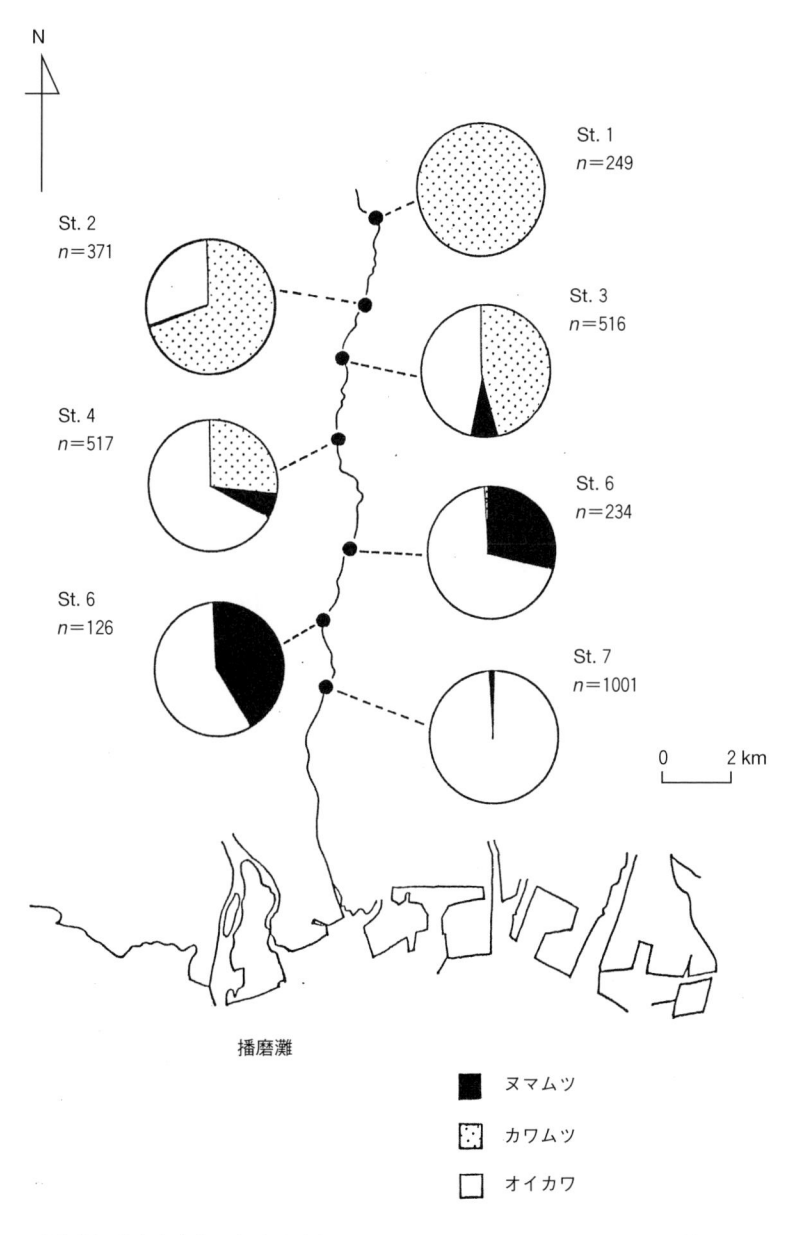

図3.2 兵庫県姫路市大津茂川調査地点とヌマムツ，カワムツ，オイカワの出現種比率．

図中 $n=$ で示してあるのがその場所で採集した3種の合計数である．
　河川の流れの速さや落差の様子などから大津茂川を上流域から下流域へと定義したところ，上流域は St. 1 と St. 2，中流域は St. 3 と St. 4，下流域は St. 5 ～7 と判断できた．最上流の St. 1 では採集された 249 個体すべてがカワムツである円グラフはすべてドットということになる．続いて下流に行くにしたがってその割合は減っていき下流域になる St. 5 でカワムツはほぼ姿を見せなくなった．一方，円グラフ上では黒く塗りつぶしてあるヌマムツは中流域の St. 3 からその姿を見せ始め下流域の St. 5 から St. 6 で特に多い割合を示した．オイカワは St. 2 から St. 7 まで広く出現していたが，St. 7 では最下流域に近いところで非常に水深が深く，採集できたのはほとんどが小さなオイカワであったことが特徴的であった．この調査はこれら3種の産卵期以外におこなったもので，この期間にはカワムツは上流から中流にかけて生息し，ヌマムツとオイカワは中流域に多く生息していることがわかった．カワムツとヌマムツの和名の由来も実はこれらの結果からイメージされる通り，流れの速い場所にすむ「川ムツ」，下流域や沼などの止水的な場所にすむ「沼ムツ」と生態的知見を盛りこんだものとなっている．

産卵に関する知見

　予備調査の結果から産卵期はカワムツ，ヌマムツとオイカワともに違いがなく，大津茂川ではおおむね6月はじめごろから8月半ばまでで，西日本の他の河川でもほぼ同じであると思われる．
　この3種の産卵行動はいずれも似かよっており，淵の縁辺部の浅瀬（浅く流れの速い場所）でいずれも体を震わせたオスがメスを川底に押しつけ産卵をうながし放精をおこなう．いずれの種も産卵後は卵の世話はせず，川底の砂や礫の間で他の生きもの（他章で紹介されているカマツカなど）に捕食されなかった幸運な卵がふ化する．
　産卵場所の環境を知るために，産卵期中に繰り返し St. 1～7 の産卵場所をくまなく確認して回った．その方法はというと，産卵行動が観察できた場所を地図にプロットし双眼鏡で種を判定したのである．ここで疑問に思われた方も多いだろう．冒頭で，カワムツとヌマムツは 50 年もだれも見分けがつかないと書いていたじゃないか，実物を手に取らないで確認ができるわけがないだろうと……．至極真っ当な疑問である．しかしながら皆さんの疑問とは裏腹にクイ

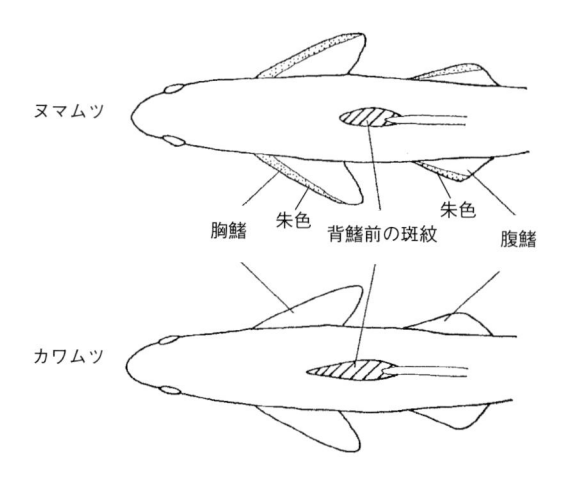

図3.3　水上からでも見分けられるヌマムツとカワムツの特徴.

ズの答えを聞いた後ではその特徴さえつかんでおけば遠く離れた場所からでも双眼鏡を使えば一目瞭然なのである．タネを明かせば図3.3を見てもらえればわかる通り，背鰭の前の斑紋と胸鰭，腹鰭の前縁の朱色の線の有無で慣れてくればカワムツとヌマムツは簡単に見分けられるようになる．オイカワは吻端（鼻先）があたかも口紅を塗ったように赤く，体色と体の厚みが前出の2種とは明らかに異なるのでその見分けはさらに簡単である．

　少々話が横道にそれてしまったが，結果としてカワムツは上流で，ヌマムツとオイカワは下流で多く産卵していることが分かった．調査地点の最下流部（図3.2のSt. 7）ではオイカワの稚魚が多く見られたのだが，産卵場所自体はほんのわずかしか見つからなかった．オイカワは生まれたてのころに一時的に流下して，ある程度遊泳力を得てから元の場所に戻ることが知られており（水野・御勢，1972），大津茂川でも同様の現象が起こっている可能性も考えられた．とはいえ，ある程度遊泳力を得た未成魚に関してはどの種も大きく移動するという結果は得られず結局のところ3種はそれぞれ産卵期にも普段すんでいる場所周辺で産卵していことが分かった．さらに下流側ではヌマムツとオイカワが同じ場所で産卵することも明らかとなった．

　産卵場所の環境を比較すべく観察のしやすい場所を選んで，St. 2ではカワムツの，St. 5ではヌマムツとオイカワの産卵を観察することにした．観察に

は双眼鏡その他に偏光めがね，ビデオなどを用い，産卵が見られた場合には産卵場所の水深，流速，底質，水温などの環境要因データも記録した．

　分かりやすい環境の違いがすぐ出てくるだろうと甘い期待をしていたのだが，それに反して3種の産卵場所の流速（10～20 cm/s程度），水深（10～15 cm程度），底質（砂と礫の混じった水底）といった環境には違いがなかったのである．カワムツとヌマムツ・オイカワは上流と下流の違いがあるので当然，産卵場所の環境は異なるという解釈は容易なのだが，ヌマムツとオイカワは産卵場所も同じでそれぞれの子孫を残しているわけであるから調べた環境要因以外にも何らかの違いがあるはずである．

　さあ，それが何なのかを知るために産卵期には来る日も来る日もSt. 5でヌマムツとオイカワの産卵を観察した．1週間ほど観察したある日，直感的にこれが答えではと感じたことがあり，早速データの解析に取りかかった．まさに直感通り同一産卵場所で産卵している際の水温はオイカワ（平均±SD＝28.69±2.20℃）のほうがヌマムツ（25.26±3.67℃）よりも高かったのである．その様子がよくわかる1992年の7月のある日の産卵頻度と水温の時系列のグラフである図3.4を見ていただきたい．

　産卵の頻度は1産卵場所で1時間に2回，10分間の観察した種別の産卵回数を示したものでヌマムツを実線でオイカワを破線であらわした．上の他の線とは交差していない山型の実線は水温を示している．午前中水温が低いときにはヌマムツの産卵が活発におこなわれ，両方が同じ場所でそれぞれ産卵した後，午後からは急激にオイカワの産卵の頻度が高くなっている．また，この現象は観察地点で水温が30℃を超える日には決まって観察されたことから，ヌマムツとオイカワは水温により1日の中で同じ産卵場所を使い分けるのではないかと推測された．

　これらを簡単にまとめると，近縁で姉妹関係にあるカワムツとヌマムツは種固有の生態的機能を持つほどには形態が分化していなさそうであるが，すむ場所を違えることでそれぞれ産卵場所を確保し，オイカワとヌマムツは同じ産卵場所を水温の違いによりそれぞれ確保している．つまり，これらの親戚同士は一見すれば類似品ともいえるほど形態も似ており環境への要求も共通しているものの，それを少しだけずらすことによって同じ川の中でうまく子孫を残しているのである．

　最後に充分なデータが取れているわけではないのだが，各種の卵の大きさと

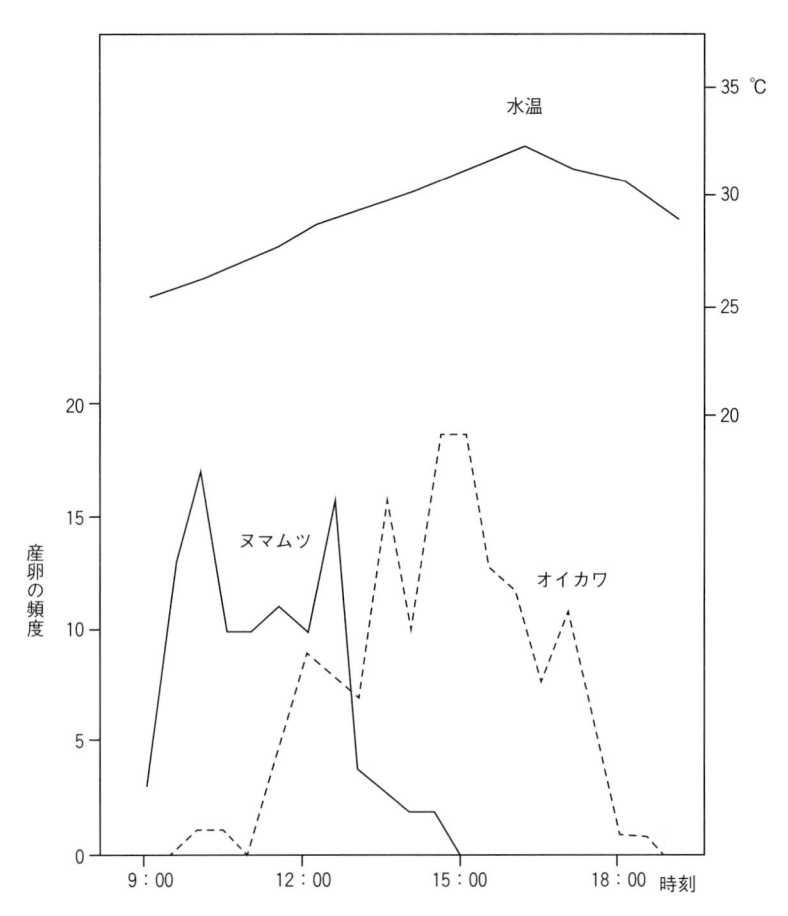

図3.4 ヌマムツとオイカワの産卵の頻度と水温の関係.

孕卵数(腹の中の卵数)はオイカワが最も大形卵で少産,続いてカワムツ,そしてヌマムツはこれら3種の中で最も小形卵で多産であるように見受けられた.一見上流にすんでいるか下流にすんでいるかということと卵の大きさや孕卵数との間には何の整合性もないように思われるが,生まれたばかりオイカワの子供が流下することや,それぞれがすんでいる場所の水温や卵から稚魚期の成長に伴う体の発達度などに注意しながら研究を進めていけば,今回ここに書いた内容とうまく結びつけられるのではないかと考えている.また,オイカワは水温が30℃までは上昇しない場所でも産卵をしていることも観察しており,著者はカワムツやヌマムツも実はここで紹介した水温や環境以外でも産卵できる

ポテンシャルを持っていると考えている．これらの産卵に関する種間関係も一見複雑にからまった糸のようなものだと思われるが，読者の皆さんの斬新な発想や着眼点から注意深く1本1本の糸を解きほぐしていくことで，さらに興味深い知見が得られるものと期待している．

図3.1クイズの正解：カワムツ（上）ヌマムツ（下）が正解です．

(足羽 寛)

(2) 里川のカワムツと上流のタカハヤ

　大阪府南東部に位置する府下唯一の村「千早赤阪村」．この人口約6千人の小さな村が私の故郷である．この村の中心部を流れる千早川は，金剛生駒国定公園内の金剛山（1125 m）に源流を持ち，千早赤阪村・河南町を経て富田林市板持地区で石川と合流する．流程は約13.6 kmで，上流部には金剛山や葛城山（959.7 m）などの急峻な斜面を持ち，その大部分をスギやヒノキなどの人工林が被っている．中・下流部には農耕地が多く，その他にはクヌギ・モウソウチクなどが生育している里山，集落，小規模工場などが見られる．

　千早川は，このようなごく普通の里を流れる比較的小規模な河川にも関わらず，多くの魚を見ることができる．その限られた生活空間を複数種の魚たちがどのようにしてうまくすみわけているのか，大変興味深く感じたので研究してみることにした．

千早川の魚類相

　まず1：2500地形図上でデジタルマップメーターを用いて大和川水系千早川の等高線間の河道距離を計測し，得た数値をプロットすることにより河川勾配図を作成する．石川の合流点（標高約50 m）から上流約9 km（標高約230 m）までの間に，連続する淵・平瀬・早瀬を1つの地点として35地点を設け，2ヵ月間かけて投網・タモ網・モンドリなどを用いて各地点の魚類を捕獲し，魚類相調査をおこなった．

　これらの調査の結果，タカハヤ，カワムツ，オイカワの3種のいずれかが優占種となっている地点が多く，他にはカワヨシノボリ，カマツカ，ギンブナ，タモロコ，コイ，モツゴ，ドジョウが生息する．タカハヤはカワムツに比べ上流側に多く，オイカワはカワムツの下流側に多く生息している．すなわち上流

からタカハヤ域，カワムツ域，オイカワ域を形成している（図3.5）．この3種の分布様式は，他の河川においても同様である（水野・御勢，1972）．

このような同一河川内における優占種の分布域が形成される重要な要因として，①それぞれの種の遺伝的・系統的な要因（究極要因）が基礎になっているに違いないが，②習性的な要因，③産卵生態的な要因なども働くものと予想し，現地観察・調査によってその3つの要因を検証する手法を試してみた．

今回は，千早川に多く生息する上記3種のうち上流側で分布域を接するタカハヤとカワムツについて両種の分布を決定する要因について考える．

タカハヤとカワムツの分布を決める要因の追及

予測①魚種の系統的な要因：河川の水温は上流に行くほど低い．千早川においても例外ではなく，同じ日の最高・最低水温を計測したところ，常に上流へ行くほど両水温ともに低い値を示した．タカハヤ Rhynchocypris oxycephalus はコイ科ウグイ亜科ヒメハヤ属に属し，アジア大陸において北方に生息する魚類と同属であることから北方由来である．これに対し，コイ科ダニオ亜科カワムツ属のカワムツ Nipponocypris temminckii は朝鮮半島を経由して日本に入ってきた（川合ら，1980）ことや，近縁のオイカワ属が東南アジアの広い範囲に分布する（Ashiwa and Hosoya, 1998）ことなどから南方系である．

この由来からみると，タカハヤは比較的冷水を好み，カワムツは比較的温水を好むはずで，河川内における分布は必然的にタカハヤがカワムツに比べ水温の低い側，すなわち上流側に分布するという予測が成り立つ．

予想②習性的な要因：一般に適温の低い生物は狭温性である場合が多い（Ruttner, 1952）が，これに対し適温の高い（20℃程度）温水魚は冷水に耐えうる，すなわち広温性であることが多い（Macan, 1964）．分布を決定する要因として水温だけをあげるならば，タカハヤは下流部に生息できないが，カワムツが上流部に生息できないとはいえないかもしれない．そこで，両種が好む水温以外の環境の違いにも注目してみよう．すなわち習性的な要因が予想される．

実験的に両種を水槽で飼育した際に塩ビパイプの隠れ家を2本入れたところ，タカハヤは多くの個体がこの中に隠れて終日出てこなかったのに対し，カワムツはその中を通過するだけで障害物が何もない広範囲を遊泳する個体が多かった．遊泳の習性に違いがありそうだ．

予想③産卵生態的な要因：川の流程で優占種となっているからには，それぞれ

の種の産卵場所で首尾よく産卵がおこなわれ，次世代が誕生したことに他ならない．産卵には適当な水温のほかに適当な産卵場所（川の中の地形）が保証されなければいけない．タカハヤもカワムツも底質中に卵とふ化仔魚を埋没させて捕食から逃れ，稚魚となって底質から泳ぎ出る初期生活史を持つ．したがって仔・稚魚が生育できる地形も必要である．

ここでは先ず両種の産卵の適温の違い，つまり系統的な由来からタカハヤがカワムツより低水温で産卵を開始し，低水温で産卵をすると予想しよう．

両種の産卵場所と仔・稚魚の生育場所の比較は予測が難しい．実地調査が必要だ．

予想の検証のための調査と結果
生息場所の水温と地形の比較

そこで，タカハヤが優占種となっているタカハヤ域（地点A）と，カワムツが優占種となっているカワムツ域（地点C），及びその中間の混成域（地点B）の典型的な場所を選出し，その3地点について比較した．両種の分布域の河川勾配を求めたところ，タカハヤ域のほうが，カワムツ域に比べると勾配が急であった（図3.5）．

地点A：Aa型（渓流型）の河川形態型を示す．川幅は約1～2m程度で，岩盤がむき出しになっている部分が多く，水深1.5mの淵の後方に長さ5m程度の平瀬が形成されている．瀬には人頭程度の巨礫が多く，1mを超す岩も散在する典型的な上流部の様相を示す．岸には砂礫の堆積している部分が少なく，植生はあまり見られない．両岸には棚田や森林がある．他の2地点と比べると表面積はかなり狭いが，せり出した岩石や深くえぐれた淵，落差の大きい落ちこみなど立体的構造に富んだ地点である．

淵の深部にある堆積物の上でタカハヤの姿をよく見かける．堆積物のある場所は水深があり，上空からはよく見えない状態になっている．体色と似た色の堆積物付近は，流れが緩く，また鳥などの敵に発見されにくいことから，タカハヤが比較的好む場所ではないか．さらに，目視で確認できた個体数の何倍もが，モンドリで捕獲できる．したがってせり出した岩の下に相当数のタカハヤが隠れていると推測できる．

地点B：Aa－Bb移行型の河川形態型を示す．水深約80cmの淵の後方に約70mの平瀬が続いている．川幅は2～5m程度で，岸には雑草が生い茂り数十

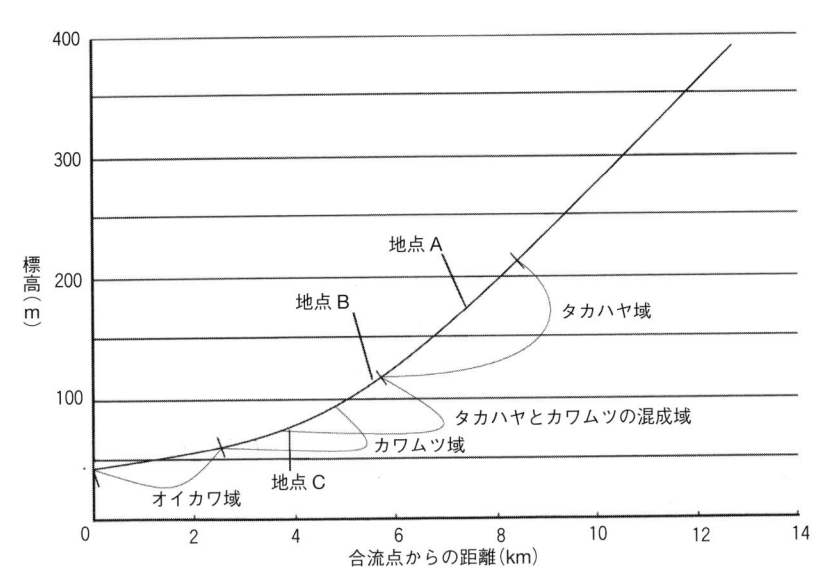

図3.5 千早川の河川勾配とタカハヤ，カワムツ，オイカワの分布域．

cm 程度水面に覆い被さっている．両岸には竹林や畑などの急斜面があり，その上部には民家が散在する．水温や水深など，物理的環境は中間的な数値をとる．
　2種が同時に同場所に群れているのを見かけない．深い淵の底の堆積物付近で見かけるタカハヤに対し，カワムツは比較的広い範囲の浅くて水流の速い場所で見かける．2種が接近して行動することはほとんどなく，またどちらかが優位に立つような状況は見かけない．タカハヤが水流が速くなる淵尻まで出てくることはなく，また平瀬の雑草帯でタカハヤはほとんど捕獲できないことから，利用する空間の違いを感じる．
地点 C：Bb 型の河川形態型を示す．水深 0.5 m 程度の淵の後方に 120 m もの平瀬が続いている．右岸はコンクリート製ブロックが積まれている．川幅は 3〜10 m 程度あり，護岸の上部には水田や民家・みかん畑などがあり，開けている．河川敷は広く数 10 m の幅を持つ．この地点における平瀬はほぼ一日中日光があたるうえに水流が少なく淀んでおり，夏場などは 30℃ を越える相当な高水温になる地点である．岸にはツルヨシ帯が形成され，数十 cm から 1 m 程度の幅で水面に覆い被さっている．夏場はこの下でかなりの数のカワムツの稚魚を確認できた．

第3章　身近な淡水魚の産卵生態　●　193

この地点には広い平瀬があり，たくさんのカワムツがこの平瀬と淵を往復しているのが見られる．特に他の2地点とは違う広くて浅い淵に大型のカワムツが多数見られる．タモ網を用いて岸のツルヨシの下を探ると数センチ前後のカワムツが大量に捕獲できる．この地点では，広い空間をカワムツたちが満喫しているかのような錯覚を起こすほど，のびのびと生きている様子がうかがえる．

　以上のように，タカハヤは深い淵や大きな岩や岩盤により複雑に入り組んだ比較的狭所を好む習性を持ち，そのような地形は上流の渓流に典型的に出現する．これに対し，カワムツは広い平瀬やよく繁茂した岸際植生下，広くて流れの緩やかな淵を好む．このような地形は中流に特徴的だ．つまり，両種の分布の違いの原因の1つに両種の嗜好する地形に違いがあると考えるのだ．必然的に，両種の分布域も上流側にタカハヤ，下流側にカワムツとなるものといえる．よって，分布を決定する要因の1つに河道の勾配があるといえる．

　ここで，河川の上流側のほうが下流側に比べ水温が低いことは先に述べた．水温の低い上流側において，タカハヤの好む河川形態型が存在するということは，タカハヤが，系統的に低水温を好み，なおかつその低水温となる上流部にはタカハヤの好む隠れ家や深い淵が形成されるという二重の効果があると思われる．また逆に，カワムツは系統的にタカハヤより高水温を好み，なおかつ高水温となる中・下流部には本種の好む広い淵や平瀬が形成されるという二重の効果があるものと思われる．すなわち，水温と河川形態型は，両種の分布を決定づける要因として必然的に相付加的なものとして働くと思われる．

産卵生態的な要因
　千早川のA・B・C各地点及びその周辺の地点において，両種の産卵期が始まると推測される2000年4月頃から，両種の行動及び産卵床の有無を，水野・御勢（1972）を参考に，次の点を手掛かりに確認した．
タカハヤ
・普段は淵の深い部分に群れているが，時折数個体から十数個体が群となって1個体の雌（吻端が伸長）を追尾しながら浅い平瀬や淵尻に接近する．
・淵尻の浅い部分を回遊する，あるいは深場と浅場を往復する．
・産卵床（淵尻の浅い部分に少し窪んだ部分）が存在する．
・数個体から数十個体が吻部から砂礫めがけて突っ込み，激しく体を震わす（産卵）

カワムツ
- 雄にオレンジ色の婚姻色があらわれ，追星がよく発達する
- 数個体の雄が1個体の雌を広い範囲にわたって追尾する
- 産卵床（瀬頭などに少し掘り返したような周囲よりも礫質の粗い部分）が存在する．
- 雄が雌を押し倒し，激しく体を震わす（産卵）

産卵行動の確認

地点A：最も早くタカハヤの産卵行動を発見したのは2000年5月21日であり，7月11日に淵尻の浅場で数個体が群れているのを確認したのが最後であった．またカワムツでは7月21日に産卵床を発見したのが最も早く，8月31日に新しく形成された産卵床を発見したのが最後であった．

地点B：最も早くタカハヤの産卵床及び産卵行動を発見したのが5月5日で，最後に追尾行動及び産卵床を発見したのは7月7日であった．またカワムツでは7月12日に婚姻色や追星の出た雄個体を確認し，同21日に追尾行動を確認した．それ以後，観察は地点A及び地点Cを中心におこなったためにカワムツの最後の産卵日は不明であった．

地点C：最も早くタカハヤの産卵床を発見したのは4月30日で，最後に産卵床及び産卵行動を確認したのは5月26日であった．またカワムツでは，6月3日にはじめて産卵床及び産卵行動を発見し，最後に産卵床を発見したのは8月11日であった．しかし実際の産卵は婚姻色が発現した雄がいたことからもう少し続けていたものと思う．

以上のように，産卵行動や産卵床の観察からして，どうやら両種ともに下流の地点ほど産卵の開始は早いようだ．そしてすべての地点でタカハヤがカワムツの産卵に先立って始まり，しかも両種の産卵期間は重複しないようなのだ．

仔・稚魚の確認：仔・稚魚の出現の時期でも，おおかたの産卵期が推定できる．最初に出現してきた種類不明の仔魚はタカハヤであるといえ，それぞれ地点Aで6月30日，地点Bで5月17日，地点Cで5月10日に捕獲できた．これに対し，カワムツであると判別できる仔魚が出現してきたのは地点Aでは8月5日，地点Bでは7月21日，地点Cでは6月30日であった．

それらの仔魚になるのに産卵後何日を要するかを知れば，産卵日が判明する．そこで，実際に産卵行動を確認した産卵床の上に「泳出仔魚捕獲ネット」（図

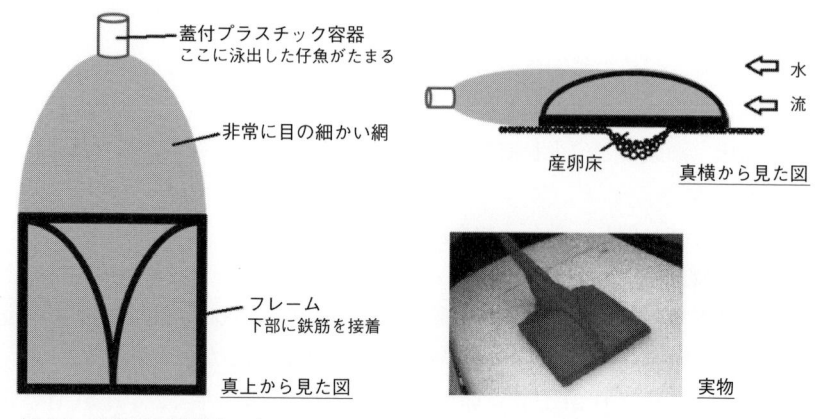

図3.6 泳出仔魚捕獲ネット．

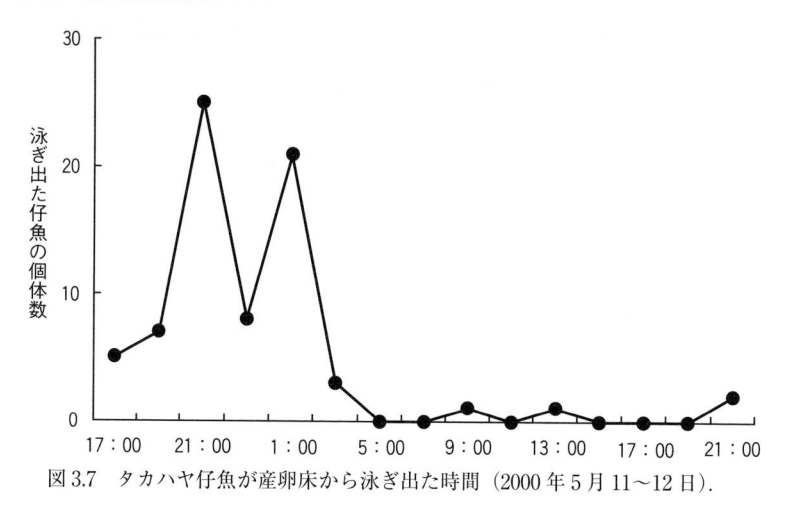

図3.7 タカハヤ仔魚が産卵床から泳ぎ出た時間（2000年5月11〜12日）．

3.6）を仕掛けた．この，捕獲ネットは今回の研究のために考案したオリジナル作品である．仕組みは極めて簡単で，正方形の木枠に重りとして鉄筋を接着し，上部にアーチ状の骨組みをつけ，非常に細かい目の網を接着し細長く絞った網の先端に蓋付きのプラスチック容器を接着しただけの装置である．この装置の効果は抜群で，4月30日に産卵されたタカハヤの産卵床から11日後の5月11日から仔魚が泳ぎ出したのを確認することができた．また，泳ぎ出てくる時間は夕方から夜半にかけてであり，昼間には数個体しか泳ぎ出てこなかった（図3.7）．この装置を用いて捕獲した仔魚はすべて同じ後期仔魚期の段階であった．

カワムツについては同様の調査はしていないが，産卵から4～5日でふ化をし（片野，1999），ふ化後10日で後期仔魚になる（中村，1969）ことから，15日程度で産卵床から泳ぎ出るものと思われる．

　以上のことと両種の仔魚の捕獲時期を総合すると，各地点における両種のおおよその産卵時期は図3.8に示した期間であると推定できた．

産卵時期への水温の影響

　一般的に，河川に生息する魚類の産卵時期を決める重要な要因の1つとして水温や日長時間などがあげられている（水野・御勢，1972）．図3.8を見ると，両種が産卵を開始，終了する水温（最高最低温度計を水中に固定して測定）が3地点である程度そろっている．すなわち，タカハヤは，最低水温が16℃を越える頃に卵成熟を開始し，20℃を越える頃には終了する．これに対しカワムツは，最低水温が20℃を越える頃に卵成熟を開始し，15℃を下回る頃には終了する．なお最低水温のみにふれたのは，最高水温は日による変化が大きいように見受けられ，最低水温のほうが時節の変化をより安定して反映しているものと考えたからである．

　同時期の水温は下流ほど高いので，最低水温16℃に達する時期は最下流の調査地点Cで4月下旬と最も早く，最上流の地点Aでは5月下旬とほぼ1ヵ月の開きが出る．このように3地点における両種の産卵の開始と終了の時期は水温でかなりの部分が説明できる．水野・御勢（1972）は，京都府の宇川上流のタカハヤの産卵期は5月下旬から7月下旬（一部は8月上旬にかかる）で，開始と終了時の水温はそれぞれ12～14℃と14～18℃（9時前後）としていて，筆者の結果よりいずれも低い．下流のほうが幾分早く始まるとしているのは筆者の結果と同じである．いずれにしても両種において，水温の周年変化の中で一定の水温になる時期が親個体の卵成熟の開始と終了を促すトリガーとして作用するようである．

　そうすると，分布を決定するもう1つの要因として水温の変化が考えられる．上流側では下流側に比べ低い水温である時期が長く，タカハヤの産卵時期の水温である最低水温16～20℃の時期が長くなるため，タカハヤにとって十分な長さの産卵期が保証される．これに対し下流側ではカワムツの産卵時期である最低水温20℃を越えて15℃を下回るまでの期間が長くなるためカワムツにとって十分な長さの産卵期が保証される．このような結果，上流側ではタカハヤ

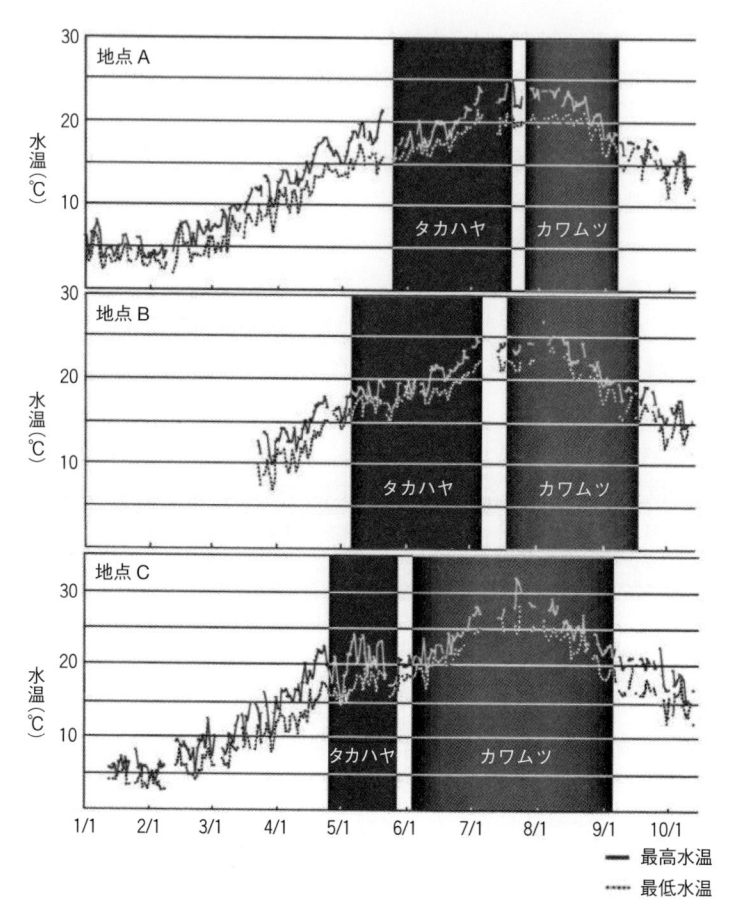

図 3.8 タカハヤとカワムツの産卵期間.

の，下流側ではカワムツの個体群の推持が保証され，両種の分布域が自ずと決定されるのではなかろうか．

結局，この産卵時期を決定する水温はそれぞれの種における系統的過程に由来するものであり，北方由来のタカハヤは，南方由来のカワムツに比べると低い水温で産卵を開始し，高温になると終了し，カワムツは比較的高い水温で産卵を開始し，低温になると終了すると考えられる．

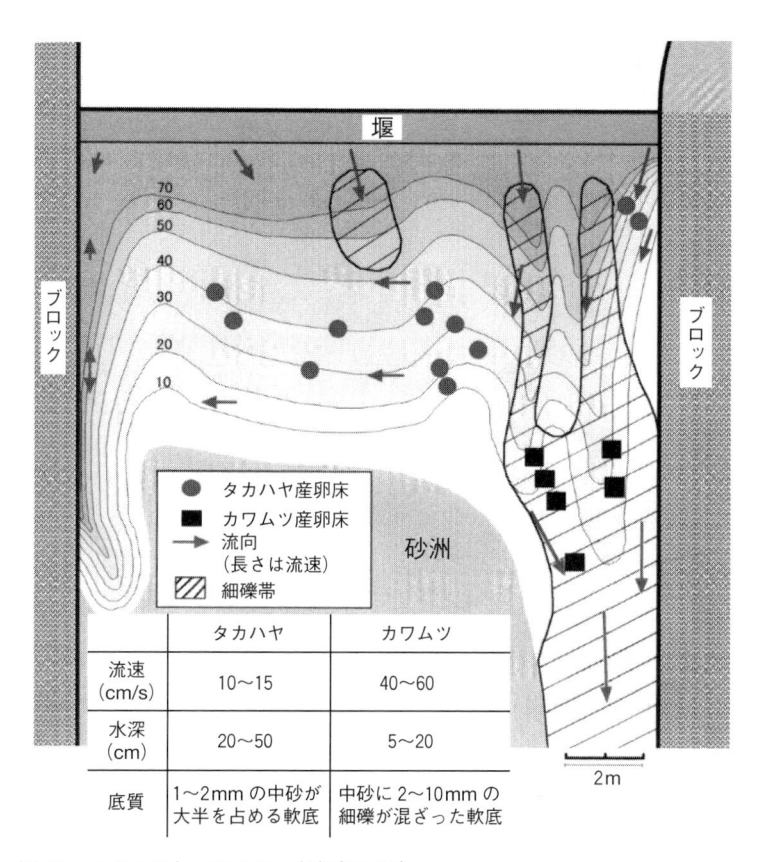

図3.9 タカハヤとカワムツの産卵床の分布.

産卵床から見た要因

両種の分布域が形成される要因を探るにあたり，産卵床が形成される時期や場所の違いが，両種の産卵に対してどのような要因が働くことで生じるものであるかを探る必要がある．

今回の調査でタカハヤの産卵床が形成されたのは，中砂（1〜2 mm）が大半を占める軟底部で，水深が約 20〜50 cm，平均流速が秒速約 10〜15 cm の淵の外縁部であった（図 3.9）．これらの場所や値は水野・御勢（1972）によく一致している．

成熟したタカハヤの雌は，その突き出た吻部をうまく使い，底にあたかも棒のごとく潜りこむようにほぼ鉛直に体を差しこみ放卵し，雄がそれに引き続き

第3章 身近な淡水魚の産卵生態 ● 199

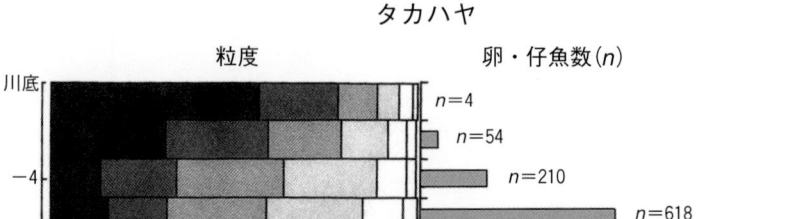

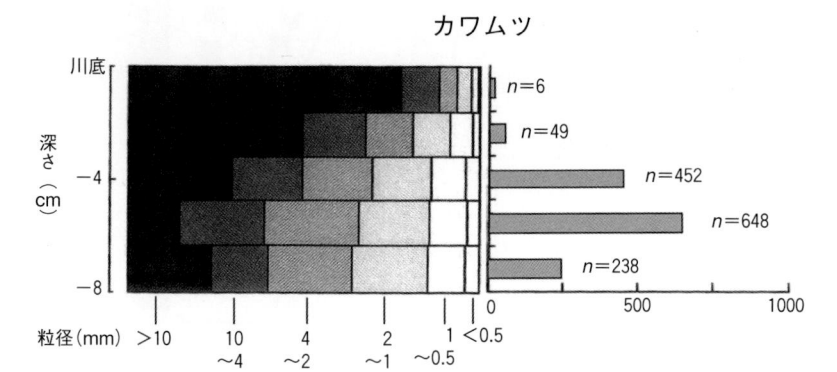

図3.10 カワムツとタカハヤの産卵床の深さ別粒度と卵・仔魚数.
タカハヤは2000年5月26日に調べた4産卵床のうち，カワムツは同年7月15日に調べた3産卵床のうち卵・仔魚数が最も多かったそれぞれ1産卵床の結果である．

体を差しこみ放精することで，卵は砂礫中深くに産みこまれる．産卵床の内部は，表層から底層にかけて徐々に粒度が細かくなっていき，底層に近い部分では細礫の割合が低い値を示した．卵は産卵床の表層には少なく，表面から4〜8 cmの深さで多く採集できた（図3.10）．このような産卵行動によって卵は砂礫中深くに埋没し，結果的に食卵されにくくなると考えられる．そのような場合，体ごと潜りこめる程度の軟底部であることから伏流水の透過量が不足し，酸素不足になることも考えられるが，低水温で，かつ渓流域のために底質中であってもその心配はないのかもしれない．この点については検証が必要である．

これに対しカワムツの産卵床が形成されたのは，中砂に細礫がかなり多く混ざっているやや固めの軟底部で水深が約5〜20 cm，平均流速が秒速約40〜60

200

cmと流れのやや速い瀬頭付近であった（図3.9）．カワムツは，雄が雌を押さえつけ尾鰭で砂礫を巻き上げると同時に放卵放精をおこなう．カワムツの産卵床は，表層に直径10 mm以上の細礫が平均70％以上を占めており，30 mm以上の中礫も数個混じっていた．またそれ以深の層は，タカハヤと同様の粒度分布を示した．砂礫と共に卵が舞い上がり食卵される確率がタカハヤに比べ高くなると考えられるが，逆に礫質が粗いことや産卵床の場所が瀬頭付近であるため酸素量は不足しにくいと考えられる（図3.10）．この点も検証が必要である．

これらの行動から，タカハヤにとっては体を埋没させられないような粗い磯底や流れの速い場所が産卵に適しておらず，カワムツにとっては尾柄で巻き上げることができない礫底や水が通りにくくて酸素不足になりやすいような砂・泥底は産卵に適していないと考えられる．

卵について比較してみると，タカハヤでは放卵されたと予測される卵数のおおよそ3～5割の卵が産卵床に残っていた．これに対しカワムツは1割前後しか産卵床には残されていなかった．両種とも放卵直後に他個体によって捕食されてしまうが，産卵行動や，産卵床の底質などによって，食べられてしまう卵の割合にも違いがあると考えられる．片野（1999）の推定によると，産卵数の97％以上が捕食され，産卵床に埋められた40％が仔・稚魚となって泳ぎ出る．一方の種が好む産卵場所の特性が，もう一方の種にとって好ましくない産卵場所の特性であれば，その産卵場所の特性は両種の分布を決定する要因の1つになり得るといえる．すなわち，産卵行動や産卵場所の違いが，両種の分布を決定する要因の1つになるかもしれない．

なお，タカハヤの産卵行動を水中ビデオカメラで録画中に面白い場面に遭遇した．それは産卵場の砂底に手を差しこんでズズッと音を発すると，タカハヤの集団が周囲から集まって一斉に指の間にまで吻端から頭部までほぼ垂直に突っ込んで産卵の行動をとることである．卵の放出は見られなかったが，おそらく産卵時の砂が擦れる音がシグナルとなって周囲の個体が産卵の衝動に駆られて集合するのであろう．
（山口敬生）

（3）オイカワの卵と仔魚の物語
オイカワという魚
オイカワ *Opsariichthys platypus* は，西日本，韓国，中国，台湾の河川，湖沼に広く分布しているコイ科魚類である．日本では，アユの種苗放流に随伴して，

本来は生息していなかった地域（東北地方など）にも分布を広げた．河川の中下流域では，優占種となっているところも多く，現時点で絶滅が心配されるような希少淡水魚ではない．このような身近な魚であるためか，これまでにオイカワを題材にしておこなわれた研究は非常に多く，その生活史，幼魚の生活場所利用，成長・成熟や卵の生産などが明らかにされてきた．

生活史初期の研究

日本に生息するコイ科魚類の生活史や繁殖様式，食性などについては，「日本のコイ科魚類」（中村，1969）にその詳細が記載されている．コイ科魚類の研究をおこなう者にとってのバイブルともいえるこの本には，極めて詳細な情報が記載されているが，多くの魚種について，野外における産卵直後から前期仔魚にかけての様子，すなわち生活史初期の記述が少なかった．このことはオイカワでも同様で，その他の文献でも人工採卵後の発生過程（中村，1952）や仔魚の運動・遊泳の様子（名越ほか，1962）についての報告はあるが，産卵後の卵や前期仔魚が野外においてどのような状況下で生活しており，どれくらいの個体数が生き残っていくのかという生残過程についての記述は見あたらなかった．

研究テーマの決定

生活史初期の卵や仔稚魚は，サイズが小さく運動性に乏しいため，他生物の捕食対象となりやすい．特に，親による子の保護がなされない魚種では，この時期に多数捕食され死亡（初期減耗）するのが一般的である．それでも捕食者の目から少しでも免れることができるよう，各魚種はそれぞれ卵を砂礫に埋めたり水生植物に付着させたり，あるいは夜間に産卵をおこなうなど，工夫を凝らしてきた．

オイカワの産卵は河川中下流域の平瀬でおこなわれて砂礫の中に卵を埋め，親魚は卵・仔魚を保護しない．また，産卵がおこなわれる領域（産卵場）にはオイカワの成魚だけが集合するのではなく，産卵直後の卵を食べるために未成魚や他魚種も集まってくることが知られている（中村，1952）．ふ化したオイカワの仔魚がこのような状況下で砂礫中から泳ぎ出ると，ただちに捕食されてしまう危険性がある．

そこで，オイカワの生活史初期における卵や仔魚の生残過程や初期減耗を軽

減する様式を明らかにするため，産卵行動の観察，卵・仔魚の砂礫中の深度分布，および仔魚の砂礫中から泳ぎ出る時間帯を調査してみることにした．

調査地の選定

調査地としての望ましい条件は，①個体数が多く，②水が透明な小河川であり，③家または研究室から近い，などが挙げられる．京都，大阪，滋賀，奈良など，研究室から近い水域をいろいろ探した結果，大阪府茨木市の淀川水系安威川支流，佐保川（茨木川）が条件を満たしていたので，ここを調査地とすることにした．

卵の被食数の推定

オイカワの卵の生残過程を明らかにするためには，オイカワが１度の産卵でどれくらいの卵を産み，その内どれくらいの卵が捕食されてしまうのかということを調べなければならない．そのためには，まずオイカワがどのような産卵をしているのかを知る必要がある．

オイカワの産卵行動については，中村（1952）や丸山（1973）が詳細に記述している．これらの記述に加え，私が観察した産卵行動の様子（馬場・長田，2005）を簡単に記す（図3.11）．

雄は自らの体側を使って雌を横倒しにすると同時に体を震わせながら尻鰭，尾鰭を使って砂礫を攪拌する．この時に放卵・放精がおこなわれて卵は砂礫に埋められる（A）．この放卵・放精時に，周辺にいる同種または他種の魚類が産卵床（ペアが卵を埋めた所）に突入してくる場合がある．ペアになれなかったオイカワの雄は放精のため（B），また，オイカワの未成魚や他魚種は食卵のためである（C）．

この過程で私が特に注目したところは，産卵床に同種・他種の魚類が突入してくることにより，オイカワの産卵が妨害されるのと同時に食卵されているという部分である．ここで，産卵行動をよく観察し，放出された卵を数え，かつ食われてしまった卵を数えれば，卵の被食数を算出することが可能なのだ．しかし，オイカワの１回の産卵行動はわずか数秒から十数秒の間で終了してしまうため，その場の観察で放出卵，捕食卵の数を数えることは不可能である．このような理由から，オイカワの卵の被食数は間接的な方法で概数を算出することにした．その方法は以下のとおりである．①他個体に妨害（食卵）されずに

| A | B | C |

図3.11　オイカワの産卵行動.
　　A：ペア産卵，B：ペアにスニーカー（放精だけにやってくる雄）が加わった産卵，C：ペアとスニーカーならびに食卵にきた他個体が加わった産卵．ここでは，B，Cをまとめて「周辺個体の突入を伴う産卵」とよぶ（馬場・長田，2005を改変）．

産卵行動を完了（図3.11 A）したペアを確認し，その直後に砂礫に埋められた卵の数を数える．②他個体の妨害（食卵）を受けてしまったペアを確認（図3.11 B・C）し，その直後に砂礫に埋められた卵の数を数える．③これら①，②のいくつかのデータからそれぞれの卵数の平均値を求め，①から②を引いて被食卵数（平均値）とする．なお，ここでは図3.11 Aのように他個体による妨害を受けずに産卵が完了するものを「ペア産卵」，図3.11 B・Cのように他個体が突入してペア産卵が妨害されるようなものを「周辺個体の突入を伴う産卵」とよぶことにする．

産卵場の造成
　上記の方法で卵の被食率の概数は算出できそうであるが，このままでは①や②の卵数を多く見積もってしまう可能性がある．なぜなら，オイカワでは1つの産卵床が複数回利用される場合があるので（丸山，1973），観察した産卵行動以前に埋められた卵が存在しているかもしれないからである．1度の産卵行動で放出される卵数を正確に数えるためには，調査する産卵床の砂礫中に卵が全くない状況を作り出さなければならない．その方法の1つとしては，砂礫中に存在するすべての卵がふ化，泳ぎ出るのを待つことである．実験的には，オイカワの卵は水温25℃で6日でふ化するので（中村，1952），最低6日間はオイカワが産卵することができない領域を産卵場に作り出さなければならない．丸山（1973）は，産卵場を網で囲いオイカワが産卵できない領域を作り出し，砂礫中の仔魚が泳ぎ出るのを待った．同じ方法を試してみたが，私の観察していたところは平水位の流速が20〜25 cm/sほどあり，数時間で仕切りの網に枯葉などが付着することで強力な負荷がかかってしまい，囲いは形状を保てなくなってしまった．そこで，目合い5 mmのプラスチック製メッシュシートを

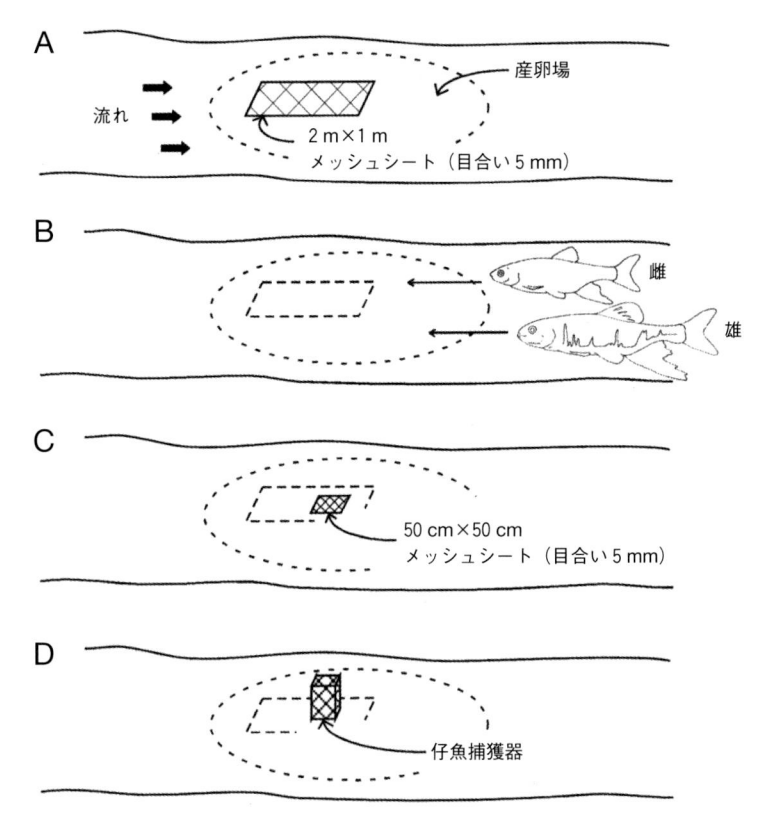

図3.12 新規産卵場の作成から仔魚捕獲器の設置まで．
A：産卵場にプラスチック製メッシュシート（目合い5 mm）を設置する．B：6日後，シートを撤去した新規産卵場でオイカワが産卵する．C：産卵行動を確認した後，産卵床をシートで覆う．D：5日後，シートを撤去し，仔魚捕獲器を設置する（馬場・長田，2005を改変）．

河床に敷き，鉄杭と岩で押さえつけることで，オイカワが産卵できず，かつ仔魚が砂礫中から泳ぎ出ることができるような領域を産卵場に作った．この砂礫中にオイカワの卵が存在しない産卵場を新規産卵場とよぶことにする（図3.12）．

砂礫中の卵の採取法

砂礫中の卵の採取は次のような方法でおこなった．①産卵場のプラスチック製メッシュシートを撤去して，新規産卵場にオイカワが産卵に来るのを待つ．②新規産卵場で産卵行動がおこなわれたら，「ペア産卵」か「周辺個体の突入

を伴う産卵」かを記録する．③その後，直ちに産卵床を掘り返し採卵する．採卵の具体的方法は，産卵床の下流側に市販の金魚ネットを構え，産卵床の砂礫を上層から2 cmずつ掘り返し，水の流れを利用してネット内で卵と砂礫を分離する．各産卵床における卵と砂礫の分離作業は，卵が確認できなくなる深さまでおこなう．この方法により，ペア産卵と周辺個体の突入を伴う産卵において，それぞれの産卵数と砂礫中の卵の深度分布を比較することが可能になる．

雌1個体の産卵回数

　新規産卵場で産卵行動を確認した直後に産卵床中の卵を採集した場合，それはオイカワの雌が一腹に抱えていた卵をすべて放出したものなのだろうか？中村（1952）は，オイカワの雌が1日の内に何度か産卵行動をおこなうと報告している．このことは，オイカワの雌が腹の中の卵を何度かに分けて放出していることを示している．しかし，どれくらいの数の卵を何度くらいの産卵で放出しているのかは明らかにされていない．ここで，雌が1日に何回の産卵行動をおこなっているのかを調べるためには次のような方法が考えられる．それは，成熟雌を個体識別し，その産卵行動を観察して1日の産卵回数を記録するというものである．私はオイカワの雌の背中に色の組み合わせを変えたビニールチューブを縫いつけて個体識別をおこない，それらを放流して産卵場にやってくるのを待った．しかし，個体識別をした雌は1個体も産卵場で産卵しなかった．そこで無識別の成熟雌（腹部の大きな個体）を捕獲し，ナイロン袋の中で腹部を圧迫して完熟卵の搾出をおこなった．この搾出卵数をオイカワの雌が1回の産卵行動で放出した卵数（新規産卵場の1産卵床中から得られた卵数）で割れば，1日に何回に分けてどれくらいの卵を放出しているのかの概数が出る．今回の調査では7個体の成熟雌から卵を搾出した．

産卵床からの仔魚が泳ぎ出す時間帯の確認

　産卵床から仔魚が泳ぎ出る時間帯を確認するための調査は以下のようにおこなった．

　　①新規産卵場においてペアだけで産卵がおこなわれた産卵床に目合い5 mmの50 cm四方のプラスチック製メッシュシートをかぶせる（図3.12 C）．

　　②5日後，シートを撤去すると同時に目合い50 μm のネットを張った30 cm四方の囲い（仔魚捕獲器）を産卵床に設置する（図3.12 D）．

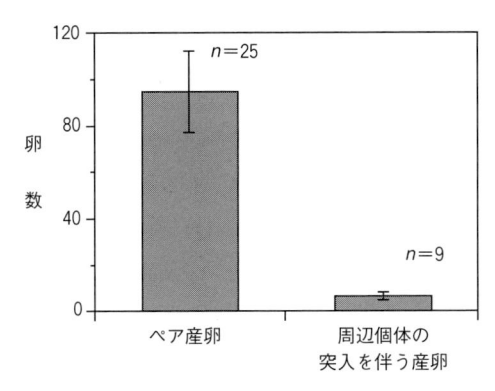

図 3.13 2つの産卵パターンで比較した産卵床中の平均卵数.産卵パターンはペア産卵（$n=25$）と周辺個体の突入を伴う産卵（$n=9$）．誤差線は標準誤差を示す（馬場・長田，2005を改変）．

③産卵から6日後の夕方6時から3時間ごとに，囲いの中に泳ぎ出ている仔魚を採集，計数する．仔魚の採集は，泳ぎ出が確認されなくなる時間までおこなった．

産卵床中の卵の数

新規産卵場において，ペア産卵を確認したのは35例で，その内25の産卵床中に卵が存在した．各産卵床における卵数は，19〜327個（平均94.5個±85.6 SD，$n=25$）であった．一方，周辺個体の突入を伴う産卵は13例を観察し，その内9例において砂礫中に卵が存在した．各産卵床における卵数は，1〜13個（平均6.3個±4.9 SD，$n=9$）であった．産卵床に存在した卵数を比較すると，ペア産卵に比べ周辺個体の突入を伴う産卵において有意に少なかった（Mann-WhitneyのU検定，$P<0.0001$）（図 3.13）．

上記データを用いて先述の方法により卵の被食率を計算してみる．ペア産卵では産卵床中に平均94.5個の卵が確認され，周辺個体の突入を伴う産卵では産卵床中に平均6.3個の卵が確認された．周辺個体が放出された卵を食べているものと考えると，平均的に見て94.5−6.3＝88.2個の卵が捕食されたことになり，これは約93％の卵が周辺個体によって食べられたことを示している．感覚的に少し食べられすぎのような気もするが，他で同様の数値が報告された例がある．それぞれ算出方法は異なるが，丸山（1973）は産卵場におけるオイ

表3.1　2つの産卵パターンで比較した産卵床中における深度ごとの平均卵数（馬場・長田，2005を改変）．

深さ(cm)	ペア産卵($n=25$)			周辺個体の突入を伴う産卵($n=9$)		
	卵数	SD	%	卵数	SD	%
0〜2	6.6	10.3	7.0	2.8	3.0	43.9
2〜4	38.8	48.6	41.0	3.2	4.2	50.9
4〜6	26.1	30.2	27.6	0.3	1.0	5.3
6〜8	15.0	22.6	15.9	0	0	0
8〜10	5.9	21.8	6.3	0	0	0
10〜12	1.5	6.6	1.6	0	0	0
12〜14	0.5	2.4	0.5	0	0	0
計	94.5	85.6	100	6.3	4.8	100

カワの卵の被食率を約91％と見積もっている．また，Katano (1992) は，オイカワの近縁種であるカワムツにおいては1繁殖期中に少なくとも約97.1％の卵が捕食されてしまうと算出している．カワムツの繁殖様式はオイカワと類似しており，やはり周辺個体がペアの産卵時に突入し，産卵行動の妨害や食卵をするとのことである．オイカワやカワムツにおいては，ペアを取り巻くこのような環境が高い食卵率を引き起こしているものと考えられる．

産卵床中の卵の深度分布

　新規産卵場において，ペア産卵により産卵床に埋められた卵の深さは14 cmに達する場合があり，その平均深度は4.3 cm±1.6 SDであった．一方，周辺個体の突入を伴う産卵により埋められた卵の最大深度は6 cmであり，その平均深度は1.8 cm±0.9 SDであった．卵が埋められた深さを比較すると，ペア産卵に比べ周辺個体の突入を伴う産卵において有意に浅くなっていた（Mann-WhitneyのU検定，$P < 0.001$）（表3.1）．

　オイカワは産卵時に雄が雌を横倒しにしながら体を震わせ，尻鰭，尾鰭を用いて砂礫を撹拌することで卵を埋める．ペア産卵では，雄が雌をしっかりと押さえこみ，産卵行動が周辺個体に邪魔されずにおこなわれるため，卵が砂礫中に深く埋められるのに対し，周辺個体の突入を伴う産卵行動では，ペアの雄が

雌をしっかりと横倒しにできなかったり，砂礫の撹拌も不十分になってしまったりして，卵を深く埋めることができなくなったのではないかと考えられる．

雌による卵の産み分け

採集した成熟雌7個体から搾出された卵数の平均は1026.4個±187.4 SDであった．新規産卵場において1産卵床中の卵数が平均94.5個であったので，1026.4÷94.5≒10.9，すなわち1個体の雌は一腹の卵を約11回に分けて放出しているということになる．

1度の産卵行動で腹の中のすべての卵を放出せずに何度かに分けて放出することは，卵に対する捕食圧が高い環境下での食卵されるリスクを回避する意義があると考えられる．

産卵床から仔魚が泳ぎ出る時間帯

ペア産卵がおこなわれた4つの産卵床（No. 1〜4）から仔魚が泳ぎ出てくる時間帯を調べた．産卵行動を確認してから7〜8日後に仔魚は産卵床から泳ぎ出てきた．泳ぎ出る時間帯はすべての産卵床において主に夜間であった．また，泳ぎ出てきた仔魚は雌1個体，1回の産卵に由来するものであるが，全個体が1夜で泳ぎ出るのではなく，3〜4夜に分散した（図3.14）．

昼間のオイカワ産卵場には，食卵のために訪れる同種，他種の魚類が存在する．このため仔魚が夜間に泳ぎ出してくることは，捕食の危険を回避する意味があると考えられる．また，全個体が1夜に泳ぎ出ずに，3〜4夜に分散して泳ぎ出してくることは，卵の発生速度に個体差があることや仮に日中に泳ぎ出すことができるまでに成長していたとしても，夜間になるまで泳ぎ出ることを控えているのだろうと考えられる．

おわりに

上記の調査（馬場・長田，2005）は，私が研究室に在籍した3年半のうち，最後の1年で（研究生のとき）データを取ったものである．研究室に入った頃は，自分が不勉強であったため，調査地に行っても何をすればよいのかがよくわからなかった．それでも先生は「とにかく川へ行って来い」と言われた．野外生物を相手に調査をおこなうので，季節のことを考慮しなければならないからだろう．繁殖期に調査をすると決めたなら，その時期に川へ行かなければなら

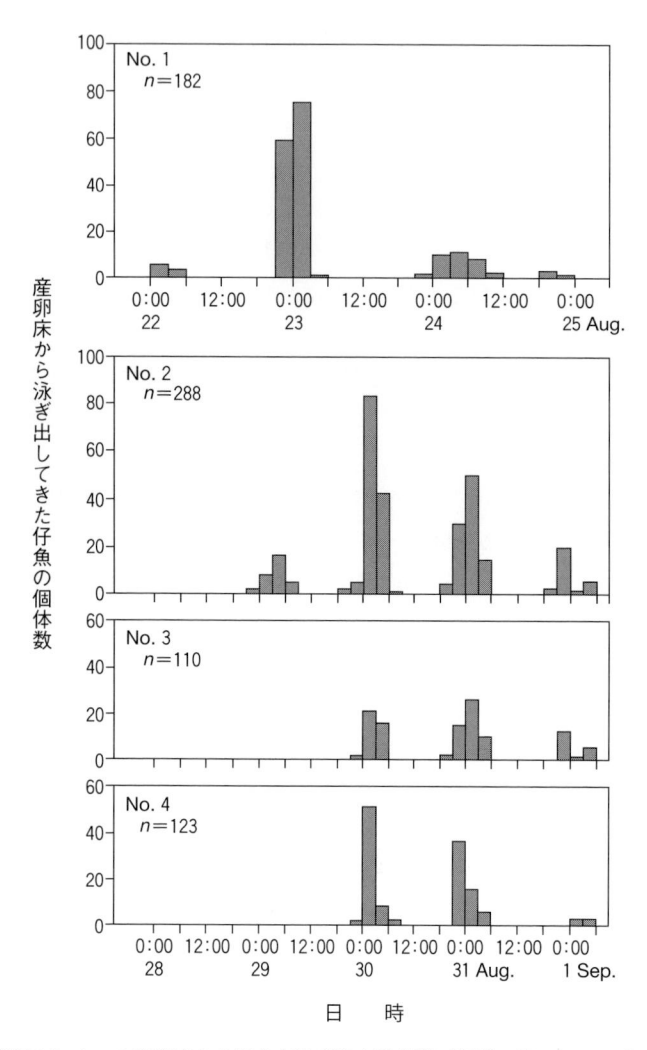

図3.14 4つの産卵床から仔魚が泳ぎ出た時間帯(馬場・長田,2005を改変).
産卵日時は,産卵床No.1が8月15日,14:27,No.2が8月21日,
13:50,No.3が8月21日,14:20,No.4が8月22日,16:45.

ない.タイミングを逃してしまうと,再びデータを取れるのは来年になってしまうのである…….ひたすらオイカワの産卵行動を観察し,少しずつ先行研究の文献を読み始め,ようやく卵・仔魚の生残に関するテーマを思いついた.研究テーマを自分で考えるのは非常に難しい.野外調査は天候に左右され,予定

通りに進まないことが多い．この調査でも，雨天時の増水で何度かプラスチック製メッシュシートが流されてしまい，自分で予定していたデータ数を得るに至らなかった．産卵床から仔魚が泳ぎ出る時間を確認するための調査は連日徹夜になった．調査に労力をかけた割には得られたものは少ないようにも感じる．それでも，ささやかながらオイカワの生態に関する知見が，自分の研究で追加することができたのだと考えれば，それまでの苦労も報われた気がするし，何よりこんなに嬉しいことはない．　　　　　　　　　　　　　　　　（馬場吉弘）

（4）吹雪のように舞うカマツカの卵
おもしろい習性

　カマツカという名前を聞いて「ああ，あの砂に潜るやつか」とすぐに魚を思い浮かべる人はかなりの魚通ではないだろうか．

　カマツカ *Pseudogobio esocinus* は，コイ科カマツカ亜科に属する底生魚で，岩手，山形県以南の河川の中・下流域や湖の沿岸と，これらに連絡する灌漑用水路の砂底ないしは砂礫底に普通に生息しており，筒状に伸びる口で砂ごと餌を吸いこんで砂だけ鰓孔から出すという採餌行動をとる．川砂に似た体色で一対の口ひげがあることから，近畿地方では昔からスナネコ，スナモグリなどの愛称で親しまれている魚であり，塩焼きにして食べると小骨は多いけれど淡白で案外美味しい．驚くと砂に潜る習性があるのだが，目がワニのように頭の上の方にあるので，目だけ出して身を潜めることができる．だから投網がうまく打てないとなかなか採ることが難しく，カマツカに出会えるようになったということはその腕が少しは上達したということになる．

これまでにわかっていること

　どのようにして子孫を増やしているのかという生物で最も重要な課題について，カマツカは「夜間に卵を砂礫底にばら撒く」（細谷，1998），「砂底に卵を埋める」（川那部ほか，1995）とその産卵様式に関する記述が異なっている．なぜこのようなことが起きているのかというと，1941年に琵琶湖湖岸の浅所一帯の砂礫底から本種の天然産着卵が発見され，その産着密度がかなりまばらであったという報告が唯一あるだけで（中村，1969），これまで河川においてカマツカの産着卵が発見されたという記録が一切なかったことによる．

　私の研究室では，先輩が成長と繁殖に注目して1995年から97年にかけて研

究をおこなっている．その研究から本種には0才魚から4才魚までの5つの年齢群が存在すること，その生殖腺指数（GSI）の変化から繁殖期は4月下旬から8月上旬で，多くの雌が5月から6月に産卵していることがうかがえた（上野ほか，2000）．また，繁殖年齢は2才以上で，標準体長が雄で約70 mm以上，雌で100 mm以上の個体が繁殖に参加する．1才魚と2才魚で繁殖期に著しい成長が見られるが，3才魚ではほとんど成長しない．また成熟魚が繁殖期に上流へ小規模な移動をするのではないかという示唆が得られている．そして何よりも本種の産着卵が全く発見できないことに加えて，流下物として卵が夜間にかけて採集されたことから，本種の産卵が夜間に卵を流下させるようにおこなわれているのではないかという推測もなされていたのである（上野ほか，2000）．もしこのような産卵様式をとるならば，日本産のコイ科魚類にはない珍しいものとなる．

　この事実を知った私と仲間4人は，先行研究と同様に，比較的流れが緩やかで護岸の上からでも魚の目視観察ができる大阪府富田林市を流れる大和川水系石川支流の1つである佐備川（流程約12 km）を主な調査場所として卒論研究を開始し，私はその後大学院修士課程でもカマツカの産卵生態を追ったのである．

無謀な調査からの偶然の発見

　2000年の4月から始めた流下物採集調査と卵の探索調査は，体力任せなものであった．1回の流下物採集は，自作の手持ち式流下ネットで15分間採集した流下物をバットに移して魚卵を選り分ける作業を終えるまでの2時間とし，夜間はヘッドライトと蛍光スタンドを活用しながら夜な夜な河原でおこなっていた．

　5月7日から23日までの延べ182時間91回の流下物採集調査では，結果として本種の卵が343個採集されるのだが，主に日中おこなっていた卵の探索調査（熱帯魚用の細目網で底質をすくって探す）の方では当初全く卵を発見することができず，「木の上で卵を産んでいる」という面白くもない冗談が飛び出すほど行き詰まっていた．しかし半ば探索を諦めかけていた5月22日に，本種の産着卵を偶然にも発見したのだ．流下物採集調査を終えて疲れた体で座りこみ，何気なく掴んだ早瀬の礫に繁茂するカワシオグサやカワヒビミドロといった糸状藻類にそれは付着していたのだ（図3.15）．その数218個，当時は大発見だと大喜びした．その後，何度も同様の場所で本種の卵を発見し，大和川本流にお

図 3.15 カワシオグサに付着したカマツカの卵.

いても早瀬に繁茂する糸状藻類に付着した本種の卵を発見したのである.
　しかし，どうして過去の調査で早瀬の卵が発見できなかったのかという疑問と，このような糸状藻類が繁殖していない河川においても本種が存在しているのはなぜかという疑問が新たに生まれることとなり，私は翌年大学院へ進学し，新たな仲間とともに本種の研究を続けることにしたのである.

疑問解明への糸口

　大学院1年次は本種の野外での産卵行動を映像に記録することを目的に，ナイトショットつきのビデオカメラと赤外線装置を同時に三脚で固定したものを河原に設置して夜間撮影をおこない，可能な限り毎朝夕，箱メガネで早瀬内に付着した卵の観察をおこなって水深や流速などの状況を記録した．前日の日暮れまでにはなかった場所に翌朝卵が付着しているという状況は，夜の間に産卵がおこなわれていることを裏づけ，早瀬内における卵の付着状況が流心（流れの中心部分）の上流部に偏っている事実は，早瀬よりも上流側で産卵がおこなわれていることを示唆した．しかしそのような場所のビデオ撮影で産卵行動を記録することは残念ながらできなかった．
　結果が得られない調査というものは，焦りや不安ばかりが募って苦しいものなのだが，毎日現地で寝泊まりして調査などをしていると地元の方との交流が

第3章　身近な淡水魚の産卵生態　● 213

生まれ，そんな調査にも張り合いが出てくる．そしてうれしいことも起きるもので，幸運にも長年佐備川で鳥類の研究をされていた方と出会うことができ，昔は白くて綺麗な川だったのに当時でいう7年ほど前から早瀬に糸状藻類が生えだしたという話を聞き取ることができた．カマツカは以前から生息していたというから，本種が本来糸状藻類をねらって卵を付着させるのではないことは明らかであった．

カマツカの産卵行動を初めて確認
1）実験棟内の水槽実験

野外観察を中心に調査をしていた私の研究と並行して，大学の実験棟では本種の水槽実験がおこなわれていた（矢野加奈，未発表）．

実験は4月16日から7月23日までの期間，実験棟内の硬質アクリル水槽（縦2m×横4m×高さ0.6m）に，卵が発見された佐備川の早瀬の環境を再現しておこなわれた．水槽に本種が生息する河川の砂と同じ粒度（0.25〜10 mm）の砂を全面に約10 cmの厚さにしいてから，横半分の面積に3〜15 cmの中礫・大礫を斜面状に積み上げて水深が12〜23 cmになるように調節し，ポンプを使って吹き出し口から0.6〜1 m離れた礫帯の流速が90〜40 cm/sほどになるように流れを作り出したのである．

さらに産卵時における水流と藻類の選択性を調べるために，礫帯の片側に水流をつくって，両側に藻類を設置したもの，水流の位置を逆にしたもの，両側に水流をつくって片側に藻類を設置したもの，藻類をその逆側にしたものというように環境を変えて実験は複数回おこなわれた．

材料は2001年4月10・11日に大和川で採集した成魚のうち，繁殖期における生殖口の形態（細長い二等辺三角形のような形が雄，横の長さがやや長い台形のような形が雌）（上野，未発表）から判別した雌10個体，雄13個体であった．

本種が夜間に産卵するからといって長時間観察者が昼夜を逆転させた生活を送ることはなかなか難しい．今回の水槽実験で画期的であったことは，日中に詳細な観察がおこなえるようにカマツカの体内リズムを昼夜逆転させたことであろう．8時から20時までという長時間の観察を可能にするために，光周期を明期655ルクス14時間（19時〜9時），暗期15ルクス10時間（9時〜19時）に設定し，水温も8時に20℃，20時に23℃になるように管理したのである．

(i) 求愛行動を行う　　(ii) 雌が水面に向かって泳ぎ、雄が追尾する　　(iii) 強い流れの中の水面付近で雌が反転する

(vi) 雌雄別れて着底する　　(v) 雄は卵群を通り抜ける　　(iv) 雌が反転した直後に放卵し、雄も反転する

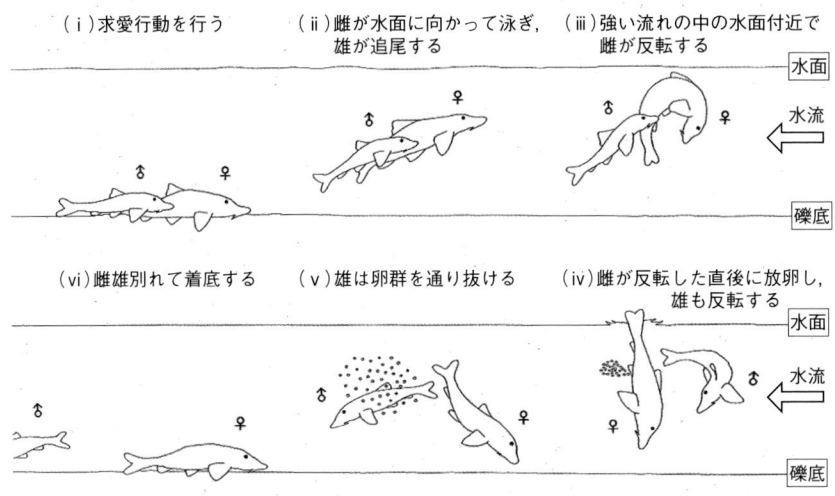

図 3.16　水槽におけるカマツカの産卵行動（矢野加奈　原図）.

2）カマツカの産卵行動

　水槽内で初めて放卵・放精が確認された 5 月 14 日，その報告を佐備川で受けた私は急いで大学の実験棟に向かった．そして本種の産卵行動を初めて目撃した．卵はまるで雪が舞うかのように見事に散って流れたのだ．

　確認された産卵行動は，雄が吻端で雌の頭部や腹部を突いたり上にのって体を擦りつけたりして放卵を促すような求愛行動から始まり（i），雌が水面に向かって泳ぐのを雄が追尾し（ii），強い流れの中の水面付近で雌が反転する（iii），その直後に放卵し，雄も反転する（iv），雄が卵群を通り抜けて（v：恐らく放精），雌雄別れて着底する（vi）というものであった（図 3.16）．

　水槽では 6 月 24 日まで計 38 回の放卵が全て暗期におこなわれ，礫帯の片側に水流をつくって両側に藻類を設置していたときには 16 回の放卵のうち 14 回が水流側で，水流の位置を逆にしていたときには 6 回中 4 回が水流側であった．両側に水流をつくって片側に藻類を設置していたときには 4 回中 3 回が藻類のない側で，藻類を逆にしたときには 3 回中 2 回が藻類側でおこなわれたという結果が得られた．結局，水流と藻類の選択性については，水流は選択しているが藻類を選択しているわけではないようだ．

小卵多産, 沈性粘着卵とはいうけれど

1) 卵の粘着性

　本種の卵は球形で乳白色, 表面がすりガラス状を呈しており, 約6日でふ化する (水温21℃). 一般的に沈性粘着卵といわれているが, 流下の実態に迫るためにはどうしてもその卵の沈性と粘着性の強さを知っておく必要があった.

　まず粘着性の持続時間を調べるために, 1000 ml ビーカーに21℃の湯冷ましを入れ, マグネチックスターラーと撹拌子を用いてビーカー内の水が常に撹拌されるようにセットしたものを2つ用意した. 4月15日に大和川で採集してホルモン剤を注射し, 卵巣の成熟を促した雌個体 (体長131.3 mm, 湿重量39.0 g) から搾出した卵をこれらのビーカー内にほぼ同量ずつ入れた. そしてその一方のビーカーにだけ, 腹部圧迫により雄2個体を放精させて人工授精をおこなった. 受精卵と未受精卵の両方を調べるのは, 未受精卵でしかおこなうことができない後述の野外実験 (実験区での流下実験) の結果が, 本来の受精卵が流下する実態と変わらないことを検証するためであった.

　すぐにビーカーの壁面に付着してしまう卵もあったが, 大半は渦巻く水流の中で付着することなく回り続けたので, それぞれのビーカーから 0.25, 0.5, 1, 2, 4, 6, 12, 24, 48, 72, 92時間後に毎回10個程度の卵をスポイトで吸い取り, 卵がシャーレに付着するかどうかで粘着性の有無を確認した. 一旦何かに付着すると付着箇所以外の粘着性はなくなるのだが, 24時間後までどこにも付着せずにいた卵の粘着性は, 未受精卵で100%, 受精卵で90%持続した. 48時間後からは受精卵の方が先に粘着性がなくなりだし, 72時間後には未受精卵で82% ($n=11$) に粘着性が確認されるも, 受精卵では全ての粘着性が失われた.

2) 卵の沈水性

　沈水性を調べるための実験は, 先述の卵の粘着性を調べる実験を開始した直後に受精卵と未受精卵をそれぞれ1個ずつ採集し, 水槽内の静水中に静かに投入してストップウォッチで落下時間を計測する作業を10回おこなうというものであった. 水槽にはあらかじめ21℃の水を水深30 cmに張っておき, 粘着性の強い本種の卵が水槽の底に付着しても採集して卵径の計測ができるように, 底にOHPシートを敷いておいた.

　結果として受精卵と未受精卵の沈降速度に変わりはなく, 本種受精卵の沈降

速度は卵径 1.26±0.08 mm（平均±SD, n = 10）で 1.27±0.07 cm/s，未受精卵の沈降速度は卵径 1.25±0.05 mm（n = 10）で 1.26±0.07 cm/s であった．

この実験はイギリスの河川に生息する魚で，卵を早瀬内にのみ分散・付着させる産卵様式をとっている *Dace leuciscus leuciscus* というコイ科魚類の研究を参考におこなったものであるが，その卵の沈下速度は卵径 1.42±0.13 mm（n = 2）のもので 5.75±0.12 cm/s であるから（Mills, 1981），カマツカよりかなり速い．

沈性という言葉から速く沈むイメージを持っていた私にとって，この実験の価値は大きかった．瀬内にのみ卵を分散・付着させる繁殖様式を獲得してきた Dace 卵の性質とは明らかに異なる本種卵の性質は，水流で分散することに適応した性質ではないか．他魚種の卵の沈降速度も気になった私は，この実験時に，成熟したオイカワとムギツクの未受精卵も参考までに，同様に計測してみた．オイカワ卵（河床の砂礫中に埋没）の沈降速度は卵径 1.62±0.06 mm（n = 10）で 1.96±0.15 cm/s，ムギツク卵（他種の産卵基質に付着）の沈降速度は卵径 1.57±0.08 mm（n = 10）で 2.40±0.13 cm/s と，いずれもカマツカよりやや沈降速度が速かった．カマツカの比較的遅い卵の沈降速度にはやはり意味がありそうである．

3）体内孕卵数

1 回に産卵される卵数は，卵巣内に蓄えられている卵数である孕卵数を計測することで予測できる．6 月 1 日に大和川で採集したカマツカの腹部を圧迫して生殖口（総排出腔の出口）から卵が見え隠れする（完熟した卵を保有していると思われる）雌 8 個体の孕卵数を計測した結果，卵巣内の卵に 3 段階，つまり 0.9〜1.05 mm の大きな卵，0.65〜0.85 mm の中くらいの卵，0.35〜0.6 mm の小さな卵と 3 段階の卵径が確認された．体長 111.7 mm，湿重量 21.24 g，卵巣重量 1.85 g の個体では，大 690 個，中 522 個，小 1405 個の卵があった．先述の水槽実験で同じ個体が実験期間内に断続的に 4 日間産卵したことや 1 日の産卵のうちに多い日で 16 回にも分けて放卵したことなどからも，本種は繁殖期間中に少なくとも 2 回は産卵し，成熟している卵を複数回に分けながら放卵を繰り返すことで受精率や分散率を増していると考えられる．

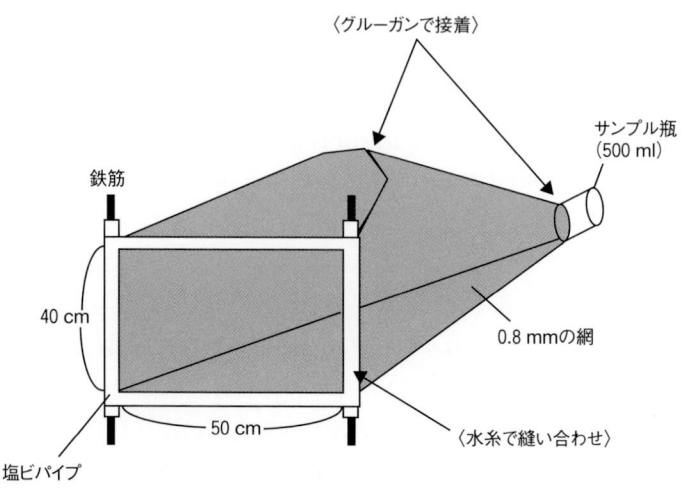

図 3.17 カマツカの卵を採集する流下ネット．

卵の行方

1）実験区での流下実験

　受精・未受精で卵の性質が大きく変わらないという結果が得られた先述の粘性・沈水性実験を受けて，実際の河川における卵の流下範囲と分散状況を調査するために，佐備川の左岸がコンクリート護岸になっている定期調査地点（早瀬約 2.5 m，淵約 13 m，平瀬約 14.5 m）に実験区を設けて未受精卵を流してみるという実験をおこなうことにした．

　本種の卵がこれまで野外で発見されることのなかった理由に，色が半透明で卵径が小さいために砂粒と見分けがつけられないことがあげられる．今回の実験では卵の分散場所を正確に計測するために，幅約 2.5 m，長さが 30 m の実験区を網目約 0.9 mm の市販の園芸用黒色寒冷紗で河床や護岸の凹凸に合わせて覆い，ペグで止めた．それでも川幅全てを覆うことは不可能であったので，卵が実験区から流出しないように右岸側の寒冷紗を水面に垂直に出るように固定し，最下流部には自作の流下ネット 6 つを固定した．流下ネットは口径が 40 cm×50 cm，網目が 0.8 mm で，ネットの下端部に 500 ml サンプル瓶を取りつけたもので，鉄の支柱を使って河川内に固定できるようになっている（図 3.17）．

　そして前日の日中に大和川で採集した雌個体にホルモン剤を投与し，暗室内

で安置して放卵が可能となった3個体を，4月27日の日中に早瀬より上流側の水面付近で腹部圧迫により放卵させたのである．放卵後は実験区内の目視観察をおこない，20分後に流下ネットを回収した．その後実験区内全面に50 cm×50 cmコドラートを敷き，下流側からのシュノーケリングによる付着卵の計数と水深・流速の計測をおこなった．

2）卵が落ち着く場所

　実験区内の水深は，上流側の水深15〜44 cmの早瀬を終えた辺りから徐々に深くなりだし，放卵地点から約10 m下流側の最深部（74 cm）を過ぎると0〜29 cmと急に浅くなっていた．流れの中心は，早瀬の中央から左岸側の護岸に水がぶつかる水衝部を経てその護岸沿いにできており，そこから右岸側の流れが停滞している水裏部に巻くような水流ができていた．早瀬から淵の最深部にかけての流速は60〜74 cm/sと速いが，その後は平瀬になるあたりまで一旦15〜29 cm/sと遅くなり，また次の早瀬へ向かって30〜44 cm/sと速くなっていた．

　今回この実験区内で確認できた1655個の卵は，1つずつ全面にわたって分散していた．河床に着底した卵の数を詳しく見ると，淵の最深部周縁から平瀬にかけて流速が一旦遅くなる範囲に381個，流れのない水裏部に巻きこまれて付着した卵が379個と多かった．それに対して30 mの実験区内を流れの中心である流心を流されて流下ネットで採集された卵が129個，流心からそれて右岸側の垂直ネットで採集された卵が718個であった（図3.18）．

　これらのことから本種の卵は，流れの中心からそれながら水裏部や流れの緩やかな平瀬に広範囲に分散することが分かった．卵が流下する距離については河川形態などの物理的環境に左右されるので推測の域を脱しないが，卵の粘着性や沈降速度から考えても長い距離を流下し続けるものではないと考えられた．

カマツカの生活史について
1）野外における産卵場所の特定

　早瀬上端部でのカマツカの行動

　最初の1年を棒に振ったビデオ撮影ではあったが，根気よく調査を続けていた結果，2002年6月8日に早瀬上端部でカマツカの面白い行動を撮影することができた．早瀬上端部から50 cmほど上流側までを撮影していた際に，日

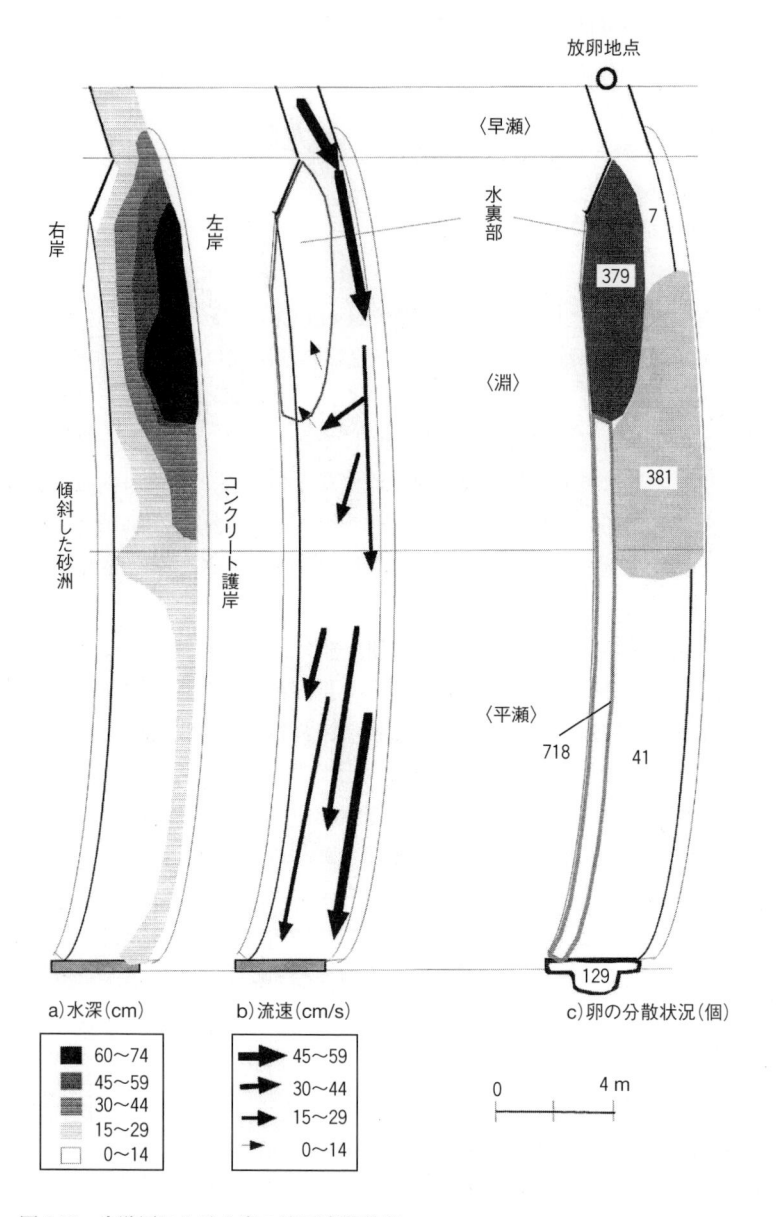

図 3.18 実験区における卵の流下実験結果.
(a：水深, b：流速, c：卵の分散状況)

の入り時刻である19時10分までは本種が1個体も確認されなかったが，日の入り後の20時30分から21時30分の間に，単独で早瀬から平瀬へ遡上する40個体，平瀬から早瀬へ戻る29個体が確認できた．そして20時56分には雄2個体が雌1個体（腹部がふくれる）に体当たりをしながら交差し合って遡上する追尾行動と思われるものも観察された．また，撮影中に少し上流側の暗闇から魚が跳ねる音も頻繁に聞こえてきており，それまで夜間に何度か聞いていた音が，カマツカが産卵している音だとこの時初めて確信した．

カマツカの産卵場所

翌6月9日，前日の結果を受けて撮影範囲を早瀬上端部より2m上流側の平瀬下端部に移してビデオ撮影をおこなった際に，ついに野外で本種の産卵と思われる行動の録画に成功した．

前日と同じく，日の入り前には本種が1個体も確認されなかったが，日の入り後になると本種が下流側から遡上してはまた戻っていく様子が確認され出し，19時54分に3回，20時30分に1回，先述の水槽実験と同様の産卵行動が確認できたのである．放卵や放精を撮影することは不可能であったが，翌朝に見ると産卵場所の下流側にあたる早瀬上端部の糸状藻類に新しく183個の卵が付着していた．その卵を午前10時にホルマリン固定して持ち帰って発生段階（矢島，未発表）を確認したところ，全ての卵が受精後約12時間経過した胞胚期であったことからも産卵行動として間違いない．

産卵行動がおこなわれた場所は，水深19 cm，底質が砂礫，中層流速が46.8 cm/s（上層52.4 cm/s，下層31.6 cm/s）の平瀬最下端部流心の産卵基質が何もない水面付近であった．卵は流下，分散したのだ．

2）卵や仔・稚魚の生息場所

卵や仔・稚魚の生息場所を先述の実験区の実験結果からだけでなく，フィールド調査からも明らかにするために，実験区と同じ調査地点全域で早瀬から流程に沿って2mおきに，岸から0.25，1.25……と1mおきに50 cm×50 cmコドラートを敷いて67地点の堆積物を採集する調査を6月19日と28日の2回おこなった．糸状藻類に付着した状態で私たちが発見した卵を除いて，これまで本種の卵が河川で発見されることはなかったが，この2回の調査では両日とも河川内で卵を採集できたのだ．

卵は先述の実験区の流れが一旦遅くなる範囲でのみ採集され，19日は1地点に3個，26日は5地点に17個が砂底の砂粒に付着していた．また仔・稚魚に関しては，19日に水裏部で2個体，右岸側のほとんど流れのない砂底で1個体，26日に水裏部で1個体，淵と水裏部の間の流れのほとんどない砂底で1個体，淵から平瀬にかけて浅くなった流れの緩い砂底で1個体，平瀬下流側の砂底で1個体，合計7個体（最小個体で全長4.4 mm，最大で全長22.6 mm）を採集できた．

3）生活史解明にむけて
　本種は普段淵から平瀬にかけての場所で採餌行動をとっているが，繁殖期になると早瀬へ遡上し，そのすぐ上流側の平瀬下端部で夜間に産卵する．これは日本産コイ科魚類では類を見ない産卵様式であり，その卵は流心からそれるように流れる中で水裏部や淵の後部周縁から平瀬にかけての流れが緩やかな場所に落ち着き，そこでふ化した仔魚は有機物残渣のようなものを食べて成長していくものと考えられる．今後はその初期生活史に焦点をあてた調査研究をおこない，カマツカの生活史をさらに深く検討する必要があると思われる．

（佐田卓哉）

（5）美しく未知なズナガニゴイ
研究テーマを決めるまで
　私は，大学3回生で研究室に入るまで，淡水魚といえばコイ，フナ，ドジョウくらいしか知らなかった．それが研究室で様々な淡水魚に出会い，その生態を学んでいくうちに，その多様さとおもしろさに夢中になっていった．そして，どこにでもいるような身近な魚でも未だに研究が進んでおらず，産卵行動でさえ明らかになっていないものがいることも分かった．もし，私が産卵行動を見ることができたら，その魚の生態のほんの一部分でも明らかにできるかもしれないと考えて胸が躍った．

　修士課程に進み，研究テーマを決めるとき，私は2年かけて研究するなら，どうしても心惹かれる魚があるのでやらせてほしいと主張した．その魚がズナガニゴイ *Hemibarbus longirostris* である．

　ズナガニゴイは，コイ科ニゴイ属で体長150 mmくらいになり，ズナガ（頭長）という名前の通り，吻がとがっているのが特徴である．体色は頭部から背

部は暗褐色で，腹部は銀白色，体の側背面と背鰭，尾鰭に黒点があり，美しい魚である．

　国内では近畿地方以西の本州に分布するが，分布域内においても生息地が限られており，生息個体数も少ないため，大阪府（大阪府，2014），京都府，三重県レッドデータブックでは絶滅危惧Ⅰ類，奈良県，滋賀県では絶滅危惧Ⅱ類に選定されている．しかし，本種の繁殖生態については，中村（1969）による本種の二次性徴や生活史などの基礎的研究と，中村（1969）と秋山（1991，1996）による水槽内での産卵行動が報告されているのみである．そして，河川での産卵行動や産卵場所については研究された報告もなく，未だ明らかになっていない．

　ただ，野外で調査をするとき，女性が1人で人気(ひとけ)のない川へ行き，毎日調査しているとなると，やはり身の危険を感じる．当時の私は，自分は大丈夫だと思っていたが，今になって考えると，先生や私の両親にはとても心配をかけてしまった．そして先生が私に出した条件は，「同じ研究室の学生が調査をしている河川で調査すること」と「調査地では1日1回はその学生と顔を合わせること」だった．

調査場所と方法

　調査は，和歌山県紀美野町を流れる紀ノ川水系貴志川の支流の河川でおこなった．流程7 km，川幅1.5〜7 m，水深は深いところで1.5 m，河川形態はAa−Bb移行型（可児，1944）の小河川である．

　主な調査は陸上からの行動観察で，水面から高さ約7 mのところに幅3 mほどの小さい橋がかかっており，橋から下流に向かって見渡すことができる淵，平瀬，早瀬を含む約15 mの範囲を観察区間とした．その観察区間の300 m上流には，後面押上げ式鋼製起伏堰があり，水田灌漑期には堰を起立させて側溝に取水するため，堰より下流の流量が減少し，水深や流速が低下した．

　調査期間は2002年の4月から8月，2003年の4月から9月にかけておこなった．観察は，雨天のときや川が濁って見えないときを除きほぼ毎日，橋上か左岸側の護岸上から，目視または双眼鏡を用いておこなった．そして産卵行動などが見られた場合には，ビデオカメラを用いて撮影をした．

　2002年は8時から15時まで，2003年は，さらに長く6時から16時まで川で過ごした．

求愛行動や追尾行動が見られた日は，時間が経つのがあっという間だったが，何もない日は，ただひたすら川の流れる音を聴きながら魚たちが泳ぐ姿を見ていた．

　また，2003年には観察区間の上流と下流の2地点において，小型定置網を用いた採集調査を5月から9月まで計13回おこなった．定置網は日没前に下流から上流に向かって遡上する魚類を採集できるように設置し，翌朝6時に網をあげて採集魚類の確認をおこなった．ズナガニゴイについては，採集後，体長，臀鰭の第1鰭条長，臀鰭基底長，湿重量を測定した．そして腹部圧迫により完熟卵・精子の有無を確認し，追星や婚姻色などの特徴を観察した．

黄金色になる雄と臀鰭が伸びる雌

　本種の二次性徴については，雌成魚の臀鰭が雄に比べて著しく長大であることと，雄成魚に追星があらわれることが報告されている（中村，1969）．また，朝鮮産本種では婚姻色として雄の胸鰭が美しい橙黄色を示すことが報告されている（内田，1939）．そこで，本研究においても定置網による採集調査で得られた個体について二次性徴に着目して調べたところ，新しい特徴を見つけることができた．

　まず，採集調査により得られた本種の成熟した雄個体には，頭部全面，臀鰭，胸鰭（特に第1鰭条），腹鰭の鰭条，体側の鱗に顆粒状の追星が観察された（図3.19）．これは中村（1969）や，内田（1939）の報告と同様である．しかし成長に伴なう追星の出現部位の順序には違いが見られた．内田（1939）は朝鮮産本種の追星の出現順序を臀鰭・腹鰭→胸鰭・頭部→体側の鱗としていたが，本研究では臀鰭→胸鰭→腹鰭→体側の鱗→頭部の順であった．

　次に，婚姻色については，これまで日本産での記載はなかったが，今回，繁殖盛期の雄個体において，体全体，特に背部が黄金色に近い鮮やかな黄色になることを確認した．その色は，採集直後に最も鮮やかで，本種の特徴である背部の褐色斑が見えなくなるほどであったが，時間がたつにつれ褐色斑が濃くなってきた．そして，雌についても成熟した個体では背部が淡黄色になった（図3.19）．さらに朝鮮産では雄の胸鰭が橙黄色を呈するが，雌は淡くわずかに黄色を帯びるのみ（内田，1939）と報告されているが，今回の調査では雄の頬部，胸鰭，腹鰭が橙色になり，さらに成熟した雌では頬部，胸鰭，腹鰭，臀鰭が鮮やかな橙色になるのが観察された．

また，雌の二次性徴として臀鰭の第 1 鰭条が伸びることが中村（1969）により報告されているため，雌雄の臀鰭の形状を比較した．そして臀鰭の第 1 鰭条長を体長で割ったものを AFI（anal fin length index）と定義し，他の二次性徴の特徴から雌雄判別をした雄 30 個体，雌 50 個体を用いて体長と AFI の関係を見ると，雄より雌の方が有意に長いという結果が得られた．さらに，今回の調査で雌についてのみ臀鰭の鰭条が太くなり，鰭条にそって黒い色素が入っているのを発見した．この特徴は体長 57 mm の個体でも確認されたことから，かなり小さな個体でも，雌雄判別が可能な形質であるといえる．また充分に成熟した雌個体では，生殖口が赤く盛り上がっていることも分かった．
　そして雄の胸鰭の鰭条，特に第 1 鰭条が太くなっていることから，行動観察の際にも陸上から見て雄の胸鰭が白く見え，容易に雌雄判別が可能であった．

どうしても産卵行動が見たい！

　ズナガニゴイは観察区間内で同所的に生息するオイカワやカワムツに比べ生息密度が低く，観察区間内でも目視では全く見られない時もあったが，時には 10 個体以上が確認できるときもあった．通常は淵の中〜上層で頭部を少し下げてゆっくりと浮いている姿がよく観察された．
　ところが，観察を始めて約 2 週間たった 2002 年 5 月 7 日，ズナガニゴイの雌 1 個体の後を雄 1〜3 個体が追いながら下流の早瀬に向かって泳ぐ行動を初めて観察した．今までとは明らかに違う雰囲気に，これからいよいよ産卵行動が始まるかもしれないと思い，私は興奮し，必死に行動を追ったが，10 分ほどでまた通常の状態に戻ってしまった．
　その後，5 月 11 日，12 日にも同様の追尾行動が見られ，日を追うごとに激しさを増し，雌 1 個体に対し雄は最高 4 個体で追尾したが，雌が橋の下の淵のあたりまで来るとやめてしまった．12 日には，雌 1 個体に対して雄が 1 個体のペアになったときに，初めて雄が雌の後から近づいてペアになり（図 3.20 ①），雄が雌の後方から体を震わせて，腹部を見せるように少し体をかたむけながら雌の前を横切り（図 3.20 ②），弧を描くように再び雌の後方に戻る（図 3.20 ③）という行動が繰り返し観察された．これを雄による「求愛ディスプレイ」とした．
　そして，13 日には 9 時 20 分から，雌雄ペアによる追尾と求愛ディスプレイが頻繁におこなわれ，途中からもう 1 個体のやや体の小さい雄が参加して，追

婚姻色
★頬部・胸鰭・腹鰭・臀鰭が橙黄色になる

臀鰭
●前方の鰭条が伸長する
★鰭条が太くなる
★鰭条に沿って黒いすじが入る
雌雄判別のために最重要な形質

生殖口
★充分成熟した雌個体では盛り上がる

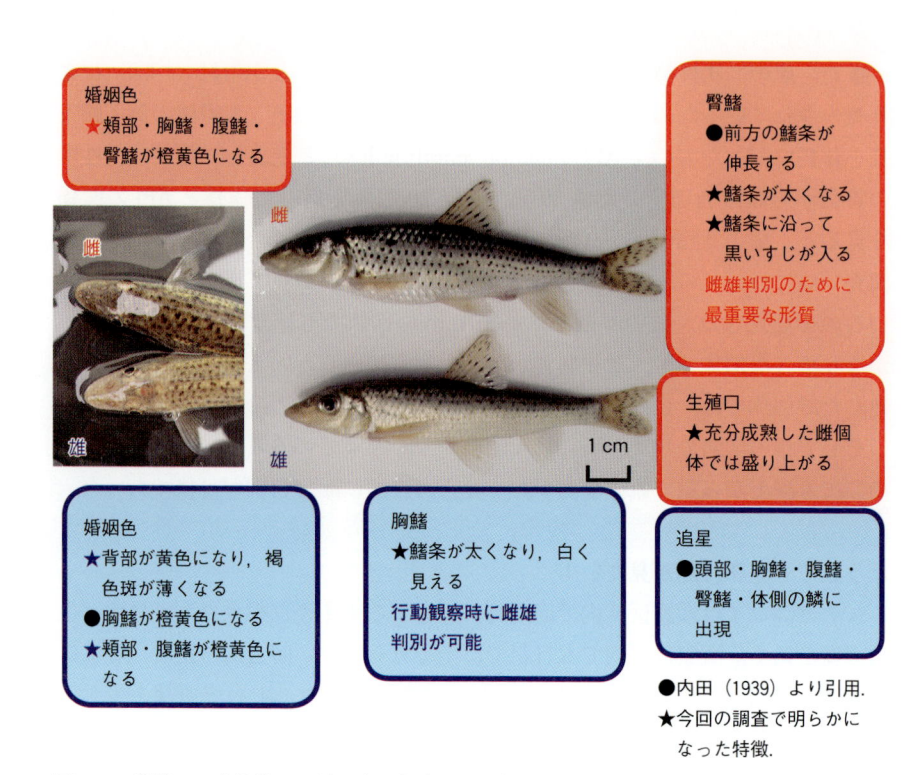

婚姻色
★背部が黄色になり，褐色斑が薄くなる
●胸鰭が橙黄色になる
★頬部・腹鰭が橙黄色になる

胸鰭
★鰭条が太くなり，白く見える
行動観察時に雌雄判別が可能

追星
●頭部・胸鰭・腹鰭・臀鰭・体側の鱗に出現

●内田（1939）より引用．
★今回の調査で明らかになった特徴．

図 3.19　雌雄の二次性徴の比較．赤四角内は雌，青四角内は雄の特徴を示す．

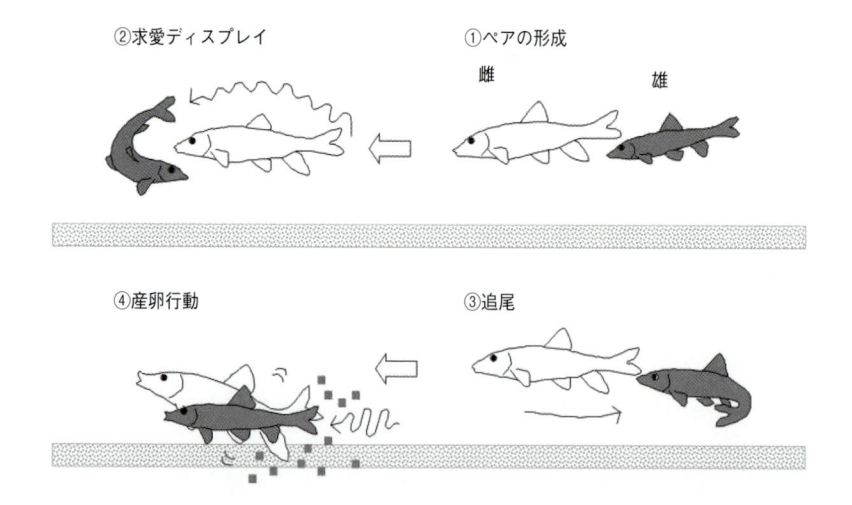

②求愛ディスプレイ　　①ペアの形成
雌　　雄

④産卵行動　　③追尾

図 3.20　ズナガニゴイの産卵行動の模式図．

尾した．そのとき最初にいた雄は後から来た雄を体あたりや追いかけなどをして雌から遠ざけようとしていた．しかし，大きな雄がいない間に小さな雄が雌とペアになり，求愛行動を繰り返した．雌はその間に砂の口含み行動を頻繁におこなった．私は，ビデオカメラでその行動を撮影しながら，もしかして，今日こそ産卵行動が見られるかもしれないと期待し，懸命に追い続けた．10時5分には，求愛ディスプレイの後，淵から平瀬に入る場所で雌が定位して体と各鰭を震わせて砂をまきあげると，その瞬間に雄がその横に並んで3秒ほど体を震わせる行動が観察された（図3.20 ④）．これらの行動は，水槽内で観察された中村（1969）と秋山（1991，1996）の報告による産卵行動と酷似していたため，この行動がおそらく本種の産卵（放卵）行動であると推測した．ついに野外で初めて本種の産卵行動と思われる行動を見ることができたのである．

その後も求愛ディスプレイの間に，雄が雌の腹部に潜りこむようにする行動や，吻端で雌の頭部や生殖口付近を突くような求愛行動も見られた．その約1時間後には追尾や求愛行動も見られなくなったので，産卵行動が見られた場所の水深，流速を測定し，金魚ネットを用いてその地点を中心とする底質を25 cm×25 cm の範囲で深さ約5 cm 採集し，卵の探索をおこなった．しかし，卵を発見することはできなかったので，この行動が放卵を伴った産卵行動であると定義することはできなかった．

そして翌年，修士課程で研究できるのはこれが最後の年なので，後悔のないようにできることは精一杯やろうという気持ちで臨んだ．最初に求愛ディスプレイが観察されたのは5月3日．その後，産卵行動と思われる行動は5月に9回，6月に4回観察された．しかし，観察後に産卵行動が見られた場所の底質を掘り起こして採集して卵を探索したが，いずれの場所からも卵は発見できなかった．残念ながらまた「あれが産卵（放卵）だったのだ！」という確信が持てないままに終わった．悔しいけれど，「ズナガニゴイは難しそうだぞ」といった長田先生の言葉が身にしみた．

いつ産卵するのか？

今回の調査から，本種の繁殖期は，2002年は5月上旬から7月中旬，2003年は5月上旬から9月上旬まで続いていたことが分かった．これは，中村（1969）の5月から6月であるという報告より長期にわたる．

2002年には，求愛行動は7月上旬まで見られたものの，産卵行動が観察さ

れたのは5月13日のみであった．その原因の1つとしては，調査区間上流にある堰が5月26日に起立し，河川の流量が著しく減少し，堰を越えて流れてくる水は6月中旬には途切れていたため，水深や流速が低下し，水が濁っていたことで，本種の産卵できる環境ではなくなってしまった可能性がある．

2003年には本種の追尾行動や求愛ディスプレイは5月3日から7月29日まで観察され，産卵行動も計13回確認できた．また，採集調査では9月上旬まで放精する個体が採集された．その理由として，2003年は冷夏であり2002年に比べて気温や水温がなかなか上がらなかったことや，起伏堰が6月1日に起立したが，その後も降雨が多く，堰を越えて流れてくる水が途切れることがなく流量が安定していたことがあげられる．

2002年は7月中旬には最高水温が27℃を超えていたが，2003年には9月上旬でやっと27℃に近くなるくらいだった．このことから，本種の繁殖期の終了には高温抑制が働いているのではないかと考えられる．

また，本種の産卵時間については，観察時間が6時から16時の間であるため，夜間に産卵している可能性は否定できないが，追尾行動や求愛ディスプレイの回数や激しさ，産卵行動の見られた時間が早朝から正午まで特に早い時間に集中していたことから，卵捕食者が比較的活発でない時間帯に産卵し，卵の減耗を防いでいると推察される．

他のコイ科魚類との比較

観察区間では，ズナガニゴイの他にコイ科のオイカワ，カワムツが産卵行動をおこなっていた．オイカワとカワムツは雄が，ズナガニゴイは雌が，臀鰭で底質を撹拌しながら産卵するという行動が似ているため，産卵場所や卵の性質などを比較しながらズナガニゴイの繁殖生態について考察していきたい．

オイカワ，カワムツの産卵行動については，観察区間内でも頻繁に観察することができた．一般的な行動は，両種とも同様で，婚姻色の鮮やかな大きな雄個体が，成熟した雌個体を激しく追尾して産卵場にくると，雄が雌に覆い被さるようなかたちで体と各鰭を震わせながら，10秒以上の間，臀鰭で砂をまきあげて卵を埋めこむようにして産卵していた．ペアになる雄は雌より一回りかそれ以上大きく，スニーカー雄の中には雌と同じか，小さい個体がおり，多い時で10個体近くの雄が追尾して観察区間内を泳ぐ姿が観察された．

一方，ズナガニゴイの産卵行動は雌雄が傾くことはなく，砂をまきあげる動

作も 1〜3 秒くらいの一瞬である．行動観察中にペアになった雌雄の体長を比較すると，全ての場合で雌のほうが大きいか，同じくらいであった．追尾行動では，雌 1 個体に対して雄が最高 5 個体まで観察できたが，確認できた全 14 回の産卵行動のうち，10 回はペアのみでおこなわれた．

　二次性徴である臀鰭の伸長が見られるのもズナガニゴイでは雌であるのに対し，オイカワ，カワムツでは雄である．そして，3 種の臀鰭の形状を比べると，ズナガニゴイの方は前方の鰭条が長くなっただけのような形で，棘などもオイカワ，カワムツのものと比べるとやわらかいのに対し，オイカワ，カワムツは形自体が変形し，長く，広く，棘は非常に硬くなっていた．したがって同じように底質を撹拌する行動といっても，ズナガニゴイの雌の臀鰭は，砂煙をあげる程度であるのに対し，オイカワ，カワムツの雄が底質を撹拌すれば 4〜5 cm の深さまで底質を撹拌することが可能である．しかもオイカワ，カワムツは複数回産卵した場合，何度も同じ場所に戻ってきて産卵行動を繰り返すことから，さらに深く卵を埋めこむことができると考えられる．

　ズナガニゴイ，オイカワ，カワムツの産卵行動がおこなわれた場所を，観察区間の模式図上に示し，そのうち物理的環境（水深，流速，底質の粒度分布）の測定をおこなった場所について，3 種間で比較したところ，カワムツは他の 2 種より流れのゆるやかな場所を好み，オイカワがやや礫の多い場所で産卵していた．

　そして，3 種のうち 2 種が同日に産卵した場合について，2 種間で産卵床の物理的環境について比較した．ズナガニゴイとオイカワが産卵した 1 例では，ズナガニゴイの方がやや下流の平瀬下端部から瀬頭付近であり，オイカワはそれよりも平瀬中央よりであった．オイカワの方が水深は浅いが，流速はやや遅い場所だった（図 3.21）．ズナガニゴイの産卵場所はカマツカのそれと似る（本章 2.(4)）．

　オイカワとカワムツが同日に産卵した 3 例では，両種とも平瀬中央から早瀬下端部の範囲内であったが，カワムツは左岸側の流速の緩やかな場所を好んでいる傾向があり，それに比べてオイカワは礫の割合の多い場所で産卵している傾向が見られた．

　ズナガニゴイは 1 産卵日中に複数回産卵した 6 月 4 日には，平瀬下端部から瀬頭の範囲内のいろいろな場所で産卵行動をおこなったが，オイカワやカワムツは 1 産卵日中に複数回産卵した場合には前回産卵行動をおこなった場所付近，

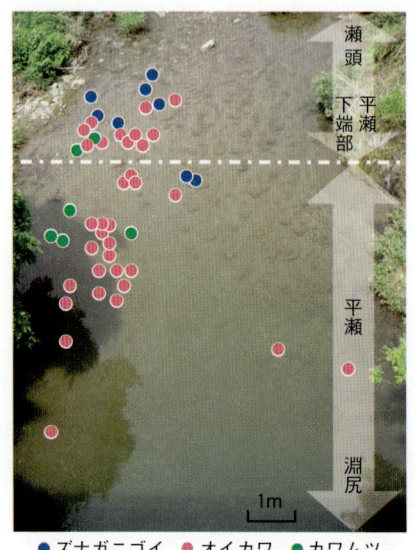

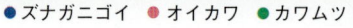

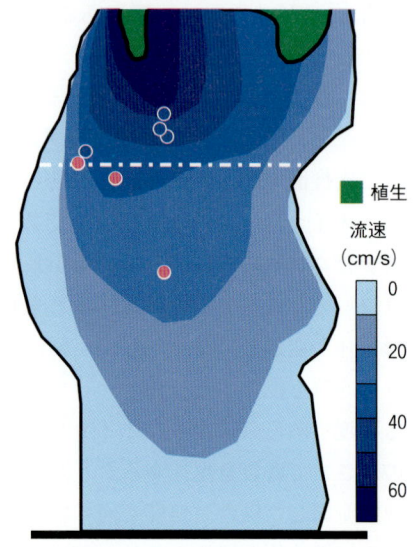

図 3.21　調査区域 St. 2 における 3 種の産卵場所の比較（2003 年）．ズナガニゴイは他の 2 種よりも平瀬下端部に集中して産卵している．

つまり同じ場所へ戻って何度も産卵するのが観察された．よって，ズナガニゴイは他の 2 種と異なり，色々な場所へ卵を分散させる産卵様式ではないかと考えられる．

　次に 3 種の卵の特徴について調べてみると，ズナガニゴイの放卵直後の卵径は約 2 mm で強い粘着性があり，吸水卵径は約 2.5 mm である．オイカワの卵は卵径約 1.5 mm で，弱い粘着性があるが，授精後は吸水して粘着性を失い卵径は 1.8～2.1 mm になる．カワムツは卵径 1.2～1.3 mm で，きわめて弱い粘着性があるが，授精後は吸水して粘着性を失い卵径は 1.8～2.0 mm になる（中村，1969）．これらを比較すると，ズナガニゴイの卵は大きく，強い粘着性を持ち，オイカワ，カワムツの卵は小さく，粘着性は弱いことがわかる．オイカワ，カワムツの産卵行動が，長時間にわたり底質を撹拌し，卵を砂礫中の奥深くに埋めこむ行動であることから，両種の卵の特徴は，礫の隙間などに入りこんでより深い場所に落ち着かせるための適応であると考えられる．

　また，本研究室の佐田により，カマツカが平瀬下端部から瀬頭の流心水面付近で放卵し，強い流れを利用して卵を流下，分散させる繁殖様式であることが

```
                    ┌─────────────────────────┐
                    │平瀬から瀬頭で産卵するコイ科魚類4種│
                    └─────────────────────────┘
                          ↓              ↓
              ┌─────────────────┐  ┌─────────────────┐
              │平瀬中央から平瀬下端部│  │平瀬下端部から瀬頭│
              └─────────────────┘  └─────────────────┘
                  ↓         ↓            ↓
           ┌──────────────┐┌──────────────┐
           │底質を撹拌しながら産卵││水面付近で反転して産卵│
           └──────────────┘└──────────────┘
             ↓        ┆           ↓
     ┌──────────┐┌──────────────┐
     │卵を砂中に埋没させる││卵膜に砂泥を付着させる│
     └──────────┘└──────────────┘
                       ┆
                  ┌──────────────┐
                  │流れを利用して卵を分散│
                  └──────────────┘
                       ┆           ↓
              ┌──────────────┐┌──────────┐
              │平瀬下端部から瀬頭に沈着││流下した後沈着│
              └──────────────┘└──────────┘
         ↓              ┆              ↓
    ┌──────────┐ ┌──────────┐ ┌──────┐
    │オイカワ・カワムツ│ │ ズナガニゴイ │ │カマツカ│
    └──────────┘ └──────────┘ └──────┘
```

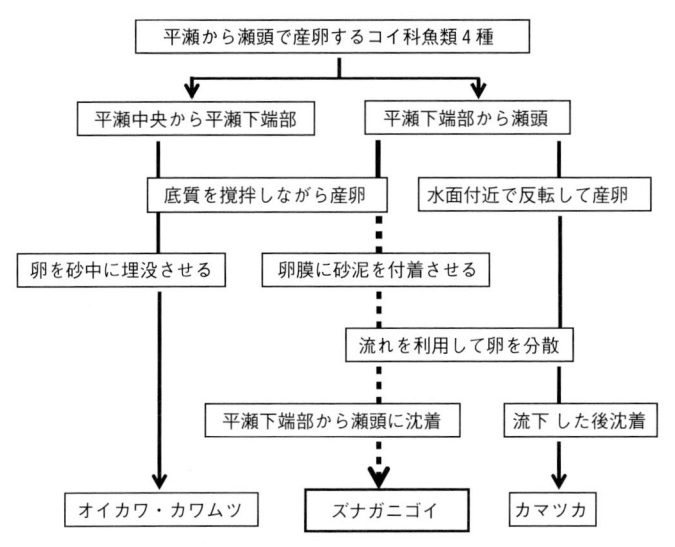

図3.22 平瀬から瀬頭で産卵するコイ科魚類4種の産卵様式の比較.

報告されている（本章2.(4)）．カマツカの卵は粘着性が極めて強く24時間以上持続することが分かっている．この性質は，卵が沈着後，卵膜に砂泥を付着させて卵を隠蔽させるための適応であると考えられている．他方，ズナガニゴイは，雌が二次性徴として伸長した尻鰭で底質を撹拌しながら放卵することで巻きあげた砂泥をいち早く卵膜に付着させる．その砂泥の重さを利用して卵の長距離の流下を防ぎ，捕食魚が比較的少ない平瀬下端部から瀬頭の区間，つまり産卵場所付近に卵を沈着させることで卵の減耗を防ぐ繁殖様式なのかもしれない．

　以上のことから，ズナガニゴイの産卵様式をオイカワ，カワムツおよびカマツカと比較しながらまとめると図3.22のようになる．

今後の課題

　ズナガニゴイについて研究をしてみて，まず生息している河川が限られているため調査地を決めるのにも苦労し，生息していたとしても個体数が少なく，思うようにデータが取れないことがよく分かった．また，野外で行動を観察するためには，ある程度小河川で一定区間を見渡せる環境と，長時間観察を続ける根気が必要である．今回の調査では，結局本種の産着卵を発見することがで

きなかったため，繁殖様式については推測の域を出ない．

しかし，絶滅が危惧されている本種について，これからもっと研究がおこなわれ，詳しい生態が明らかにされることに期待し，もし私の2年間の拙い研究が少しでも何かの役に立てれば本当に嬉しく思う．

調査地付近の住人の方たちとの交流

調査をするにあたって，調査地が自宅から2時間ほどは離れていたので毎日川に通うために調査地の近くに下宿しなければならなくなった．調査地はまわりを山に囲まれた田舎で，近くにマンションなどもなく住む場所に困っていたところ，調査のお願いに行った役場の方のお宅の空いた部屋に住まわせていただけることになった．そのお宅では，なんと食事まで用意していただき，まるで娘のように温かく迎えてくださって，見知らぬ土地で初めて親と離れて過ごす私にとっては，心強くありがたかった．また翌年には，別の一軒家を借りて住むことになったが，その家の持ち主のご夫妻にも，よく自宅に招いて食事をいただいたりして可愛がっていただいた．

また，野外での行動観察では，小さな橋の上で，ほぼ毎日10時間近くを過ごしていた．その橋を渡った先には集落があり，そこに住む方にとっては1日何度も行き来するような重要な橋であった．私が観察を始めた当初，そこを通る方たちは不思議そうにされていたが，私の簡単な自己紹介と魚の調査をしていることを書いた紙を渡して説明すると，すぐに理解し，応援してくださった．それからは，挨拶はもちろん世間話をするようになり，ときには私の体を心配して差し入れまでしていただくようになった．今回の本の執筆にあたり私の当時のフィールドノートを見返してみると，「○○さんにパイナップルをいただいた」や，早朝の寒いときには「○○さんに缶コーヒーをいただいた．温まる！」といった書きこみがたくさんあった．

このような地元の方たちのご理解とご支援があったおかげで，私は調査期間中も大きな事故や病気をすることなく，研究に集中することができた．そして今の私にとっては，修士課程の研究を通して得た経験とともに，これらの人との繋がりが大きな財産となっている．

（矢野加奈）

3．親が卵（仔魚）を守る魚

（1）モツゴ　―巣を構えたい雄たち
モツゴに決める

　卒論でヒドラを材料として発生生物学をかじり，研究の面白さを知った私は大学院生として長田研に入った．そして先生から「モツゴの小さいのが見つからんのよ，いつの間にやら大きいのが出て来とる」という話を聞いた．モツゴならよく知っている．どの図鑑を見ても，「日本全国で極めて普通に見られる」と書いてある．自分でも釣ったり，モンドリで捕ったり，飼ったりしたことがあった．そんなどこにでもいる魚でもわからないことがあるなんて，と不思議に思ったことを覚えている．

　モツゴのことを文献（川那部・水野，1989；宮地ほか，1963；中村，1969）などで調べると次のように出ていた．

　モツゴ *Pseudorasbora parva* はコイ科に属し，池，沼，湖，河川の淀みなどで極めて普通に見られる小魚である．本種は潮汐のあるところにも生息し，また，汚水に対する抵抗力も比較的強く，都市周辺の下水などの流入する水域で他の大部分の魚類が姿を消しても残存しているのがよく見受けられる．本種は分布の広い魚で，日本，朝鮮半島，中国大陸および台湾などに産する．

　繁殖期は春から夏であり，産卵行動は雄が確保している巣において一対の雌雄によっておこなわれ，雌が基質に卵を付着させると雄はそこに放精する．雄は1個体の雌と産卵行動を終えた後も巣から離れず，別の雌に次から次へと産卵させ，それらの産着卵がふ化するまで保護する．

　その他に，分布や生活史については古くから数多くの研究がなされているが，意外にも繁殖生態についての詳しい研究が少ないこともわかった．

　そこで，大テーマとして「モツゴの持つ雑草のような生命力の強さが何に由来するのかを明らかにする」をかかげた．でも，魚の研究初心者にいきなりこれを達成できるわけがないのは自分でもわかっていたので，一歩ずつ歩みを進めていく戦略をとることにした．まず研究しやすいのは巣を守っている雄だろうと目星をつけて，「雄の繁殖生態を明らかにする」ことを修論の目標とした．

メインフィールドは松の池

　野外での魚の研究において，調査地をどこにするかということは非常に重要

である．当然，ある程度の個体数が必要である．そして何を調べるかによっても調査地選びに条件がつく．今回の第1の目標は「雄の繁殖生態を明らかにする」ことなので雄の行動を観察したい．となると，水がある程度澄んでいる必要がある．池に絞って探し始めたが，モツゴが生息していて「水が澄んでいる」という条件を満たす池は容易には見つからない．

この時も手を差し伸べてくれたのは長田先生で，万博公園自然文化園内の松の池を「いっぺん見てきたらどうじゃ」と紹介してくれた．早速行ってみると，水は澄んでいて，池のいちばん深い所でも岸からの目視で見通すことができる．肝心のモツゴも多数生息している．調査地探しに苦労していた私は，松の池を主な調査地とすることにした．

堺市にある自宅から松の池までは片道約50 km．繁殖期にはほぼ4ヵ月の間毎日，高速道路を飛ばして通った．近畿自動車道の100回券を1シーズンに2回買うのは，学生の身で相当痛い出費であった．

いよいよ調査開始

1日の調査は池を岸沿いに1周して，巣を確認することから始まる．

繁殖期になると，雄が石や木などに縄張りを構え，近くにやってきた雄を追い払ったり，雌を呼びこんだりするのが見られるようになる．そのような場所を見つけると，産卵がされているかどうかを石や木を手で触って確認する．産卵されている場合には，そこが「巣」として利用されていると認定し，巣の位置，巣を保護している雄の特徴（おおよその体長，全身・各鰭の婚姻色の濃さなど）を記録する．雄の婚姻色は黒っぽくて地味だが，なかなか渋い．

新たな保護雄を発見した日には，日が沈むのを待って雄を採集し，個体識別を施す．夜，日中に発見した巣を懐中電灯で照らすと，底近くで雄が寝ているのが見つかる．それをエビタモを用いてそっと採集する．採集個体をただちに水でぬらしたバットの上に置き，解剖バサミで鰭の一部をカットする．例えば，尾鰭の上葉（上半分のこと）＋右腹鰭のように．さらにノギスで体長を測定し，追星や傷などの特徴を記録する．これらの作業を手早く済ませて巣に戻してやると，雄は巣に戻っていく．文献にはリボンタグを背鰭の前後に縫いつける方法が出ていたが，予備実験でうまくいかなかったのでこの鰭をカットする方法を採用した．

雄に個体識別を施した後は，岸からの目視で鰭のカットとおおよその体長が

わかるので，巣にどのような雄がいるかを容易に確認できるようになる．

巣を保護している雄の同定を済ませると，次の作業は卵数のカウントである．今なら巣を水から取り上げて，産卵されている部分をデジカメで撮影して後で卵数をカウントすればよい話だが，当時はフィルムカメラしかない時代．フィルムを浪費することができなかったので，毎日巣を取り上げては地道に卵数を数え上げた．このとき，発生段階を3段階に分けてカウントする．数え終わって巣を元通りに戻すと，雄が戻ってきて保護を再開する．この作業が一番大変で，繁殖期のピークには半日近くかかることもあった．このようにして，池全体について，どの巣をどんな雄が保護していて，そこにどれだけの卵があるのかというデータを毎日集めた．

松の池におけるモツゴの繁殖

雄が巣を保護しているのが観察された4月9日から7月13日までの期間について，水温と各々の日に確認できた巣の数を示す（図3.23）．

また，巣ごとの卵数を発生段階に分けてカウントしているので，各々の日に新たに産みつけられた卵数を算出することができる．そこで，池全体でその日に新たに何個の卵が産みつけられたかについても算出した（図3.23）．

図より，松の池において，モツゴは水温が15℃前後になると繁殖を開始し，30℃を超えるようになる直前まで繁殖を続けていたことがわかる．そのピークは5月下旬から6月上旬であった．

1個体の雄が保護する巣と雄が入れ替わる巣

モツゴの雄は巣を構えてそこに雌に産卵させ，産着卵がなくなると巣から離れる．産卵が確認されてから卵がなくなるまでを1繁殖サイクルとすると，1個体の雄が同じ巣で繁殖サイクルを繰り返すことはなかった．そこで，同じ巣が利用されても繁殖サイクルが異なればそれぞれ別の巣としてカウントすることにした．

繁殖期間を通じて，のべ72巣を観察することができた．このうち，1個体の雄のみによって保護された巣は61巣で全体の84.7％を占めた．これらの巣においては，1繁殖サイクルの間，ずっと同じ雄が保護していた（図3.24）．

残りの11巣（15.3％）では雄の入れ替わりが観察された．巣を保護している雄が前日までと異なっていて，巣内には前日までの保護雄が獲得した卵が残

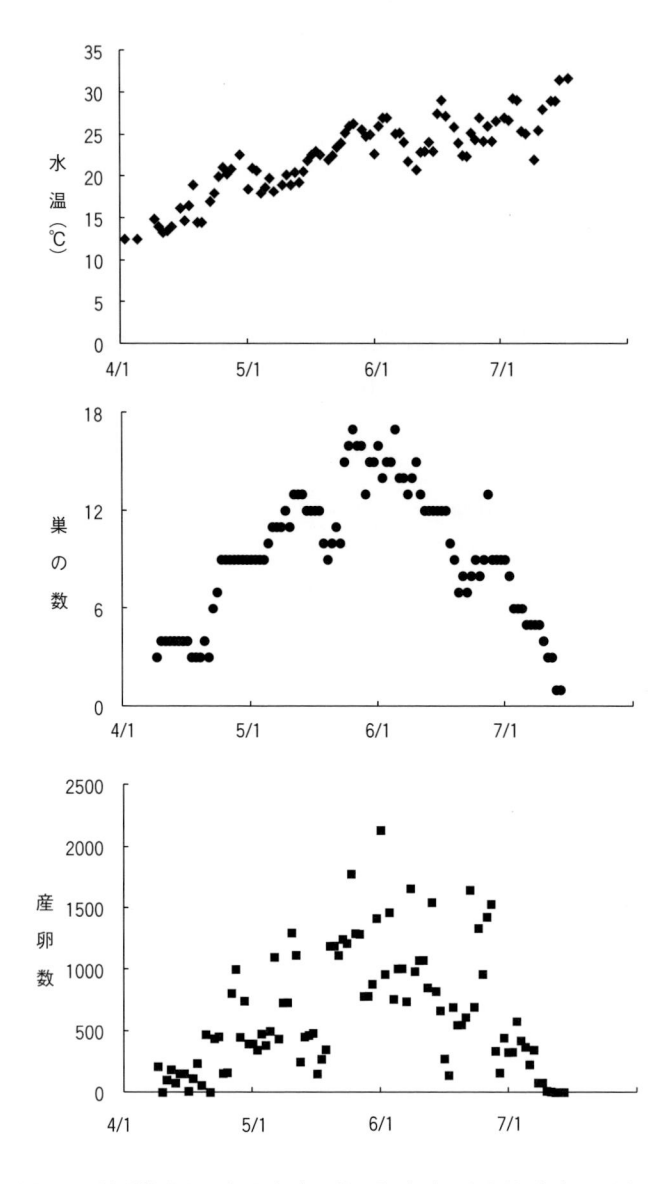

図 3.23 繁殖期間中の水温(上),巣の数(中),産卵数(下)の変化.

っている場合を「雄の入れ替わり」と定義している．保護雄には個体識別を施しているので，入れ替わりがあればすぐにわかる．これは水の澄んだ池で調査をしたからこそ取れたデータである．

このように大部分の巣ではずっと同じ雄が保護していたが，「雄の入れ替わり」が起こった巣もあったのだ．

雄の入れ替わりが起こったのは5月3日から6月12日の期間で，これは繁殖期のピークとほぼ一致している．モツゴにおいて，このような雄の入れ替わりが見られるという報告は過去に全くない．今回の調査においても雄の入れ替わりが起こった巣は少数であることから，雄が入れ替わりによって巣を保護し始めるというやり方はマイナーであると考えられる．

1）1個体の雄が保護した巣での繁殖のようす
放棄率は約6割

モツゴの雄は産着卵があると巣から離れないとされているが，必ずしもそうではないようだ．

1個体の雄が保護した61巣のうち，巣内の卵がすべてふ化するまで雄が残っていたのは24巣（39.3％）で，残りの37巣（60.7％）では，卵がすべてふ化する前に雄がいなくなってしまった．そこでこれらの巣は「放棄された」と見なした（図3.24）．意外にも，卵がすべてふ化するまで雄が残っている巣の方が少なかった．

雄が巣にいることが卵の世話になっている

放棄された37巣のうち5巣では放棄された日にはまだ卵が生き残っていたが，32巣では生き残っている卵はなかった（図3.24）．

生き残っていた卵も，放棄されてから2日後にはすべて病死するか，ヨシノボリなどに食われてしまった．このことから，保護雄がいないと卵は生き残ることができないことがわかった．保護雄は卵をふ化させるために何か世話をしているのだろうか．

観察できたのは，雌が来た時に巣をつつく行動のみであった．この行動は雌がいない時にはほとんど観察されないことから，雄が常に卵の世話をしているとは考えにくい．ただ，巣に雄がいる時，雄が常にその付近を動き回っているので巣やその周辺の泥などがなくなってきれいになっている．これは巣内の水

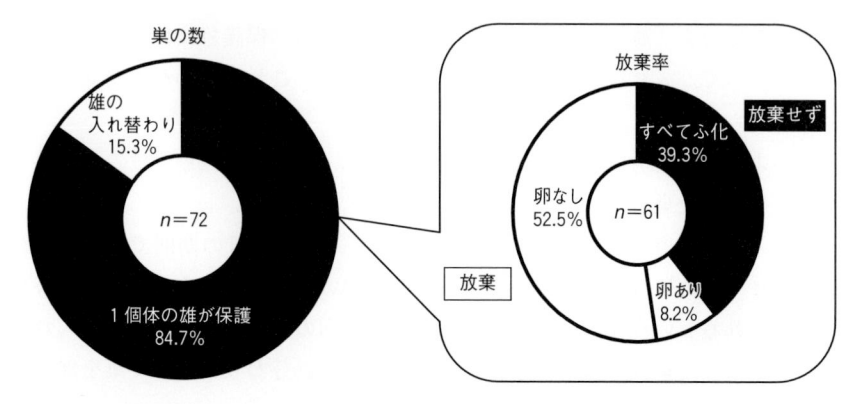

図 3.24　繁殖期間中に観察された巣の数（左）と 1 個体の雄が保護した巣の放棄率（右）.

がよく循環していることを示唆している．このことより，保護雄は能動的な卵の世話をほとんどおこなわないが，巣内を動きまわることにより，間接的に卵の世話をおこなっていると考えられる．

大きな雄が多くの卵をふ化させる

　巣内の卵がすべてふ化するまで保護を続けた雄 24 個体について繁殖のようすを図 3.25 で見ると，大きな雄ほど有意に多くの卵を獲得し（上），最も多い個体で 3978 個，最も少ない個体でも 252 個の卵を獲得していた．また大きな雄ほど長期間にわたって巣を保護する傾向にあった（中）．

　繁殖期間中，卵がふ化に要する日数は 15〜4 日と水温が上がっていくとともに減少していった．これを考慮に入れて，雄がふ化させた卵数を調べてみると，大きな雄ほど多くの卵をふ化させていた（下）．

　しかし，雄の体長と保護開始日の間には有意な相関が見られなかった．また，雄の体長によらずふ化率はほぼ一定であった．大きな雄が大きな縄張りを持ち，大きな繁殖成功を収めることは水槽実験で確かめられている（Maekawa et al., 1996）．そして今回，野外においても大きな雄が大きな繁殖成功を収めていることが明らかになった．

　このことの要因は次のように説明できる．大きな雄は多くの雌によって長期間にわたって次から次へと産卵されるので多くの卵を獲得することができる．ここで巣内の産着卵はどのような大きさの雄が保護する巣においても一定の割合で減耗する．したがって，多くの卵を獲得することができる大きな雄ほど大

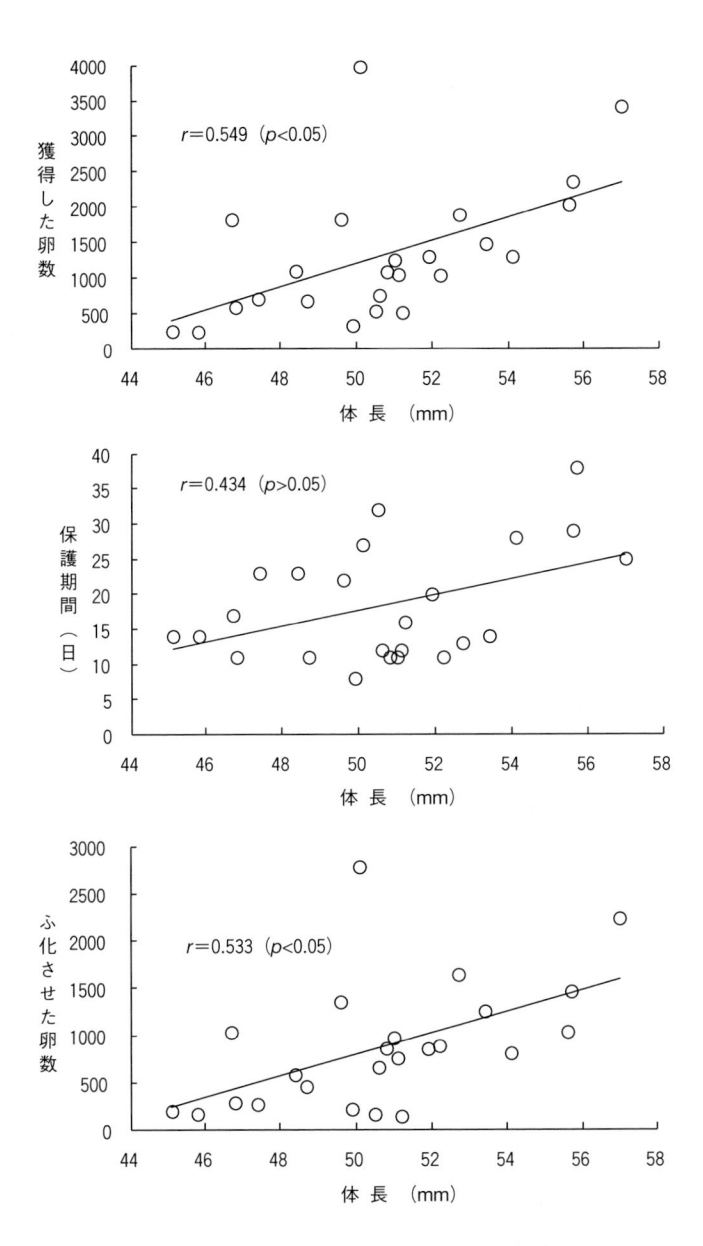

図3.25 雄の体長と獲得した卵数（上），保護期間（中），ふ化させた卵数（下）．

きな繁殖成功を収めるというわけである.

2) 雄の入れ替わりが起こった巣における繁殖のようす
どのようにして雄が入れ替わるのか
　繁殖期間を通じて観察された 72 巣のうち 11 巣 (15.3%) においてのべ 14 例,「雄の入れ替わり」が観察された. この 14 例のうち, どのようにして雄が入れ替わったのかが明らかなものが 2 例ある.
　事例①乗っ取り
　保護開始 4 日目の第 1 雄が第 2 雄と闘っている場面に遭遇.
　闘いは 2 個体がお互いの尾部を追いかけあってぐるぐる回りながら水面近くまで上昇した後, 第 2 雄が第 1 雄を巣から遠ざけるように追い払い, その後すぐに第 1 雄が戻ってきてまた追いかけあうという激しいもので, 約 30 分続いた. ついに第 1 雄が戻ってこなくなり, 第 2 雄が新たにこの巣のオーナーとなった. 雄が入れ替わって 3 時間後には, 第 1 雄の獲得した卵のみがあり, 新たな産着卵はなかった. 第 2 雄は巣を乗っ取ったのである.
　事例②空き巣利用
　体長 55.2 mm の第 1 雄が巣を離れ, その翌日に体長約 35 mm の第 2 雄が巣の保護を開始. 確認すると前日までに産みつけられた卵がわずかに残っていた. 第 2 雄は空き巣を利用したのである.
　この雄は繁殖期間中に巣を保護した雄の中でも飛びぬけて小さかった.
　残りの 12 例についてはどのようにして入れ替わったのか分からなかった. ただ入れ替わった雄は中程度の体長であったが, 元の保護雄に比べると大きい傾向があった (13 例中 9 例).

入れ替わり雄の繁殖のようす
　入れ替わり雄が他雄の獲得した卵のある巣でどのように繁殖をおこなったかをパターン分けしてみる (図 3.26).
　入れ替わり雄のうち雌に産卵されて自分の卵を獲得できたのは 6 個体 (42.9%) で, そのうち卵を最後まで保護したのは 2 個体であった. この 2 個体の雄によるふ化数を自分の卵のみがある巣を最後まで保護したほぼ同じ体長の雄と比較したところ, 両者の間には極端な差異は認められなかった.
　北米のファットヘッド・ミノー *Pimephales promelas* では, 雄は乗っ取りに

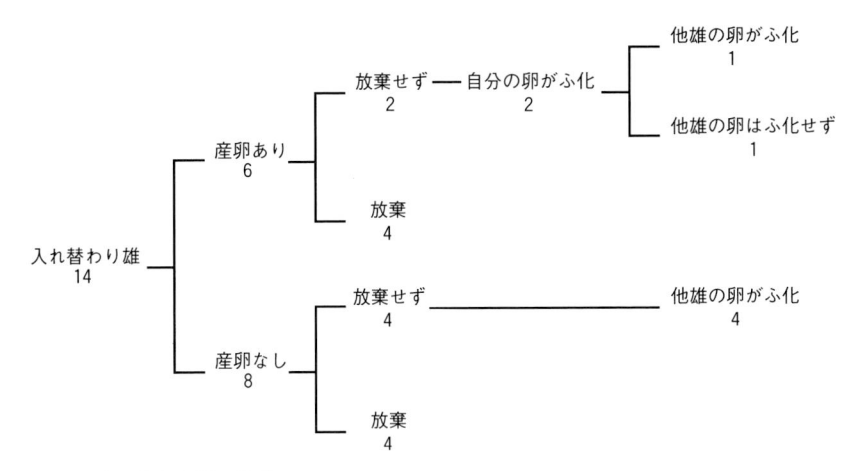

```
                                              ┌─ 他雄の卵がふ化
                         ┌─ 放棄せず ── 自分の卵がふ化 ─┤      1
                         │     2           2        └─ 他雄の卵はふ化せず
              ┌─ 産卵あり ─┤                              1
              │    6     │
              │          └─ 放棄
              │               4
入れ替わり雄 ─┤
     14       │
              │          ┌─ 放棄せず ──────────── 他雄の卵がふ化
              │          │     4                      4
              └─ 産卵なし ─┤
                   8     │
                         └─ 放棄
                               4
```

図 3.26　入れ替わり雄の繁殖パターン．

よって巣を構えることが多く，それは卵を保護している雄を雌が好むからだといわれている（Unger and Sargent, 1988）．モツゴでも入れ替わり雄はすでに卵のある巣で保護を開始しているわけだが，特に大きな繁殖成功を収めるわけではなかった．したがって，入れ替わりがファットヘッド・ミノーのように雄がすでに卵のある巣を保護したがるために起こるとは考えにくい．ただ，今回は例数が少ないのでさらに観察例を増やして比較，検討する必要がある．

　雌に産卵されず，卵を獲得できなかった雄のうち半数の4個体は他の雄の卵をふ化させるという行動をとった．このような行動をとったのは，卵を保護していることによって雌が来る確率が大きくするためなのか，あるいはそれ以外の要因があるのだろうか．

保護雄の除去実験

　入れ替わりの要因を探るために，卵のある巣から保護雄を除去する実験をおこなったところ，6巣中5巣が新たな雄によって保護され始めた（図3.27）．
　そして5巣中2巣で旧雄の卵をふ化させた．しかし，この結果からは新たな雄は卵を目当てに保護を始めたとも，場所を目当てにしていたとも考えられる．そこでどちらの可能性が高いのかを明らかにすべく，産卵された基質を卵のないものに取り替える実験も別におこなった．その結果，5例中2例の保護雄はその場所から離れずにとどまり続け，1日以内に雌によって新たに産卵された．

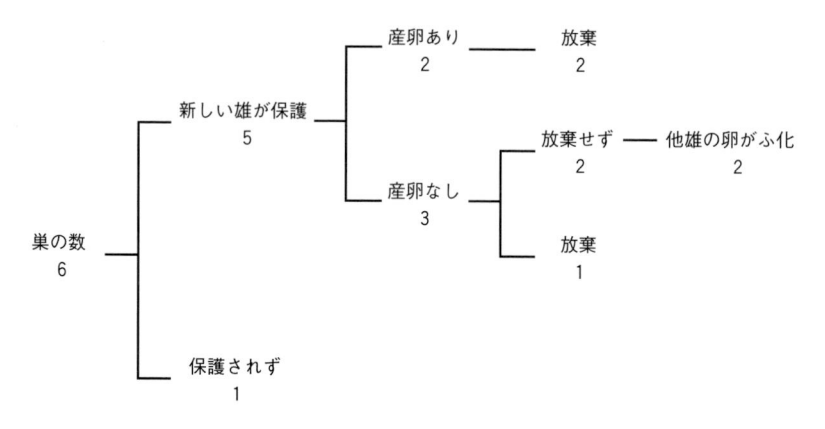

```
                              産卵あり ─── 放棄
                                 2          2
              新しい雄が保護
                  5                        放棄せず ─── 他雄の卵がふ化
                              産卵なし          2              2
                                 3
   巣の数                                    放棄
     6                                       1

              保護されず
                  1
```

図 3.27　保護雄の除去実験．

これより，モツゴの雄はすでに卵を産みつけられた巣だけを好むのではなく，卵が産みつけられる可能性のある**場所**を好むとも考えられた．

巣に卵があることにも意義がある？

　入れ替わり雄あるいは雄の除去実験における新しい雄の中には，巣にある他雄の卵をふ化させたものがいた．

　それらの雄が場所のみを目的にしているのならば，すでに産みつけられている卵は必要ないのでそれらを除去するなり食べるなりすると考えられる．しかしこれらの雄はそうしなかった．Maekawa et al.（1996）も，ある雄が別の雄の卵を含むように縄張りを拡張しても，その卵を食べることはなかったと報告している．引き継がれた卵には雌を惹きつける何かがあるので保護され，その結果ふ化したのかもしれない．

モツゴの持つ雑草のような生命力の強さの解明に向けて

　「雄の繁殖生態を明らかにする」ことを目標として研究を始めたが，調べていくうちに次々と新たな疑問がわいてきた．

　1個体の雄が保護した巣では，巣内の卵がすべてふ化するまでに雄がいなくなる放棄が見られた．どのような場合に雄が巣を放棄するのか明らかにしたい．

　また，雄の入れ替わりという大変興味深い現象が観察された．今後このような雄の入れ替わりが他の生息地でも見られるのか，見られるとしたらどのくら

いの頻度かを調査することが必要である．さらに「乗っ取り」と「空き巣利用」を詳しく調べることにより，モツゴの雄の繁殖方法を整理することができると考えられる．また雄の入れ替わりに伴って観察された他雄の卵をふ化させる行動の意義についても調べてみる価値がある．他にモツゴの生理的な強さなども調べる必要がある．

　これらをひとつずつ積み上げていくことによって，大テーマの「モツゴの持つ雑草のような生命力の強さが何に由来するのかを明らかにする」ことに近づくことができるはずである．

さまざまな場での発表

　大学院2年間の研究成果を魚類学会と修論発表会と魚類自然史研究会で発表した．一番苦労したのは何といっても修論発表会である．データの収集を終えているのに，なかなか話の筋が固まらない．ゼミで発表するたびに打ちのめされた．しかし，それと同時に毎回貴重な意見をもらうことができた．

　一番こたえたのは発表会を1ヵ月後に控えてのゼミ．終了後に長田先生とやり取りをする中で，データから確実にいえることだけでもっとシンプルに話を組み立てなさいという指摘を受け，大幅に内容を変更したことであった．いよいよ追いこまれ，何度も徹夜をし，研究室で仮眠をしている間に修論が仕上がらない夢を見た．話が出来上がったら，発表練習．30分の発表を原稿なしでできるまで練習しなければならない．この時も夢の中で発表した．ここまで追いこまれた経験は今までの人生でも数えるほどしかない．

　迎えた本番，研究成果をうまく伝えることができた．おかげで何人かの人に興味を持ってもらうことができて，たくさんの質問を受けた．

　修論発表会から1ヵ月後に魚類自然史研究会でも同じ内容をダイジェストで発表したが，その時はたいそう余裕を持ってできた．何事も経験である．

誰も知らないことを一番に知る喜び

　テーマの決定から，調査地選び，なかなか思い通りに進まない調査，そして大いに苦労した修論発表会．こういうしんどい経験をしたにもかかわらず，もう一度この時代に戻りたいと思う．なぜなら松の池でモツゴと付き合っていくうちに，他の誰にも見えなかったものが見えるようになる瞬間を味わうことができたからである．また研究をしたい．

　　　　　　　　　　　　　　　　　　　　　　　　　　　（谷川広一）

（2）氾濫原におけるヨドゼゼラの繁殖生態
研究テーマの設定

　『誰もやっとらんのよ』とは先生の口癖だった．卒論でカマツカの研究をして，大学院で新たな研究テーマを探している私にとってその言葉の後に続くゼゼラ *Biwia zezera* の名前にはとても興味がそそられ，引きつけられた．

　特に美しいわけではなく，食用にもならない．釣りの対象ともならないのだから研究されないのも仕方ないような気がする．過去の文献を見てみると中村（1969）以来，目立った研究がない．

　ゼゼラは濃尾平野，琵琶湖・淀川水系，山陽地方，北九州に分布する日本固有種である．滋賀県の犬上川ではヨシの根に卵を産み，婚姻色の出た雄が卵を保護する．そして，その卵は 38 時間（21℃）というコイ科魚類では最も早くふ化をする（中村，1969）．

　最近になって，琵琶湖に生息するゼゼラと淀川水系に生息するヨドゼゼラ *Biwia yodoensis* の 2 種類の存在が明らかになった（Kawase and Hosoya，2011，川瀬ほか，2011）．当時，筆者がゼゼラだと思って研究していたものがヨドゼゼラ（図 3.28）だったのだ．以下は，ヨドゼゼラの最初の生態学的研究である．

研究方法と調査場所

　産卵場所の発見を目的に 2001 年より研究を始めた．木津川の旧御幸橋下のタマリ（池）にヨドゼゼラが多数生息していることを確認したので調査場所に決定した．そして，2001 年は 5 月 6 日から 7 月 31 日まで，2002 年は 4 月 1 日から 7 月 23 日まで，調査場所の近くに下宿して雨の日も風の日も台風の日も，毎日のように卵の探索をおこなった．

　この調査タマリは大阪湾から約 37 km の地点にある．木津川の平水位時には本流と連結していない．降雨や上流のダムの放水，宇治川の流量などに影響を受け，木津川本流の水位が上昇すると，タマリと本流は連結し，魚類の移動が可能になる．

　調査をおこなったタマリは，年中干上がることがない恒久的な水域であるが，本流の増水によって形状を変化させる不安定な環境である．そして，ヨドゼゼラの産卵基質になりそうなヨシ *Phragmites australis* やマコモ *Zizania latifolia* などの抽水性植物は存在せず，底質は砂や砂泥である．だから産卵基質に何が利用されるのか全く分からなかった．横を流れる木津川の本流にもヨシなどの

図 3.28　ヨドゼゼラの雄（左）と雌（右）.

図 3.29　ヨドゼゼラの産卵場所（上図）と卵塊（下図）.
　　　　　矢印は卵塊のある場所を示す.

第3章　身近な淡水魚の産卵生態　●　245

産卵基質がないことから，近縁種のツチフキのように泥底に産卵床を作るのではないか，とさえ考えた．

こんな場所から卵を発見？！

調査を始めてから約3週間経た5月22日から24日まで降雨が続いた．そのため本流の水位は約1.3m上昇し，タマリと上流と下流の2ヵ所で本流と連結した．コイやゲンゴロウブナなどが産卵のためにタマリに進入してくる．

そして，増水がおさまり，元の平常水位に戻りかけた同月28日の朝にタマリでヨドゼゼラの卵塊を32個も発見した．その卵塊のほとんどはタマリの周辺に繁茂していたヤナギタデ *Persicaria rhydropiper* の冠水した葉，茎，根に付着していたのだ．他にわずかだが枯死植物の根などにも付着していた．発見した卵塊は，すぐに水深やサイズを記録し，写真撮影をした（図3.29）．卵塊はゼラチン質につつまれた卵からなる．1卵塊の体積は約800〜3000 cm^3 で，中に650〜4000個の卵が入っていた（8卵塊について）．その卵数は卵塊の体積にほぼ比例する（八木・矢島，未発表）．また同時に卵の発生段階を知るために，卵塊ごとに数個ずつの卵をホルマリン固定し研究室に持ち帰った．その後，7月1日までに77卵塊を確認することができた．その約80%がヤナギタデに付着していたのだ．

河川の増水時に一時的に出現し，撹乱が大きい環境が魚類の繁殖場所として重要な役割があると近年見直されてきている（長田，1997）．実際に，魚類がこのような水域を繁殖場所として利用している報告は多く，例えば，アユモドキ，コイ，フナ類，ドジョウ，ナマズなどがあげられる．これらの魚種は多数の小さい卵をばらまいて産卵し，親が守らないことで共通している．そんな中で，ヨドゼゼラは卵を守る魚なのだ．このような環境を利用するのには，繁殖するうえで有利な何らかの意義があると推測される．

産卵に有利な時刻は？

発見した卵塊から採取した卵の発生を観察し，産卵時刻の推定をおこなった．本種の産卵時刻の推定には，受精後すぐから胞胚期までの発生初期の卵を含む卵塊を用いた．胞胚期は水温21℃で受精後6時間30分後に形成される（中村，1969）．この条件を満たす卵塊は，6月8日に採取した3卵塊，9日の5卵塊の計8卵塊であった．この8卵塊から算出した産卵時刻は，夕方16時10分から

19時10分，すなわち夕方から前夜半であった．

中村（1969）は，1941年7月5日の10時に採集した約100個体のゼゼラは，すべて未熟卵を持つ雌であったが，同日18時に採集した100個体のその半数は完熟卵を持った雌であったと報告している．このことからも，本種の産卵が主に夜間におこなわれることを強く後押しする．

本種が夕方から前夜半に産卵する意義は，親魚と卵の2つの立場から有利な点が考えられる．まず1つ目には産卵時に親魚が捕食から身を守るはたらきである．親魚は浅い岸辺に縄張りを持ち，産卵をおこなうことから，夕方から前夜半に産卵することで視覚を頼りにする鳥などからの捕食回避に役立っていると推測される．2つ目に卵の捕食圧が低くなるはたらきが考えられる．夕方から前夜半に産卵することによって，昼行性の魚などによる卵の捕食圧が低下すると考えられる．

ヤナギタデの分布と水位

ヨドゼゼラの産卵は，増水によって冠水したヤナギタデを産卵基質としておこなわれた．その場所は一時的に出現した水域であり，常に変化する不安定な環境である．そのような環境を繁殖場所として利用するには大きなリスクがあると思われる．急激な増水中であれば，産卵基質ごと流される可能性があるだろうし，減水時であるなら卵塊がふ化までに干上がる可能性があるだろう．どちらにしても子孫を残せない危険がつきまとうわけである．しかし，ヨドゼゼラは確かに繁殖をし，子孫を残しているわけだから，繁殖に最適な増減水時のタイミングのようなものがあるはずである．

そこで本流とタマリの水位の関係を明らかにするために，国土交通省が発信する1時間ごとの水位データを利用した．木津川本流の水位データは調査タマリから約400 m上流にある八幡観測所の数値を用いた．水位は大阪湾工事基準面を水準面としてあらわされるO. P. ＋水位（m）で示されている．

調査時のタマリの水位計測と国土交通省の水位データを比較してみると，タマリと本流の水位が同調して変化していることを示していた．また，O. P. ＋ 7.65 mのときが，調査期間中で最も多い水位であったので，その水位を平常水位とした．タマリ周辺のヤナギタデはO. P. ＋8.2～7.8 mの間に多く分布するから，ヤナギタデの分布下限がほぼ平常水位を示すことは図3.30（b）を見ればよく分る．

ヨドゼゼラ産卵と水位の深遠な関係

　2001年に採取された77卵塊について，推定産卵日における卵塊数とタマリの水位変化の関係を示した（図3.31）.

　全ての卵塊は，6回の増水した後の減水期間に延べ15夜にわたって産みつけられていたのだ．卵塊数が最も多かった5月26～28日（32卵塊）の産卵推定時刻16時から24時の水位O.P. +8.0～7.9 m，次に多かった6月7～9日（19卵塊）はO.P. +8.1～7.8 m, 6月16～17日（14卵塊）はO.P. +8.6～8.1 mである．卵塊数は少ないが他の3回の減水期間の水位を合わせても，全ての卵塊は減水時の水位がO.P. +8.6～7.8 mの範囲内で産みつけられている．もう少し詳しく見ると，産卵がおこなわれた15夜のうち13夜はO.P. +8.3～7.8 mである．なんとこの水位の範囲はタマリ周辺のヤナギタデの分布域にほぼ合致する．

　さて産卵が増水後の減水時のある範囲の水位の時にだけにおこなわれたのはなぜだろう．増水時と減水時の水位変化速度を比較してみると，減水時の方が水位変化がはるかに遅く増水時よりは安定した環境であるといえる．簡単にいうと，増水は急激に起こるが，水が引くのはゆっくりしているということだ．実際に，増水時は産卵場所となるヤナギタデ群落の上を水が走り，流下物や移動してくる魚類の通り道になる．本種の卵は粘着性が極めて弱く，比重も軽いことから，卵塊は水の流れや流下物，コイやフナ類のような魚類などと接触することで破壊される可能性が高いと考えられる．

　また，水位が平常水位に近づくと，水位の変化速度は一段と遅くなる．その時，産卵基質となるヤナギタデ群落がそこにあるわけだ．産卵基質が浅いところにあることは，卵捕食魚が接近しにくい環境であるといえる．一見不安定に見えるタマリ周縁部の一時的水域ではあるが，減水時，特に平常水位に近い水位の時に水域は安定し，本種にとって適した産卵場所になるものと考えられる（図3.32）.しかも卵塊はヤナギタデ群落の下端部，つまりタマリに面したヤナギタデに産みつけられていた．恐らくヨドゼゼラは，浅い場所に生えていて，それでいてすぐには干上がる心配がない安全なヤナギタデを産卵基質として物色していたように思える．ところで，ヤナギタデが無いタマリでは，ヨドゼゼラは産卵しないか抑制されるのだろうか？

　なお2003年に同じタマリで本種を調べた後輩は，産卵（6～7月に11卵塊を確認）の刺激として，水温がほぼ20℃以上になることと，増水後の減水に

(a) 産卵基質冠水
O. P. ＋8.20 m（2001年6月22日）

(b) 平常水位
O. P. ＋7.65 m（2001年7月2日）

図3.30 調査した木津川タマリ．(a) 産卵基質が冠水したとき，(b) 産卵基質（ヤナギタデ）が干出する平常水位を示す．ヤナギタデの分布下限がほぼ平常水位に一致する．

ともなう水温の上昇を示唆している（八木・矢島，未発表）．
　このような繁殖様式とわずか38時間でふ化をし，仔魚がさらなる減水とともに安定したタマリに進入する特性から，本種が氾濫原の一時的水域に極めて適応しているものと思われる．

2002年に発見した卵塊数はたった2個
　2001年の調査結果から，さらに精度の高い研究にするため，2002年も同様の木津川御幸橋下タマリを調査地として使用した．しかし，2002年に発見できたヨドゼゼラの卵塊はわずか2個であった．その理由は2つ考えられた．
　まず1つ目は，2001年8月後半に平常水位から3 m以上も高くなる増水が起こり，それによってタマリの形状は大きく変化し，大量の土砂の流入によってタマリは浅くなった．そのためにヨドゼゼラが少なかったことが考えられる．
　2つ目は，2002年の繁殖期（5月中旬から6月下旬）の水位がほとんど変化しなかったことがあげられる．昨年の結果より，本種の繁殖がタマリの水位に強く影響を受けていることは明らかであったので，増水の少なさがタマリでの繁殖を妨げていたことになる．とはいえ6月中旬から7月上旬にかけて，O. P. ＋8.0 m程度の増水が4回観察され，そのつどヤナギタデは冠水している．しかし繁殖はおこなわれなかった．それは増水の規模が小さい場合，産卵基質であるヤナギタデが冠水している時間も少なく，その影響で，雄が縄張りを形成する時間や雌に発見される時間が足らなかったのではないだろうか．

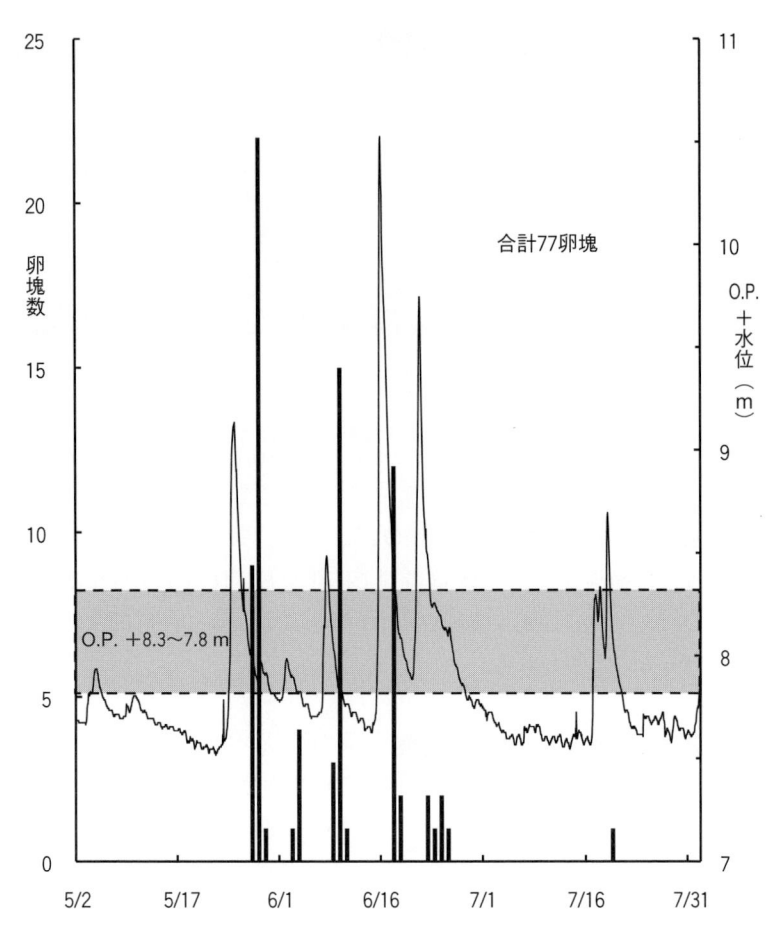

図 3.31 淀川の調査たまりにおけるヨドゼゼラの卵塊数（黒棒）と水位（実線）の関係（2001年）．15夜のうち13夜はO.P.＋8.3〜7.8 mの水位（グレー帯）で産卵された．

河川氾濫原にできるタマリやその周りの一時的水域では，上流の降雨や堰・ダムによる水位調整がそこに住む生物の繁殖に大きく影響を与えるのだろう．だからこそ，そこにすむ生物の生態を明らかにすることが，環境保全の第一歩だと考える．

雄の守りはやはり必要

最後になったが，赤外線水中ビデオカメラによる観察結果から，タマリで1

つの卵塊を守っていた雄を除去したときの卵捕食者を示すデータを示そう（図3.33）．

　横軸は，卵捕食者の個体数である．雄を除去してから10分後には食卵が始まり，最初3000個近くの卵は24時間後には全てなくなってしまった．このように，時間帯によって様々な種類の捕食者があらわれ卵を捕食したことから，保護雄が巣を守るために侵入者を追い払う行動は，卵がふ化まで残存するためには必要不可欠である．

課題

　2002年5月13日，21日の16～18時頃（ゆるい減水時）には，ヨドゼゼラの産卵が淀川の城北ワンド（河口から約10 kmの池状の淡水域）で観察できた．ここは淀川大堰の湛水域で，堰によって調整されているので水位はあまり大きくは増減しない．さらに水中にはヨドゼゼラの産卵基質となりうる水草などが常時岸部の水中に繁茂する．しかしヤナギタデは生息しない．
　つまり2001年の木津川の調査場所とは大きく異なる水域環境なのだが，ヨドゼゼラは頻繁に産卵していた．それも夕方に産卵していたので，その行動をビデオ録画ができて，ペアによる産卵の様子を描くことができた（図3.34）．ということは，木津川で観察したヨドゼゼラの繁殖の様式が本種のすべてではないということだ．また魚のしぶとさ，柔軟性に舌を巻く羽目になった．

（矢野祐之）

（3）ギギが私を故郷の川の虜にした

　私は兵庫県西部を流れる千種川の近くで育ち，祖父や年長の友達から魚の取り方や魚釣りを教わり，まさに「釣りキチ」少年として育った．
　大学卒業後は研究者としての道を目指した時期もあったが，様々な変遷を経て高等学校の理科教員となった．しかし多くの大学研究室の先輩方が仕事を持ちながら淡水魚研究や自然保護活動に関わっている姿勢に刺激を受け，就職してからも自分が研究できるテーマを見つけたいと心に秘めた日が続いた．そんな時に，ギギ類について生態調査が始められたばかりで，まだほとんど生態が解明されていない事実を知った．
　ギギは千種川で育った私には身近だったため，やってみようと思うようになった．というのも，ギギ *Tachysurus nudiceps* は鮎の夜網漁の際に多数かかる

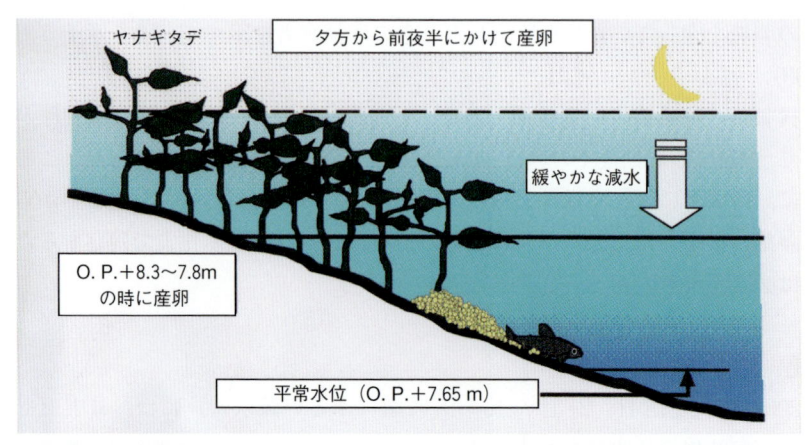

図3.32 木津川タマリにおけるヨドゼゼラの産卵様式．減水時にヤナギタデの茎・根に産卵する．

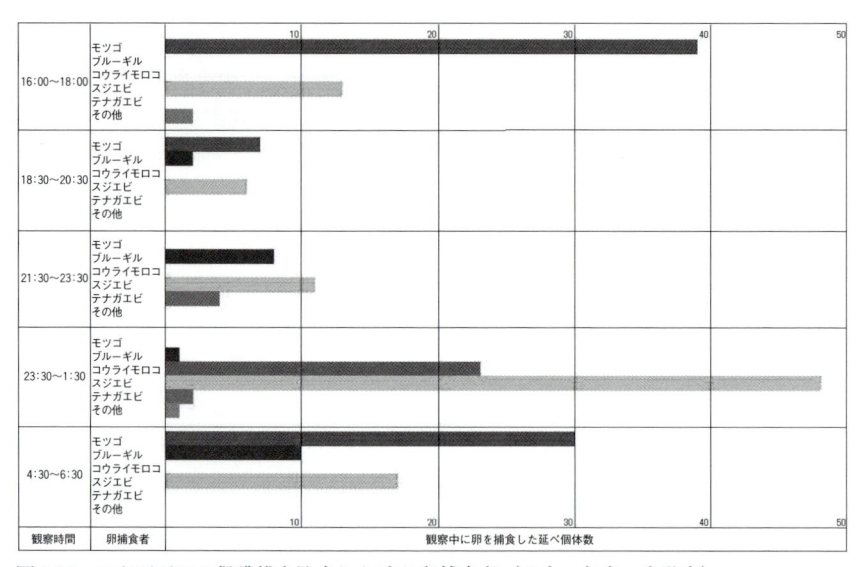

図3.33 ヨドゼゼラの保護雄を除去した時の卵捕食者（八木・矢島，未発表）．

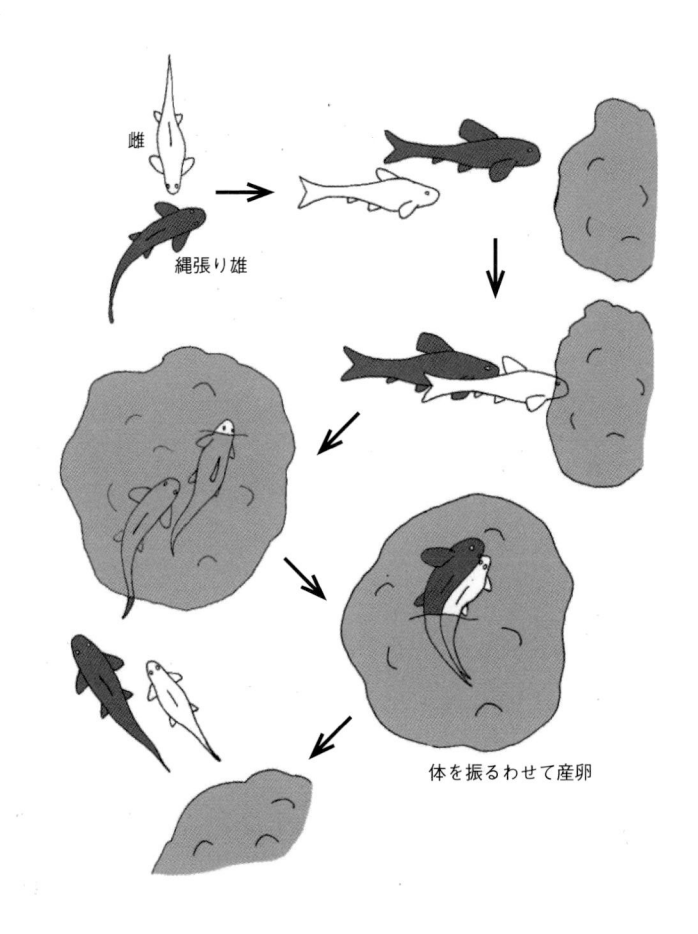

図 3.34 淀川下流の城北ワンドで観察されたヨドゼゼラの産卵行動.
産卵基質はアオミドロ（灰色）であった.

こと，夏から秋にかけてスノーケリング時に，多くのギギの若魚の遊泳を確認できること，そして，同時期に浅瀬の石の下に 5 mm 前後のギギ稚魚を確認できることなどから，千種川は個体数も多く，研究に適していると判断したからである．

しかしその研究を実際におこなおうとしても，毎日教員としての仕事に追われる日が続き，実行に移せないまま月日が過ぎていった．そんな中，現職教員の内地留学制度に応募し，兵庫教育大学で 2 年間の大学院で集中して研究する

第 3 章　身近な淡水魚の産卵生態 ● 253

機会を得られることとなった．大学卒業後，14年目のことだった．

調査・研究上の工夫

　研究をおこなうといっても，大学時代にわずか2年間という短い体験しかなかったため，卒業論文研究で用いた「目視とビデオカメラによる行動観察・記録」という手法をギギにそのまま応用することが一番手っ取り早いものだった．そして生きたギギを水槽に持ち帰り，産卵に適した条件を整えて，ガラス越しに行動を観察し，目視と共にビデオカメラによる撮影記録を併用し，その映像から行動要素を記録した．

　最初に苦労したのはギギを生きたまま無傷で捕獲する事だった．捕獲後，長期間飼育して行動を観察する場合や，マーキングして再度放流し，それを再度捕獲する「標識再捕法」をおこなうには，網による捕獲では魚体が傷ついて死亡することが多かった．

　結局，思いついた方法を片っ端から試した結果，次のような方法で健康な生きた魚体を捕獲することができた．
① 水中メガネでのぞきながら，もどし（返し）を取り除いた釣り針を用いて1個体ずつ釣り上げる．
② スノーケリングやスクーバ潜水で，稚魚ネットまたは素手で魚をすくう．
③ ギギがいる穴の中に麻酔液を注入し，泳ぎ出てきた個体を網ですくう．

　それぞれの方法も，捕獲できる時期はもとより，サイズや数にばらつきがあり，あの手この手で数を集めなければならなかった．

　また捕獲道具についても，ギギ専用のものは無いため，必要な機材や道具は，自分で工夫して作ったり，効率良い使い方を手探りで見つけなければならなかった．潜水して水中で捕獲したギギをいちいち浮上して陸のバケツに入れるわけにもいかないため，ポリエチレン製の広口瓶に小さな穴をたくさんあけたものにナイロンひもをくくりつけて水面近くに浮いて漂うように調節し，潜水中でもこのひもを手繰り寄せ，ふたを開けて魚をキープできるようにした．現在では，鮎釣り用の船型になった「引き船・鮎ボート」を使えば，水面でも水中でも片手で容器の中に魚を入れられて便利だったと思う．

　また，潜水しながらの捕獲に使った市販の稚魚ネットも，網の取っ手の針金を曲げて，網の角度や形を変えることで，魚を追ったりすくいあげる時の水の抵抗が減り，捕獲効率がぐんと良くなった．

皆さんも，敢えて機械に頼りきらず，手作業をいとわず，お金をかけずに工夫する，といった経験を実行されることをお勧めする．

現地（フィールド）で調査研究をおこなう上での参考に

田舎の川で活動する上では，都会暮らしの方が想像できないような風習や考え方に戸惑うことが多い．何よりも調査地点のある場所は農村地域だったので，農作業に出ている地元の方には，「決して怪しいものではありません」という理解をもらうために，こちらから明るくあいさつを交わして，調査に来ていることを理解してもらうよう努力した．人間関係の構築は現地調査を実施する上での基本中の基本ともいえる．何度か言葉を交わすようになって，いったん顔見知りになると，昔の川や魚の様子を話してくれたりと，親切にしてもらうことが心の支えとなり，どんなに心強く感じられたか，と思い出される．

また別の地点では，ギギの産卵床探索や標本捕獲のためにスクーバ器材をつけて潜っていたのだが，その姿があまりにも珍しかったからか，下校中の小学生たちが川べりに列をなしてのぞいており，私が浮上した時に橋の上から「おおーい，おっちゃん！　何しとるん？」と，興味津々な目で呼びかけてきて，その都度魚の調査をしていることを話してやることがあった．その子たちは，数年後に私が川でのスノーケリング体験教室をおこなう際に，みんな勢揃いして参加し，川ガキの素養を身につけてくれるという嬉しい副産物になった．

ただ家の近くで潜水調査を通年実施したが，ギギは夜行性のため暗くなってからの行動観察が多くなり，今から思うとよく事故なく過ごせたことだと思う．

何よりきつかったのは，冬季の潜水．水温が5℃しかなく，素肌の出る顔面はもう痛いという感覚で，何度もやめようと思った．しかし水温が低いとギギも川底で冬眠状態になっており，まるで拾いものをするようにして，石の下のギギを素手で傷つけることなく捕獲でき，多くのデータを得ることができた．

これらの経験をもとに，その後川に関わる様々な人とつながりを持つようになったが，その要点をまとめると次のようになる．

まず第1に，それぞれの集落には「自治会長」がおられるので，その方を通じて集落の住民に広く周知してもらうこと，さらに各河川には禁漁区，漁期や漁法の制約があるため，漁業協同組合にも必ず調査実施を説明しておき，理解を得ておく必要もある．

次に，地元住民の情報が集まりやすい場所として，地区ごとにある交番，公

民館，ガソリンスタンド，学校，教育委員会などにもパイプを作った方が良いと思う．

　さらに，河川改修などの工事情報や水位情報などはそれぞれの河川管理者が発信しているため，1級河川であれば国土交通省の河川事務所，2級河川であれば都道府県の県民局を訪れるのも有効な方法である．最近では流域ごとに環境保全や川づくりに関する施策を策定していることが多いので，その地域での活動家とつながる機会にもなる．

　その際，学生であっても顔写真入りの「名刺」を持参して，連絡先等を知らせておくことも大切である．できれば簡単な調査内容などをパンフレットにして持参すれば，より確実な協力が得やすいと思う．

調査結果と残された課題
　外見による雌雄の判別
　ギギの性成熟した個体の総排出腔には生殖突起があるものとないものがあり，固定標本の生殖腺を調べた結果，雄が生殖突起を持つことが分かった（図3.35）．ただし，8 cm以下の個体ではこの突起が明瞭でないために，解剖して生殖腺の違いを確かめるしかなく，外部形態による雌雄の判別は難しい．

　年齢査定
　年齢査定は，ホルマリン固定した標本の第6脊椎骨を2% KOH溶液に溶かし，アリザリンレッドで染色後，椎体部にある輪紋数を数えて査定した（図3.36）．その結果，年齢とともに雄は雌よりも体長が大きくなる傾向が認められた．

　性成熟の年齢と繁殖時期
　図示していないが，雄は体長が12 cm，雌は10 cmを超えると生殖腺指数（GSI）が大きくなる個体が多い．また雌雄ともに2才魚以上で性成熟すると推測される（図3.37）．

　月ごとのGSIを調べた結果，その最大値が7月前後になったこと，8月末には当年生まれの稚魚が遊泳していることから，産卵がおこなわれるのは6月末から7月中旬がピークだと考えられる．

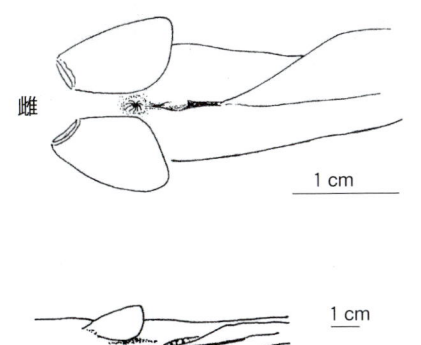

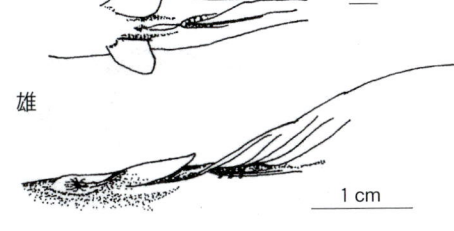

図 3.35　ギギの雄の生殖突起.

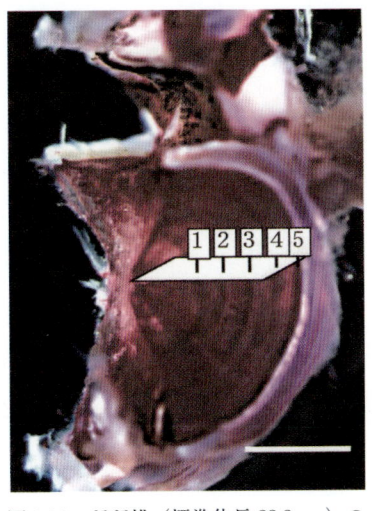

図 3.36　ギギ雄（標準体長 23.8 cm）の第 6 脊椎骨を使用した年齢査定．白線は 1 mm．

ペア産卵と産卵行動

　最大の目標だった自然河川内でのギギの産卵行動を確認することはできなかったが，水槽内での産卵行動を観察記録することができた．その中で，ギギも近縁のネコギギ（Watanabe, 1994a, b）やアリアケギバチ（Takeshita and Kimura, 1994）同様に巣穴の中でペアになって産卵し，その後雄が卵や仔魚の保護行動をおこなうことを確認できた（図 3.38）．

　a：雄の巣に近寄ってきた雌に対して，雄は側面からゆっくり接近し，胸鰭やその付近を軽くつつく．この時雌は逃げないでじっとしている．

　b：雌は口先を雄の生殖口近くに押しつけようとし，それに対し雄は尾で雌の頭腹部を包もうとして尾を折り曲げるので，互いに旋回する．

　c：雌は口先を雄の生殖突起近くに近づけ，雄は雌を胸鰭で支えながら尾鰭で頭腹部を包みこむ．

　d：緩やかに尾を振っていた雌は，急に尾を細かく震わせて体を「S」字状に緊張させ，その直後体を反転させながら上方向にむけて放卵する．

　e：雌は体をくねらせながら尾鰭で卵を攪乱し，産卵場を去る．雄は特に放精する動作を見せない．

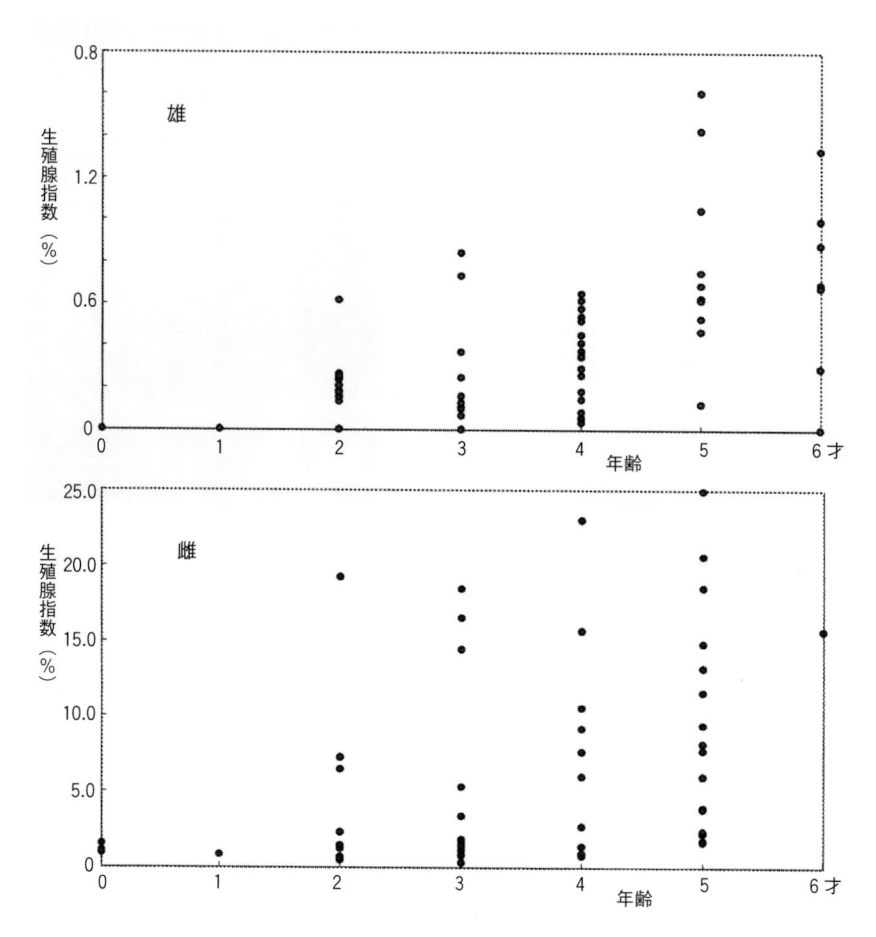

図3.37 1996年5〜8月に捕獲したギギの年齢別生殖腺指数（GSI）.

ギギの未知の生態
①受精方法
　産卵シーンを間近で観察しても，雄による放精を確認できなかったが，卵は確実に受精して発生した．コリドラスの一種で報告されている様に（Kohda et al., 1995），雄が雌を抱擁するように体を巻きつけている際（図3.38c），雌が雄の生殖突起に口を近づけて精子を飲みこみ，産卵時に放出して卵を受精させているのではないかとも想像できるが，いまだ確認できていない．

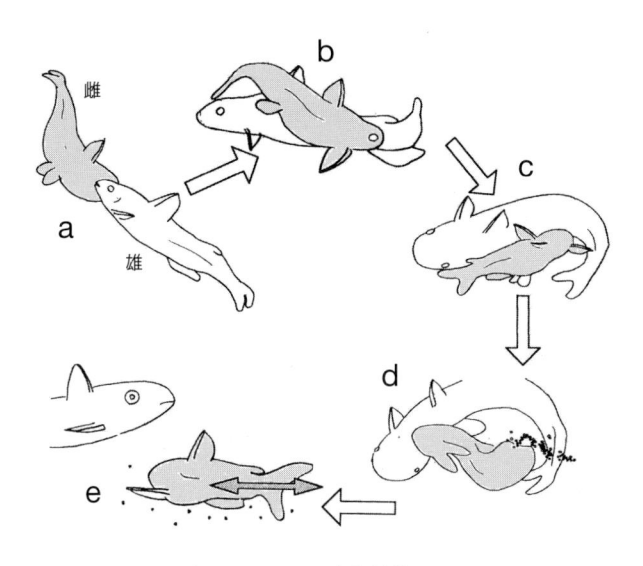

図 3.38　水槽で観察されたギギの産卵行動.

②晩夏から初秋にかけて，若魚たちの集団遊泳

　夕方になると，2才から3才かと思われる7〜8センチの若魚が，浅い砂地の上などを集団で遊泳する姿をよく見かけた．餌をとるわけでもなく，ただ群れてあちこちと泳ぎまわっていたが，その意味は不明である．

③早春，ギギの後頭部に皮膚が擦り切れた傷

　この時期に皮膚がはげているので，ハゲギギともいうのか……と勝手に思っている．多分，産卵床となる場所での雄同士の縄張り争いの際にできると思われる．

④なぜ，ギギは鳴く（音を出す）のか？

　ギギは，魚体を手でつかんだりした際に，胸鰭の基部にある骨をこすり合わせ，うきぶくろに共鳴させて音を出す．まさに魚名の由来はここにあるわけだが，その際にはとがった針のような背鰭も立てているので，鳥や他の魚類に捕食される際に身を守る手段となっていることは間違いないと思われる．しかし，相手を驚かせるために音を出すのか，それ以外の目的でも音を出すのかについては詳しく調べられていない．私も潜水観察時に，大きな岩の下で群れる成魚が，他の個体を追い払う時に音を出した事を観察したことがある．

野外調査の難しさと課題

反省としてはやはり，自然河川において目視で観察するためには，特殊な用具を使用せずとも観察可能な小河川を調査地として設定すべきであったこと，またその目標を確実に達成できる地点の探索を，事前に十分時間をかけて実施しておき，もう本番の記録だけができる状態にしてから実施すべきであったと思う．

自然河川での調査，特に夜行性の魚種の場合は，時間帯はもとより季節や気象条件の影響を受けやすく，降雨による増水や日照りによる水位の低下，田植え時期の濁り水の発生，河川工事による調査地点そのものの消失や環境の急変等で，毎年連続してデータが取れるとは限らない．

現に私の場合も，あと少しで産卵に至ると思われた場所を確認したものの，降雨による濁りと増水の開始のために，観察を中断せざるを得なくなり，3日後に水位低下後に再度見におこなったが確認できず，涙をのんだこともあった．よって確実にデータが取れる時には，数少ないチャンスを逃さず，何事にも優先して調査を続けることをお勧めする．

生涯にわたって研究を続ける楽しさ

自分の研究に取り組もうとするテンションを維持するためにも，常に最新の情報に触れられるよう，大学や研究機関とのつながり，学会や研究会への参加，現代ではメーリングリストやSNSなどでの情報交換などをおこない，刺激を絶やさないようにすることも有効な方法であろう．

大学から遠く離れた地で暮らす私がこの原稿を書いていられるのも，恩師と細々ながらも繋がりを絶やさなかったこと，パソコンやメールの利用ができていることにあるといえる．特に春と秋の年2回，関西中心に開催されている「魚類自然史研究会」への参加は，アマチュア研究者にとって最も身近な研究発表の場となっている．

私も淡水魚の研究をおこなったことで，今では流域の各市町で川に思いを持つメンバーが集まって「千種川圏域清流づくり委員会」を立ち上げ，行政と共働した活動を続けている．そこでは「川に遊び，川に学ぶ」をモットーにして，季節ごとに川の下流では稚アユやウナギの遡上観察，中流ではヨシノボリ釣り大会，上流では源流のブナ林探訪などの川に親しむイベントを開催して，子供たちへの体験活動の指導をおこなっている（図3.39）．また流域約100地点で

図 3.39 「川を耕やす・磨く」イベントでの生物解説の様子.

　夏の高水温を測定する河川環境調査，流域ライオンズクラブが昭和48年以降40年間継続してきた流域水生生物調査の取りまとめ，県の河川整備計画への参画など，活動の幅がどんどん広がってきている.
　最後に，いくら研究をしても長い経験を持っている川漁師のような地域の高齢者には歯が立たない．私も40代後半になってから，文字による知識習得に加え，実際に網を入れて川漁をおこないながら，古老からの話を聞き，実際に自分の知っている知識による裏づけをおこなうようにしている．その地域ごとの漁具や漁法は，魚の生態に則した方法であることに間違いない．
　今後はプロの研究者とプロの川漁師，その間の在野の研究者として私自身の居場所を確立し，地域の中でインタープリターとして川の文化を次の世代に伝えられる活動できればと思っている.

（横山　正）

（4）鳴き声で雌をよぶドンコの雄
ドンコの調査場所と方法

　筆者が第2章3.(1)で述べたように，当時，河川でのドンコの繁殖生態に関する詳しい研究は皆無であった．また，本種は繁殖期に鳴くこと（岩田，1989），鳴き声には2種類あること（石田，未発表）が報告されたが，その発音行動が繁殖にどのように関わっているのかについて調べた研究はなかった．私は，ムギツクによるドンコ *Odontobutis obscura* の巣への托卵について水槽観察実験をおこなった（兵井・長田，2000）後，托卵の影響のない河川でドンコの繁殖生態をのぞきたくなり，今度は川で本種の繁殖期の行動を調べることにした．雄の鳴き声を中心に，雄に対する雌の配偶者選択の要因を明らかにすることを目的とし，修論研究にとりかかることにしたのである．

　野外調査は，まず調査地探しから始まる．自分の研究対象の生きものがどれだけ生息しているか，調査するのに適した環境なのか，見極めるのである．川であれば，川幅や水深，流速なども大事である．ドンコの場合は夜行性であるため，夜間の川の様子もしっかり見ておかないといけない．それにはまず，昼間の様子を頭に入れておかなければとても危険である．夜間，たいていは近くに灯りがなく，自分の懐中電灯を頼りに川の中へ入る．懐中電灯で照らせる範囲は少ないため，川の中の岩や流木の有無，頭上の木の枝などを覚えておかなければならない．水深も，泥などがあると目視よりもかなり深いことがあるので，実際に入ってみないと分からない．昼間あまりドンコが採集できない川でも，夜間観察するとかなり生息しているのが分かることがある．

　大阪府高槻市に流れる淀川水系芥川の支流，出灰川の一区域で，近くに下宿しながら調査研究をおこなうことになった．この調査地は山の中にあり，近くに集落はあるものの夜間は真っ暗で川の流れる音しか聞こえず，たまに鹿の鳴き声が響く，とても不気味な場所であった．夜間に川に入る時はいつも暗闇が怖く気乗りしなかったが，川へ足を踏み入れた瞬間，透明度の高い水やライトに映し出される魚たち，川の匂いやゴーッという音とともに幻想的な気分になった．いつの間にか怖さはすっかり薄れ，毎回夢中でドンコを探したものである．

　約100mの調査区域の下限には堰（落差2m）があり，下流域からの魚類の遡上は妨げられていた．ゴーッという音は，この堰の音である．調査区域上限部分は早瀬であり，雨が降るとこの川は増水して濁り，流速もかなり早くなったため，雨の後数日間は川に入ることはできなかった．調査区域の川幅は平均

8 m で，川底にはドンコの産卵巣になり得る岩が数多く存在した．左岸の上流部分は笹林で下流部分は岩盤，右岸の上流部分と下流部分は石垣であり，その間には草が生い茂っていた．雨の影響がないとき，水深は浅部で約 20 cm，深部で 120 cm であった．また調査区域には，本種の他にカワムツ，カワヨシノボリ，タカハヤ，アマゴ（放流），ギンブナ，ドジョウの計 7 種の魚が生息していた．

夜間にエビタモ網を用いて採集したドンコのうち，標準体長 40 mm 以上のものには個体識別を施した．個体識別には水槽実験の時とは異なり，番号を書いた耐水紙をパウチシートで挟みこんだものを用いた．1 年目の野外調査の時に水槽実験と同じビニールチューブを用いたが，ビニールが色あせて 1 ヵ月ほどで識別が難しくなったため，試行錯誤の後，パウチシートを標識として用いることにしたのである．パウチシートは，縫い針と釣り糸で水槽実験同様，麻酔を施した本種の第 1 背鰭の前に縫いつけた．また生殖突起の形態から雌雄を判別し，雌雄で耐水紙の色を変え，夜間でも観察しやすいようにした．

本調査期間の 1995 年 4 月中旬から 11 月初旬までに個体識別をしたのは，雄 52 個体，雌 75 個体，性別不明 13 個体であった．その期間中の採捕率は標識後 1 ヵ月程度からほぼ 100 % となり，調査区域外からの移入は少ないものと思えた．夜間観察は雨による濁りのない観察可能な 47 日間おこない，懐中電灯で川底を照らしながら調査区域の下限から上限まで歩き，個体番号と位置を記録した．

産卵巣の確認は，雨による増水時以外の日の 2～3 日おきの昼間に，調査区域の産卵巣になりそうなあらゆる石垣の間や岩の下，割れ目を手探りによって確認した．卵数は，まず手探りで卵塊の面積を計測し，次に卵塊が目視できる巣の卵数と卵塊の面積の関係から全巣の卵数を推定した．ただし産着卵を発見した時にはすでに複卵塊が産みつけられていることが多く，産卵回数は不明であった．各巣の産卵日は，発見時の卵の発生段階と積算温度から推定した．前述した水槽実験（第 2 章 3.(1)）で，水温によりドンコ卵の発生速度には違いがあることが分かっており，その時の結果から，今回の産卵日を推定したのである．ただし，この推定産卵日には前後約 3 日間の誤差があると思われた．

ドンコ卵のふ化の成功及び失敗の判断は，卵の発生段階と，卵消失後の巣の触感の違いから判断した．ふ化後は卵膜が残るため少しざらついており，捕食による卵の消失の場合には卵膜が残らないため触感がなめらかであることは，

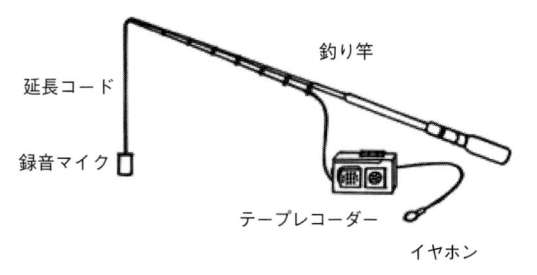

図3.40 雄の鳴き声を録音する調査道具．
巣に近づいて営巣雄を驚かせることのないよう，釣り竿に延長コードを通して，少し離れた地点からでも雄の鳴き声を録音できるようにした．録音マイクはビニールで覆い，水が入らないように自己融着テープでしっかりとめた．延長コードのつなぎ目にも防水のため自己融着テープを用いた．

水槽実験から分かっていた．また，卵が水性菌などにより病死した場合はしばらくは白い死卵が残り，雄によって死卵が取り除かれた後も卵膜の一部が残るので，捕食による卵の消失とは見分けがつく．今回の観察では，ふ化の失敗は，ほぼ全て捕食によるものであると判断できた．巣（卵）を守っている雄は後日，釣りや手づかみで採集し，個体番号を確認した．

また，雨による増水時以外の日の2～3日おきに，巣内の卵を守っている雄の鳴き声を，ビニールで包み水中用に加工した小型のマイクを釣り竿と延長コードで遠くから巣の前にたらし，テープレコーダーで録音した（図3.40）．この装置は，餌をついばむときにコツコツと音を発するムギツクや，岩下から威嚇をするときにグッと鳴くギギなど音を発する魚を探索するときに我が研究室で以前から使用していたものだ．録音は，1日中2時間おきにおこなった結果，時間帯による鳴き声の頻度に特に差が見られなかったため，おもに14時から18時にかけて全巣を10分ずつ録音した．

ドンコの夜間行動

夜間観察では，5月には雌雄ともに川の中の砂上や岩の上などでよく見られたが，6月に入る頃になると出ている雄は少なくなり，7月にはほとんど見られなくなった（図3.41）．営巣する雄が増えたからだと思われる．一方で雌は6月になっても数多く見られ，7月でも観察された．そして8月には成魚の姿はほとんど見られなくなり，代わって幼魚が数多く見られ，10月頃には夏に生まれたばかりの稚魚も見られるようになった．夜間の行動域の広さは，雌雄

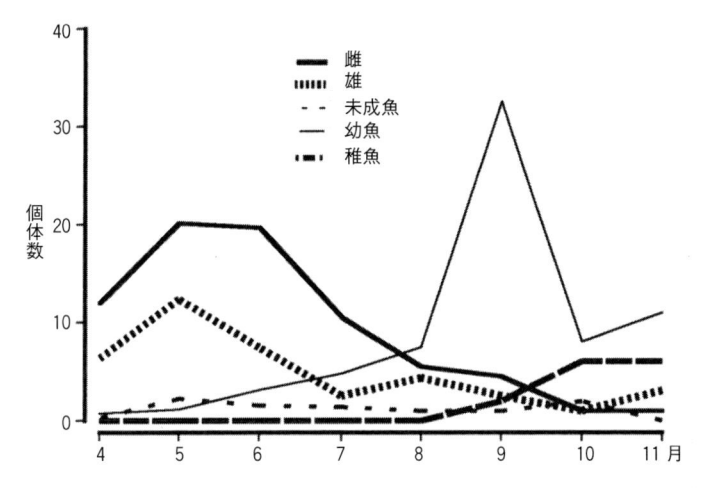

図 3.41　各月の 1 夜に観察されたドンコの平均個体数．観察は，4 月に 3 夜，5～8 月は各月 8～13 夜，9～11 月は各月 1～2 夜におこなった．

ともに個体により様々であったが，岩陰などでジッとひそんでいるドンコのイメージとは違い，調査区域内の広い範囲を 1 夜で移動している個体も見られた．

ドンコの繁殖

　本調査では，6 月 6 日から 7 月 29 日まで 19 例の産卵が確認された．ただし先にも述べたように，産卵巣を見つけた時にはすでに複数雌が産卵していたと思われるので，実際の産卵回数はもう少し多いと考えられる．産卵は毎回，大雨の後増水して水が濁っているときであり（図 3.42），卵の発見はたいてい数日遅れとなった．観察期間中に最も大雨が降り続いた 7 月初旬を境に水温はぐんと上昇し，それに伴い他種魚およびエビ類やサワガニなどの行動も明らかに活発になった．このことより本調査では，7 月 1 日を境に繁殖期を前後期に分けて考えることにした．

　今回観察された卵保護雄は 16 個体で，体長は 96.5 mm 以上と，卵保護雄の体長は他の雄たちに比べて有意に大きかった（Mann-Whitney の U 検定，$p <0.05$）．一方で抱卵雌は 5 月 18 日から 7 月 25 日にかけて 21 個体を確認し，全てが 70 mm 以上であったが，他の雌との間には体長に有意な差は見られなかった．

　雄の巣の利用については，同巣で同雄が複数回繁殖をした例や，繁殖に複数

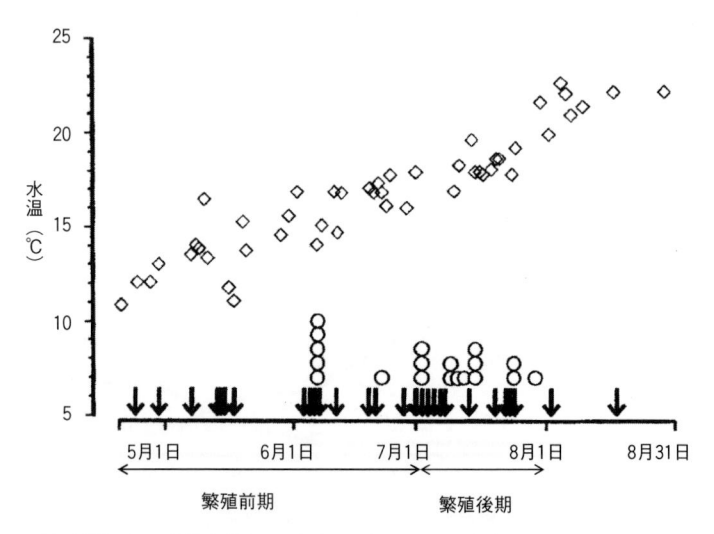

図 3.42　繁殖期間中の水温変化および雨の日とドンコの産卵日．
　　　　ひし形（◇）は水温，白丸（○）はドンコの推定産卵日，矢印（↓）は雨の日をあらわしている．雨が降り続いた後に産卵がおこなわれていることを示している．
　　　　この図から，7月1日を境に繁殖期を前後期に分けた．前後期の水温の違いにも注意．

巣を利用した例，1つの巣を異なる雄が時期を変えて利用した例など，水槽実験同様に様々であった．この調査地では巣となりえる空間は数多くあったのに，1つの巣を異なる雄が時期を変えて利用したことは，とても興味深い．しかも両例とも卵は捕食されふ化に至らなかったので，良い巣であったとも思えない．

　ここで，各巣における産卵日と卵のふ化日，あるいは捕食された日を示す（図3.43）．前述したように，雨により巣内の卵の確認が遅れたため，卵の発生段階と水温から産卵日を推定した．ふ化日および捕食された日は確認した日を示したため，これらは実際には数日前であったかもしれない．19例の繁殖のうち，ふ化が成功したのは10例，失敗したのは9例であった．とくに繁殖後期でのふ化失敗が多く，これは水温が上がってくる後期にドンコ卵の捕食者の活動が活発になるためではないかと考えられた．この図から，水温の冷たい繁殖前期に産みつけられた卵のふ化日数は後期よりも長いことがわかる．また，数日間ふ化が続いている巣があることからも同巣で複数回産卵がおこなわれていたことが推察される．捕食によるふ化の失敗巣の割合が前期は16.7%，後期は61.5%と，後期になると卵への捕食圧は上がることが分かった．水温の冷たい繁殖前期に卵を得ると，雄は長い期間ほとんど餌もとらずに卵を守らなけれ

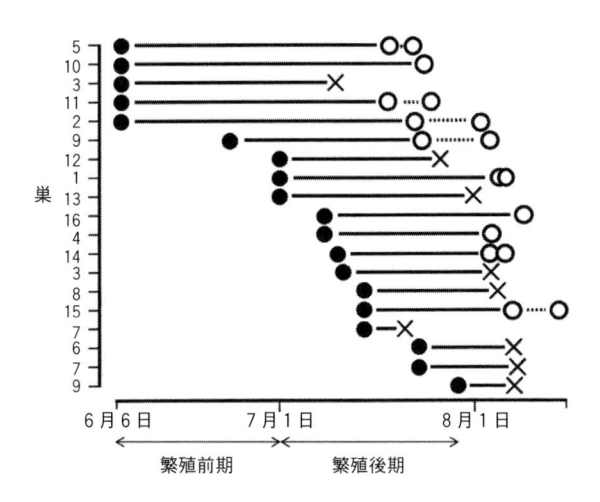

図 3.43　各巣におけるドンコの産卵日とふ化または捕食された日．
縦軸は巣の下流から順につけた巣の番号．黒丸（●）が推定産卵日．
白丸（○）は卵のふ化を確認した日で，×は卵が捕食されたことを確認
した日である．
白丸と白丸の間の点線は，ふ化が数日続いていることをあらわしている．

ばならない．後期に卵を得れば守る期間は短くて済むが，捕食圧が上がるためになかなか卵をふ化させることができない．雄にとっては，どちらが良いのか難しいところである．

雌から選ばれる雄

夜間観察の結果から，雄は営巣するとほとんど巣外には出ないことが分かった．これは水槽実験でも同様である．では広い川の中で，雌はどうやって雄が守る巣を把握し，よりよい雄の巣を選ぶのであろうか．巣に卵を産みつけたら，雌は雄に卵を託すことになる．卵を保護する能力の高い雄や守りやすい巣を構える雄を選択しないと，雌は子孫を残せないのである．水槽実験の様子からも，雌が雄の巣を認識するのは，雄の発する威嚇や求愛の声であると思われた．雄の鳴き声を頼りに雄の巣を認識し，その後雌は雄の営巣の様子をうかがうのだと思われる．ドンコの鳴き声は，上下の咽喉歯を擦り合わせることにより発せられ，うきぶくろによって増幅されることが分かっている．また，大きな個体ほど低く力強い音を発することも報告されている（竹村，1994）．今回の調査では，大きな雄ほど鳴き声の頻度も有意に高いことが分かった（$r=0.80$, $p<$

0.05).雄が巣内にいても,雌は雄の体の大きさを鳴き声の音や頻度から判断することができる.体の大きな雄ほど,卵捕食者から卵をしっかり守ることができるはずである.

水槽実験では,体の大きな雄ほど繁殖回数は多く,保護した総卵数も多い傾向が見られた.しかし今回の調査では,繁殖回数は分からなかったが,雄の体長と保護した総卵数との間には有意な相関は見られなかった.水槽実験では面積あたりの個体数が川よりも著しく高いために,ドンコの個体関係が繁殖成功に及ぼす影響が強く出るのかもしれない.

そこで次に,雄の体長と鳴き声の頻度および各雄が保護した卵数の関係を繁殖前後期に分けて示した(図3.44).前期,後期ともに,大きな雄ほど鳴き声の頻度は有意に高かったが(前期:$r=0.86$,$p<0.05$,後期:$r=0.69$,$p<0.05$),雄の体長と保護した卵数には前後期で違いが見られた.前期にはよく鳴く大きな雄の方が多くの卵を得る傾向が見られたが,後期にはあまり鳴かない小さめの雄の方が多くの卵を得た.しかも後期には,大形の雄が保護する卵はほとんど捕食されてしまい,ふ化に至っていない.また前後期両方に卵を保護した雄が2個体いたが,2例とも前期は卵をふ化させることができたのに,後期には卵が捕食されてしまい,ふ化に至らなかった.

つまり雄は,繁殖期間を通して大きな雄ほど頻繁に威嚇および求愛の声を発するが,雌は卵捕食者の少ない繁殖前期には大きな雄の巣をえらび,卵捕食者の多い後期にはあまり鳴かない雄を選択したのだろうということである.実際に,前期はふ化までに日数を要するので,体力のある大きな雄でないと卵をふ化させるのは難しいであろうし,後期には卵捕食者から気づかれにくい巣を選んだほうがよさそうである.

私が垣間見たドンコの世界はほんの一部分であり,他の河川ではまた別の世界が広がっているかもしれない.他種魚の構成や河川環境が異なると,きっと別の繁殖戦略があるに違いない.これまでいくつかの河川でドンコを採集してきたが,ドンコの気性も河川により異なるように感じる.体の大きさや攻撃性は,餌や密度によって変わるのであろう.野外での生きものの調査では,一定の法則を見つけることもあるが,たいていがよく分からないことだらけで,そのよく分からない部分が生きものの世界の大部分なのだと私は思っている.生物調査には終わりがない.ドンコ1種とりあげても,見たいこと,知りたいことは山ほどあるのだ.もちろん何かを発見するのはとても楽しく,だからこそ

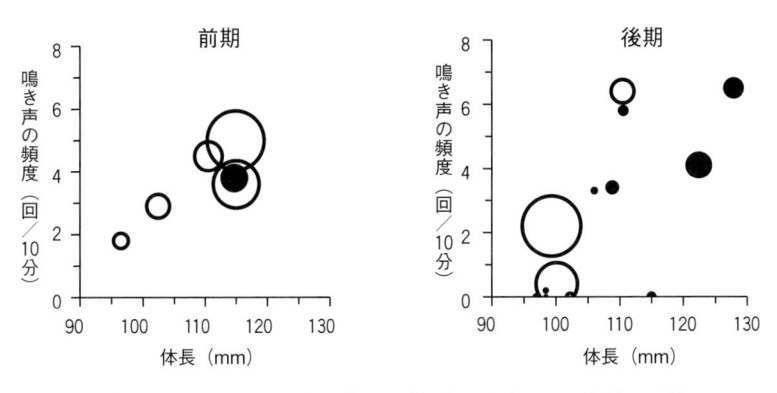

図 3.44 繁殖前後期におけるドンコ雄の体長と鳴き声の頻度および卵数の関係．円の直径は雄が保護した卵数をあらわしており，白丸はふ化成功，黒丸はふ化失敗である．

夢中になるのだと思うが，それ以上に生きものがその時々を必死で生きている，その姿を観察するだけで十分に面白い．そして今でも，ドンコはなんともいえずかわいい魚である． (吉本純子)

(5) 河床にすむ孤高の住人 ―カジカ
カジカという魚

　清らかな流れの川に入り，箱メガネで水中をそっとのぞいてみると，アマゴやタカハヤなどの遊泳性の魚類に加えて，河床の礫の間でじっと動かずに身を潜めている単独性の底生魚に出会うことがある．まるで河床の礫に化けているかのようだ．しかしひとたび眼の前に餌となる水生昆虫が近づくと，いままでじっと定位していたのが信じられないほど素早く反転して摂餌をおこない，それが終わると何事もなかったかのように再び河床にじっと身を潜め続ける．まさに「静」と「動」とを併せ持つ孤高の住人，そんな肩書きがこの魚には似合うかもしれない．

　この節でお話しするのは，河川で生涯を送る河川陸封型の生活様式を持つカジカ大卵型 *Cottus* sp. LE という，カサゴ目カジカ科カジカ属（*Cottus*）に属する底生の淡水魚である．海洋との繋がりが極めて深いカジカ科魚類（70属275種）の中で，本種が属するカジカ属はヤマノカミ属（*Trachidermus*）とともに，全ての種が生活史の一部または全てにおいて淡水域を生息場所とする異色の小分類群である（後藤，1989）．北半球に広く分布するカジカ属魚類約40種のう

ち，我が国に生息するものはわずか7種1亜種だが，その中には産卵のために河川から海域へと下る降河回遊型（カマキリ），淡水域で成長し産卵をおこなう両側回遊型（エゾハナカジカ，カンキョウカジカ，カジカ小卵型，カジカ中卵型），河川で生涯を送る河川陸封型（ハナカジカ，カジカ大卵型），および湖沼とその流入河川を生息場所として利用する湖沼陸封型（ウツセミカジカ）の4タイプの生活様式を持っており（後藤，1989），多様な生活を営んでいるといえるだろう．

　ここでは，河川陸封型の生活様式を持つカジカ大卵型（以下カジカとする）を対象とした筆者の卒業研究〜大学院修士課程における生態学的研究の一部を紹介するとともに，野外調査をおこなううえで遭遇した研究上の壁をどのようにして解決したのかについても述べてみたい．

カジカの生態

雄と雌の体の大きさ

　「やっぱり雄の方が（雌よりも）大きいなぁ……」これは筆者が卒業研究でカジカの野外調査を始めた頃に，まず気づいた点だった．当時は調査地の近くにテントを持ちこみ，体力にまかせてタモ網でひたすらカジカを捕まえては，雄と雌の体長や体重を測定する基礎的な調査をしていた．彼らの体長分布を描いてみても，雄のほうが全体的に雌よりも大きい傾向が見られた．

　有性生殖をおこなう動物では，雄の方が雌よりも体のサイズが大きい傾向がしばしば見られる．これは性的サイズ二型（sexual-size dimorphism）といわれ，実は淡水カジカ類でも広く見られる現象である．淡水カジカ類では，雄が繁殖の前に河床の礫下の空間を営巣場所（産卵床）として占拠し，雌と繁殖した後も産卵床の内部にとどまり，産卵床に侵入して卵を捕食しようとする他魚種からの防衛や，胸鰭によるファンニング（水送り）などの卵保護をおこなう（後藤，1989；棗田，2011）．大型の体サイズを持つ雄は産卵床の獲得をめぐる同性間の闘争上で有利であるだけでなく，自分の産卵床内に産みつけられた卵の保護をするうえでも優れた防衛者である場合が多いため，淡水カジカ類の性的サイズ二型の出現の背景として，雌がより大型の雄を配偶者として好むために大型の体サイズが選択圧のうえで好まれる，いわゆる性選択の観点からの説明が一般的である．しかしこの説明は，雄が雌よりも大型の体を持つことで，その雄個体にどのような生存価上の利益（例えば，自身の寿命や将来残せる自分の

子の数）があるのか，すなわち究極要因からの問いかけに対しての答えであり，個体が成長して性成熟に達する過程の中で，どのような仕組み（例えば成長率が良いのか，あるいは年齢が高いのか）で性的サイズ二型が生じているのか，すなわち至近要因からの問いかけについては答えていない．

性的サイズ二型に関する淡水カジカ類の先行研究を調べてみると，究極要因の観点からの説明は数多くあったが，この現象の生じるメカニズム，すなわち至近要因については，北海道大学（当時）の後藤先生が発表されていたカンキョウカジカ *C. hangiongensis* の論文（Goto, 1984）以外には見つからなかった．はたしてカジカの雄は，成長が良いために雌よりも大きくなるのか，それとも雌よりも年齢が高いために大型になるのだろうか？

そこでカジカの性的サイズ二型が出現する過程を解明するために，1989年7月から1991年1月にかけて三重県の員弁川上流域で，カジカ個体の第1背鰭と第2背鰭の棘と軟条を基部（担鰭骨）から切除する組み合わせ（後藤，1989）によって1658個体に個体識別をおこない，もとの地点に放流して後日採集する標識再捕法によって個体の成長を追跡した．そして得られた識別個体のデータを基にして，以下の数式から瞬間成長率（λ）を算出した．

$$\lambda\ (\%) = 100\ (\log_e L_2 - \log_e L_1)\ T^{-1},$$

L_1は1度目に捕獲された個体の体長を，L_2は再捕時の個体の体長を，そしてTは再捕間隔（日数）をそれぞれ示す．このようにして算出された瞬間成長率（以下成長率とする）を雄と雌とで比較してみると，性成熟に達した2才以上の成長率には，非繁殖期，繁殖期とも性差が認められないのに対して，未成熟期（0才〜1才および1才〜2才）における雄の成長率は，雌よりも有意に大きい傾向が認められた（図3.45）．すなわち，カジカの性的サイズ二型は，同属のカンキョウカジカで示された傾向（Goto, 1984）と同様に，主に未成熟時の成長率の性差によってもたらされていることが示唆された（Natsumeda et al., 1997）．

性成熟に達する前年の1才から2才の間において，カジカの成長率に性差が出現することの背景として，いくつかの理由が考えられる．まず，配偶子を生産するために必要とするエネルギー上のコスト（支出）は，雌の方が雄よりも一般に高くなる傾向があるため，性成熟を控えたこの時期は，雄の方が雌よりも成長などの体組織維持に配分するエネルギー上での余力があることが考えられる．さらにカンキョウカジカと同様に，カジカでも雄の方が雌よりも口幅が

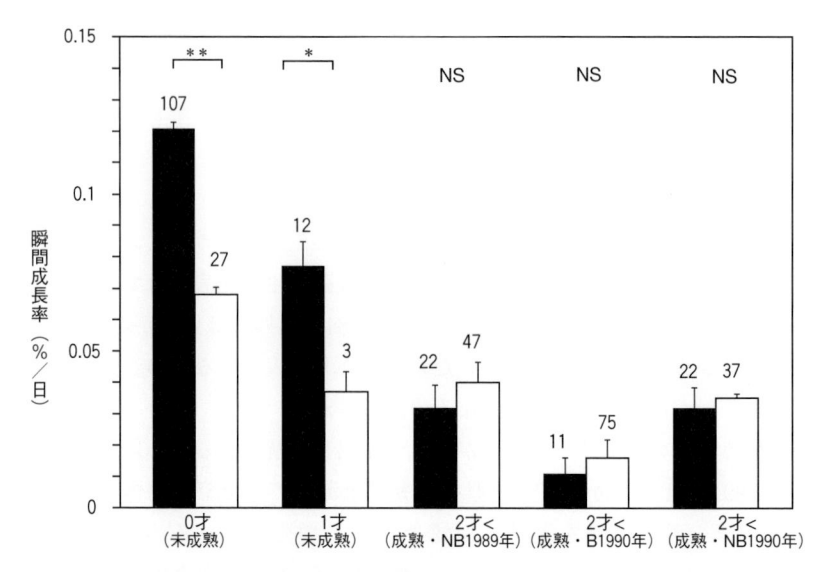

図 3.45 年齢ごとのカジカの成長率．雄（■）-雌（□）間で比較した．図内の数字は個体数を示す．NB：非繁殖期，B：繁殖期 $**：p<0.01$，$*：p<0.05$，NS：$p>0.05$ (Natsumeda et al., 1997 を一部改変)．

大きい傾向がある（棗田，未発表）ため，雄は雌よりも大型の餌生物を捕食することが可能である．カジカは河床の礫付近に定位し，接近してくる水生昆虫を捕食する待ち伏せ型の摂餌様式を持つ（棗田，2011）．栄養価が高いと考えられる大型の餌生物を雄は効率よく捕食することで，結果的に雌よりも高い成長率を得ているのではないかと考えられる．

繁殖期のカジカの移動　雌から出された「宿題」

海洋を回遊するクロマグロや，生涯のうちに海洋と淡水域との間を回帰移動するサケなどの通し回遊魚では，数千キロメートルにもおよぶ広範囲の移動をおこなうことが知られている．一方，河川で生涯を送る淡水魚類は，前述のような広範囲な移動はおこなわないものの，河川内で回遊（potamodromous migration）をするものと，河川流程の一定の範囲内で定住性を示すもの（resident）とに区分される．淡水カジカ類に焦点をあてると，河川と沿岸域とを回遊する両側回遊性のカンキョウカジカでは，数キロメートルに及ぶ移動をおこなう（後藤，1989）のに対して，河川で生涯を送る河川陸封型のカジカ類の多くの種類では，その移動距離は概ね 50 m 以内であり，比較的定住性を

示す傾向があることが知られていた．しかしながらこれらの研究の多くは，非繁殖期の比較的短期間での調査結果から導かれたものであり，繁殖期を含めた周年の河川内移動について定量的に調べた研究は少なかった．河川に生息する淡水カジカ類の雄は，繁殖に先立って河床の大礫の下面の空間を占拠し，産卵床として利用する（後藤，1989）ため，河川内の各生息場所（早瀬，平瀬，淵）における産卵床の分布様式が，繁殖期前から繁殖期にかけての雄や雌の個体の移動に影響を及ぼしている可能性が考えられた．

そこで員弁川上流域で，複数の早瀬，平瀬，淵の組み合わせを含む 290 m の流程を調査範囲として設定し，前述の第1背鰭と第2背鰭の棘と軟条を切除する組み合わせ（後藤，1989）によって個体識別をおこない，標識再捕法によって個体の移動を1年間追跡した（Natsumeda, 1999）．調査範囲内の流程・横断方向全面に 2 m × 2 m のコドラート（全725ヵ所）を設定し，捕獲から再捕獲の間に個体が通過したと見なされる流程方向のコドラートの数を，各個体の移動距離として定量化した．例えば，横断方向での移動が見られても，流程方向の移動が無ければ移動距離は 0 m，ひとつ上流（下流）のコドラートで再捕された場合の移動距離は ＋2 m（－2 m）と記録した．移動距離が 0 m 以外のデータは，全て上流方向（＋）もしくは下流方向（－）への移動として評価した．

完熟卵によって腹部が膨れた雌個体の出現頻度の推移から，本調査地におけるカジカの繁殖期は，おおむね2月中旬から5月上旬にかけてであると推測された（Natsumeda et al., 1997）．そこで，1年間を繁殖期前（7～1月），繁殖期（2～5月），繁殖期後（6～7月）の3つのシーズンに分けて，雄と雌の個体の移動をシーズン間で比較した．

調査期間中（1989年7月～1990年7月）に個体識別をおこなった1418個体のうち，310個体（21.9％）が再捕され，再捕間隔（日数）には1～322日と大きく変異が見られた．もし再捕間隔が長い個体の移動距離が大きくなる傾向があれば，個体の移動距離は再捕間隔の長短によって左右されている可能性が考えられる．そこで再捕間隔と移動距離との間の相関関係を検証したところ，繁殖期の雌以外では有意な相関は見られなかったため，再捕間隔は基本的に個体の移動距離に大きな影響を及ぼしていないものと見なされた．

移動距離の平均値は，性別にかかわらず繁殖期前（12 m），繁殖期（21 m），繁殖期後（17 m）の3シーズン間でわずかに有意差が認められた．一方，生

息場所間の移動に注目すると，繁殖期の雄では平瀬に移動する傾向が見られるのに対して，雌では同様の傾向は認められず，この季節だけ両性の生息場所間の移動について明らかな性差が認められた．カジカの産卵床は，浮き石が存在するが流速がそれほど速くない白波の立たない平瀬域にほぼ限られている（Natsumeda, 1999）ことから，繁殖期に見られる雄の平瀬域への移動は，彼らにとって繁殖成功を達成するうえで不可欠である産卵床を獲得し，そこで繁殖期を通じて雌との繁殖活動を継続的におこなっていることを反映している可能性が示唆された．

標識再捕個体のデータから移動を評価する場合，たいていは捕獲時と再捕獲時の２回のデータを基にすることになる．しかしもし，A地点にいるある個体がB地点に移動し，そして再びもとのA地点に戻る移動をおこなっている場合には，２回の捕獲－再捕獲データでは個体の移動を完全に把握できないことになる．すなわち「A地点からB地点への移動」や「B地点からA地点への移動」という，個体が実際におこなった移動の一部しか把握できない場合に加えて，「A地点で定住的である」という誤った解釈を導く恐れすらある．すなわち標識再捕個体の移動様式を正確に把握するためには，少なくとも３回以上の捕獲－再捕獲データが必要であることに気づいた．

そこで，３回以上捕獲－再捕獲された個体を対象として，雄と雌の生息場所間の流程間－場所間移動を追跡してみた（図3.46）．３回以上のデータがあり，かつ２つ以上のシーズンにわたって捕獲された雄14個体のうち，4個体（28.6％）は終始平瀬で再捕され，8個体（57.1％）が繁殖期前〜繁殖期の間に平瀬への移動をおこなっていることから，これらのシーズンにおける雄の平瀬域への強い好みを反映していると考えられた．さらに繁殖期前〜繁殖期の間に平瀬域に移動をおこなった先述の雄8個体のうち，3個体は繁殖期後にもとの生息場所に戻る，いわゆるホーミング行動（homing behavior）をしていることも明らかになった．一方，雌では14個体中11個体（78.6％）が調査期間を通じて同じ生息場所で捕獲され，特定の生息場所に集中する傾向は認められず，平瀬と他の生息場所間の移動が観察されたのはわずか1個体であった．この個体は2週間の再捕間隔の間に100 mを超える比較的大きな移動をしていた．以上の事実から雌は，雄のように繁殖期を通じて平瀬域に集中せず，それぞれの生息場所で比較的定住性を保ち，産卵する際にのみ平瀬域へ短期間の移動をおこなっている可能性が示唆されたが，繁殖期における雌の移動については不

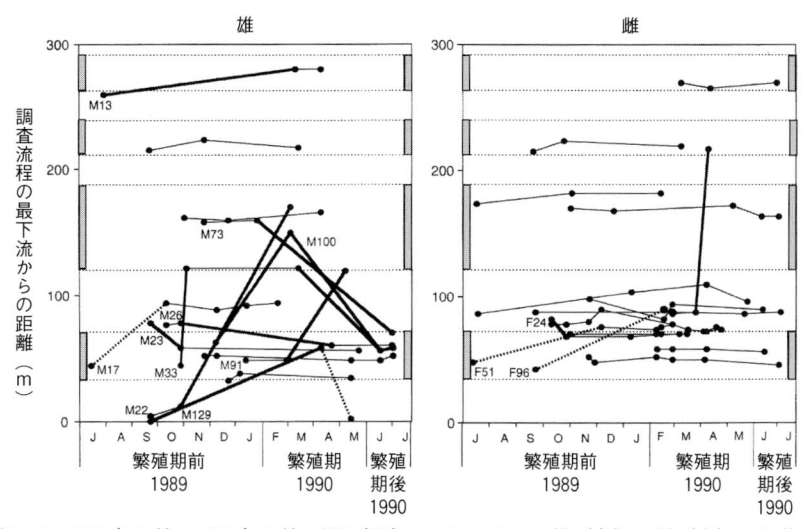

図 3.46 1989 年 7 月～1990 年 7 月の間に観察されたカジカの雄（左）と雌（右）の個体の移動様式．図の調査流程内の ▯ は平瀬域を示す．図中に番号を付した太線と細線は，それぞれ各個体の平瀬域への移動と他の生息場所への移動を示す．（Natsumeda, 1999 を一部改変）

明な点が残り，更なる調査が必要であることを痛感した．

ついに繁殖期の雌の移動をとらえた！

　標識再捕法を用いた調査では，一定の再捕間隔で多数の個体を連続的に採捕することが難しく，再捕間隔が空いてしまうと，短期間のうちにおこなわれる個体の移動を見逃してしまうという苦い教訓を得ることとなった．そこで何とかして繁殖期における雄と雌のつがい形成にともなう移動をおさえたいと思い，長田先生と相談して，繁殖期を通じて産卵場所（平瀬域）を中心とした個体の行動観察をおこなうことにした．まず繁殖期の前である 12～翌年 1 月の間に，番号やカラーチューブをつけたタグをカジカ個体の第 1 背鰭の前に釣り糸で結びつけることでマーキングを施し，捕獲しなくても個体識別が出来るようにした（図 3.47）．これまでの野外調査から，カジカは主に夜間に活動することがわかったため，繁殖期（2～5 月末）の夜間（19：00～翌朝 5：00）に観察を集中することにした．調査を開始する前に，あらかじめ河床の直径ほぼ 20 cm 以上の全ての礫の配置等を記入した地図（図 3.48）を作成し，個体が定位していた場所と時間を地図上に書きこむマッピング法によって，個体が定位してい

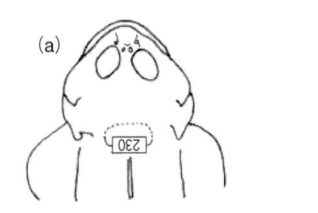

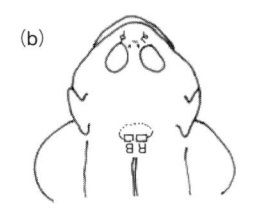

図 3.47　繁殖期前にカジカ個体に施した外部標識の例．第 1 背鰭の前に番号やカラーチューブを釣り糸で縫いつけることで，捕獲せずに個体識別が可能となった．
(a) 番号のマーク（ゼッケン 230），(b) カラーチューブのマーク（チューブ R-B）．

た位置をほぼ毎晩，最低 1 回追跡した（Natsumeda, 2001）．
　その結果，20 個体の雌については，どの産卵床で産卵したかを特定できた．彼らは（1）通常の行動圏内で産卵したもの（$n=8$）と，（2）通常の行動圏を一時的に離れて産卵し，産卵後にもとの行動圏に戻るもの（$n=12$）の 2 つの移動パターンに分けられ，両者の体長に有意差は認められなかった．通常の行動圏外で産卵した 12 個体の雌のうち，11 個体（91.7%）では自身の行動圏内に全く産卵床が含まれていなかったため，まず雌の行動圏と産卵床の分布との空間的な不一致が，雌の通常の行動圏外での産卵を主に引き起こしていることが明らかになった．
　一方，残りの 1 個体の雌（FR-2）は自身の通常の行動圏内に産卵床（b および c）が含まれていたにもかかわらず，自身の行動圏を一時的に離れて 40 m ほど上流にある別の産卵床（f）で産卵した後に，自身のもとの行動圏内に戻っていた（図 3.49）．この雌は，行動圏を離れて産卵する前の 3 月 12 日〜翌 13 日に産卵床 b の入り口に接近したが，この産卵床を構えていた保護雄とは配偶しなかった．実はカジカの雄の配偶可能な期間（mating phase）は概ね 1 週間以内（平均 5.7 日）と短く，この雌が産卵床 b に接近した時期には，既に複数の卵塊を得ていたこの産卵床の雄は，雌への求愛活動をおこなわなかったことから，既に卵保護期（parental phase）に移行していたものと考えられる．カジカの雄は自身の産卵床に産みつけられた卵がふ化するまで産卵床内に留まって卵保護をおこなう必要があるため，もし雌との配偶期間が長びくと，その後の卵保護期間の延長にともなって産卵床に留まる期間自体が長くなり，それは結果的に雄の生理上のコンディションの一層の悪化をもたらすことになる．すなわちカジカの雄に見られる短い配偶期間は，卵保護にともなうエネルギーコスト節約の観点から見て適応的であると考えられる（Natsumeda, 2001）．

流向

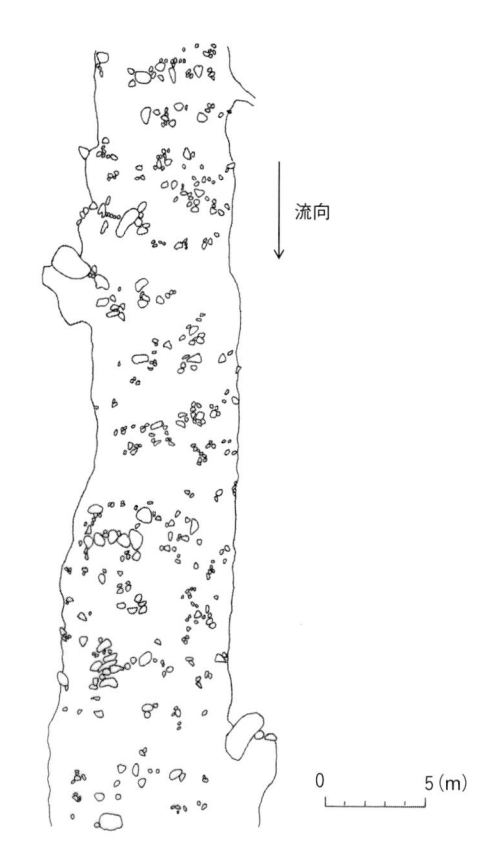

図 3.48 繁殖期のカジカの行動観察のために作成した調査地内の河床の地図．ほぼ直径 20cm 以上の礫は全て描いてある．地図上の礫の配置を基にして，カジカ個体が定位していた位置を記入していった．

　このようにして繁殖期を通じた夜間の行動観察から，雌の行動圏外での産卵は，雌の側の産卵のタイミングと雄が構える産卵床の空間的・時間的有用性の不一致によって，極めて短期間の間に生じていることを明らかにすることが出来た．たくさんの個体にマーキングを施しても，実際に捕れる個体のデータはそのほんの一部であり，その作業効率はお世辞にも決して良いものではなかったが，標識再捕法をベースにした卒業研究では明らかにできなかった繁殖期の雌の移動を明らかにすることが出来た感動は，今でも鮮明に覚えている．このような小さな感動の積み重ねこそが，飽くなき研究を進めるうえでの大きな原動力の 1 つとなるのではないだろうか．

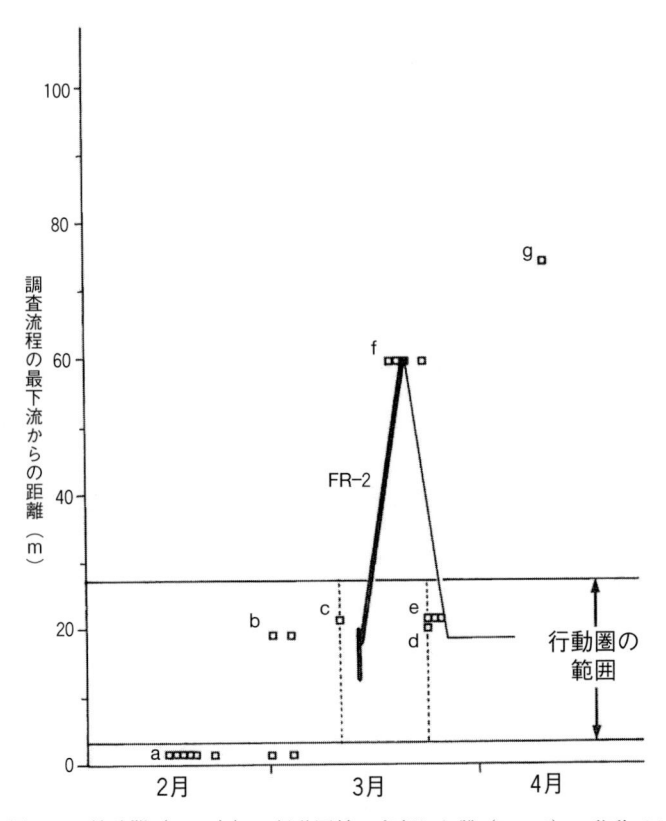

図3.49 繁殖期（1993年）に行動圏外で産卵した雌（FR-2）の移動パターン．
太線と細線はこの雌個体が産卵が可能な状態と産卵後の状態をそれぞれ示す．
図中の□は各産卵床（a〜g）内に卵が産みつけられた日をあらわす．
（Natsumeda, 2001を一部改変）

あとがき

　私が学部研究生から大学院修士課程にかけて3年間お世話になった長田先生の研究室には，「自然を師とし，いかなる酷暑厳寒も厭うべからず」旨の心得が掲げられていた．この心得を眼にした時，とても厳しいところへ来てしまったものだ……と思ったことも1度や2度ではなかったように記憶している．しかしこの心得は，先輩方のお手伝いで参加させて頂いた炎天下での野外調査はもちろん，計測用紙やタモ網がしばしば凍る真冬の私自身の調査においても，無形の力として私を支えてくれることとなった．R・ドーキンスが提唱するミーム（遺伝的な基盤によらなくても，文化的な過程を経て伝播するプロセス）

が存在するとするならば，研究室のOBの1人として，この素晴らしいミームの一部を受け継ぐことができたことを非常に誇りに思っている．この心得を大切に胸の中にしまいつつ，熱中症や霜焼けにならないように気をつけながら，事情の許す限り学生達と野外に出たいと思っている． （棗田孝晴）

（6）日本のイトヨ
これまでの研究概要

　私とイトヨとの出会いは，大学院修士課程に進むときであった．昔から魚が好きで専門の勉強をしようと海洋実習船を持った大学を選び進学した．学部の卒業研究ではダイビングが出来て，しかも，最先端の科学が学べるということで，ヒトデのタンパク質を研究する生化学分野だった．けれども，実験室での実験になじめず，大学院は魚類生態学を！　と進学先を変えた．関西の研究会に参加し，その中で，一番面白そうだったのが森誠一氏のハリヨの研究発表だった．その後，森氏に師事し，これから紹介するハリヨとイトヨについて研究を始めたのだった．

　イトヨはトゲウオ科に属する10 cmに満たない小魚で，1973年にノーベル医学生理学賞をとったティンバーゲンが研究したことでよく知られている．雄が水底に巣を作り，ジグザグダンスと呼ばれる求愛ダンスをして雌を巣に誘い産卵に至る．その配偶行動が本能行動のよい例だとして高等学校の生物の教科書によくとりあげられている．トゲウオ科は5属からなり，そのひとつであるイトヨ属は北半球北部地域のほぼ全域に広く分布している．イトヨ属（*Gasterosteus*）は大きく2種に分類されているが，日本に生息するのは生活史多型と形態変異の多いイトヨ *Gasterosteus aculeatus* である．世界中に広く分布するイトヨは，これがすべてイトヨなのかと思えるほどのバリエーションがある．例えば，高校生物の教科書に載っている婚姻色が赤いイトヨの他に，婚姻色が白っぽいものや真っ黒なものもある．

　また，生活史もさまざまで，遡河回遊性のほかに，河川残留性，湖沼残留性，沖合型，底生型などがある（McKinnon and Rundle, 2002）．したがって，分類学的に混沌としており，しばしば種群として扱われている．日本にも太平洋型イトヨと日本海型イトヨの2つの型が存在し，生活史には遡河回遊性のほかに，河川残留性，陸封性のものが存在する．

イトヨの分布

 日本の2つの型のイトヨについては1930年代から形態の異なる2つのイトヨが存在することが指摘されてきたが,アイソザイム解析による研究によって遺伝的にも異なる2つの系統群であることがこれまでの研究でわかっている(後藤・森,2003).私が島根県から東北・北海道をめぐり生息を確認した地点を,2型の特徴である鱗板と尾柄部の形状や体形をもとに分類してプロットしたのが図3.50である.太平洋型イトヨの遡河回遊性のものは親潮が流れる北海道道東から道央にかけて分布し,ハリヨを含め近畿から北の各地に陸封性個体群と河川残留性個体群が点在して分布している.日本海型イトヨは遡河回遊性のみで,対馬暖流,津軽暖流,宗谷暖流の流れる西日本から北海道の日本海側およびオホーツク海,北海道の太平洋岸まで広く分布している.2型の分布域は北海道の道央の太平洋岸から道東にかけて重複しており,両型が混獲される場所もある.

修士・博士論文のテーマ

 さて,私の修士課程,博士課程を通じての研究テーマは,この2系統のイトヨが同所的に生息する場所があるにもかかわらず,なぜ,交雑してしまわないのかということであった.遺伝的に異なる2系統が存在することから,生殖的な隔離が起きていることは間違いない.では,どの段階で隔離が起きているのだろうか.産卵・受精のあと親がふ化まで保護するイトヨにおいて,"受精したが発生途中で死んでしまう"であるとか,"成魚まで成長しても稔性がない"といった事態がおこるのは,あまりにもリスクが大きい.であるならば,産卵・受精に至るまでの過程で生殖的な隔離が起きているのではないか.そう仮定して研究を進めることにした.そしてそのことを明らかにするために,2系統のイトヨを用いて交雑実験をおこない,交雑の可否を確かめ,配偶行動を観察して解析することにした.

 実験には,北海道釧路産の太平洋型遡河回遊性イトヨ(以後,太平洋型イトヨ),新潟県産の日本海型遡河回遊性イトヨ(以後,日本海型イトヨ),太平洋型の陸封性個体群である滋賀県産のハリヨ(以後,ハリヨ)を用いた.いまではハリヨは県指定の天然記念物だが,当時はまだ指定されておらず実験に用いることができた.実験に用いた個体の平均体長±標準偏差 SD は以下のとおりである.太平洋型イトヨ雄 76.5 ± 2.5 mm($n=33$),太平洋型イトヨ雌 $82.1 \pm$

太平洋型イトヨ　　　　　日本海型イトヨ

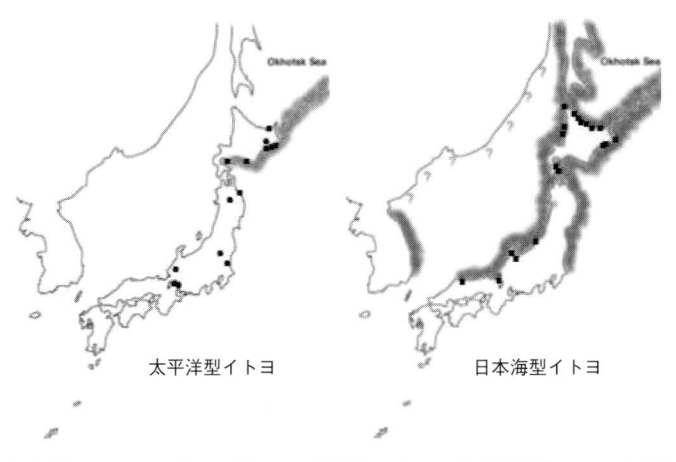

図3.50　イトヨの分布．グレーの海域はイトヨの分布を示す．マークは筆者の採集地点を示し，■は遡河回遊性個体群，●は陸封性個体群もしくは河川残留性個体群を示す．（後藤・森，2003を改変）

10.9 mm（$n=50$），日本海型イトヨ雄 $72.0±3.1$ mm（$n=9$），日本海型イトヨ雌 $78.9±3.5$ mm（$n=21$），ハリヨ雄 $55.4±2.9$ mm（$n=24$），ハリヨ雌 $54±3.2$ mm（$n=40$）（ただし，1996年度についてのみ）．遡河回遊性イトヨは陸封性イトヨよりも大きく，雌は雄よりも大きかった．ハリヨの雌が雄より小さいのは，雄はより強い大きな個体を，雌はより若い元気な個体を実験に使用したためである．

　交雑実験には，60 cm水槽を使用した．水槽内にあらかじめ雄に営巣させ，そこに抱卵した雌を入れ「お見合い」をさせた．30分を1セットとした実験を，雌雄の産地を様々に組み合わせて計314セットおこない，雌が巣に導かれることをもって"求愛成功"とした．そして，同じ産地の雄との求愛成功度と，他の産地のイトヨとの求愛成功度を比較することで生殖的隔離の程度を評価した（ただし，実験初年度である1995年は，腹部の膨らんだ雌をランダムに選び雄と組み合わせて実験をおこなったのに対し，翌年以降は事前に雌が同種の雄に向かい雌から雄へのアピール行動である"ヘッドアップ姿勢"を示すことを確認した後に実験をおこなったため別々に解析した）．実験の結果，日本海型イトヨの雌はどの産地の雄とも同じ産地の雄と同程度求愛成功するが，太平洋型イトヨの雌は日本海型イトヨの雄と，ハリヨは他のどの産地の雄とも求愛成功に至る割合が低いことが分かった（図3.51）．つまり，生殖前の隔離が起きてい

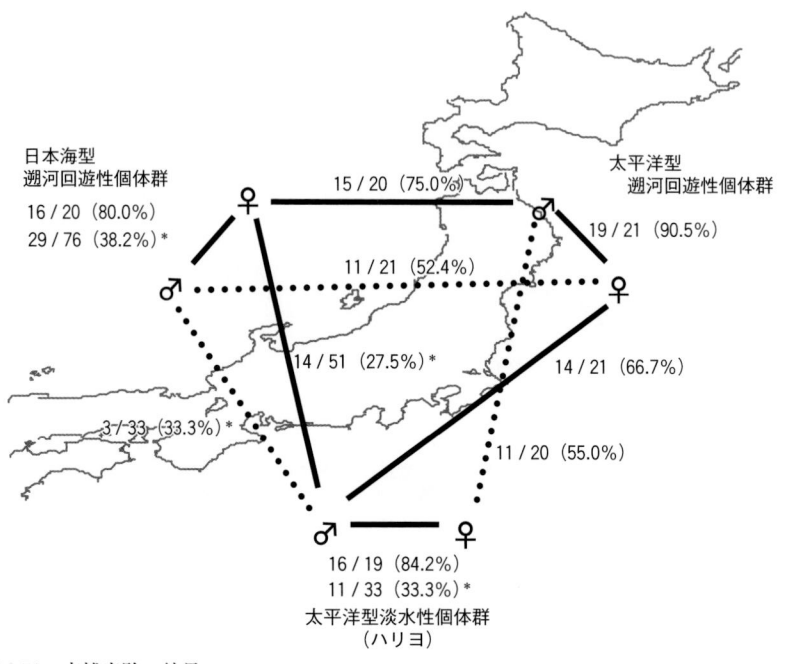

図 3.51 交雑実験の結果.
実線は交雑が成立する組み合わせを，破線は交雑が成立しにくい組み合わせを示す（カイ2乗検定，5%有意水準）．数値は試行回数に対する求愛成功した回数を示す．＊は1995年におこなったことを示す．（後藤・森，2003）

る可能性が示されたのである．したがって，自然界において1個体の雌に型や生活史の異なる雄が同時に求愛をした際には，同じ産地の雄を顕著に選ぶことが想像される．

行動の違い

　配偶行動の観察によって，イトヨの行動に2系統群間での違いが見つかった．なんと！　日本海型イトヨはジグザグダンスをしないのである．ジグザグダンスとは，イトヨの求愛行動のひとつとして非常に有名で，オスが雌に近づく際に示す行動である．図3.52 A は，ジグザグダンスの軌跡を描いた図である．雄は横方向へツイストを繰り返しながらジグザグに近づいていくことがわかる．それに対して，日本海型イトヨの雄は左右に体を交互に傾けながら直線的に雌に近づき，雌の直前で反転する行動をとった（図3.52 B）．体側面を強くアピールするこの行動を私たちはラテラルディスプレイと名づけた．陸封性のハリ

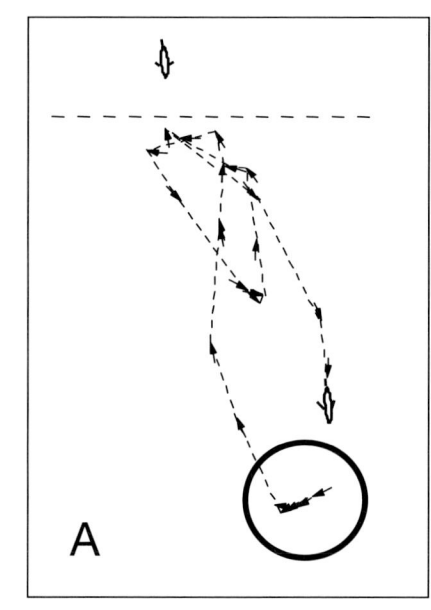

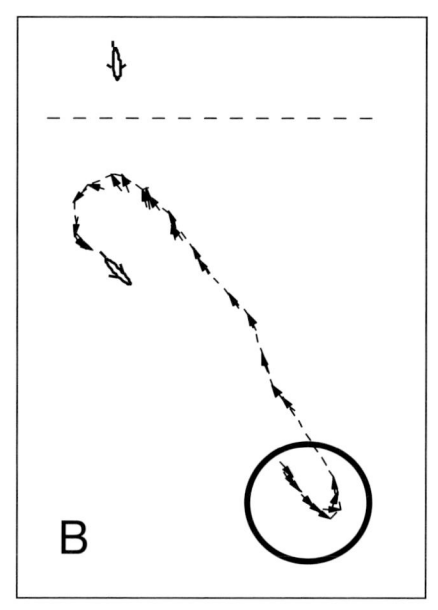

図 3.52　求愛ダンスの違い．
　　　　A：太平洋型イトヨのジグザグダンスの軌跡．B：日本海型イトヨのラテラルディスプレイ．破線は透明仕切り板をあらわし，円は巣の位置をあらわす．矢印は 1/3 s ごとの雄の位置と進行方向を示す．水槽内の雄の営巣域は奥行き 60 cm，幅 45 cm．

ヨはというと，太平洋型イトヨに分類されるので，当然ジグザグダンスで雌に近づいた．

　また，イトヨには雄が雌を巣に導く際に，雌が雄の背後方に位置し雄の遊泳に同調して追尾する行動にリーディング行動というものがある．それに伴いおこなわれるドーサルプリッキング行動にも太平洋型と日本海型で違いが見られた（図 3.53）．ドーサルプリッキング行動とは，雄が背棘を立てたまま後ろ上方にバックし，背棘で追尾中の雌の腹部を突く行動である．この行動の角度と強度が違ったのである．日本海型イトヨは平均で 25°以上鋭角に，しかも 2 倍以上長い距離をバックしたのである．

　これらの行動について他の地域についても観察したところ，北海道の厚岸町，白糠町で採取した太平洋型イトヨ，福井県大野市の陸封型イトヨ，岐阜県のハリヨはすべてジグザグダンスと角度が大きく距離の短いドーサルプリッキングを示し，北海道浜中町，島根県松江市で採集した日本海型イトヨは，ラテラルディスプレイと鋭角で距離の長いドーサルプリッキングを示すことが確認できた．

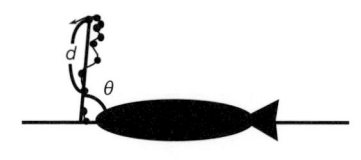

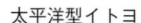

図3.53　ドーサルプリッキングの違い．
　太平洋型イトヨ　角度 θ = 68.2±25.1　距離 d = 1.8±0.9（n = 16）
　日本海型イトヨ　角度 θ = 42.1±18.4　距離 d = 4.0±1.6（n = 30）
　θ は進行方向に対する角度，d は体高との比で示した距離．曲線上のドットは1/3sごとの吻端の位置を示す．

エントロピー

　では，雄はかけ合わせた雌の産地によって求愛行動全体のパターンを変化させるのだろうか．それを検討するためにそれぞれの実験組み合わせで観察された雄の行動の情報量（エントロピー）を求めた．

　実験を収めたビデオ映像より雄の行動を時系列で記録し，ある行動から次の行動，さらにその次の行動へ……と，すべての行動の移り変わり（推移）の回数をデータに取り推移行列とした．記録した雄の行動は，ジグザグダンス，ラテラルディスプレイ，ストレートアプローチ，ネストボーリング，ファンニング，グリューイング，クリーピングスルー，バイト，リーディング，ドーサルクリッピングの10項目（詳しくは，後藤・森，2003を参照のこと）である．

　このとき，雄の行動項目間の推移には相関があり，次の行動が起こる確率は，その直前の時点の雄の行動にのみ左右されると仮定する単純マルコフ情報源として情報量を計算した．エントロピーは，通信システムを考える上での情報の集まり全体における平均の情報量をあらわす．各行動項目への推移の発生確率の偏りが大きければ大きいほどエントロピーは小さくなり，エントロピーが大きいことは発生する行動項目への推移の予測のしにくさ，つまり複雑さをあらわしていることになる．3つの産地のオスそれぞれに3つの産地のメスを組み合わせた実験から得た数値（bit）を以下に示す．

	求愛成功時(bit)	求愛失敗時(bit)
太平洋型イトヨ雄×太平洋型イトヨ雌	1.99	1.17
×日本海型イトヨ雌	1.84	1.81
×ハリヨ雌	1.67	1.46

ハリヨ雄	×ハリヨ雌	1.94	1.57
	×太平洋型イトヨ雌	1.41	1.47
	×日本海型イトヨ雌	1.79	1.24
日本海型イトヨ雄	×日本海型イトヨ雌	1.48	1.04
	×太平洋型イトヨ雌	1.37	0.91
	×ハリヨ雌	1.61	0.99

　結果，求愛成功した実験では，日本海型イトヨ雄にハリヨ雌を交雑した組み合わせを除き，同じ産地の雌に対して示した雄の行動が最も複雑であったことがわかった．一方，求愛失敗した実験では，ハリヨ雄に太平洋型イトヨ雌を交雑した場合を除き，どの組み合わせにおいても求愛成功した場合よりもエントロピーが低い値となった．求愛失敗した実験において，エントロピーが低い値となったことは，一連の求愛行動が完成されずに終わったことから考えると当然の結果ともいえる．しかし，異なる産地の雌雄が求愛成功した場合にエントロピーが下がったことは非常に興味深い．よりシンプルな行動パターンが出来上がったと考えられるからである．

有限状態認識機械
　情報量の計算に用いた推移行列において，最も多く観察された推移と，2番目に多い推移を用いて行動に関する状態遷移図を作成した．（注：推移と遷移の違いは，推移がある項目から次の項目への推移の数を表にまとめたのに対し，遷移はある状態から別の状態への状態の集合として捉える点である）この行動に関する状態遷移図からは，ある状態から別の状態への遷移の具体的系列を見いだせる．状態の集合をひとまとめにして，状態の集合から別の状態の集合への遷移をまとめて描けば，可能な系列の全体を1度に見通すことができるのである．例えば，グリューイングをするとジグザグダンスをし，バイトをするとネストボーリングの後にジグザグダンスをするとしよう．すべての可能な状態は，「グリューイング，バイト，ネストボーリング，ジグザグダンス」といった集合となるが，この集合から到達可能な次の状態の集合は，「ネストボーリング，ジグザグダンス」，さらに次は「ジグザグダンス」のみとなる．こうし

てすべての可能な状態の集合（この例では3つ）を網羅し，集合間の遷移を図式化（この図を有限状態認識機械という）すれば，行動に関する状態遷移の全体を，まとめて見通し，その行動系列の複雑さを，有限状態認識機械の構造から簡単に評価できるようになる．

上記したように有限状態認識機械のオートマトンを構成し，交雑実験の雌雄の組み合わせごとにコンピューターシミュレーションをおこなった．有限状態認識機械にあらわれた節点（node）の数は，行動の経路の数をあらわすといえる．つまり，節点の数が多いほど多様な行動を取り得る．一方，節点の数が少ない組み合わせは行動が決まりきったパターンであり，特に節点が1つしかあらわれなかった組み合わせでは行動の経路がランダムであることを意味している．ランダムであることは複雑であることを意味しないことに注意．その結果，同じ産地の雌雄で配偶が成功したオスの行動（太平洋型イトヨの節点数38，ハリヨ25，日本海型イトヨ22）は異なる産地間で成功した場合（太平洋型イトヨの節点数7および1，ハリヨ21および17，日本海型イトヨ4および1）よりも複雑であることがわかった．この結果は，エントロピーの結果と同様であり，異なる解析を施しても同じ傾向が得られたことになる．

太平洋型イトヨ雄	×太平洋型イトヨ雌	38
	×日本海型イトヨ雌	7
	×ハリヨ雌	1
ハリヨ雄	×ハリヨ雌	25
	×太平洋型イトヨ雌	21
	×日本海型イトヨ雌	17
日本海型イトヨ雄	×日本海型イトヨ雌	22
	×太平洋型イトヨ雌	4
	×ハリヨ雌	1

さらに，有限状態認識機械の構造には，組み合わせによっては，節点の構造にいくつかのまとまりができていた．つまり，雄は雌の産地ごとに行動のリズムを変えていたと考えられる．以上，エントロピーおよび有限状態認識機会に

よる行動解析により，これまでただ本能行動として考えられていた一連の配偶行動が，実際には雌雄の個体間の関係から創り出されていることとしてとらえることができたのである．

日本海イトヨの進化・求愛行動の進化

　求愛成功の結果と配偶行動の観察結果に，Kaneshiro の説を導入してみたいと思う．Kaneshiro（1980）はショウジョウバエをつかった実験で派生性の種のメスは祖先型の種のオスを選択するものの，祖先性のメスは派生性のオスを選択しないことを行動学的に明らかにした．その理由として派生性のオスは元来祖先性に備わっていた行動に"欠損"が生じたため祖先性のメスが派生性の雄を選択しないとしている．筆者がおこなった交配実験においてはどうだろうか．ジグザグダンスとラテラルディスプレイ，ドーサルプリッキングの強度の違いを"欠損と同価"であると見なして結果を考察すると，日本海型イトヨの雄は太平洋型のイトヨ雌とは有意に求愛成功率が低く，選択されていない．これは，日本海型イトヨは氷河期の海面低下によって太平洋から太平洋型イトヨが閉鎖された日本海に隔離されることで分化したとする推測（後藤・森，2003）と一致する．つまり，太平洋型イトヨ雄の配偶行動が祖先型で，日本海型イトヨのものはそこから派生型したと推測することができる．

　配偶行動は長い隔離の間に次第に変化して，生殖的隔離機構において生殖前隔離に関与していると考えられる．一方で，本能行動として一連のパターンが決まっているかのように考えられていた配偶行動は，異なる産地の雌雄が出会った際には，その都度パターンが創り出されていることがエントロピーや有限状態認識機械による行動解析から推測された．そうしてみると，イトヨ属の配偶行動は，種分化の途中に位置する個体群が隔離の後，再び接する際に複雑に進化していくというのも1つのストーリーとして成り立つのではないか．McLennan et al.（1988）は，繁殖行動を遺伝的表現形質としてトゲウオ属内での種間比較による系統樹の作成をおこない，他の解析方法の結果と見事に一致した．今後，イトヨ種群内においでも，行動データの蓄積がおこなわれれば，同様の系統樹の作成が可能になるはずである．そして，様々なバリエーションを持つイトヨという種群の配偶行動全体を眺めたとき，彼らの非常に興味深い行動が進化してきた道筋が見えてくるはずである．

おわりに

　さて，日本からアラスカ・ベーリング海にかけて広く分布する太平洋型イトヨに対して，日本海周辺域にしか生息しない日本海型イトヨはどのように進化してきたのだろうか．日本海型イトヨは200万年より前に太平洋型イトヨが氷河期の海面低下によって太平洋から分断された"日本海湖"に隔離されることで分化したと推測されている（後藤・森，2003）．しかし，西村三郎（1974）は，「日本海の成立」で，日本海湖は鮮新世（360～260万年前）の中期から後期にかけて"淡水湖"として存在したと推測している．また，氷期の低温は暖流の流入のない日本海湖をかなり冷やしたと考えられている．しかし，現在の日本海型イトヨの分布を見ると，対馬暖流域および対馬暖流からの流れを汲む宗谷，津軽暖流域なのである．さらに，日本海湖の淡水から海の環境への変化に応じて耐塩性，降海性を獲得したとされるイトウやウグイは陸封され淡水にも生息するにもかかわらず，日本海型イトヨには陸封性の個体群が存在しない．これらを考慮すると，日本海型イトヨの起源は日本海のさらに南方，黄海あたりはないかという考えが浮かんでくる．トミヨ $P.$ $sinensis$ が日本海周辺を離れ，渤海，黄海周辺にも生息していることからありえない話ではない．ちなみに，ハリヨは夏場でも20℃を超えない湧水に生息するというが，遡河回遊性イトヨはそれ以上の高水温に対する耐性を持っていることがわかっている．私の実験結果では，北海道で採集した遡河回遊性の日本海型イトヨと，太平洋型イトヨ成魚7～10個体を19℃から1時間に1℃ずつ上昇させた時に50%致死する水温は，日本海型イトヨで31.3±1.6℃（$n=3$），太平洋型で31.7±1.6℃（$n=7$）であった．また，19℃から29℃まで4段階に設定した水温で各10個体のイトヨの1週間後の致死率を調べた結果でも，どちらも29℃で50%以上が1週間以上生存可能であった．先のイトヨの進化については私の思いつきでしかないが，日本周辺に生息する2つの型のイトヨの分布ひとつをとっても，まだ謎が多く残されているのは確かである．

　イトヨを含めたトゲウオ属魚類に関して何冊もの本が出版されるほど世界中で研究が進んでいる．動物行動学や進化生物学のモデル生物として，これからも多くの研究がなされるだろう．私が学生時代に心躍らせた日本のイトヨについては，2014年にHiguchiほかによって日本海型イトヨは新種とされ，ニホンイトヨ $Gasterosteus$ $nipponicus$ と名づけられた．今度さらに世界中からどのような研究成果が報告されるのか楽しみでならない．　　　　　（石川正樹）

4. ここにもいた二枚貝に産卵する魚 —ヒガイ

ヒガイとの出会い

　二枚貝に産卵する淡水魚としてタナゴの仲間が有名であるが，タナゴ以外に二枚貝に産卵する淡水魚がいることはあまり知られていない．タナゴの仲間以外で唯一，二枚貝に産卵するのがヒガイの仲間である．

　私が初めてヒガイに出会ったのは，大学2年の臨湖実習で琵琶湖においてである．そしてヒガイをしっかりと意識するようになったのは，卒論のフィールドを琵琶湖と決めた後であった．同期生の飯沼・嶋田君らと卒論のテーマを色々考えていた時，誰がいい出したのか，ヒガイには変異体が多く，琵琶湖にはビワヒガイ Sarcocheilichthys variegatus microoculus とアブラヒガイ S. biwaensis が確認され，淀川などにはカワヒガイ S.v.variegatus がいることを知ったときであった（細谷，1982）．そしてその後我々3人のビワヒガイの研究が1年余りも続くことになった．

ビワヒガイ産卵行動

　ビワヒガイの野外における産卵行動の観察はなかなか難しかった．というのは，つがいが卵を産みつける二枚貝を探索する範囲が広く，とても追い切れなかったからだ．別に水槽で観察したところによると，雌が吻部を貝の入水管付近に近づけて定位する動作をすると追尾している雄も後ろから吻部を近づける．貝を探すのは雌に主導権があるように見える．そしてある瞬間，雄雌が体を小刻みに震わせて前進，雌は入水管上を通過する際に体をくの字に曲げて，肛門部付近にある産卵管を瞬時に貝の入水管中に挿しこみ放卵，雄は入水管付近に肛門部を近づけて放精する．放卵と放精は同時におこなわれる．産卵管が挿入される部位は，タナゴ類の出水管と違って入水管である．そして卵は外套腔へ落ちこむのだ．産みつけられた直後の卵径は2.5 mmほどであるが，30分もたてば膨張して4 mm近くになって，サケのイクラよりわずかに小さいぐらいになる．だから，二枚貝の殻が少し開いたぐらいでは卵が外へこぼれることはない．

　なお，1995年6月に淀川水系木津川のカワヒガイがつがいで産卵行動をしている際に，雄が求愛や他雄への威嚇の時にググッとかジュジュッなど多彩な鳴き声を発すること長田先生が観察している．ビワヒガイやアブラヒガイではどうであろうかと興味が尽きない．

図 3.54　ササノハガイの外套腔に産みこまれたビワヒガイの卵.

ヒガイは産卵する貝に好みがあるのか？
二枚貝の採集及び卵の有無，卵数

　1987年5月28，31日及び6月11日の3日間にわたって琵琶湖西岸の志賀町近江舞子において，5月16，26，27日に北岸の湖北町尾上において二枚貝の採集をおこなった．

　近江舞子の底質は砂底で，主に深度2〜3 mの部分を4×70 m^2，尾上は礫及び岩礁底で，深度1〜2 mを中心に12×65 m^{2}の全ての二枚貝を採集した．

　本種の卵は外套腔に産みつけられているので，貝殻を貝開け器で少し開けると卵の有無を確認することができる（図3.54）．採集した貝内の卵の有無と殻長を測定した．卵が確認されたものはホルマリン固定して研究室に持ち帰った．そして卵を摘出し，卵の生死，発生段階及び卵数を調べた．発生段階は双眼実体顕微鏡下で簡単に識別できる6段階，つまり発眼前前期・中期・後期及び発眼後前期・中期・後期とし，最低何回に分けて卵が産みこまれているかを知ろうとした．

天然水域における貝の組成と卵が確認された貝の組成

　採集した二枚貝は，タテボシガイ *Unio biwae*，ドブガイ *Anodonta woodiana*，ササノハガイ（現在はトンガリササノハガイの湖沼型）*Lanceolaria grayana*，セタシジミガイ *Corbicula sandai*，マシジミガイ *Corbicula leana*，オトコタテボシガイ *Inversidens reiniana*，カラスガイ *Cristaria plicata* の7種で，このうちマシジミガイを除く6種にビワヒガイの卵が確認された．

近江舞子においては，タテボシガイが優占種で全体の87%を占めており，他にドブガイ，セタシジミガイ，ササノハガイが採集された．一方，尾上においてドブガイが優占種であり全体の57%を占め，次いでタテボシガイで33%，他にマシジミガイ，オトコタテボシガイ，ササノハガイ，カラスガイが採集された（図3.55（a）の白棒）．

　近江舞子では総貝数1055個中43個（4.08%），尾上では537個中55個（10.24%），合計1592個中98個（6.16%）に本種（アブラヒガイの卵との比較は不可能であったが，成魚の多さからビワヒガイと思われる）の卵が確認された．その中で利用貝数が多いのはタテボシガイ，ササノハガイ，ドブガイの3種である（図3.55（a）の黒棒）．他にも利用された貝種はあるが，少数なので図3.55（a）には表示できない．

　貝内の総卵数で見ると，近江舞子では205個で，ササノハガイが最も多く122個であった．尾上では580個でドブガイが417個と最も多かった（図3.55（b））．貝あたりの平均卵数は，近江舞子ではササノハガイ7.6個，ドブガイ5.5個，タテボシガイ1.8個，尾上においてはドブガイ13.5個，ササノハガイ9.0個，タテボシガイ5.4個で，やはり両地点ともドブガイ，ササノハガイ中に卵が多いことがわかる．近江舞子ではササノハガイ，尾上ではドブガイがビワヒガイの繁殖にとって最も重要であるといえよう．

　ササノハガイは両地点とも生息密度は，タテボシガイやドブガイに比べると著しく低い．それにもかかわらずほぼ100%の確率で産卵されていたために，選択指数（1章3.（1）①53頁を参照）は近江舞子で0.894，尾上で0.499とそれぞれの地点で最高の正の値を示している（表3.2）．なぜ両地点で最も密度が低いササノハガイにビワヒガイは最も好んで産卵するのだろう．何か理由があるはずだ．

　一方，タテボシガイは，両地点で負の選択指数を示している．これはタテボシガイは産卵床として忌避されていることをあらわしている．タテボシガイは特に近江舞子では群を抜いて多いわけだから，本種に卵を産みつければ効率的なように思える．なぜそうしないのだろうか？

　ドブガイについて見ると，近江舞子では正，尾上ではほぼ0の選択指数を示している．

　しかし殻長に対する選択指数を見ると，ドブガイだけに顕著な傾向があらわれた（図3.56）．つまり小型のドブガイほど卵が確認された割合は高くなって

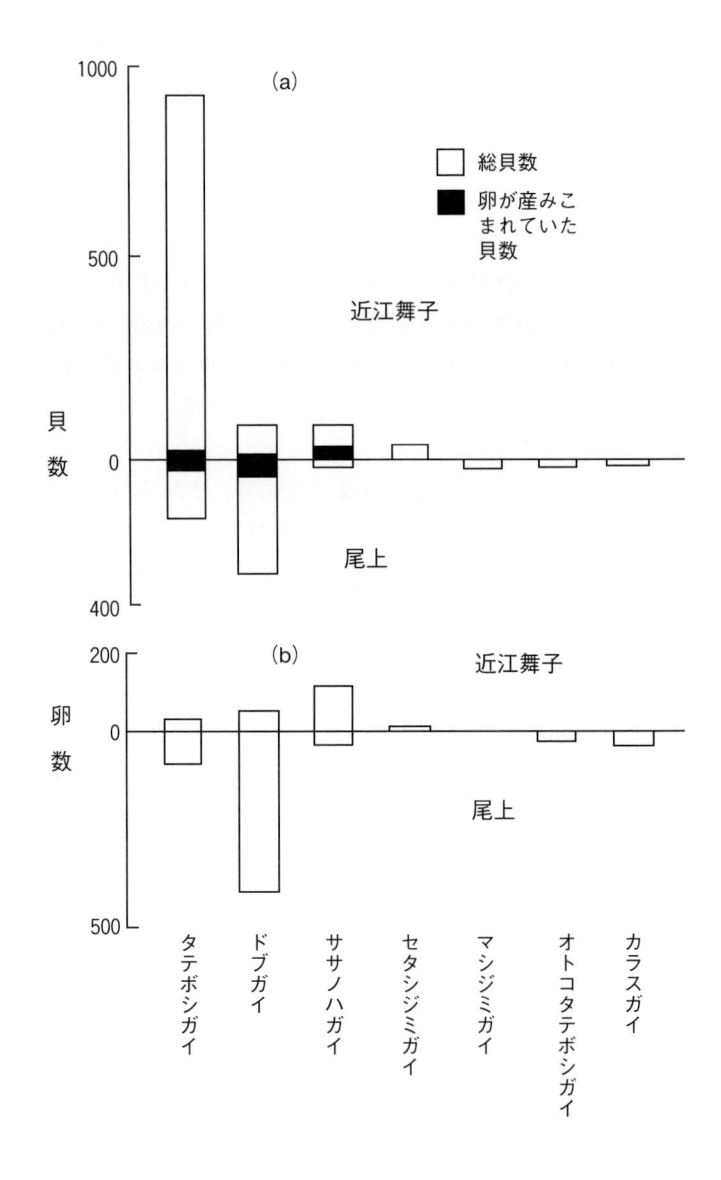

図 3.55 採集した貝と卵が産みこまれていた貝数（a）および貝内の卵数（b）.

表3.2　ビワヒガイの卵が確認された貝の種類に対する Ivlev の選択指数.

	近江舞子	尾　上
タテボシガイ	-0.428	-0.054
ドブガイ	$+0.490$	-0.002
ササノハガイ	$+0.894$	$+0.499$
セタシジミガイ	$+0.023$	
マシジミガイ		-1
オトコタテボシガイ		$+0.320$
カラスガイ		$+0.811$

いて，中でも小さければ小さいほど卵が確認された割合が高くなっている．これは，全てのドブガイの平均殻長は 71.2 mm であったのに対して，卵が確認されたものの平均は 56.1 mm であり，80 mm を越えた大型のもの（20.2%）の中には卵が全く確認されなかったことからもうなずける．ビワヒガイは，密度の低い貝（ササノハガイあるいは小型のドブガイ）を選択して卵を産みこんでいるようだ．

　マシジミガイについては，殻長が 17.80～28.80 mm と極めて小さかったことと，砂利の奥深くに潜りこんでいることが観察されたため，ビワヒガイは本種には卵を産みこむことができなかったものと推測される．

卵の吐き出し

　卵の吐き出しの測定は，ホルマリン固定した本種の卵（卵径 3.96～4.39 mm）を 10 時間以上水洗いした後に，1 貝あたり 5 個ずつピペットで外套腔に注入し，20℃の水中で，注入後 1 時間に吐き出された卵の数を調べた（図 3.57）．
　タテボシガイは殻長にかかわらず入水管付近からほとんどの卵を吐き出してしまうが，ササノハガイは，あまり卵を吐き出さない．これは，構造上奥に入りこんだ卵は吐き出しにくいと考えられる．ドブガイについては，殻長 80 mm を越えるものは，ほとんどの卵を入水管から吐き出してしまう．この 80 mm という殻長は卵が確認されなかった殻長と一致する．また小型のものは，小さいほど卵を吐き出す割合は低くなる傾向がある．ビワヒガイがたとえ大型のドブガイやタテボシガイに卵を産みこんだとしても（筆者は選択的に産みこ

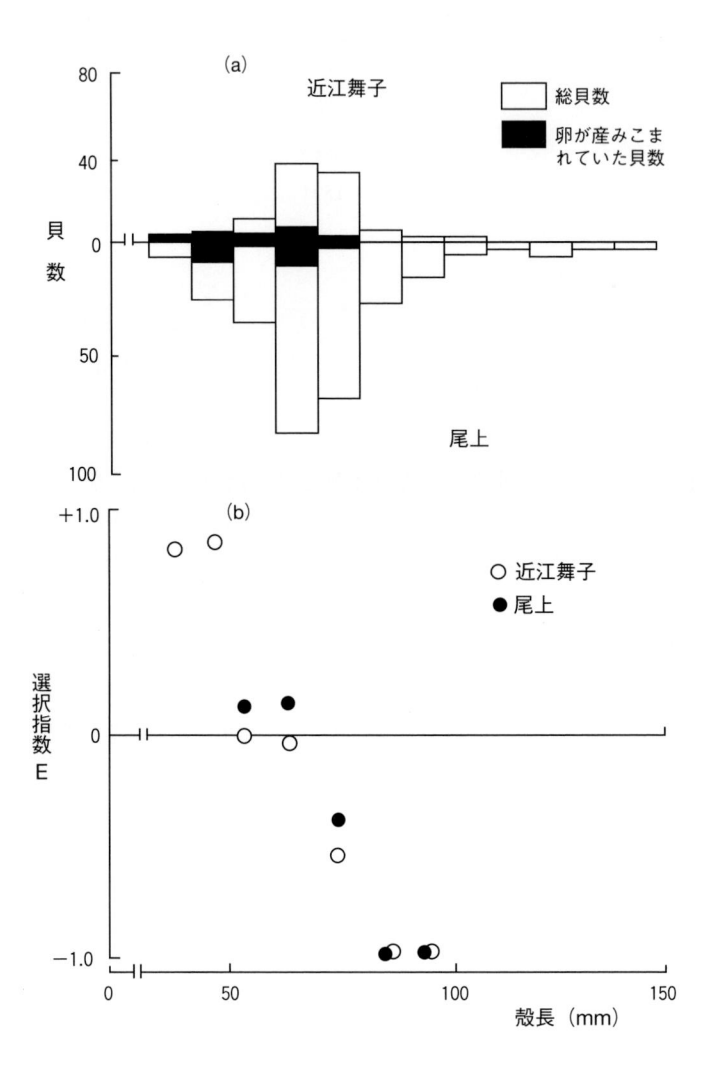

図 3.56　ドブガイの殻長別貝数と Ivlev の選択指数 E.

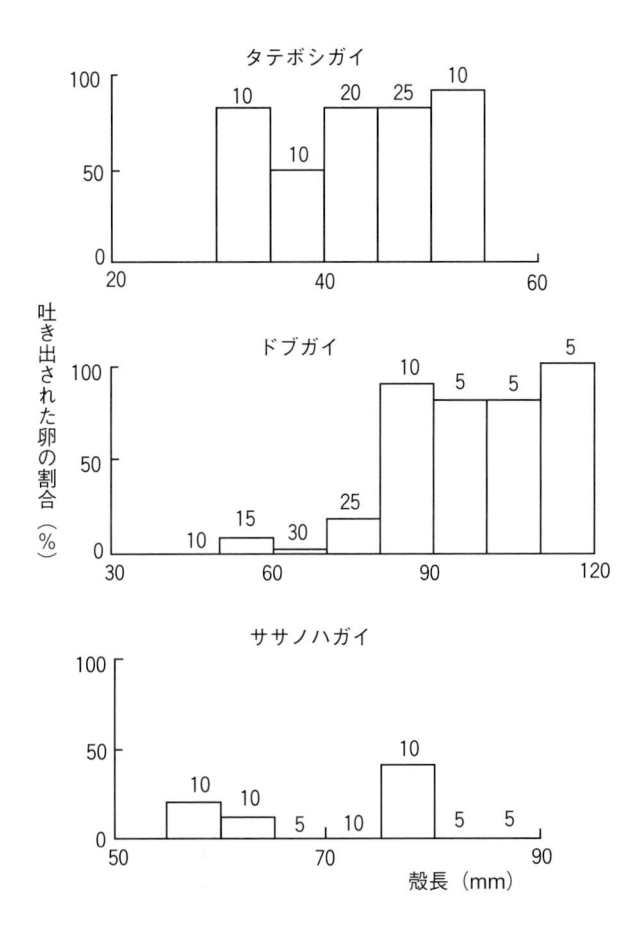

図3.57　貝からの吐き出し実験の結果．棒グラフ上の数字は注入した卵数．

まないと考えているのだが），ほとんどが吐き出されてしまうことを示唆している．これらのことが，今回の調査でタテボシガイ・大型のドブガイから卵が確認されず，小型のドブガイ，ササノハガイから多くの卵が確認された要因ではないかと思われる．　　　　　　　　　　　　　　　　　　　　　（西口龍平）

第4章

淡水魚と河川調査

1．忘れられた子どもの遊び場としての川

　私は鳥取県の大山のふもとの村で生まれた．棚田の中にある集落で，どの道を下っても日野川につきあたる．そこら辺の川幅は100 mに近く，その中に浅場，深場，急流，緩流が具合よく散らばっている．その川は夏は子どもたちの遊び場となり，高校生から小学生低学年までが互いに見える範囲で思い思いに1日を過ごした．そうしながら危ない場所を覚え，高学年になるとそこを制覇して次の危ないことに挑戦した．当時そこに大人はいなかったのに，あの川で死んだ者はいない．兄貴分は遊びながら低学年の挙動を眼の端に捉えていた．私も魚道に2回吸いこまれて溺れたがそのたびに助けられた．

　川遊びで何といっても面白いのは魚とりであった．8番線（太い針金）と竹と自転車のチューブを用いた手作りの一本ヤス（本当は当時から使用禁止）で採るウナギは最高……あの感触は筆舌に尽くせない．

　その後，関西でのほぼ40年間は川と魚に戻ることになった．子どもに返ったように，気の向くままに網を打ち，潜り，観察してきた．そしてある日，ハッと気がついた．故郷で過ごした子ども時代の川と魚に関する文化はすごいものではなかったのかと．なぜならば，あの川の魚を全種とも識別し，名前を呼んでいた．淡水魚の分類が一通りできるようになった今，子どもながらに地方名であるけれども，ざっと18種類を呼び分けていたことがわかる．種類の識別点や呼び名をいつ，誰に聞いたかまったく覚えていないが，学校の授業でないことははっきりしている．地域の中での伝承以外にない．遊びの中で覚えてしまったのだ．今でもそれらの名前をいうことができる．ドロバエ（標準和名：タカハヤ），ゴジョウシ（カマツカ），チョッカリ（アカザ），イシボッカ（ヨシノボリ），クソボッカ（ドンコ）などすらすら出てくる．もっとすごいのは，それぞれの種類がいつも多い場所や動き・習性，そして捕獲の方法も手触

り，匂い，味も，つい昨日のことのように思い浮かぶ．これは何だろう．故郷を離れて半世紀，その年月を超えてもなお心を揺るがす地域の文化の偉大さを思い知る．

　近年，春から初夏にかけて，紀ノ川水系の川によく出かけた．両岸の平地から丘陵地帯にかけて，柿，ミカン，桃，梅などいろいろな果樹園が広がり，花咲く春はさながら桃源郷である．目的は，その果樹園を縫うように山から流れ下る小河川に生息するナマズ目ギギの生態をビデオ録画するためであった．地図で探りあてた川に本種が生息するかどうか，水中ビデオカメラや水中マイクで岩下を探るわけであるが，近所の人からの聞きこみもおこなう．答えはすべて「以前はようおったけど，今はおらんのと違うか」．日本各地の川でその地の在来魚の聞きこみをすると，この返事によく出会った．しかし，川に入って調べると大抵は少ないながらも生息していた．今回も同じで，録画したギギを地元の人に見せると大層喜んでもらえた．別に食べるわけではない．まだいることが嬉しいのである．

　でも，1度たりとも，子どもが川に入って魚取りをしている姿を見かけることはなかった．ただ橋の上からブラックバスを釣るともなく糸を投げていた子どもたちには出会った．これでは川の中の情報は地域の中で跡絶えてしまうのは無理もない．だから，大人達は昔いた魚が今もいるかどうか知らないし，魚の名前などの伝承がほぼ完全に途切れてしまっていることを，ここでも実感するはめになった．

　ほとんどの場所で途切れてしまった川とそこに住む生きものに関わる文化をどのようにして復活し，発展させるかが重要な課題である．時代の流れの中で1度跡絶えた文化を復活させることは至難の技である．しかし私は夢を捨てはいない．子どもは今も昔も水と生きものが大好きであるからである．また多くの場合，水中の生きものはしぶとく住み家を見つけて細々と暮らしていて，その住み家を広げることが生きものを絶滅から救う道になると思うからである．

　私は自然保護には地域の文化，つまり勉学とか教育といった肩をはったものではなく，日常の生活の中で，特に遊びの中で知らず知らずのうちに身につく子どもの文化の形成が必要不可欠に思えてしようがない．例えば夏休みの川遊びである．そこに急がば回れ的な救いの道を感じるのであるが，現状ではそれもなかなか難しそうである．

　　　　　　　　　　　　　　　　　　　　　　　　　　　　（長田芳和）

2．半世紀にわたる大阪府域河川調査

(1) 河川調査と大阪陸水生物研究会

　大阪教育大学生物教室の卒業生は大半が教職につく．しかし，卒業後の教職環境は日々の校務に追われ研究を継続できる状況にはほど遠いのが現状である．日々進歩する自然科学の内容を理解し，咀嚼して教育現場に生かすには日々の研修，研さんが求められる．その時，柔軟な思考で対処できる環境作りの1つに学生時代の若々しい状態の頭脳を維持することが求められる．その対策として『卒業後も出身の研究室と関係を持ち，卒論の研究を軸に研究を身近なものにする．』という姿勢が求められた．これらの話の流れから自然発生的に動物生態学研究室及びその卒業生を主体に1972年に設立，構成されたのが『大阪陸水生物研究会』である．個人ではなく『会』として集団であることにより企画力，行動力を高め，各個人が屋外の新鮮な空気に触れ，研究へのヒント，きっかけを得る場を提供する足掛かりとなっている．

(2) 研究会の主な活動と年度

①大阪府下河川の漁業権河川の生物調査
　1972年，1977年，1982年，1987年，1992年，1997年，2002年，2007年
②その他の地域での調査活動
　・揖保川（1976）　・市川（1978）　・吉井川（1980）
　・草野川（1982）　各河川での生物調査
　・淀川の溯上アユの調査（1983）
　・安威川のアジメドジョウの生息調査（1984）
　・淀川，大和川の河川調査（1979，1986，1998）
　・狭山池の生息魚類調査（1985）
③指標生物の整理　淡水生物を中心に（1982）．「採集と飼育」6月号（1982年）に掲載

(3) 採集・観察方法とそれぞれの方法の利点と改善項目

　一般的に用いられている方法について記す．
①潜水観察（ウエットスーツを着用する．夏場でも水温は20℃前後と低い）
　　シュノーケルに水中メガネを着用して下流から上流へ静かに移動しな

がら浮き石を静かにめくり観察する．観察後に浮き石は元にもどす．この方法は投網での採集が有効に働かない底生魚や夜行性の魚種の生息確認に適している．

　主な成果には，安威川におけるアジメドジョウ生息の 20 年ぶりの再発見（1984）．イシドジョウは九州産を発見（1979）．アカザ・ギギの生息分布調査などで有効活用できたのである．

・生息域の利用状況の把握，分布図の作成に有効である．
・安全対策として陸上のメンバーと組んで行動することが必要である．
・記録は耐水紙を使用して記憶の鮮明なうちに作業を終了することが大切である．
・複数の研究者が集団で調査を遂行するときは，対象生物の生息生態などに関する熟知度の違いにより観察者間の魚種発見率に比較的大きな個体差が存在する．発見率の高い適者が専属で観察に従事することが望ましい．

② 網などによる採集

　多くの河川で漁業権が設定されている．採集調査の事前に当該河川の漁業権について確認しておく必要がある．

タモ網……使用方法が適切ならば動物相を定性的に調べる最適の手段である．水際での仔魚，稚魚や小型の魚類採集に適している．色々な大きさ，異なる目合の網を用いることで幅広く調査ができる．網枠は丈夫なものがお勧めである．

投網………瀬では定量的な採集が可能である．水深が 50 cm 以上に深くなると成功する確率が低くなる．網の目合は 5～8 mm 程度が魚相調査には適している．ただし，大型の魚種を採集するには目合 20 mm の投網が必要である．半日も練習すればそれなりに使用できる網である．ただし，河床の状況を把握して使用しないと破れて大きな出費の原因となることがある．

刺し網……異なる目合の網を用いて淵等で省力的に採集が可能である．流れ幅が狭く投網の使用できない地点での採集も可能である．河床の巨石の隙間に潜む魚類採集にも活用できる．ただし，落ち葉やゴミ等の流下物の多い河川やそのような季節には流下物が網に引っ掛かって採集効率が低くなる欠点がある．また，魚体

　　　　の損傷が激しく再放流する調査には適していない漁獲方法である．
　　サデ網……カジカ等の比較的流水量のある上流域の早瀬に生息する底生魚の採集に適する魚網である．流速の不足する場所での採集には適さない．
　　モンドリ…タナゴ類やタカハヤなど淵を生息域とする魚種の採集に適する．使用する餌により捕獲率が変動するので工夫が必要である．魚体の損傷がほとんどないので，再放流する個体数調査には最適の方法である．
　　釣り………淵頭等で活発に摂餌行動するアマゴ等の採集に適する．
　　　　採集者，採集時間帯により漁獲率が変動する．継続的な調査では同一人物による調査が望ましい．
　　ツケ針……ウナギ，ナマズ等の夜行性魚食魚の捕獲に適する手法である．調査には『夕方から朝まで』と時間的余裕が必要である．
　③音による生息確認
　　　水中マイクを用いてムギツク，ギギ，ドンコ等の発する種固有の音から該当種の生息確認をする．陸上から短時間での定性的生息調査が可能である．

（4）研究調査の目的設定
　①単発の調査なのか？　継続的な調査なのか？
　②定性的調査研究なのか？　定量的調査研究なのか？
　③各栄養段階の生物を網羅した群集生態学的調査研究なのか？　それとも，特定の魚種の繁殖行動などの生活史を解明するのが研究目的なのか？
　　……というように，目的はさまざまである．そして，研究方法も色々である．
　　　ただし，目的が明瞭でない場合も，継続した調査結果には調査環境の変遷といった貴重な記録が潜んでいる．

（5）トピックス
　我々の40年間の河川調査活動で経験した事柄の中で今後も活動の中で有意義で生き残っていく価値があると考えられる事柄をトピックスとして記す．

トピックス I

　気温の高い季節の調査中の食事は食中毒発生予防の観点から，会では現地で調達することを基本事項としている．よって，予備調査の最優先事項の1つに≪食事場所の確保≫がある．これはトイレ休憩所確保の意味合いもかねている．
　食事のメニューは金額の上限を設定して各個人が自由に選択できる体制を取り入れている．楽しい食事は，楽しい調査の活力源の1つである．食事の質，量，速度は個人差の大きい事柄である．できるだけ自由度の高い環境作りが望ましい．

トピックス II

　休憩時間の設定
　冷えたスポーツドリンクのペットボトルを用意した休憩時間の設定は熱中症の予防だけでなく世代間の交流，技術，文化の伝承の好機会である．20〜60才代の幅広い年代の会員構成では特に大切な時間設定である．
　同年代の会員諸氏にとっては野外での久しぶりの同窓会に匹敵しているようで会話が弾む．しかし会員は野外活動のベテランであるから，しっかりと採集作業は進行している．
　休憩による集中力の充電は事故防止という大切な事柄と深く関連している．野外活動時に団体傷害保険に事前加入することはもちろんのこと，事故回避努力も大切な事柄である．
　なお，40年間の活動期間中に傷害保険の該当者は1回1人だけであった．車関係は自損事故による大破損が1回，ただし運転者は幸いにもほぼ無傷ですんだ．車の故障は脱輪によるタイヤ交換が1回，ラジエーターの損傷による交換が1回だけですんでいる．大事にならず幸いであったと思っている．

トピックス III

　遅刻者を待たない
　携帯電話が普及しだしたのは1990年代である．それまでは集合時刻に遅刻すれば移動中の連絡手段を欠くため欠席と見なし待つことなく出発するのが基本的約束であった．しかし約40年間を通じて遅刻者はいなかったと記憶している．
　1970年代は自家用車もあまり普及していなかったためどのように分乗するかを算段する作業が必要であった．時にはバスで調査地に移動する会員もあり今では考えられない大変な苦労をしていただいた．また，近頃の集合場所は車が

普及したためコンビニ等の広い駐車空間の有る場所が多くなっている．以前は交通に便利で通信連絡できる公衆電話の多くある鉄道の駅周辺が基本的に集合場所であった．もちろんプリペイドカードのテレホンカードは必需品であった．

　調査地点に直接集合する現地集合が可能になったのは自家用車と携帯電話の普及のおかげである．ただし予備調査に調査地点付近の駐車場所確保が追加されることになった．

トピックスⅣ
時には遊びを取り入れて活性化する

　定量採集が完了して定性的採集に切り替わった時間帯になると，定例として実施する技を競う遊び的行事がある．それは，しばらく生息確認ができていない魚種に対して【懸賞】が設定されるのである．該当者は第一発見，捕獲者である．ほぼ全員の調査員がタモ網を手に各人それぞれが「ここだ！」と思う場所に散らばって採集を始める．その結果として，発見率，捕獲率は結構向上している．人類が基本的に持っている狩猟本能にスイッチが切り替わるようである．また，結果は時に偶然も働くこともあるがその確率は低く，やはりその種類の生活史により深い造詣を持つ人物が該当者となることが多いようである．対象生物は，アカザ，ギギ，ズナガニゴイ，アジメドジョウ，カジカ等で，やはり底生魚が多い．

トピックスⅤ
魚を素手で捕える

　釣りや網で目的の魚を採集するにはそれなりの技術の習得も必要である．また，成果に対する感動は大きいものである．子どものころはじめて釣りあげたときの感動は指先の振動する感覚と共に50年経った今でも蘇ってくる懐かしい記憶の1つである．それ以上に大きな感動，歓喜を起こすのが素手での捕獲であろう．それが尺アユ，アマゴとなれば最高である．それらは成魚になると浮き石の隙間に隠れようと行動する．ただそれが正に「頭隠して尻隠さず」である．この習性を利用すればよい．

　魚体をつかむときは頭部の目を覆い景色が見えない様にして静かにさせてつかむのが要点である．なお，アユは立直りが早い魚種なので人間も当然のことながらすばやく決断，行動することが求められる．

トピックスⅥ
継続は力なり

　学部生のときに，ある先輩から得た言葉の1つである．プランクトンの種類を検索，種類名を同定する作業にあたっている時の習熟度を上げるためへのアドバイスである．仮に，1日に1時間，週5日検索作業に費やしたならば，それは，1年間継続すれば1日に8時間の作業を32.5日，すなわち，1ヵ月間継続的に学習作業をしたことになる．

　まず達成感の得やすい種類数の少ない科から検索能力を身につけることを勧める．結構，独学でそれなりの成果を上げることができるのが形態分類の世界である．分類能力を持つことは指標生物を用いた環境評価を試みるクラブ活動の分野でも大いに威力を発揮する．まず一歩を踏み出すことだ．

(6) 40年間の継続的調査で見えてきた魚類相の変遷とその類型

　まさに，継続調査という時間の経過によってのみ明らかにできた結果を主として大和川水系の石川について示そう（表4.1）．

1. 環境条件の変化から生息場所の減少，喪失から生息個体数の減少や消滅した種類．

　　①石川の『アカザ』　1982年に竣工した滝畑ダムの下流を生息域としていた．しかし，1982年の調査で生息が確認された以降は生息確認ができていない．（表4.1を参照）考えられる原因としてはシルトの付着，堆積による浮き石の減少による生息空間の減少，悪化．富栄養化したダム湖からの流水による溶存酸素量の減少である．（黒色に還元された川底の石の存在で明確である）

　　②石川の『カワバタモロコ』　生息していた水際線の植生が剥ぎ取られて石を用いた護岸に改変され1972年以降生息が確認できていない．
　　　摂餌場，産卵場所，休憩場所といった生活環境の消失が主たる原因である．

　　③石川の『ヤリタナゴ』，『ヒガイ』　1960年代には生息が確認されていたが1970年代以降の生息が確認できていない．産卵場所となるドブガイ等の二枚貝が水質の悪化や流水量の変化により生息しなくなったために繁殖ができなくなったためである．

2. 人為的な河川改修により生息場所の増加が進行して水質悪化も影響なく生

表4.1　大和川水系石川の魚類相.

魚類名	調査年度								
	1962~1968	1972	1977	1982	1987	1992	1997	2002	2007
アマゴ	○	○	○	○		○			○
ニジマス	○	○	○						
アユ	○	○	○	○	○	○	○	○	○
ヤリタナゴ	○								
バラタナゴ	○								
タイリクバラタナゴ		○	○	○	○			○	
ヒガイ	○								
モツゴ	○	○	○	○	○	○		○	
ツチフキ	○								
カマツカ	○	○	○	○	○	○	○	○	○
ニゴイ	○							○	○
ズナガニゴイ	○			○					
タモロコ	○	○	○	○		○		○	○
スゴモロコ	○								
イトモロコ	○								
ウグイ						○	○		
アブラハヤ	○								
タカハヤ		○	○	○	○	○	○	○	
カワムツ	○	○	○	○	○	○	○	○	○
オイカワ	○	○	○	○	○	○	○	○	○
ハス	○								
カワバタモロコ		○							
コイ				○	○	○	○	○	○
フナ類	○	○	○	○	○	○	○	○	○
キンギョ		○			○	○		○	
ドジョウ	○	○	○			○		○	○
シマドジョウ	○				○		○	○	
スジシマドジョウ	○								
マナマズ	○	○	○	○	○	○		○	
アカザ	○		○	○					
ギギ							○	○	
ウナギ	○		○	○				○	
メダカ	○	○					○	○	○
タイワンドジョウ	○								
カムルチー			○			○			
ヨシノボリ類	○		○	○				○	○
カワヨシノボリ	○	○	○	○	○	○	○	○	○
ドンコ	○							○	
マハゼ								○	○
ボラ			○		○		○	○	○
オオクチバス					○	○	○	○	○
ブルーギル					○			○	
種類数	32	17	20	18	17	17	15	24	19

息個体数を増加させている種類．
①『オイカワ』の摂餌，産卵場所は平瀬である．河床の平坦化が進行したことがこの種類の優占種化を加速している．
②『フナ類』のような止水域を生育場とする種類にとっては，灌漑利水用のゴム製可動堰の出現は，溜池状水域の連続化をもたらすために好都合となる．
3．人為的な違法な放流により生息域を拡大している魚類．
①石川での『オオクチバス』『ブルーギル』は 1980 年代に上流にある滝畑ダムに違法に放流された結果，流域全体に生息域を拡大している．
②北摂の山辺川の『オヤニラミ』は 2002 年から特定の狭い範囲のみで生息が確認できている．過去 40 年間生息の記録がなく，人為的に持ちこまれたと考える以外に理解できない種類である．
4．水質の改善により，減少もしくは中断されていた遡上，生息が確認できた．大和川の『アユ』は遡上期に河口域で捕獲され，耳石から海産であることが確認されている（本章 4）．行政による下水道の整備，ゴミ処理に対する社会的モラルの向上に帰するところが主たる要因である．

個々の種の特性や繁殖様式の解明をともなった調査・研究が保全活動に不可欠である．これからもますますの継続的な調査研究が必要であり，調査の人的増加も必須である．　　　　　　　　　　　　　　（永井元一郎）

3．淀川の氾濫原に出現する大型魚類の産卵

(1) 河川氾濫原という環境

　魚類が繁殖するための重要な場所として「一時的水域」という言葉が広く使われるようになった（斉藤，1997）．一時的水域とは，もともと陸地であった所が新しく水に浸かる水域のことを指し，淡水域では，雨などの増水によって氾濫する河原や湖の岸辺に見られ，人為的に水を取りこむ水田や用水路もこれに含まれる．海域では，干潟や岩礁にできる潮だまりが有名である．一時的水域は水面の上昇に伴って水際線が移行することから水辺移行帯とも呼ばれている（前畑，2003）．
　私がこの研究に興味を抱いたのは，淀川の河原にできた小さなたまりでアユモドキという珍しい魚を見つけたことに始まる．1997 年 7 月に淀川の河原を歩いていると，干上がる寸前の小さなたまりを見つけた．そのたまりは，本流

から数百mも離れた所に位置し，本流の水面から2mほど高い崖の上にあった．なぜ，このようなたまりに希少な魚が取り残されていたのか不思議に思ったが，魚が空中を移動することはないので，淀川が増水すると水面が広がって魚が移動しているのだろうと考えた．そして，増水するたびに淀川へ出かけては魚獲りをするようになり，大学院では1999～2001年に「増水時の一時的水域に出現する魚類」に着目して研究をおこなうことになった．

調査地は，大阪府枚方市楠葉地先の淀川で，左岸側には広大な砂州が自然のまま残されている．平常時は砂州が露出した状態であるが，雨やダムの放水の影響を受けて増水すると，本流の水は砂州の上端から越流して，砂州の複雑な地形に応じて様々な空間や性質の異なる一時的水域ができる．その水域の形状は，本流と1つの開口部で連結した「入り江状の水域」，砂州を貫流した「二次的流路」，そして本流と隔たった「タマリ」に大別される．入り江状の水域については「ワンド」や「後背水域（バックウォーター）」と表記されることがある．「ワンド」とは川にできた恒久的な入り江のことをさし，後背水域とは砂州の下端から洗掘された湾入部をさすらしいが，一時的にできた入り江の名称は定義されていないのが現状である（野間ほか，2004）．また，これらの一時的水域は，常に本流水位と連動して，本流と孤立・連結を繰り返しながら，形状だけでなく性質そのものも変化していく水域でもある．

調査地の本流水位は，対岸に設置された国土交通省の高浜水位観測所で記録され，大阪湾基準水面（O.P.＋m）で表示される．年間を通して，本流水位は概ねO.P.＋4.5m前後を維持しているが，本流水位がO.P.＋5.0mを越えると砂州の上端から冠水する（図4.1）．そこで，この水位より高くなった状態の時にできた冠水域に出現する魚を調査した．魚は目視でも判別できる「大型種」を対象とし，種や出現した時刻，産卵行動の有無を記録した．捕獲した魚ついては雌と雄を判別した．

（2）大型魚の出現と産卵
出現時期

調査期間を通して，冠水域に出現した大型の魚は，コイ・フナ類・ワタカ・ナマズ・ビワコオオナマズ・ニゴイ（コウライニゴイか）・オオクチバス・カムルチーである．これらのうち，前5者は産卵行動が確認された．フナ類を捕獲したところ，ギンブナとゲンゴロウブナが含まれていた．

年次ごとの本流の水位変化と魚の出現日を照合したものを図 4.1 に示す．この図から産卵期を推定すると，フナ類・ナマズが 4〜8 月と産卵期が長く，コイが 4〜6 月と次に続く．コイ・フナ類・ナマズは年度の最初の増水時には出現していた．ビワコオオナマズ・ワタカの産卵期は梅雨の終り頃から夏にかけての高水温期に集中していた．

産卵行動

　冠水域に出現した魚の行動は，大型の種に限定したことから容易に観察することができた．目視推定による魚の全長は，コイが 50〜100 cm，ビワコオオナマズが 60〜100 cm，フナ類やワタカでも 30 cm ほどであったことから，目視観察とビデオカメラで撮影した映像からも，種や産卵行動を見分けることができた．ただし，ワタカ・ビワコオオナマズは夜間時のみに出現し，他の魚種よりも警戒心が強い傾向が見られた．また，夜間時は岸辺から撮影するとヨシ群落によって遮られて，水底を泳ぐナマズ・ビワコオオナマズの全身を撮影することが難しかったため，水中に脚立を設置して水面上から撮影した．脚立に座った状態を保ったことで，親魚は警戒することなく，真下を通過するようになった．

コイ：1 個体の雌に対して 1 個体か複数の雄が追尾して，岸辺で浸かったヨシや，増水によって流れてきた枯れ枝やゴミなどの浮遊物を集団が乗り越えるように進み，水面を激しくはたきながら産卵する．はたき行動とは，「バチャ，バチャ，バチャ！」と雌雄が尾鰭を小刻みに震わせて水面を連続的に叩く行動で，遠くからでも容易に見ることができる．卵は岸辺で浸かった植物の他，水面に浮いた植物の破片やビニール・発砲スチロールにも付着していた．コイの産卵のピークは昼間が多く，夜間にはほとんど見られない．

フナ類：昼夜に関係なく産卵がおこなわれ，岸辺で浸かった植物や水面に浮いたヨシなどの植物片の塊を雌と雄のペアか集団で乗り越えるような行動が観察された．集団が浮遊物などを乗り越えるときには，「パチャ……パチャ……」とコイよりも小さく不連続な音がする．

ワタカ：2000 年 6 月 27 日と 2001 年 7 月 16 日の夜間に観察された．岸辺の冠水した植物や水面に浮いたヨシなどの植物片の塊に集団で突進するか，乗り越えるような行動が見られた．フナ類の産卵行動に似る．

ナマズ：2001 年 6 月 12 日 20 時頃の観察では，冠水したヨシ群落の隙間に 1

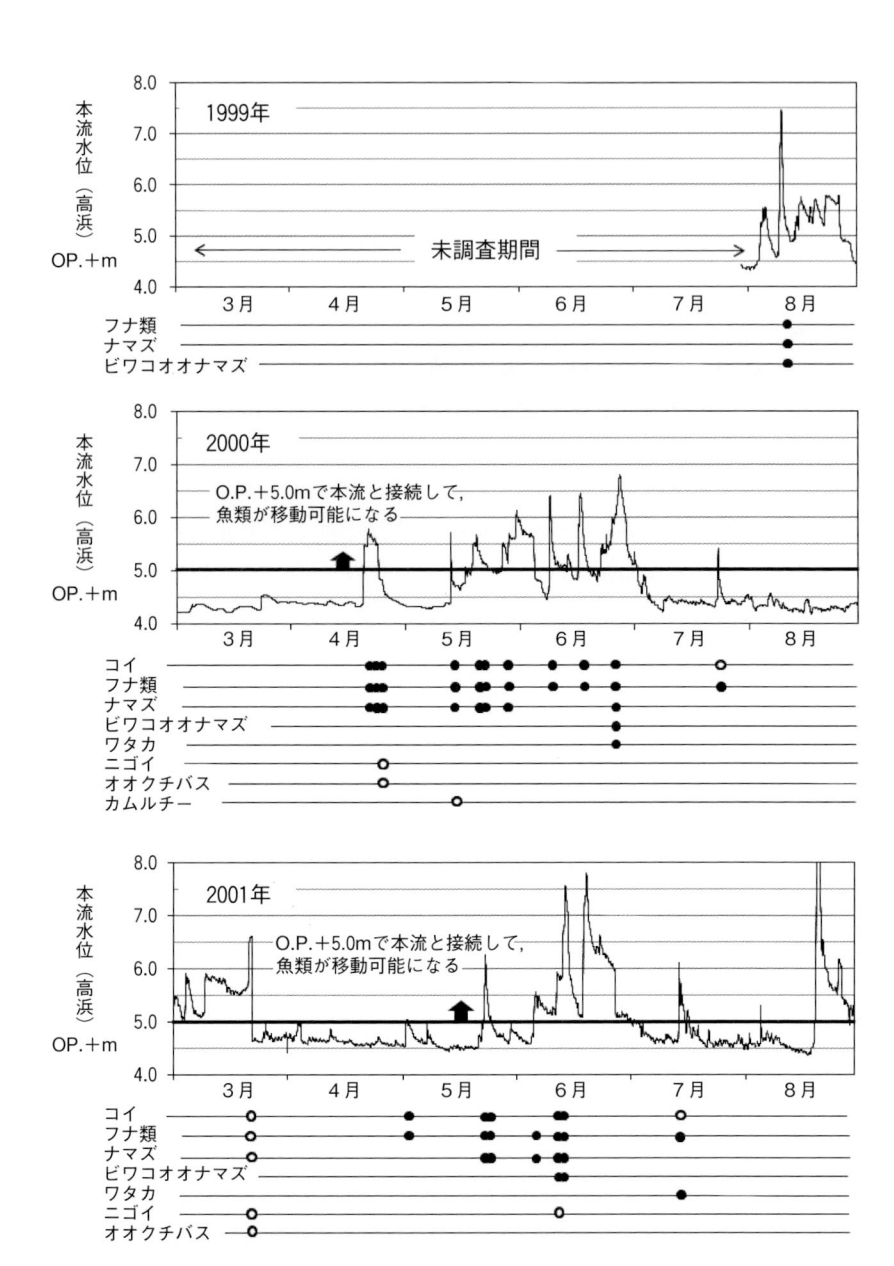

図4.1 本流水位変化と一時的水域への大型魚類の進入時期．
　　　○：進入のみ，●：産卵あり．

図 4.2　ビワコオオナマズの産卵行動.
　　　A：雄が雌を追尾する．B：雌が静止する．C：雄が雌の胴体に巻きつく．
　　　D：巻きつきが解けた直後の水面の叩き行動．E：雌雄が同調させた旋回遊泳．

個体の雌の後ろを 1 個体の雄が追尾して入りこみ，水深約 15 cm の泥底で，雄が雌の胴体に巻きついている状態を確認．

ビワコオオナマズ：2001 年 6 月 13 日 23 時の観察では産卵行動の一部始終を写真撮影することができた．水底の砂礫帯や水没したツルヨシの上で，1 個体の雌の後ろを 1 個体の雌が追尾し，雌が静止すると，雄は雌の胴体に巻きつく．巻きつきが解かれると同時に水面を「ドボンッ！」と激しく叩いた（放卵）後，雌と雄が身体の方向を同調させて弧を描くように旋回遊泳する（図 4.2）．この旋回遊泳については，ナマズ類に共通して見られる行動で，受精した卵を広範囲に分散させるための行動であると推察されている（前畑，2003）．

ビワコオオナマズの産卵場所と進入時刻

　ビワコオオナマズ *Silurus biwaensis* の産卵を確認できたのはなんと 1 年に 1 回の大増水の時だけであった．本書では 2 つの事例を紹介する．

　1999 年は，8 月 11 日に本流水位が 1 日で約 3 m も上昇して砂州全体が水没した（図 4.3）．1 年を通して最高水位を記録し，本流水位が O.P.＋7.0 m の付近で植生帯の窪地に冠水して入江状の水域ができた（図 4.4）．この場所は，普段は冠水することがないので，樹林やヨシとオギに覆われ，地面はクズやカナムグラによって草地化した環境である．その後，本流水位は 8 月 12 日未明に急激に低下したため，冠水した窪地が本流と分断された．本流と分断してから

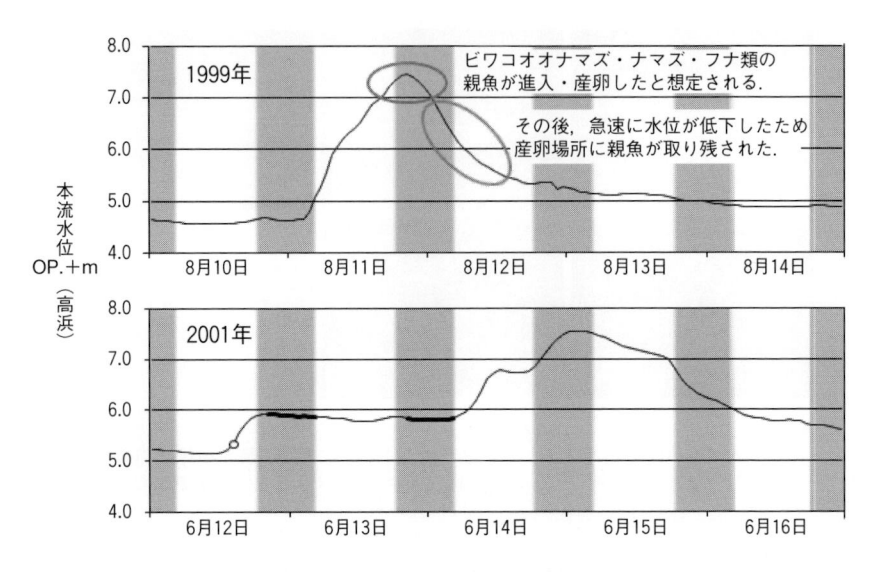

図 4.3 ビワコオオナマズの進入時刻と本流水位変化の関係.
　　　下図の○は産卵場所に冠水した時刻（14：00），太線は進入時刻を示す.

　8日後，タマリとなった窪地で本流に逃げ遅れたビワコオオナマズの親魚と，ふ化後まもない仔魚を発見した（図4.5）．時間水位データから推察すると，ビワコオオナマズは本流と連結していた17時〜2時までのわずかな時間に進入して産卵していたことになる（図4.3）．

　2001年は，6月12日15時に本流水位が急激に上昇して，本流から分かれた水は砂州の上端から越流した．砂州の地形は，植生帯が砂礫帯よりも一段高くなった崖状になっており，その境界に沿って水が流れこみ，幅5m程の細長い水路状の一時的水域が形成された．ビワコオオナマズは，水路の最も奥まった先端まで移動して産卵していた（図4.4）．産卵場所の環境は，左岸側の水際でヨシやオギが冠水し，水底は砂礫地とツルヨシが水没した状態であった．この一時的水域は上流側のみで本流と連結した状態を2日間保ち，ビワコオオナマズの出現は連夜に及び，冠水を開始した当日の22時〜翌6時と，翌日の22時〜翌6時の時間帯に観察された（図4.3）．昼日に産卵場所や冠水した全域で魚影を探したが，コイとフナ類は見られたものの，ビワコオオナマズはいなかったことから，明け方になると本流へ速やかに移動していたと考えられる．冠水してから3日目の14日には，さらに水位が上昇したことで，産卵場所の水

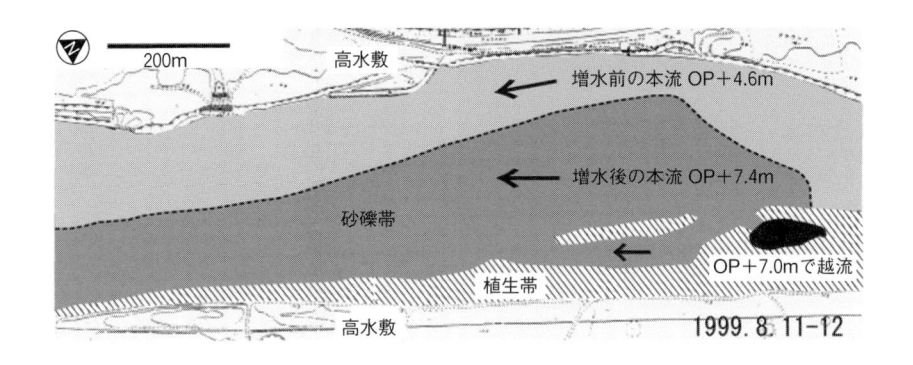

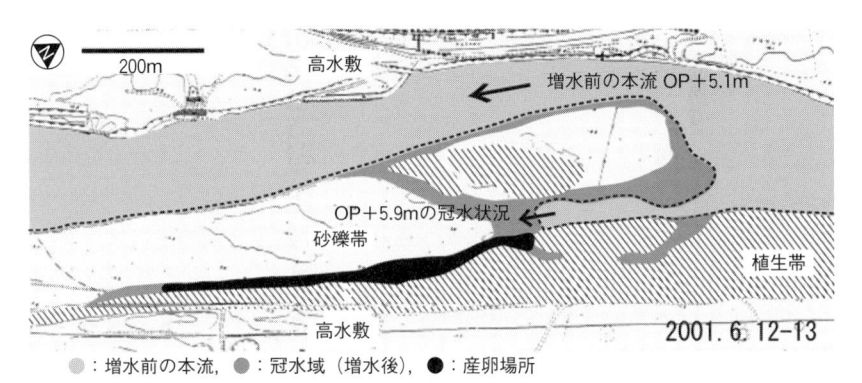

図 4.4 ビワコオオナマズの産卵場所.

●：増水前の本流，●：冠水域（増水後），●：産卵場所

域は砂州を貫いた二次的な流路に変わり，本流と並行して流れるようになった．産卵がおこなわれてから 12 日後にようやく本流と分断されてタマリになった所で体長 40 mm の当才魚が採捕された．その後，このタマリは次の増水によって再び本流と連結した．1999 年は親魚・仔魚とも死滅してしまったが，2001 年は産卵場所の水域が長日間維持されたことで産まれた仔魚も生育できたのだ．

（3）本流に逃げ遅れた親魚
急激な水位低下による親魚の挙動

急激な減水によって冠水域の水面が狭まると，親魚が本流へ向かって逃避する行動が見られた．とくに水路状に狭まった区間では，大量の親魚が移動する様子が見られ，さらに水位低下が進むと，もともと水路状になっていた冠水域

図 4.5　本流へ逃げ遅れて斃死した親魚
　　　a：ビワコオオナマズ（1999 年 8 月 12 日の減水から 8 日後に撮影）．
　　　b：コイ，ゲンゴロウブナ，ギンブナ，ナマズ．（2001 年 5 月 24 日の減水後，翌日に撮影）

は次々に分断されて，そこに親魚の一部が取り残されるか，干上がった所では斃死するケースがあった（図4.5）．

　急激な水位低下は毎年起こり，本流へ逃避行動する魚介類の中には，アユ・オイカワ・コウライモロコ・フナ類・ニゴイの未成魚や，タイリクバラタナゴ・ギギ・ヨシノボリ類などの小型の魚，スジエビ・テナガエビ・モクズガニなどの甲殻類も含まれる．大型の魚では，コイ・ギンブナ・ゲンゴロウブナ・ニゴイ・ナマズが移動していた．さらに本流と分断される地点の水深が 5 cm 程度になっても，コイ・ナマズは腹這いになって進み，フナ類は身体を横向きに倒して進もうとする．やがて本流と分断されると，これらの親魚の一部が干上がった砂州の上で斃死するか，幸いにして水深のある窪地に逃げこんだものは，タマリに残留していた．斃死した直後のコイ・ギンブナ・ゲンゴロウブナの雌には完熟卵がこぼれ出ている個体も見られた．

　また，先にも述べたが，ビワコオオナマズの親魚が逃げ遅れた 1999 年の減水では，本流と分断されてタマリとなった窪地で，ビワコオオナマズの他にもナマズ・ギンブナ・ゲンゴロウブナの親魚が水の枯れた窪地の草むらの上で斃死していた．わずかに残ったタマリで，これらのふ化後まもない仔魚を発見したが，結局，タマリは再び本流とつながることはなく，完全に干上がってしまった．

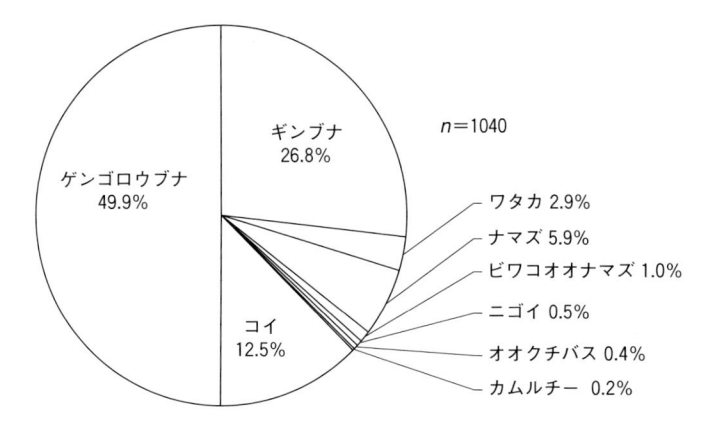

図 4.6　本流と分断後に残留・斃死した大型魚類の内訳.

逃げ遅れた親魚の個体数と雌雄

　調査期間を通して，本流へ逃げ遅れた大型種の総数は 1040 個体におよび，そのほとんどが産卵を確認したコイ・フナ類・ワタカ・ナマズ・ビワコオオナマズである（図 4.6）.

　フナ類は外部的な特徴からギンブナとゲンゴロウブナに判別して内訳を見ると，ゲンゴロウブナが最も多く，全体の約半数を占めていた．親魚サイズのニゴイ・オオクチバス・カムルチーも残留していたがごくわずかな数であった．雌と雄の割合は，コイに雄の方が多かったが，ゲンゴロウブナ・ワタカ・ナマズ・ビワコオオナマズはどちらかに偏っている傾向は見られなかった．ギンブナは腹部圧迫による精子の有無を調べたところ，すべて雌であった.

（4）なぜ，一時的水域で産卵するのか？
卵をばらまくという産卵様式

　魚の産卵様式は，種によって様々な方法を持っている．例えば，ハゼ科は川底にある石の隙間に卵を産みつけて保護をする．タナゴの仲間は二枚貝の身体の中に卵を産みこむ．サケ科は川底を掘り起こしてから産卵した後，卵を砂礫で覆い被せるようにする.

　調査で確認された大型魚種のうち，ニゴイ・オオクチバス・カムルチーは冠水域で産卵はおこなわれなかった．ニゴイは瀬などの比較的流れのある礫底で産卵し，オオクチバスとカムルチーは水位が安定した止水域で卵や仔魚を保護

することが知られている．一方，コイ・フナ類・ワタカは水面近くの植物などの基質に卵をばらまきながら産着させる様式で，ナマズ・ビワコオオナマズは水底で卵をばらまく様式であった．どちらの産卵様式も卵をばらまくだけで保護はおこなわないという点で共通していた．

　卵をばらまいて保護をしないという産卵様式は，子孫を残す意味において，一見して不利な繁殖戦略であると思うかもしれない．しかし，コイが1度に産卵する卵の数は50万～60万個で，ナマズでも1万～10万個といわれ，これだけの大量の卵の中から成魚まで生育できるのはほんのわずかな数であることから，卵や仔稚魚の時期には相当の数が死亡することが見込まれる．

　また，産卵場所の一時的水域は，直前まで陸地であったため，当然のことながら水生生物がすんでいない．このような浅い水域は高水温になるため，仔稚魚の餌となるプランクトンが大量に発生する．したがって，仔稚魚は餌の多い空間を独占できることになる．一時的水域は，卵をばらまくだけの種にとっては，格好の生育場所としての条件を満たしているといえよう．

なぜ，逃げ遅れるのか？

　冠水域は，本流の水位変動を受けて常に不安定であることから，親魚は減水するまでのわずかな時間に産卵を終えて本流へ逃避しなければならない．しかし，相当数の親魚が逃げ遅れてしまった．逃げ遅れた大型魚のほとんどが産卵のために進入していた種であった．ニゴイ・オオクチバス・カムルチーは産卵場所が異なることから，増水時の本流の強い流れから岸部へ避難し，急激な水位低下に対応できない個体がたまたま残留していたと考えられる．

　では，なぜ，産卵のために侵入していた種ばかりが逃げ遅れてしまうのだろうか？ 2000年4月24日と5月14日の減水，2001年5月25日の減水では，大量のコイ・ギンブナ・ゲンゴロウブナ・ナマズの親魚が逃げ遅れた．そして，減水直後に死骸を発見した場所は，冠水があった水路状の先端部（本流から最奥の場所）までおよんだ（図4.4）．増水時に本流から進入した親魚は最も奥まった所を目指して移動したものの，急激な減水が始まって，本流までの逃避経路を断たれたり，見失ったりしていたことが想像される．親魚が産卵場所で斃死する事例は，水田やその周辺の水路でも多数報告されている（前畑，2003，阿部・岩田，2007）．しかし，河川でこれだけの数の親魚が逃げ遅れたことはあまりにも不自然なことに思える．

大都市圏を流れる淀川では治水と利水を目的とした河川整備が長らく進められてきた．上流には南郷洗堰や天ケ瀬ダム，下流側には淀川大堰が建設され，深く安定した河道を確保するために河床掘削と河幅の拡大が施された．その結果，河道が直線化され，洪水時の流下能力も向上した（河合，2011）．ダムや堰がなかった頃の淀川は広大な砂州を有し，ひとたび冠水すると長日を要して緩やかに減水していたのだろう．しかし，現在は「水はけ」が良くなりすぎたため，一時的水域で産卵する魚類が急激な減水に対応できてないのではなかろうか．

　近年の研究では，琵琶湖の出口に設置されている南郷洗堰の操作が，フナ類やホンモロコの繁殖に影響を及ぼしていることが報告されている（佐藤・西野，2010）．琵琶湖河川事務所では，これらの魚類の卵や仔魚の干上がりを低減させるために，琵琶湖の水位を長日間かけて緩やかに低下させる堰操作が試行されている．このような魚類の繁殖に配慮した堰の操作は，淀川においても今後の重要な課題であり，砂州の地形と増水規模に応じて，どのくらいのスピードで減水させるのが相応しいか調査を続ける必要がある．

（5）消えゆく一時的水域と魚たち

　冒頭にも述べたが，近年になって一時的水域の重要性が強く指摘されるようになった．その理由として，日本の希少淡水魚の生息地の多くが農業を営む環境下にあり，人為的影響を強く受けているからである．全国各地で絶滅に瀕している淡水魚の現状に関する報告を聞くようになった．アユモドキ・スジシマドジョウ・ヒナモロコ・カワバタモロコなど種類を挙げればきりがないくらいである．今ではナマズ・ドジョウが川から遡上できるような水田はほとんど見かけなくなった．唱歌「春の小川」に出てくる「小鮒」はギンブナを指しているといわれている．日本中の水田や周辺の水路で，ナマズ・ドジョウと混じって必ず見かける魚である．「春の小川」のような魚たち群泳する光景が，日本のいたるところで再び戻ってくることを願ってやまない．　　　　　（紀平大二郎）

4．ワーストワンといわれた大和川へ天然アユが遡上した

大和川で確かにアユが捕れた

　大和川での研究のきっかけは，2004年に主に研究室の卒業生からなる大阪陸水生物研究会が，河口から4 kmの地点と約10 km地点でアユを捕獲したことに始まる．我が国で有数の水質の悪さで知られた大和川に海産の天然アユ

（以下，海産アユ）が遡上するのではないか，他の魚介類の大阪湾からの遡上はどうであろうか？　という疑問を，4人の卒論生で追及することになった．そして私は，アユの遡上の研究を担当することになった．

　アユ *Plecoglossus altivelis altivelis* は，水質のきれいな場所（BOD 値 5.0〜10.0 mg/ℓ）に生息する．，再生産できる水質はよりきれいな環境（BOD 値 5.0 mg/ℓ 以下）であるといわれている．

　大和川でも，1960 年代中ごろまでは多くの海産アユが生息していたといわれているが，1970 年には大変汚い川（BOD 値 31.6 mg/ℓ）になってしまい，アユの生息も確認されなくなった．近年水質の改善がなされ（2004 年 BOD 値 4.6 mg/ℓ，2008 年 BOD 値 3.7 mg/ℓ），河川調査などで時折アユが捕獲されるようになってきたため，海産アユ（湖産アユ）の再遡上も期待されていた．しかし，大和川本流や支流には琵琶湖産のアユの放流がおこなわれており，捕獲されたアユが海産アユであるという確実な証拠がないままであった．1992 年，2002 年に河川調査でアユが捕獲されているが，「体長分布組成から，海から遡上したものと考えるのが妥当である」という明確なものではなかった（大阪陸水生物研究会，1993）．

　4月下旬からアユや他の魚介類の遡上に関する研究のために，我々は，大阪府知事から特別採捕許可を得て，河口から約 4 km 地点に定置網を仕掛けて河川調査を始めた．その際，大和川下流はシラスウナギの漁場となるため，何度か調査が中止になるときもあった．定置網では，ボラやモクズガニ，テナガエビなどを捕獲することができたのだが，アユは一向に捕獲できないでいた．遡上日と定置網を仕掛けている日がずれていたのか，または，定置網を避け遡上していった可能性を考え，以前捕獲することができた河口から 17 km 地点付近の柏原堰堤の辺りで投網を打つことにした．大和川では漁業権がすでに放棄されているので，大阪府漁業調整規則により 4 月 25 日以降は打網は可能である．6 月から 7 月にかけて 7 日間で 32 個体を捕獲することができ，大和川にアユの存在が確認された．しかし，そのアユが海産アユであることを確認することが目的である．捕獲したアユをエタノール固定や冷凍で保存し，確認の方法を模索していった．

海産アユかどうかの確認の方法

　体の形や顎裏の穴の数など様々な方法を調べたが，どれも経験則であり科学

図4.7 アユの耳石.
線は1mmを示す.

的な根拠はなかった．その中で，耳石を用いる方法にたどり着いたのである．耳石（図4.7）とは，すべての脊椎動物の内耳中にある半規管で，主成分は炭酸カルシウムである．周りの環境の成分を取り入れて，ふ化後1日ずつ大きくなっていくもので，日周輪を形成する．近年，耳石中のカルシウムに対するストロンチウムの濃度比（以下，Sr/Ca濃度比）を中心から縁辺にかけて日周輪紋と対応させて分析することによって両側回遊魚の履歴を推定する技術が急速に発展しつつある．海水中に含まれ，耳石に取りこまれたストロンチウムの含量と，生息場所に関係なく一定の含量であるカルシウムの濃度比を用いるというものなのだ．

　つまり，耳石の中心から縁辺にかけて，Sr/Ca濃度比が高い水準から低くなることにより，その個体が海に生息していた期間があり，その後，淡水の川に遡上したということがわかるのである．

　分析は，三重大学生物資源学部海洋個体群動態学研究室の原田泰志教授のご協力とご指導によりEPMA分析機（Electron Probe Micro Analyzer）を使用した．EPMA分析機で分析をするための下準備として，アユの耳石をとりだし，樹脂で固め，分析できるまでの薄さにし，耳石の表面が出るまで，やすりで延々と削っていく作業が必要であった．まず，耳石を取り出す作業では，最初，耳石の場所がほとんどわからず，アユの頭にピンセットを突っ込み目の上部をぐりぐりと手の感覚だけで探しあてようとしていた．もちろん，そのような作業で，うまく見つかるわけもなく，小さな耳石を見つけることができず，頭部

がぐちゃぐちゃになってしまうことも多かった．まずは耳石を確実にとりだすことができる方法を考えた．そして行き着いた方法は，アユの頭部を解剖ばさみで開け，脳が見える状態にする．ピンセットで脳をつぶさないように気をつけながら取り出す．そうすると，脳を取り出したすき間から2枚の白い耳石が見え，すんなりと取り出すことができた．

　樹脂を削る作業では，ある程度まで薄く削るために，大学内の鉱物を研究している研究室にお願いし，岩石裁断機を使って削ることになった．その後がこの本研究の中で一番苦労した点である．それは，分析機で成分を調べるためには，もともと小さな耳石をより薄くし，中心核を出すことが必要であった．そのために，目の細かいやすりシートで少しずつ削っていく．捕獲した32個体のうちきれいに耳石を取り出せた個体分の耳石を削る作業でははじめは1枚につき約4時間必要であった．これでは，多くの時間がかかりすぎ，またずっと手で耳石のはいった樹脂を押さえながら削っているため手首が腱鞘炎になりそうだった．ここで時間がかかりすぎると分析機の予約に間に合わない事態になってしまうので，なるべく時間をかけないで，耳石を削り出す方法を考えた結果，耳石のぎりぎりまでは目の粗い紙やすりで樹脂を削りとり，その後耳石の中心核が出て，表面がなめらかになるように細かい目のやすりシートを使った．そのために，あやまって紙やすりで耳石を削り取ってしまったこともあったが，何とか1週間かけて，やっとすべての耳石を分析できる形に仕上げることができき．

　その後，EPMA分析機を使う前に，輪紋計測装置を使い，中心から縁辺までの耳石半径，中心から縁辺までの日周輪紋数と輪紋間の距離を計測した．EPMA分析機のある三重大学へ何度も足を運び，輪紋計測，EPMA分析と進めていった．その時，予約していた分析機が使える日に，三重大学へ行くと，分析機がメンテナンスに入っており，使うことができずその足で大阪にとんぼ返りし，そのために，論文の仮提出が遅れる事態となってしまったこともあった．

分析したすべてのアユが海産アユ！

　結局耳石を採取する際と中心核を出すときに，取り出せなかったり，解析できない状態になったりしたものを除いた32個体中15個体の回遊履歴チャートを書くことができた．また，前年に大阪陸水生物研究会が捕獲したアユ3個体の回遊履歴チャートも書くことができた（植野ほか，2012）．

回遊履歴チャートは，まず，EPMA分析機で，耳石の中心から縁辺にかけて電子線を5μmずつあてることによって，中心からの距離と，Sr/Ca濃度比の関係をあらわしたチャートを描くことができ，次に，耳石の中心からの日周輪紋数を計測していることから，採集日とを照らし合わせ，Sr/Ca濃度比と遡上日周輪紋数との関係や，ふ化日の推定をおこなった．

　その結果，15個体すべてにおいて，耳石の中心から大体350μmから550μmより前半部分では，Sr/Ca濃度比がおおよそ2.5から5.5の値を示しているのに対し，後半部分では1.5から0.5の値に激減して推移していた（図4.8）．信濃川産の遡上アユのデータでは，耳石の中心から約400μmまではSr/Ca濃度比が8.0～10前後を推移した後，緩やかに減少し，約420～600μmにかけてSr/Ca濃度比は2.0～3.0に落ちこんでいた（Otake and Uchida, 1998）．つまり，濃度比の大きな差があるものの，信濃川産遡上アユと同じように，耳石の中心から縁辺にかけてSr/Ca濃度比が激減するところがあることから，2005年に捕獲され，分析できたすべての個体が海産アユであったといえる．また，2004年に捕獲された3個体にも，Sr/Ca濃度比が激減する部分が見られ，それも海産アユであるといえる．

　また，日周輪紋数とSr/Ca濃度比の関係を示すチャートを見てみると，11個体が遡上日齢125～155日であり，そのほかは175～200日を越えているものもあった．つまり，大和川では，ふ化後約125～155日で淡水域に遡上していることになる（図4.9）．また，逆算の結果，ふ化した時期もある程度把握することができ，10月3日から1月3日の間であることがわかった

　このことを，採集した日から逆算していくと，遡上した日が推測され，大和川では，採集された個体のうち4月5日から4月30日の間に11個体が，5月8日から5月28日の間に4個体が遡上していた．つまり，大和川において，採集されたアユの遡上時期が大方4月5日から4月30日の間であることがわかったのである（図4.10）．また，耳石の大きさと体長の比例計算から，遡上したときの体長を推定した結果，大和川においては，60.0 mmから87.5 mmで遡上していることもわかった．

　このように，大和川において，分析したすべての個体が海産アユであり，回遊履歴がわかったことは特筆に値する．文献によると，1962年にはかなりの海産アユが遡上しているのが確認されていた（水野，1962）が，1965年には海産アユの量が激減し，1967年と1968年には琵琶湖産のアユを放流したこと

もあったが漁獲はなかったとされている．それ以降，大和川本流の中流，下流域へのアユの放流はおこなわれておらず，海産アユの確認もされていなかった．(御勢，1999)

1992年から再びアユが捕獲されだしたのだが，1954年から2004年にかけて，支流の石川や本流下流域に琵琶湖産のアユが放流されていたため，捕獲されたアユが海産アユであるという明確な確認がされていなかった．しかし本研究をおこなった2005年には，大和川や石川において湖産アユの放流がされなかったため捕獲したすべてのアユが海産アユであるとの予測はあったが，私の研究において，海産アユの遡上が約40年ぶりに明確になった．

私が卒業研究をしているときには，仔魚の採集も試みたのだが捕獲することができなかった．しかし翌年，国土交通省大和川河川事務所のおこなった研究で卵と仔魚が発見され，以後毎年繁殖が確認されている．ただ，大和川におけるアユの遡上数や生息数が増加しているかどうかは不明である．

私の卒業研究が評価され，様々な人達が大和川のアユのために動き出した．例えば，右岸側に勾配がゆるく，広い魚道が造られて，アユが遡上している．私自身も，卒業研究を新聞やテレビのメディアで取り上げられ，研究の成果が社会に何らかの影響を与えている実感をつかむことができた．現在私は，教職についているが理科の教科で，環境教育をおこなう際に，大和川のアユを題材に水環境や，生物の生息環境のことについて，教材をつくることができている．

卒業研究としておこなった研究で，様々な経験をすることができた．一向に捕獲することのできないアユの姿を追いかけて不安に思ったこと．分析をおこなうために三重大学まで電車に乗って通ったこと．分析に間に合わせるために研究室の床で寝泊りしたこと．分析を終え期待していた結果がでて喜んだこと．緊張しながらテレビカメラの前に立ったこと．とにかく，様々な人からの協力を得て多くの経験をさせてもらうことができた．「とにかく何でもやってみる．」これは，研究を通して私が身につけることができた考えであった．

(植野裕章)

5．裏話　美しく見てほしい淡水魚の展示と採集・飼育の方法

魅力あふれる日本産淡水魚

日本産淡水魚の飼育や展示を始めようとする人にとって，大きな魅力の1つに，目的とする種が，私たちの身近にいることがあげられる．つまり，外国産

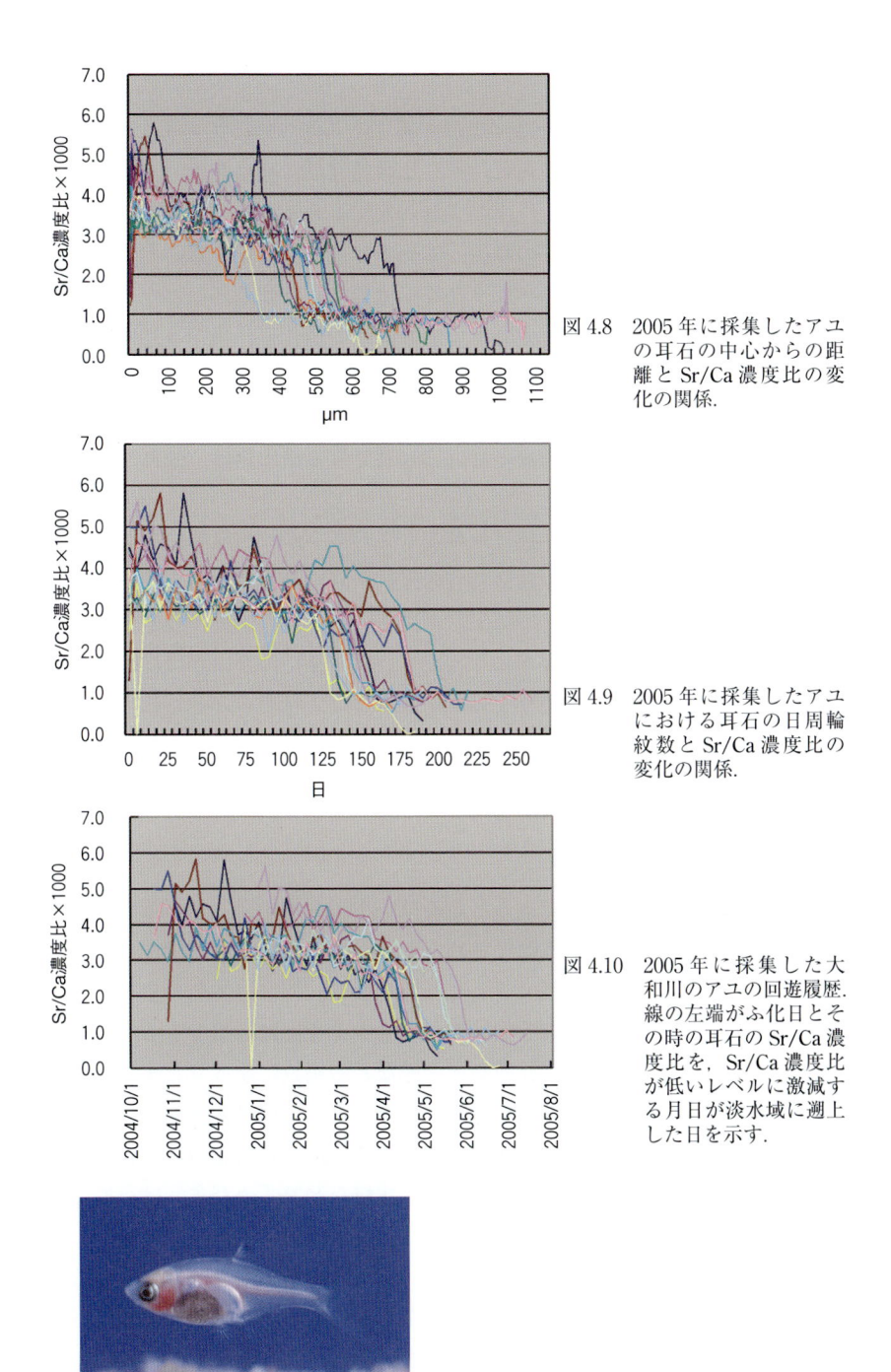

図 4.8　2005 年に採集したアユの耳石の中心からの距離と Sr/Ca 濃度比の変化の関係.

図 4.9　2005 年に採集したアユにおける耳石の日周輪紋数と Sr/Ca 濃度比の変化の関係.

図 4.10　2005 年に採集した大和川のアユの回遊履歴. 線の左端がふ化日とその時の耳石の Sr/Ca 濃度比を, Sr/Ca 濃度比が低いレベルに激減する月日が淡水域に遡上した日を示す.

図 4.11　ニッポンバラタナゴの変異個体（透明鱗）.

第 4 章　淡水魚と河川調査

淡水魚と比べて，日本産淡水魚は，四季を通じて，いつでもフィールドへ出かけて見ることができ，また海産魚と比べて比較的容易に観察したり，採集することができることである．また，手に入れる際にその多くが購入にたよらざるをえない熱帯魚と比べて，多くの場合，安価か無償で採集できることも大きな魅力の1つであろう．さらに，ペットとして流通する体サイズなどがおおよそ決まっている熱帯魚と違い，その時々の成長段階の個体を採集でき，時には天然での繁殖行動などを直接観察することもできる．また運が良ければ，図4.11のように，様々な変異個体にも出会えることもある．このように，個体としての魅力や，成長段階，繁殖行動など身近に観察できる淡水魚は，知れば知るほど魅力あふれるものである．

　また，日本産淡水魚は通常体色は地味なものが多いが，繁殖期に美しい婚姻色を発現したり，稚魚期や幼魚期に特有の斑紋が見られたりなど，その変化が著しい場合もある．フィールドで採集した直後の個体は，脳裏に焼きつくほど美しいため，日本産淡水魚が好きになったり，興味を持つきっかけになる方も多いであろう．しかも，このような日本産淡水魚は，私たちの身近にいながら，その分類や生態など，意外と詳細まで知られていないことが多いということも魅力の1つである．

生物の展示と水族館

　一般に淡水魚を身近に観察できるところは，小川や溜池などであるが，かつての小川が三面コンクリートに改変されたり，溜池が宅地化などで埋め立てられてしまったりと，気軽に観察できるところが最近，非常に少なくなった．そのため，特に都市部では多くの分類群の生きものを身近に観察できる場所は，残念なことに野外ではなく，水族館や博物館などの施設になってしまった．

　博物館は，地元の生物の様々な標本や資料の充実した施設も多いが，生物の生体を多数展示しているところは少なく，一般的には，水族館の方がより多くの生体を観察することができる．しかし，水族館などの「めだま」は一般的に華やかな熱帯性海水魚や外国産の淡水魚で，日本産の淡水魚については，一部の園館を除いてほとんど展示されていない．最近は，動物園などでも地域の淡水魚の飼育展示や種保存事業にも積極的に関わる園館が増えてきており，喜ばしいことである．水族館や動物園など生体を展示している施設は，市民に生命の大切さ，尊さ，生物の行動や生態などの不思議さなど，様々な魅力を普及啓

発する最も身近な施設であるとともに，在来の生態系が様々な要因で変化し，在来生物の激減を招いている今日，その展示の重要性は大きく増してきている．

一方，水族館などで展示されている熱帯性の淡水魚や水草水槽などは，レイアウトの工夫で緑豊かで，一見調和がとれていると見られるが，その水槽に入っている様々な生物について調べてみると，明らかに原産地が異なる生物が，「調和や癒し」という名目で，同一水槽に展示されているものが見られる．特に水草などは，水槽の美観をメインとするために，本来の原産地などは無視されがちになってしまう．「調和」された水槽というイメージが強調されることで，生物本来が持つ国や地域の固有性が失われた展示となってしまい，国内外を問わず外来生物の移入や放散に対する間違った意識を来館者に間接的に植えつける可能性がある．そういう意味で，水族館の展示で取り扱う様々な生物は，本来の生息地の在り様を十分に認識したうえで展示をする必要がある．そのためには，展示する生物がどのような場所に生息し，どのような生活をし，習性を持っているかなど，水族館などで飼育に携わる職員は特に熟知する必要がある．

水環境の多様性が裏づけられる生物多様性

淡水魚は，淡水で生活することができる魚類の総称で，生活史という観点からも，一生を淡水域で生活する純淡水魚や，海と川を往き来する回遊魚や一時的に淡水域や汽水域で生活する周縁性淡水魚など，実にバラエティーに富んでいる．淡水魚は，魚類（約28000種）のうち，約12000種で，全魚種のうちの約43％を占めている．さらに，生息する陸水域は，地球上に存在するすべての水のなかで，わずか0.01％しかなく，海水魚と比較して淡水魚は非常に極少な生物圏で多種多様な種が生息していることになる．そのなかで，日本列島には，亜種を含めて318種の淡水魚が知られており（川那部ほか，2001），筆者の住む琵琶湖・淀川水系には，日本の淡水魚の約1/3以上にあたる120種以上もの淡水魚が生息している（大阪市水道記念館の調査による）．また琵琶湖・淀川水系には，世界でも有数の古代湖として知られている琵琶湖の長い歴史のおかげで，17種（亜種）の固有種（準固有種も含む）が知られ，アブラヒガイ，ビワコオオナマズやイサザ，さらに最近発見されたヨドゼゼラなど生物地理学的にも極めて重要な種が生息し，希少価値の高い生物も知られている．

私が水道記念館でこだわった淡水魚展示

　平成10年11月から平成24年3月までの約13年4ヵ月間，大阪市水道局が水源として取水している淀川とその上流域にある琵琶湖などの水源環境や水質の保全を普及啓発する目的で，流域の水生生物を大阪市水道記念館で展示してきた．

　そもそも，琵琶湖・淀川水系とは日本一の支川数を誇る965本の川を集め，上流域には滋賀，中流域には京都，そして下流域に大阪がある広大な流域圏である．そこではまず上流で水を取水し，水道水として浄水された水が各家庭に供給される．その使用された水が生活排水として下流の地域に流れ，下水処理された後，また川に戻り，そのまた下流の地域で，水道水源を取水することによって浄水されるというように，最も下流の大阪では，人間の体内を5回通った水を水道水の原水として利用しているといわれている．

　淀川を水源として，私たち大阪域の人間は，高度浄水処理されたより安全な水道水で生活する．水道記念館で展示飼育する生物は水道水の中間処理過程の工業用水で飼育されることで，間接的ではあるが水源の水質の監視の一役を担っていると考えられる．魚であれ人間であれ，水は1日も欠かすこともできない貴重なもので，同じ水源で生命を支えられる仲間たちという視点から，水道記念館の生物の展示を続けてきた．そういう視点からすれば，水道記念館の水族展示は，水道水を常に供給する水道局が水源環境をみつめ，見守るという，まさに鏡のような役目を果してきた．

　展示のコンセプトは，水槽展示から来館者に水道水源について想像してもらい，多様な水環境への関心をいかに深めてもらうかということであった．そのため，水道記念館で水槽展示に使う砂や小石，岩，流木など，水槽のレイアウトとして使用する材料や，実際に展示する生物は，生息地から直接採取してきたものを展示してきた．また展示する生物も，天然記念物の生物など一部の希少種を除いて，従事する職員自らがフィールドへ出向き，水源の環境調査も兼ねて採集した．まさに，職員一同が汗をかいて収集してきた「手作りの展示」であった．このように，展示物を自ら収集することによって，職員全員が水源環境の現状を把握し，その体験によって来館者の見学案内する際にまさに「メッセンジャー」としての役割を果たすことができた．特に，大阪市内に住む小学生たちは，水道の学習のために，水道記念館に隣接する柴島浄水場の社会見学と合わせて，当館を見学した際に，水源の環境と生物について，実物の展示

を見ることで学習するきっかけや関心を持ってもらう一助として機能してきた．このことは，水族館というよりもむしろ地域に根ざした博物館的な機能を持ち，一般のレクリエーションやショーなども楽しめる水族館とは異なったスタンスの施設であるという私どもの大事なこだわりの館であった．

採集の魅力

　淡水魚の採集は非常に奥が深いものである．フィールドでの採集体験は，自身の経験や年数に関係なく楽しいものである．自分が初めて捕まえた生物は，何年たってもその印象が強く残っている．真夏の炎天下や，真冬の手や足先がかじかんだ寒い時期でも，目的とする魚種が採集されれば，疲れは吹っ飛ぶものである．

　日本産淡水魚は四季を通じて，簡単な道具さえあれば採集することができるので，その喜びを一旦味わってしまうと，次には，色々な魚種を採集したくなってくる．その際に，簡単に集められるものから，集め難いものへ興味が移行する．しかし採集に出かけても，思うように採集できない時も多い．これは，その対象とする生物の本来の生態について，まだ自分でつかめていないためで，なぜ採集できないのかということを自分なりに文献で調べたり，情報を集めたり，試行錯誤する時間がまた非常に楽しいひとときとなる．そのことをまさに体感したのが，以前，日本産の流水性のサンショウウオを，先輩と一緒に採集しに行った時のことである．同じように採集ポイントで探索しているのに，その採集数は大きく異なり，愕然とした．本などで知識として，ある程度は頭には入っていても，実際のフィールドを多く見聞し，生息地からの知識や経験を持つ重要性を再認識させられたことであった．そういう意味でも読者の方々には，様々なフィールドワークをして，見聞されることをお勧めする．

淡水魚展示するための採集

　水族館の展示であれ，自宅の水槽であれ，大切なことは，採集するその時点からその生物の水槽での飼育がすでに始まっているということである．もちろん，どんな捕り方であっても，まずは，その目的の生物を採集することは大事であるが，さらに採集時に魚体を傷つけることなく採集し，持ち帰ることが肝要である．生物を展示する際には，一部の魚種を除いて，投網や刺網は，魚体に擦れ傷をつけてしまい，また持ち帰った後にもその擦れ傷から病気が出たり，

薬浴して治癒させたとしても採集時の傷が治癒後も残ってしまうことも往々にして見られる．このため，いかに網擦れなどさせずに，よい状態で採集し，持ち帰るかということが，非常に重要なポイントである．そのため，餌に誘引させて採集するモンドリやセルビンなどはよい方法であるが，これは遊泳性の魚種は採集できても，底生性のドジョウやナマズ，ハゼの仲間などは難しい．万遍なく採集できる方法としては，タモ網による採集がベストで，この方法だと多くの魚種を，しかもあまり魚体を傷つけることなく採集ができる．タモ網で遊泳性の魚類を採集することは難しいと思われがちだが，慣れてくればイワナやアユなど採ることもできるもので，ぜひ，タモ網による採集を極めてほしい．タモ網で採取する際には，図 4.12 のような水路が，水深も比較的浅く，足場もよく，安全に採集することができ，丹念に採集すれば多くの生物が発見できる．

　最後に，近年，多くの野生生物が絶滅の危機にあり，希少性の高い生物が増えてきている．法により採集などが禁止されている天然記念物や国内希少野生動植物種はもちろんだが，都道府県や市町村の条例などでも，採集が禁止されているものもあり，採集地に赴く前には必ずその地域の関係法令を調べ，遵守することはいうまでもない．また，外来生物の採集についても，特定外来生物やその他，条例指定の外来生物の取り扱いを決められている地域もあるため，十分に留意し，法令遵守（コンプライアンス）に努めなければならない．

淡水魚の飼育法

　淡水魚の飼育については，十人十色で様々な飼育法があると思うが，ここでは基本的に留意すべき事項を述べたいと思う．

　第 1 に，野外から採集してきたものであれ，ペットショップで購入したものであれ，その個体が死ぬまで愛情と責任を持って飼育することは飼育者として最も基本的なモラルである．飼育する際には，その対象とする生物の飼育数や成長段階，健康状態に合わせて適正に餌料や水槽管理をおこなうことが，その生物と長くつき合う秘訣である．飼育をするうえで最も基本的なことは，その生物をできる限り時間をかけてじっくりと観察することである．観察によって，飼育する生物の日常の行動を知ることができ，いつもと違った様子があれば病気の前兆を察知できる．また繁殖前の行動などフィールドではなかなか見ることのできない生物の行動を知ることができる．このように，観察する「目」を

養うことが，飼育するうえで大切なことである．

　飼育者のちょっとしたミスから，生物を病気にさせてしまったり，時には全滅させてしまうこともある．生物を良好に飼育する工夫として，筆者は，水槽という限られた空間の中に単一の分類群の淡水魚のほかに多くの分類群の生物を共に飼育している．

　例えば，図 4.13 のように巻貝の仲間を一緒に飼育する．イシマキガイは水槽内に生えるコケを取り除くために，またチリメンカワニナは水槽内の残餌や魚の糞を分解してもらうために同居させている．ただイシマキガイは，その卵嚢が水槽面や石などに産みつけられて見苦しくなることがある．またチリメンカワニナは，稚貝が生まれた際に水槽の表面にくっつくことがあり，コケ擦りなどの清掃作業の際に水槽面を傷つけないように注意する必要がある．また，死貝の殻片が薄くなって濾過槽を詰まらせてしまうことなどもあるが，生きている魚を襲うようなことはなく，むしろ，よい同居者として活躍してくれる．

　最後に，図 4.14 は，水道記念館の淡水魚展示コーナーで，平成 12 年から 24 年まで展示していた水草水槽のカット写真である．水草や貝類のみを飼育しているが，ワサビやユキノシタなど 10 年以上の歳月をかけて熟成してきた水槽である．水槽という小さな生態系ではあるが，より多くの生物を飼育し，十分な管理によって，限られた空間の中で生命の営みや発見，感動，癒しを体感することができる．水槽という人工的な閉鎖的空間とフィールドのオープンな世界と比較することにより，その研究対象の生物のことをより深く知ることができ，そのことが，フィールドでの新しい発見につながったりする．このように飼育は，水槽とフィールドを結びつける架け橋の役割を担うこともあり，多くの人にその面白さを体験してもらいたい．

〔横山達也〕

図 4.12　今では珍しい護岸されていない水路.

図4.13 淡水魚と同居させるとよい貝類（上：イシマキガイ，下：チリメンカワニナ）．

図4.14 水道記念館で展示していた水草水槽（ワサビ，ユキノシタなど）．

第5章

溜池の生態学

1．溜池は未知の世界

　大阪教育大学水野壽彦博士の執筆による「池沼の生態学」は1971年に築地書館から発行された．水野博士は1984年に退官されたが，その記念論文集で京都大学川那部浩哉博士は「偉大なる奇書『池沼の生態学』」と題して「……この内容のものがこの時期にこの人によって書かれたのが驚きである．……」とその斬新さを評価した（川那部，1984）．

　水野博士は「はじめに」の中で，溜池は「生態学研究には手ごろな大きさと身近にあって，誰でも，いつでも調べられる最も好適な水域であるのに，どうして置き忘れられてきたのだろうか．」，「生態学の書物やテキストを開いてみると，物質循環やエネルギーの流れが手に取るように図に描かれ，説明されている．（中略）しかし，実際に研究を始めてみると，分からないことばかりである．」と書かれている（水野，1971）．

　水野研究室では，1960年代初期から生産者（植物プランクトン），消費者（動物プランクトン・底生動物・魚など）そして分解者の生産あるいは分解エネルギーを推定する室内実験を研究室の学生とともにコツコツと遂行された．そして最終的に兵庫県西宮市の北山公園内の溜池生態系の研究の集約として「溜池生態系のエネルギーの流れ」が描かれたわけである（水野，1971）．

　実は「池沼の生態学」の出版前後で，生産生態学といって将来の食料不足をも見すえた基礎研究である国際生物学事業（I. B. P）が開始され，日本もその流れの中にあった．各国，各地域の森林，河川，湖などで多くの生態研究がおこなわれ，エネルギーの流転や物質の循環などの学術用語が飛び交った時代である．当時，森 主一博士からいただいた私の大学院のテーマは「水中における有機物残渣（デトリタス）の分解」で，生産生態学の1分野であった．水野博士が先の研究を深めるために私の研究に目を止め，私を研究室の助手に採用

されたのであるが，しばらくして私はテーマを淡水魚に変えてしまった．誠に申し訳ないことをしたものである．

ただ第1章2.(2)にあるように，私の最初の魚の研究の場は溜池であり，その後も身近な河川・池沼の生物を扱った．研究を始めてみると分かっていないことばかりで，半ば，腹たちまぎれに，がむしゃらに調査・研究をしてきた．研究室の学生とともにである．これらはどうも先代の水野研究室の方針と同様である．ある意味，似た遺伝子を持つ者が続いたのかと面はゆくもあり嬉しくもあった．

（長田芳和）

2．海をすてたヌマエビとミナミヌマエビ

小さなエビとの出会いは突然に

いざ何を研究するかを決定しなければいけない大学3回生になったものの，なかなかこれといった研究材料が見つからなかった．そんな中，研究室の先輩が溜池でタナゴの研究をしているということでつき添った．そのとき，溜池内に生えていた水草の中をタモ網ですくうと，たくさんの小さなエビが採れた．「ん？ どこかで見たことがあるエビだ……これはメバルを釣るときに餌として使用するエビではないか！」と私は思った．「魚の研究もいいけれど，魚の餌となるエビ（餌となるのはスジエビが多い）がいったいこのような小さな溜池でどのような生活を築いているのか？」と興味を持った私は，その後約3年間みっちりとつき合うことになったのである．

小さなエビの研究手順
小さなエビの正体は？

いよいよ研究がスタート．まずは溜池に存在するエビの種類の特定である．過去の研究文献を用いて調べてみると（上田，1970，諸喜田，1981），日本産淡水エビはテナガエビ科（*Palaemonidae*）とヌマエビ科（*Atyidae*）があり，八尾市の溜池に生息するエビはヌマエビ科のヌマエビ *Paratya compressa compressa*（北部-中部グループ大卵型（陸封型）：池田，1999）とミナミヌマエビ *Neocaridina denticulata denticulata* の2種類であるということが分かった．

ヌマエビとミナミヌマエビは体長が20〜35 mmでほとんど同じ大きさであるが，よく見ると前者には眼の上部に眼上棘とよばれる棘（図5.1 (a)）があるのに対して後者にはそれが無い．他にも両種の間には形態の違いはあるがこ

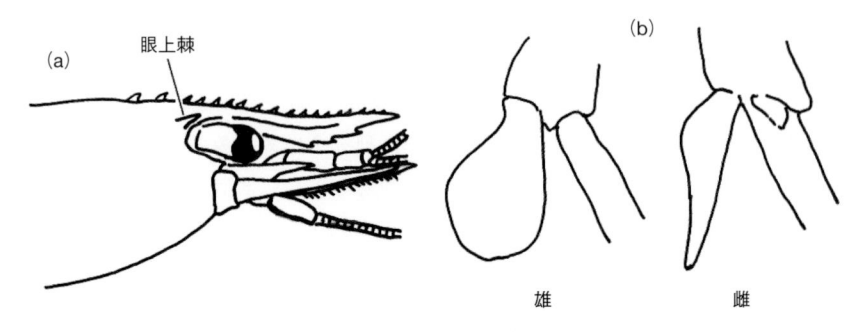

図5.1 (a) ヌマエビの眼上棘 と (b) ミナミヌマエビの第1腹肢内肢.
（藤野，1972を参考に描く）

こでは省く．両種の雌雄の判別方法は，腹部の肢を観察すれば分かる．ヌマエビの雄には第2腹肢の内突起の内側に雄性突起がついている．また，ミナミヌマエビの雄の第1腹肢の内肢が西洋ナシ形（図5.1 (b)）で，見た目にもわかりやすく，ヌマエビに比べて判別が簡単である．いずれも海をすてて一生涯を淡水で過すエビの仲間である．

研究目的：種が特定されたことで，研究は次の段階へ進む．過去の研究論文を参考に，自分がどういう目的で研究を進めていくのかを決めるのである．調べてみると，ヌマエビの野外における生活史の調査は過去にほとんどおこなわれておらず，ミナミヌマエビの調査については，その多くが河川における調査で，池や湖のような閉鎖的水域での調査はほとんどなかった．そこで，溜池における両種の生活史を明らかにすることを目的とし，成長や卵の解析をおこなうこととした．そして世代交代をどのようにしているのかについても調べ，他の水域との生活史を比較することによって，溜池における両種の特性を検討することとした．

採集方法：研究を始めた年は，採集にタモ網（目合3 mm）と金魚ネット（目合0.5 mm）を使用して，月に1度溜池の周囲全体を岸から1 mの範囲ですくい上げた．採集した個体はその場で70％エチルアルコールを用いて固定してから研究室に持ち帰った．しかしこのことが原因の1つになったのか，大学院に進学することになった翌年，引き続き調査をおこなうと，明らかに個体数が

減少していたため，その年からはすべての観察・計測を1mm単位の方眼用紙を用いて現場でおこない，生かして採集場所に戻す方法に切り替えた．私自身，その頃になると，種判別・性判別は肉眼でも簡単にできるようになっており，ルーペを使えば体長の小さな個体も容易に見分けがついたからである．また，生まれて間もない体長の小さな個体は計測の際に死亡する可能性が大きいため，金魚ネットでの採集はしないことにした．ところが，調査途中からヌマエビが採集されなくなり，ミナミヌマエビはその翌年の調査最終年の途中から姿を見ることができなくなった．そこで，急きょ調査最終年は，調査溜池のすぐ下に存在する溜池（調査溜池から水が供給されている）でも調査をすることとした．突然採集できなくなったときは，かなり戸惑ったが，自然を相手に調査をおこなう研究とはこのようなことも想定しておかなければと痛感した出来事であった．

世代解析方法：ここでいう世代とは，いつ頃生まれてどのように成長し，寿命がどのくらいなのかという1つの生活サイクルをいい，それをおこなう群がいくつ存在するのかを調べてみた．その解析のメインとしては，体長のヒストグラムを作成し考察した．体長の測定は，眼後から尾節末端までとし，初年度はプリンターつきデジタルノギス（0.01 mm 精度）で測定，次年度からは1 mm単位の方眼用紙を用いて，0.5 mm 単位で測定した．

調査溜池において，初年度雌雄判別可能な最小個体が，ヌマエビでは体長12.9 mm，ミナミヌマエビが体長7.9 mm であったことから，ヌマエビは13.0 mm 未満，ミナミヌマエビは8.0 mm 未満の個体をそれぞれ稚エビと見なした．2年目からは肉眼による判別であったため，両種ともに判別困難であった13.0 mm 未満の個体を稚エビと見なした．

また，研究最終年度は，独自に作成した円筒状の網囲い装置（網目0.5 mm，直径8 cm，深さ30 cm）を用いて，より詳細な世代解析を試みた．調査溜池にロープを張り，そこに装置をつるして数日おきに体長を計測し，抱卵状況を観察した．装置内にはその池で採集した両種をそれぞれ雌雄1個体ずつペアにして投入した．装置内で生まれた稚エビは装置を1つ追加し，全てその中に入れて観察した．

この装置は，世代解析に大きく貢献することとなったのだが，私1人の力で生み出されたものではなかった．研究途中，研究室の水槽内で溜池とほぼ同じ

環境にして観察ができないかと思いついた私は，さっそく実行してみたが，数日後両種ともに死亡してしまった．どうにかして1つの個体の成長を追いたいと考えた私は，同じ研究室の先輩がタナゴの研究でネットを用いた装置を作成している現場を見たことをヒントにエビバージョンの装置を開発するに至った．道具1つをとってみても，他の研究者や研究を知ることがとても大切であるということに気づかされた出来事となった．

ヌマエビの生活史

　3年間の調査の結果，いくつかのことが判明した．まず，抱卵期（卵を抱えている雌のエビが見られる時期）が4月中旬〜6月下旬と短いながらも，抱卵率（抱卵個体数÷最小抱卵個体（体長17.5 mm）以上の雌の個体数×100（%））を求めると，5〜6月に70%を超えるピークがあることが分かった．また，体長分布と網囲い装置実験の結果から，卵からふ化した直後は1ヵ月で約5 mmの割合で成長し，その後徐々に成長速度が低下して体長15〜20 mmで越冬し，翌年に雌は体長17〜24 mmで抱卵し，その後死亡するという，寿命が1年の1つの世代から個体群が形成されていることが示唆された（図5.2）．図示していないが，雄の成体は体長16〜19 mmと雌よりやや小さいが，やはり寿命が1年の1つの世代からなるようだ．

　生まれた年に成熟しないのは，ヌマエビが元は河川と海の両側回遊型の生活環から閉鎖的水域にも適応し，陸封型へと生活環を広げながらも，両側回遊型の性格が未だ根強く残っているからではないかとも考えられる．よって，成熟する体長に至るまでの期間が長くなり，多数の世代を構成することができないともとらえられる．高水温期が9月まで続くにもかかわらず，抱卵期が7月には終わることにも成長速度が関係しているように思えた．

　1つの世代から個体群を形成していることの長所として，①1年をかけて成長することにより，より大きな成熟個体で繁殖することができ，よりよい次世代を形成することができる，②「一時期に抱卵期を集中させることにより，生まれた群の捕食圧を下げることができるということが考えられる．逆に，短所としては，一時期に抱卵期が集中しているため，その時期に何らかの外的な影響を大きく受けると，大部分の個体が死亡することとなり，絶滅してしまう可能性がある，ということが考えられる．

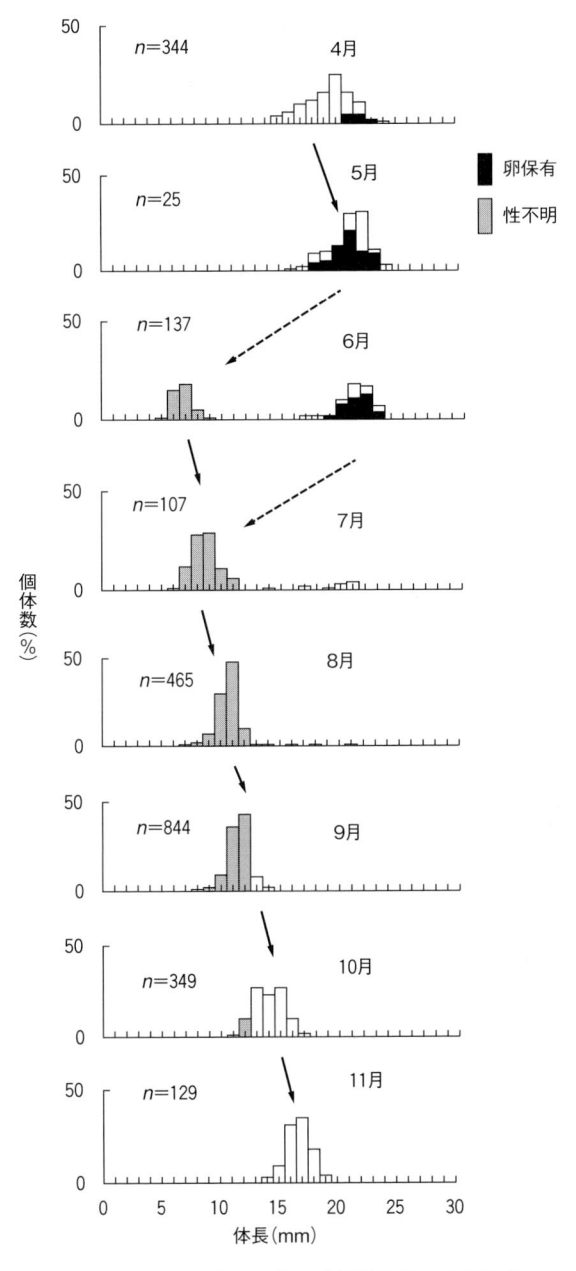

図 5.2 ヌマエビの雌の体長分布の季節的推移．実線矢印は成長を，破線矢印はふ化群を示す．

ミナミヌマエビの生活史

　ミナミヌマエビがヌマエビと大きく異なる点は，体長分布と網囲い装置実験の結果から，大きく2つの世代から個体群を形成していることが示唆されたことである．

① 5月に前年生まれの長期世代から生まれ，ふ化し，1ヵ月に約10 mmの急速な成長をして，7月に雌は体長17〜24 mmで抱卵する．その後8月頃にはその多くが死亡する，寿命3〜4ヵ月の短期世代（図5.3中のS）．

② 6月に前年生まれの親から生まれふ化した群と①の短期世代の親から生まれた群が成長し，10月には体長20 mm前後の1山型の体長分布を示す．その年に雌は抱卵せず，越冬し，翌年に再び成長をして主に5月に雌は短期世代の雌親よりやや大きい体長22〜27 mmで抱卵し，8月頃には多くが死亡する，寿命が1年の長期世代．

　以上のように，抱卵期が4〜8月と長期間であったが，それは主に7月の短期世代の抱卵によるものだと考えられた．ミナミヌマエビは完全な陸封種であり，幼生は第1ゾエア（図5.4 (a)）のみでふ化後すぐに底生生活に入り，浮遊生活期を完全に省略した直達発生をおこなうために，卵サイズは必然的に大きくなり，そのため抱卵数は少なくなる傾向がある．すぐに底生生活をおくることから，成長速度は速い．図5.3の6月に5月には見いだせなかった体長12〜16 mmのふ化群が突如あらわれたのはミナミヌマエビの早い成長の証しであろう．よって，早い時期にふ化した個体は急速に成長して7月に産卵して短期世代を産むことが可能になるのだ．

　他方，ヌマエビの第1ゾエア（図5.4 (b)）はミナミヌマエビに比べて未発達で，その後第8ゾエアにわたって長い浮遊生活を送る（諸喜田，1981）ために，成長の速度は遅く，いわゆる長期世代のみになる．

　ミナミヌマエビの世代数に関しては様々な地域において調査報告がある．兵庫県菅生川で短期世代1つと長期世代2つ（丹羽・浜野，1990），長崎県川原大池で短期世代2つと長期世代3つ（太田，1998）などが主な例である．このように地域により世代構成に様々な変化が見られることに対し，比較的狭い範囲で一生を過ごすミナミヌマエビ個体群の生活史は局地的な水温条件の影響を受けやすいと研究者たちは述べている．本調査溜池では，25℃を超える高水温期がどちらの池でも約2ヵ月間続いた．そして高水温期の後は急激に水温が低下したため，2つ以上の短期世代が形成されないものと考えられた．

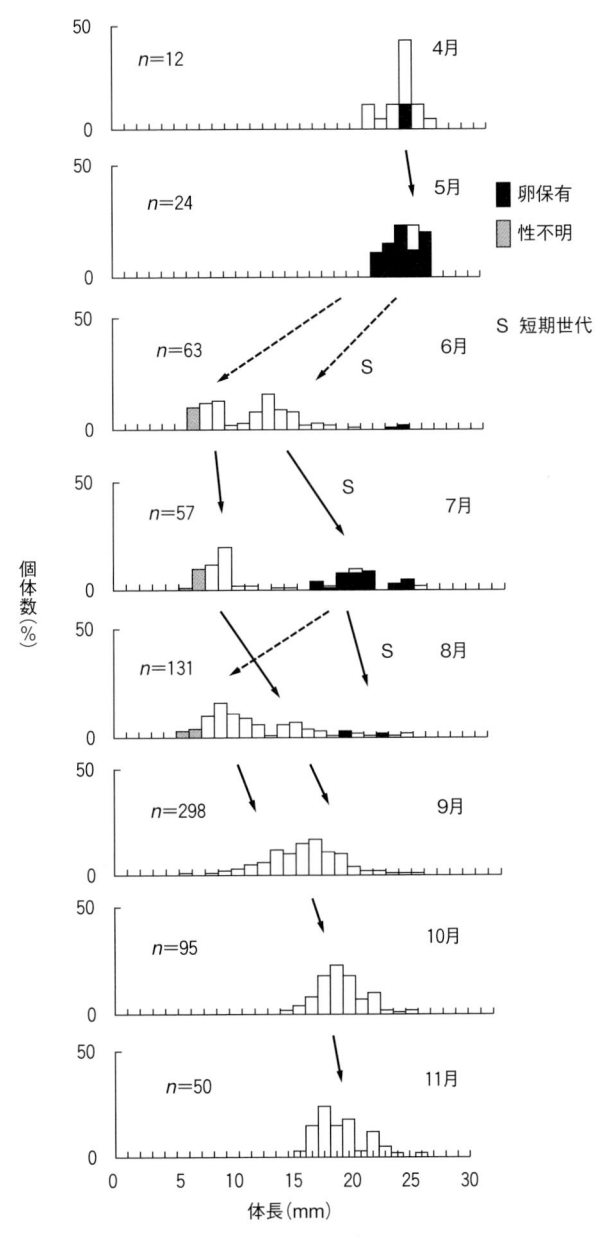

図 5.3 溜池におけるミナミヌマエビの雌の体長分布の季節的推移．実線矢印は成長を，破線矢印はふ化群を示す．S は短期世代．

(a)

(b)

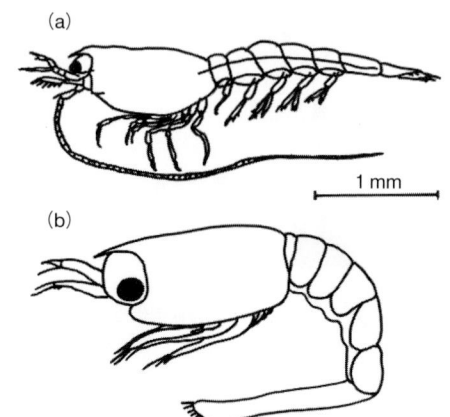

1 mm

図 5.4 (a) ミナミヌマエビの第1ゾエア幼生と (b) ヌマエビの第1ゾエア幼生．(諸喜田，1981を参考に描く)

短期世代と長期世代の2つの世代から個体群を形成していることの長所としては，「抱卵期が長くなるため，外的な影響をある時期に受けたとしても，生き残る割合が増加し，常に成体が存在することにより個体群全体の捕食圧を下げることができる」ということ，また，短所としては「短期世代は成熟個体の体長が小さいため，卵の質が低下（卵サイズが小さく・抱卵数も少ない）し，より良い次世代を形成することができない」ということが考えられる．

以上のように，その生息地域や場所により様々な個体群動態を示すミナミヌマエビの詳細な研究は非常に興味深い．本調査では採集個体数が減少したために詳細な体長組成を解析することができなかったが，網囲い装置実験では成長群を追うことが容易であったため，今後様々な野外の調査場所で実験的な手法を取り入れた調査をしていくことも大切ではないかと思う．

溜池での調査を経験して

溜池という環境が両種に及ぼす影響を考えてみた．研究2年目の7月からヌマエビが採集されなくなり，3年目の6月からはミナミヌマエビも採集されなくなったことについては，大きく2つの影響があると思われる．1つは，小さな溜池において，採集を繰り返し資源の搾取を続けると，外部からの供給が考えられないため，調査種の個体数は減少するということ．そしてもう1つは捕食者の影響を考えないといけない．本調査溜池は人為的に水量を調節できる溜池であったが，水位は年間を通してほぼ変化しなかった．夏期に田畑への放水

が続き，溜池が枯渇すると死滅する可能性が出てくるが，その心配は必要なかった．しかし，初年度は採集の際に全く採れなかったオオクチバス（ブラックバス）の稚魚が，2年目から多数採集されるようになった．そして，稚魚の胃内容物を調べたところ，体長5 mmのミナミヌマエビ1個体と種不明のエビ3個体を確認した．稚魚期に動物性プランクトンを主食とするブラックバスにまずゾエアで浮遊するヌマエビが大きく影響を受け，次に，もともと水生動物の少ない溜池であったために，ミナミヌマエビも影響を受けたものと考えられる．

　一見平和な環境のように見える溜池も，1度影響を受けると大きく生態系が崩れ，立て直しができない場合があるということを肌で感じることができた．

　研究を通して私が得たものは，ヌマエビとミナミヌマエビについての情報だけではなかった．ミナミヌマエビに関するたくさんの資料や研究結果を提供してくださった丹羽信彰博士には，大学を卒業してからも研究の一部を手伝わせていただいた．また，同じ研究室に所属する同回生の仲間や先輩，後輩，溜池を管理している方々など，たくさんの人々との出会いが得られたことが，自分自身を成長させる宝となった．今あらためて，ヌマエビとミナミヌマエビに出会えたことに感謝したいと思う．　　　　　　　　　　　　　　　（松川祐輔）

3．マミズクラゲの3つの疑問　― 唯一の淡水産水母の生活史

マミズクラゲとは

　湖や池，防火水槽などでクラゲが発見されると，テレビや新聞に取り上げられて話題になることがよくある．それは，クラゲが海にしかいないという思いこみから，淡水の池などにクラゲが出現すると人々は奇異の目で見たり，不思議がるからであろう．

　マミズクラゲ *Craspedacusta sowerbyi* は，名前のとおり真水，つまり淡水に生息するクラゲ（水母）で，琵琶湖などの大きな湖から日本各地の小さな池，防火水槽などで見つかっている．

　日本で最初にマミズクラゲが発見されたのは，1928年10月に，東京都目黒区駒場の東京大学農学部内の水槽においてである．しかし，この種は，その後日本ではしばらく発見されることはなかったが，1946年8月下旬に東京都北多摩で再び発見された．そしてその後，このクラゲは日本のあちらこちらで発見されるようになった．

　筆者は，1985年8月に大阪府箕面市の山中の池で偶然マミズクラゲを目に

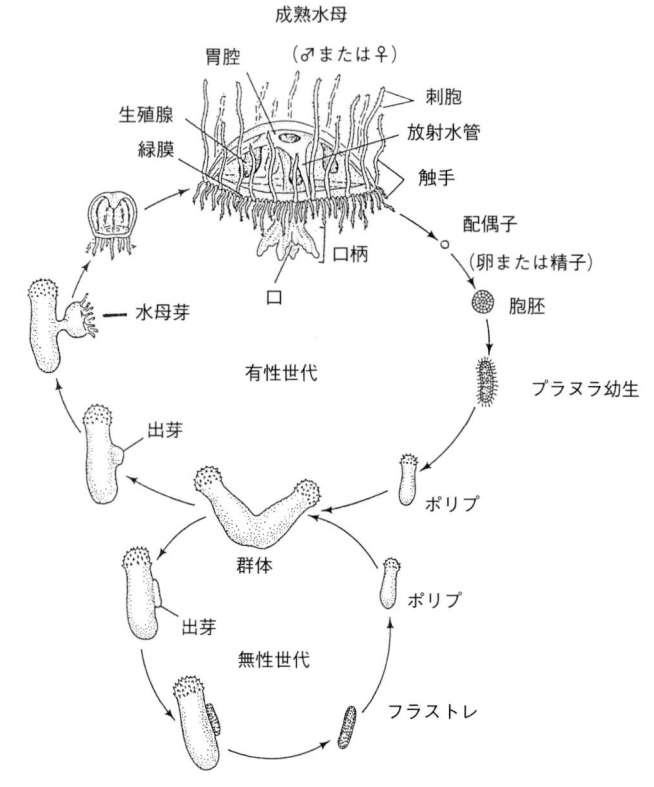

図 5.5 マミズクラゲの生活史（Lytle, 1982 を改変）.

したことで調査・研究を始めるに至った．以来 20 年以上，箕面市内の溜池などでマミズクラゲに関する調査・研究をおこなってきた．

マミズクラゲの生活史

　マミズクラゲの生活史は，図 5.5 のように C. F. Lytle（1982）らによって明らかにされている．成体クラゲは，雌雄異体で傘の直径が 20 mm 前後である．夏から秋にかけて雌の卵と雄の精子が受精し受精卵となり，胞胚を経て繊毛を持ったプラヌラ幼生となる．プラヌラ幼生は，やがて池の中の石や落ち葉などに固着してポリプとなる．ポリプ自身は，出芽によってフラストレ（フラスチュール）を作る．このフラストレはゆっくり動き，やがて固着して新たにポリプとなる．これらは無性世代である．

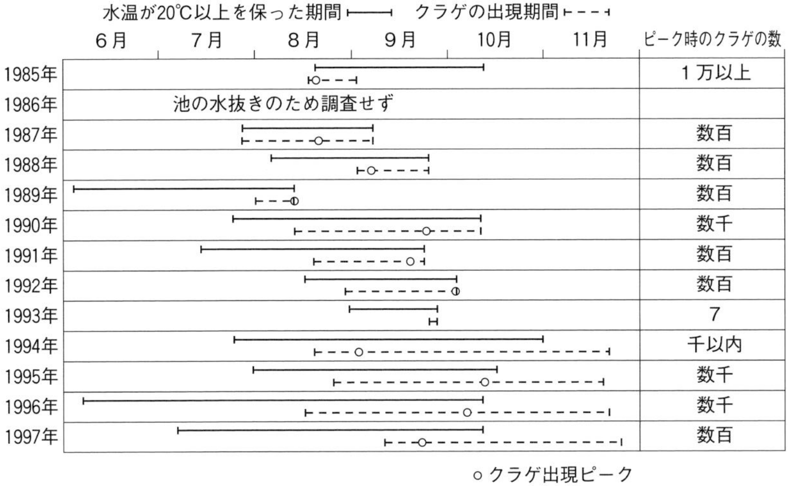

	6月	7月	8月	9月	10月	11月	ピーク時のクラゲの数
1985年			○				1万以上
1986年	池の水抜きのため調査せず						
1987年		○					数百
1988年			○				数百
1989年		○					数百
1990年			○				数千
1991年			○				数百
1992年			○				数百
1993年				○			7
1994年			○				千以内
1995年			○				数千
1996年			○				数千
1997年				○			数百

(水温が20℃以上を保った期間 ⊢――⊣　クラゲの出現期間 ⊢----⊣　○ クラゲ出現ピーク)

図 5.6　大阪府箕面市才ヶ原池の 12 年間の表層水温 20℃以上保持期間とマミズクラゲ出現状況.

　一方，有性世代に入るときに，ポリプは出芽によって水母芽を作る．水母芽は，直径が 1 mm 前後になるとポリプから分離し，釣鐘型の幼水母となる．幼水母はやがて大きくなり，半球状の成熟水母となる（マルグリス，リンほか，1987）．

マミズクラゲの生活史に見られる疑問点
　マミズクラゲの生活史において下記の 3 つの疑問点があげられる．
疑問点 1：マミズクラゲの出現は 1 年限り，もしくは数年にかぎられるのか？
　マミズクラゲは，「これまでに河口湖などの大きな湖から小さな池，はたまた防火水槽などで突然見つかり，何年か出現し続けたあと，ぱったりと姿を消すなど神出鬼没のクラゲである．」（並河・楚山，2001）と，記載されている．しかし私が過去 13 年間に調査したところでは，個体数に増減はあるが，ほぼ毎年出現していることが明らかになった（図 5.6）．調査した池は，山中に位置し，生活排水が流入しないという水質が安定している池であることによると思われる．そして，水母が出現しはじめるのは，水温が 20℃を超えてから 1 ヵ月ほど経過してからである．また，20℃以下になってからも水母が見られることが少なくないが，これはそれまでに形成されていた水母芽が成長し，分離した

ためだと思われる.

疑問点2：クラゲが見られなかった池や防火水槽などの水域で，突然大発生する可能性の1つとして，ポリプが乾燥に耐える状態で風などに運ばれているといえるのか？

ポリプを切断すると膜ができて，ヒドラのように切断面から再生せずに膜の中で傷口を修復してしまう．修復後の経過はさまざまであるが，1つは，新たに口を形成してポリプになる場合がある．また，そうならずに組織が分断化あるいはそのままでフラストレになって，フラストレがポリプ化する．

このような切断面からの直接再生ではなく，組織を再編しての再形成は，本種の場合，フラストレを経過するという意味できわめて特異的である．ポリプにとって都合の悪い条件（乾燥，固着場所の剥離など）になった場合，必ずポリプ周辺に厚い被膜ができる．この被膜形成によって内部の組織が保護され，この再編的再生あるいは退行的過程による若返り再生がもたらされるのだ.

本種は，しばしば生息地が人為的に排水，乾燥させられることがあり，生存がきわめて困難な状況となる．したがって，ここでは人為的に固着場所から剥がし，ポリプを切断して膜形成を誘発し，切断および乾燥に耐える状態について観察した.

ポリプ再生能力の耐乾性の実験：13℃に飼育してきたポリプを水中で図5.7aのように，口のある先端部，中央部，基部の3つの部分にほぼ均等に分かれるように切断して，2～5日間水中に静置したあと，次のように2とおりの乾燥条件においた.

＜実験A＞ポリプを切断後，一定時間静置したあと水を含まない小型シャーレに移し，13℃に保持した．切断3部片を水中で2日および3日保持した後，1日もしくは4日間乾燥し，再び水中に戻してポリプ化するかどうかを調べた．その結果，すべての場合で，ポリプ化も，フラストレ化も見られなかった.

＜実験B＞ポリプを切断後，一定時間水中静置した後，シャーレに湿ったろ紙を置き，その上に切断片を置いた．その際，急激に乾燥しないように，蓋をしたシャーレをプラスチックケース（図5.7b）に入れ，その中に濡らしたちり紙を入れておいた．乾燥後，再び水中に戻してポリプになる割合，つまりポリプ化の程度を調べた.

最も速くポリプ化を示した先端部のみのポリプ化の結果を表5.1に示した．当初の水中静置日数や，ろ紙上での乾燥日数とはあまり関わりなく，いずれも

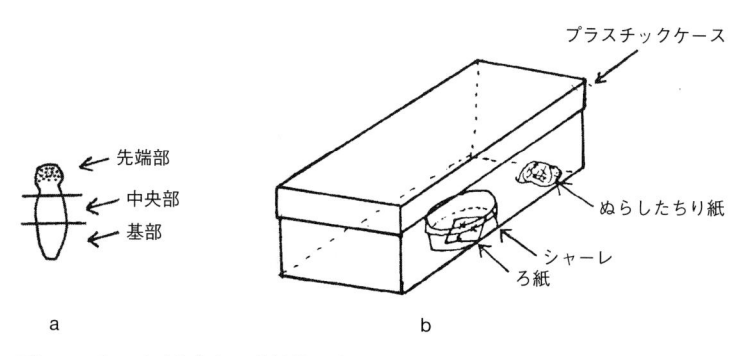

図 5.7 ポリプ再生能力の耐乾性の実験.
　　　a：ポリプの 3 切断片. b：実験 B の装置.

表 5.1 実験 B の結果. ポリプ切断（先端）片を濾紙の上に置きシャーレ内で乾燥した場合.

水中静置日数	濾紙上での乾燥日数	切断片数	ポリプ化数（％）	1 個の切断片から 2 個以上のポリプが生じた場合	
				2 個	3 個
観察期間中	0	7	7 (100)	0	0
5	2	23	21 (91.3)	1	0
5	4	17	17 (100)	0	0
5	7	10	10 (100)	0	0

最終的（2 週間以上経過）に，ほぼ 100％のポリプ化が見られた.

　以上の実験から，完全に乾燥してしまうと水を加えてもポリプ切断片は再生しないが，少しでも水分を含んでいると再生するといえる. このことから，ポリプが乾燥に耐える状態となって風に運ばれ，他の水域に持ちこまれるという仮説の可能性はほとんど無いと考えられる. しかし，水草や落ち葉等にポリプが付着しているようなある程度水分のある状況や，水鳥に運ばれる可能性は否定できないと考えられる.

疑問点 3：クラゲの出現した水域でなぜ雌雄両性が同時に発生しないのか.
　13 年間にマミズクラゲの出現状況を調べたところでは，大阪府箕面市内の 8 つの池でいずれも雌水母であった. また，大阪府池田市下水処理場一次浄化槽や堺市内の 1 つの池でもいずれも雌水母が発生していた. さらに，兵庫県内の 1 つの池やある高校のコンクリート槽に出現したものも雌水母ばかりであった.

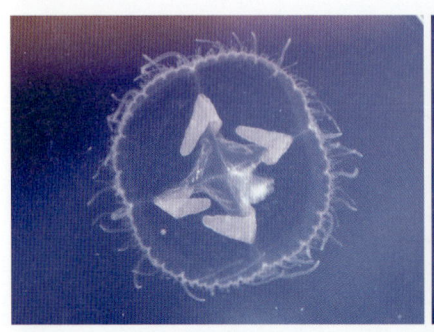

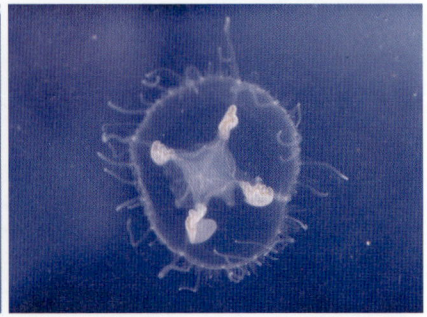

図 5.8　マミズクラゲの雌（左：オヶ原池，1995 年 11 月 1 日採集）と雄（右：鳥取市多鯰ヶ池，1995 年 11 月 3 日採集）．

雄水母は，唯一鳥取砂丘近くの多鯰ヶ池で，かって長田先生がミナミアカヒレタビラを採集に行った際に発見した．

　このようになぜ1つの池（水域）に雌水母と雄水母の両方が発生しないのであろうか．この理由として考えられるのは，幼水母を生ずるポリプが雌水母をつくるポリプ，雄水母をつくるポリプというように分かれているのではないだろうか．つまり，何らかの理由で雌水母をつくるポリプがある池にもたらされると長期間にわたってその池は雌水母ばかりが発生し，逆に雄水母をつくるポリプがもたらされるとその池は雄水母ばかりが発生するのではないかと考えられる．では，雌雄はいつ出合うのだろうか？　今後の研究に期待したい．

（角谷正朝）

4．溜池の住人　ドブガイ　— 淡水二枚貝の生活史

ややこしい生き方をするドブガイ

　ドブガイは軟体動物で2対の鰓を硬い殻の下に持っていて鰓呼吸をしている．雌は外鰓に蓄えた三角おむすびに棘をつけたようなグロキディウム幼生を水中に吐き出し，幼生は魚の鰭に噛みつくように寄生した後，変態し池底に落ちて生活を始める．そのことを紹介した石川千代松先生はタナゴ類と淡水二枚貝とで共生が成立していると広く紹介されている．ありそうな話ではあるが，生物同士の関係がそんなにうまくなっているのかと思ったのが正直な印象だった．そこでまずは溜池に生息する魚を毎月採集し，幼生がどの魚種にどの時期に寄生しているのかを明らかにしようと考えた．

　寄生した幼生は大きさ 0.3 mm ほどなので，実体顕微鏡の下で，各鰭，魚の

表5.2 溜池の魚に寄生したドブガイのグロキディウム幼生数．底生魚のトウヨシノボリに圧倒的に多かった（福原ほか，1986）．

採集日	魚種	サンプル個体数	寄生されていた魚の個体数	寄生していたグロキディウム幼生の総数	寄生グロキディウム数/魚
19 Jun. 1984	バラタナゴ	5	0	0	0
	メダカ	1	0	0	0
	トウヨシノボリ	31	26	106	3.42
	ブルーギル	2	1	1	0.50
13 Dec. 1984	バラタナゴ	76	6	6	0.08
	モツゴ	4	0	0	0
	トウヨシノボリ	38	38	792	20.87
7 Feb. 1985	バラタナゴ	5	0	0	0
	トウヨシノボリ	30	30	656	21.87
17 May. 1985	バラタナゴ	107	9	10	0.09
	モツゴ	57	11	17	0.30
	メダカ	8	2	3	0.38
	トウヨシノボリ	22	21	128	5.82
	ブルーギル	5	2	1	0.40

図5.9 トウヨシノボリに寄生したグロキディウム幼生．胸鰭などに見える白点．

口や鰓蓋の奥にあるプランクトン等を濾しとる鰓葉の部分まで，ピンセットで開きながら観察した．結果，幼生が寄生していたのは，池のなかに最もたくさん生息するバラタナゴ（0.09 個 / 個体）ではなく，トウヨシノボリ（21.87 個 / 個体）であった（表 5.2）．

やっぱりバラタナゴではなかったとの思いと，では逆にどうしてタナゴでないのかとも思った．トウヨシノボリ *Rhinogobius kurodai* のどこに寄生しているのかと，1 個体ごとに確認すると体の正中線から下方で，その比率は，上部：下部が 4：6 で，胸鰭（4.2〜39.1％）と鰓葉（11.9〜87.4％）に寄生は多く見られた．水槽のなかで母貝が幼生を吐き出すシーンを観察すると，水中に高く吐き出された幼生はすぐに落ちずしばらく漂い，早いものでも 30 分ほど後に水底に落ちた．幼生は粘子と呼ばれる細長い糸をだしており，凧揚げのように揚力を生じ漂うことができる．そして殻の内側にある感覚毛が何かに接触すると殻を機械仕掛けのように閉じ，噛みつくように寄生する．水中を漂う間に魚が通り接触すればうまく寄生できるだろうが，あまりにも偶然すぎる出合いなのでバラタナゴを始め遊泳魚への寄生率は低くなるのだろう．ではトウヨシノボリはどうなのだろうと水槽内で観察すると，彼等は水底を這うように移動し少し前に進んではしばらく止まりを繰り返す．まさにこの動きが，幼生が寄生しやすい動きだと確信を持った（図 5.9）．

溜池内でのトウヨシノボリを詳しく調べると，春先に稚魚が出現した時には表層を泳いでいる．このとき稚魚の体長が，15〜16 mm でこの直後に底面で生活するようになる．そのため表層，底層共にほぼ同じサイズのトウヨシノボリがいた．このほぼ同じサイズの個体を比べると表層にいるトウヨシノボリに全く寄生していなかったのに対して，底層では平均 1.21 個の幼生がしっかり寄生していた．ドジョウが生息する水域ではドジョウも宿主になっている．

寄生数の変化は，4 月がピークとする一山型で最大 1 個体あたり 52.23 個が寄生し，夏場（7 月が最小 0.25 個 / 個体）は少ないもののほとんどの時期に寄生していた（図 5.10）．サンゴの産卵などで知られるように無脊椎動物の繁殖は同調することが多く，ドブガイの繁殖も特定の時期に集中するのではないかと予想していたので予想が外れた格好だ．おかしいなと思いながらドブガイの殻表面を乾かしペイントマーカーで番号をつけ（この番号も後年にはドリルで刻んで），鰓の状態を観察しようとした．そうなると雌雄の判別が必要で，最初は鰓に幼生を持つことから殻の膨らみを疑い，膨らんだものが雌ではと測

定してみたが，統計的に差はなかった．軟体部の付け根に生殖腺が存在していることを知り，必要最小限に殻を開き直接注射針を刺し内容物を顕微鏡で見ることにした．雌の卵は大きく直径200μmほどあり，雄は鞭毛で泳ぐ精子が確認できた．この方法で調査をし，雄が精子を持ち始めるのは殻長20 mm以上，雌は殻長40 mm以上であることも確かめることができた．雌を抽出できた後は，月2回殻の表面につけた番号を頼りに個体毎に鰓を確認する作業を続けた．母貝が卵を持っていると鰓の表面が黄色，幼生になると赤みを増すことも鰓の外から確認することができた．秋になると妊卵を開始し，直ぐに幼生を放出してしまい，この後には妊卵しない雌がいる一方，この繁殖期内に再度妊卵し幼生を放出する多回妊卵雌がいることが確認できた．さらに幼生のまま低水温期をやり過ごして，水温が上がり始める時（3月末）に放出する雌がいた．多くの雌は春に合わせながらも，一方で多回妊卵雌がいるために見かけ上は長い繁殖期間になっていたのだ（福原・長田, 1988）．

ちゃっかり2週間の寄生生活

寄生する前の幼生を観察すると，他の寄生する生物と同様，目的とする寄生以外の体制をまったく持っていないため，寄生後2週間ほどの間にその後生きるための組織器官を形成する変態をおこなう．変態の過程を解明しようと思い，大学の授業で学習した記憶がかすかに残る連続切片を作成することにした．二枚貝の生息しない河川から採集したカワヨシノボリを狭い水槽に入れ，成熟した幼生を母貝から取り出し人工的に寄生させた．6時間ごとに1個体をブアン固定しボラックスカーミンで前染色した．午前0時に固定をしたら夜の大学研究室を出て，自宅に帰り寝て朝6時に次の固定をし，勤務先に．昼休み校長先生に理由を話して大学に行きまた固定と，慌ただしい生活を4日ほど過ごした．疲れが溜まってこの先どうしようかと思っていた頃，その時卒論生だった嶋田君に残りの夜と早朝分を頼めることになった時には正直ホッとした．無事に固定が済むと今度は大学の先輩で発生の研究室の中井一郎先生（当時大阪教育大学附属高校池田校舎勤務）に，一緒に連続切片を作成していただくことにした．幼生が寄生した鰭ごとパラフィンに埋めこみ，オレンジG・アニリンブルー二重染色を施した．できた標本を時間ごとに並べ，くる日もくる日も顕微鏡で観察した．そのなかで特徴的な組織や器官らしきものを1つずつ追い変化していく様子をまとめた（福原ほか, 1990）．

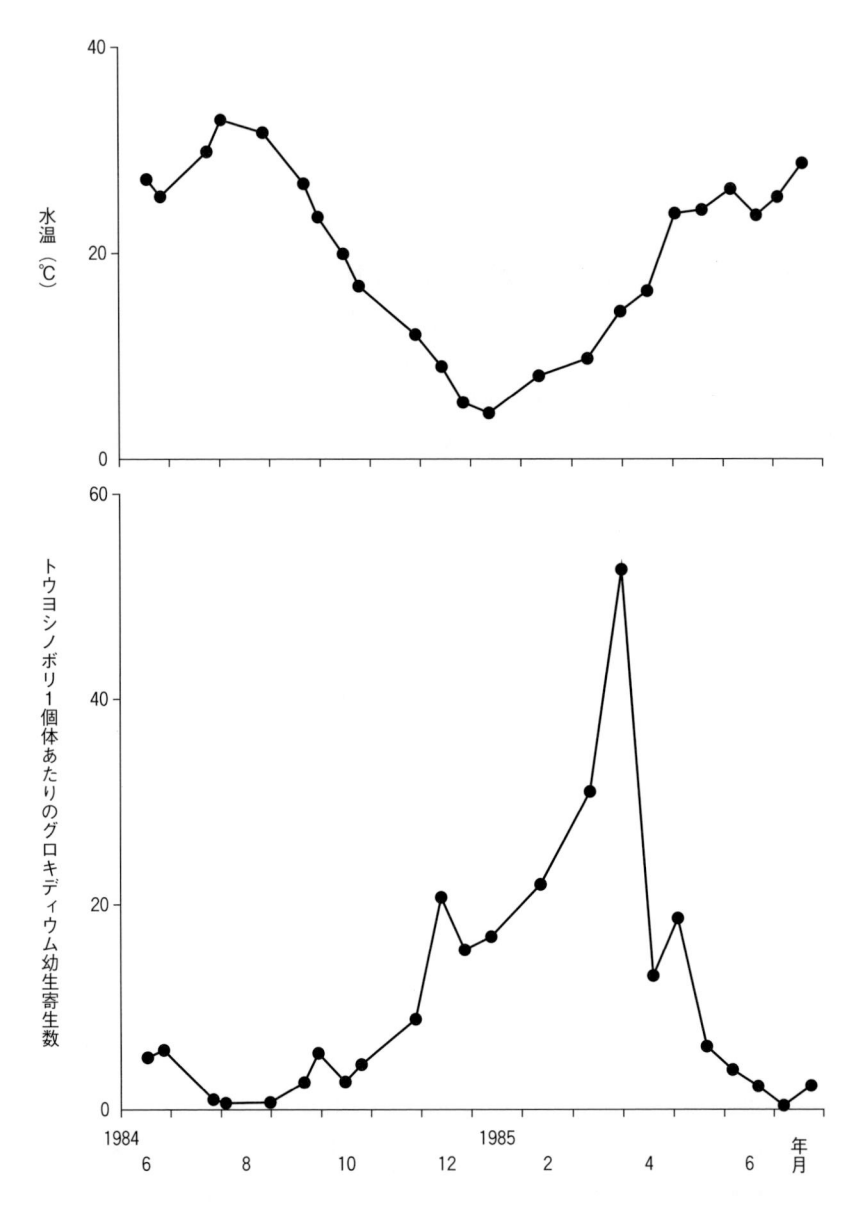

図 5.10　溜池のトウヨシノボリに寄生したドブガイのグロキディウム幼生数の月変化.
　　　　（福原ほか，1986）

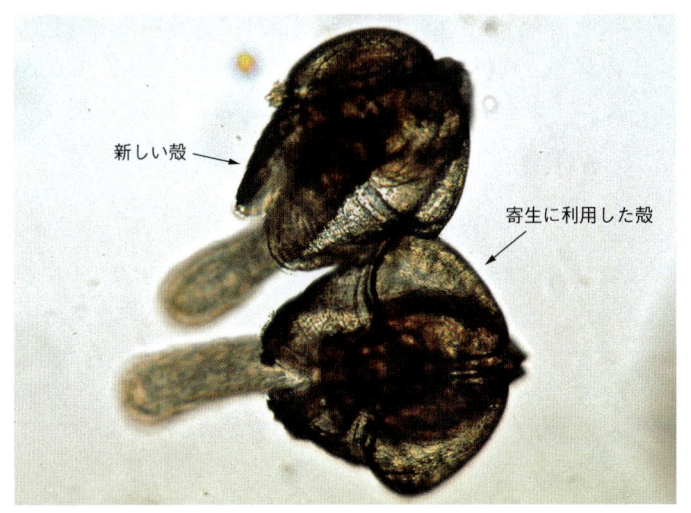

図5.11 寄生を終えて魚から脱落直後のドブガイの幼生．

　幼生が棘状突起で噛みつくように鰭などに寄生すると，12時間もすると魚の表皮細胞がその寄生した幼生ごと被ってしまう．それは不思議な感じがするが，魚にすれば傷口を急いでふさぐようなものだろう．噛みつくのに利用した殻の内側では，72時間後には消化管が出現すると同時に，噛みついている魚の組織に接するようにひだ状の組織が出現した．細胞が大きな空胞を持っているので組織から栄養を吸収し，消化液を分泌する組織であると断定した．この組織は変態が進むにつれて小さくなり，生活が終わる頃には消失してしまう．120時間後には閉殻筋が2本になり，鰓が観察され消化管は折れ曲がり複雑になっていく．

　脱落直後の足（軟体部）には繊毛があるが成長に伴い消失する．底生生活を始めると底にたまった微生物や腐食質を食べているのでその際に必要なのかもしれない．脱落直後の幼生に赤色の光合成細菌を餌として与えると，幼生の殻頂の部分が赤く染まっており，幼生が食べていることが分かる．新しい殻は寄生の時に使った殻の下から壁を塗るようにできて行き，寄生に使った幼生時の殻は落ちてしまう（図5.11）．

他人のそら似？

　私が詳しく調べたのは豊中の溜池に生息するドブガイである．ドブガイは分

布が広いだけではなく，生息している場所も溜池などの閉鎖水域や河川などの開放形水域にもいる．兵庫教育大の近く小野市鴨池から流れ出る水路にドブガイが生息していて，調査するため2年ほど月に1回高速道路を走らせた．この頃は貝殻の大きさをノギスで測定し，鰓のなかを観察し，番号をつけて放流するのが手順で，濡れた手を何度も拭きながら作業した．また記録は濡れても書ける野帳に記入したがノギスとの持ち替えが煩雑だった．そこで小型テープレコーダーで音に反応して動き出すものが販売されていたので，ノギスで測定したものを大きな声で読み上げて持ち帰り聞き直す方法で時間を短縮した．無人の川辺で1人ブツブツしゃべっている様は他人から見ると正気の沙汰ではないように映ったであろう．現在のパソコンに直接つなぎノギスで入力することからはとても考えられない時代であった．

　せっせと調べていると，幼生を鰓に持つタイミングが異なるグループが見えてきた．しかもよく見ると，殻の形が異なることで区別ができる．殻幅が大きくやや大型になるタイプはA型，殻幅が薄く小型のタイプをB型（第1章の清水池のドブガイはこの型と思われる）と区別して呼ぶことにした（福原ほか，1994；田部ほか，1994）．繁殖期が異なるから，別種の可能性がある．時を同じくして私自身の身に変化があり，社会人を博士課程に受け入れる大学があらわれ三重大学に進学を決め，公立中学校から近隣の私立女子校に移ることを勝手に決めてしまった．色々なことが私に決断させたのだが，そこには後輩でアイソザイム分析による遺伝子を取り扱う研究していた研究室後輩の田部雅昭先生がいたことも大きい要因だった．その頃には自分の研究に遺伝的な要素が不可欠なことを痛感していた．

遺伝的な研究への展開

　春休みを利用して東北地方に出かけた時は，秋田で残雪に車のタイヤを落としてしまった．公衆電話から救出をお願いした時には，車をこのまま置いて電車で帰り，別の日に改めて取りにくるのかと真剣にふさぎこんだ．岩手県平泉の毛越寺では住職にお願いして，庭園の池に入り採集させていただいたが，台湾人観光客が私の採集しているところを写真に写しながら「儲かる仕事なのか」と通訳を通じて聞いてきた．良く聞かれるのでさほど驚きはしなかったが，熱心に採集する姿はいかにも儲かるように見えたのだろう．

　アイソザイム分析は，最新の遺伝子DNAを直接調べるものではなく，いわ

ば遺伝子の型を調べているようなものである．試料を電極で展開して，酵素に特有な発色剤で発色させると，型に固有の位置にバンド状に像があらわれる．この像のあらわれ方を比較することで遺伝子座の置換を知ることができる．高校の実験室でも少しの設備を追加すれば実施でき，遺伝的な違いを明らかにすることができる．

　大阪教育大学の近藤高貴先生との共著で，この 2 種の間では遺伝子が異なり繁殖期が異なるため，従来ドブガイのシノニムとして使われた名前ではあるが，A 型をヌマガイ *Sinanodonta lauta*，B 型をタガイ *Sinanodonta japonica* と名前（和名）をつけた（近藤ほか，2006）．別種と設定すると，色々な方面から同定についての問い合わせがあり，アイソザイム分析以外には確証がないようでなんとももどかしい．ただ見慣れてくると，外部形態だけでもはっきりと違いがわかり（図5.12），特に 2 種類が同じ水域に住んでいる時には，その違いは顕著になっている．それは似たやつがいるために自己主張をしているかのようだ．「他人のそら似？」殻の形は膨らむものと薄いもの，或いは大形と小形，繁殖期は春先と梅雨時にずれ，幼生の形が大きなものと小さなものに分かれるなどよく見れば見つかる．2 種を区別すると，同所的に生息できるのはそれなりの広さ（水域面積）を持つ，大きめの池であることが分かった．このことは近年タナゴ類が放流されるようになり，天然分布か移殖かを調べる時に役に立つことが分かった．狭い池でニッポンバラタナゴが生息しているとの情報から，調べてみるとヌマガイもタガイも生息し，地元の人に聞き取りをおこなうと，そんな魚（タナゴ類は鮮やかな色から記憶に残りやすい）はいなかったと明言され，放流であることが判明した．放流者はニッポンバラタナゴを放すと共に産卵母貝としてのドブガイ類も放流したようである．

　全国で採集をするようになって山口県から報告されたフネドブガイの存在が気になっていた．採集にも行けなかったが，ところがそれは思いがけない場所から見つかった．タイリクバラタナゴとニッポンバラタナゴの同定をアイソザイム分析でおこなう際に，タイリクバラタナゴの基準として使用してきた埼玉県熊谷の水路に生息するドブガイを分析したところ，これまでの 2 種とはまったく異なる泳動像を示した．しかも外部形態の特徴はフネドブガイの太短いコッペパンのようで，殻頂が中央に寄っていた．ヌマガイと同所定に生息する水域で繁殖期を調べてみると，ピークがヌマガイ 6 月，フネドブガイ 3 月とずれており，何よりもその幼生はヌマガイやタガイと比べるとはるかに大きく丸い

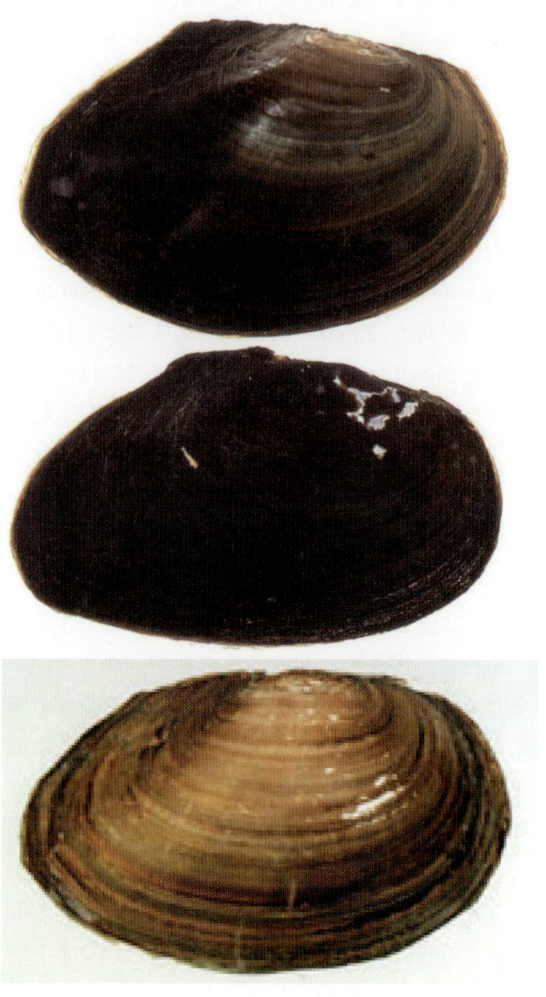

図5.12　ヌマガイ（上：以前はドブガイA型）とタガイ（中：ドブガイB型），フネドブガイ（下：ドブガイC型）．

一目瞭然で違いの分かるものだった．ドブガイ研究を始めた時には単一種だと思い始めたものが研究の過程のなかで，ヌマガイ，タガイ，フネドブガイの3種が混生し全国に分布していることが分かった．

ニッポンバラタナゴとドブガイ　天皇陛下に会う

　ニッポンバラタナゴが亜種のタイリクバラタナゴとの雑種化が進み，純粋な個体群が絶滅危惧種となり保護の対象となったのは，私が二枚貝の研究を始めた頃だった．1982年に当時の皇太子殿下に御配慮いただき，1983〜1984年に赤坂御用地内の心字池と大土橋池に大阪八尾産ニッポンバラタナゴとドブガイ（その後アイソザイム分析によりタガイと同定）を移殖した．また常陸宮殿下には邸内の池に福岡県多々良川産ニッポンバラタナゴとドブガイを移殖させていただいた．　当時の国立科学博物館の新井良一先生によって，「ニッポンバラタナゴ研究会」が組織され，関西から会員や大阪教育大長田研究室の学生が出かけて行き，東京組を交えて年に2度の調査をおこなった．誰でもが入れる場所ではないことから，学生も含め喜び勇んで自費で参加したものである．調査時期が遅く11月の初旬になってしまった時，水に入るのが辛いだろうと殿下が焚火をご配慮くださったが，用心のためだったかもしれないが消防車が出動してきたのには驚いてしまった．また春に調査した時には，水着姿にサンダルで邸内を歩く私たちの後を，不審者とばかり皇宮警察パトカーがゆっくりと歩く速さでついてきた．これほどの不審者はかつて無いことだったのだろう．

　皇太子殿下の時代もまた天皇陛下となられてからも，私たちとのお話を楽しみにしていただいているようで，自らの御食事時間を随分遅らせていただき，事前打ち合わせではできるだけ手短にしてくださいと侍従の方にいわれながらも，いつも時間が延び慌てることになった．

　ニッポンバラタナゴの移殖事業では，産卵するための二枚貝の確保が重要ポイントとなり，ドブガイ数を丁寧に調べた（図5.13）．心字池は底がコンクリート張りでその上に面積20 m^2 ほどの造成地を数カ所造り，ドブガイを放流した．その上を手探りで隈無く探していると親の個体数が多い間は稚貝（その年に生まれたドブガイ）が出現してこない．他の水域で採集しても，貝の大きさが同じで明らかに年齢がそろっている（卓越年級群という）ことが多いのに気がつく．この現象について何か手がかりはないかと，食べものを疑い，稚貝の大きさごとに消化管内容物を観察した．二枚貝は水中のプランクトン等を鰓で濾しとって食べているから，消化管内のプランクトン組成と周りの水のプランクトン組成を比べると，珪藻類が積極的に食べられていることが分かった．また生息域も稚貝は岸寄りで，大型個体は沖に分布していることなど解明できたが決め手はない．加入個体を制限する要因としては親個体の存在以外にはなさ

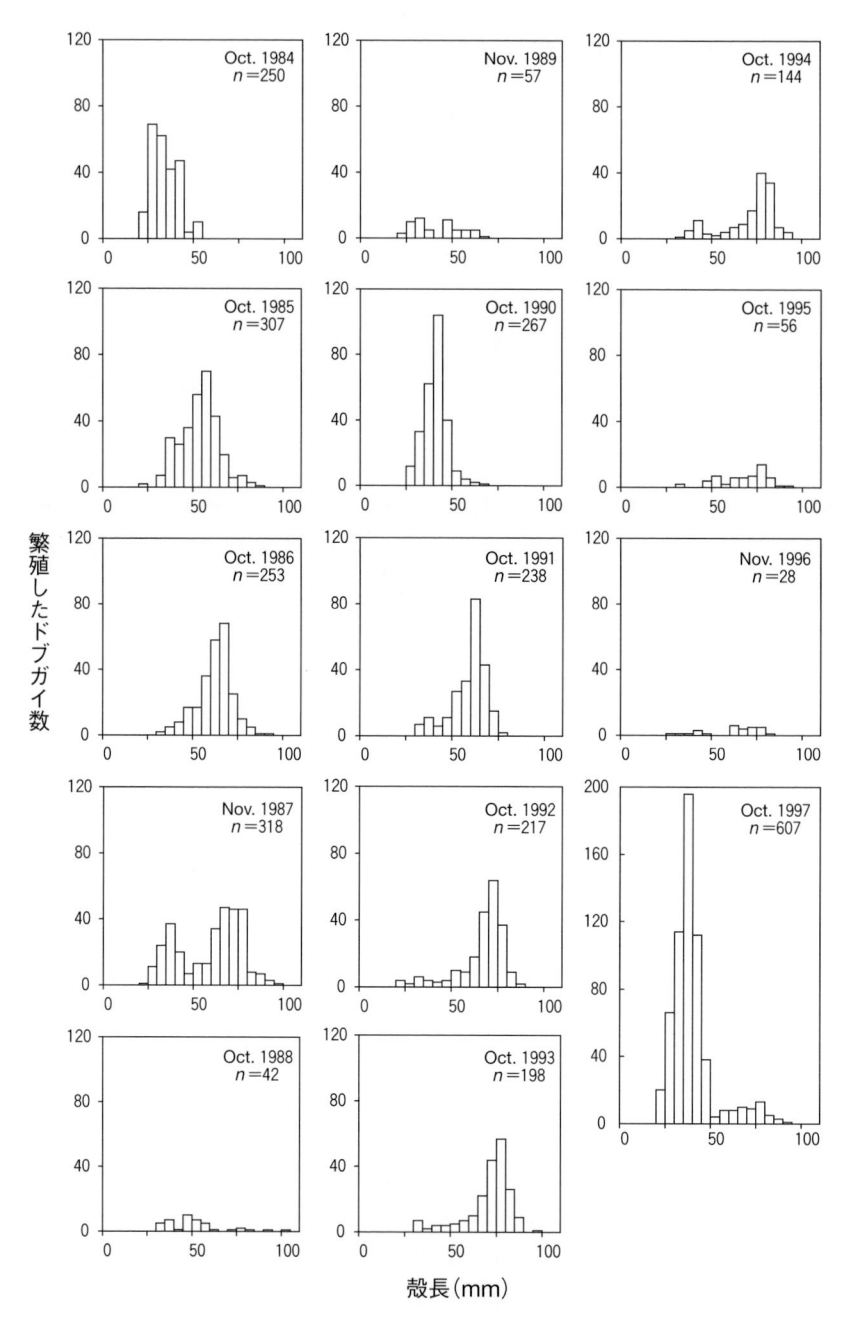

図 5.13 赤坂御用地内で繁殖したドブガイの出現状況.

そうである．この点は解明できないままではあるものの，移殖地で二枚貝が繁殖し長期間にわたり定着した報告はなく，大変珍しい事例であるとともに，ニッポンバラタナゴとともに貴重な生息地となった．

　長い時間を要して，しかも家族や恩師や仲間に恵まれてドブガイ類の研究をすることができた幸運を喜んでも，明らかにできたことはたったこれだけである．しかし，いやそれだからこそドブガイ類に関わらず淡水二枚貝の増殖に関する諸問題は，多くが希少種となったタナゴ類の保護問題にとっても重要課題で，研究を志す若者の出現が待たれる分野なのだ．　　　　　　（福原修一）

あとがき

　最後まで読み進めていただいたあなたは，どんなお気持ち，感想をお持ちですか．

　執筆者である私たちの殆どは，大学生時代に初めて「研究」に取り組んだ入門者たちです．野外調査のための場所を地図で探し，投網を直し投げるための練習，そして現地調査や水槽実験などあらゆることが初めてのことばかりでした．それでも身近な川や溜池の中で，淡水魚などの生きものがかくも多様に次の世代を残す営みを延々と続けてきたことになんとか気づくことができました．

　これから大学進学を考える皆さんには，是非淡水魚の面白さや探求の面白さを知っていただきたく，大学に足を踏み入れてほしいものです．そもそも大学は様々な専門分野の基礎を身につける魅力的な場なのです．大学の研究室でおこなわれる研究は，このような学生の研究の連続性のなかで一歩一歩前進し，長い時間をかけてやっと1つのことが明らかになっていきます．素晴らしい知見や発見もこの連続性の上に立っておこなわれているのです．これから研究生活に身を置く生徒学生はこのことを理解し，良き師，先輩，学友，研究テーマに巡り会い，研究が終わったときに素直な感謝の気持ちがわくほど研究にのめりこみ，精進していただきたいものです．

　寝食を忘れ研究に取り組んだ学生であっても，卒業後研究から次第に足が遠のく者も多いなか，研究を色々な形で進めた卒業生も少なくなく，幸せな者は大学時代と同じテーマで研究を深めることができました．また私たちの母校が教育大学であったので多くの者が小，中，高等学校の教員となり，テーマを変更して長く研究を続ける卒業生も多くいます．しかし一旦定職に就いてしまうと，研究生活を続けることはなんとも難しく，そんな状況下で今回の執筆者はそれぞれの難しさを乗り越え，新鮮な気持ちでこの本の執筆に携わりました．

　この企画はアウトラインを私が考えたものですが，すぐには実現に至りませんでした．そして今回本を作りたいとの長田先生からの連絡を受けたときには，今度は私がすっかり構想を忘れている有様でした．卒業生との打ち合わせの会議を済ませ，「さあ」という時に私は病魔に襲われ長期の入院治療が必要となりました．そのため以降，長田先生の孤軍奮闘により完成する運びになりました．この企画は次の世代を意識し，淡水魚など水中の生きものの研究の魅力を

伝えるものです．同時に大阪教育大学動物生態学研究室の教員と学徒の織りなした研究史でもあるわけです．

　なお，本の内容が著者らの思い出話や手前みそになった部分もあり，また研究の入門生ゆえに大胆すぎる考察も見受けられたかもしれません．しかし著者らの本意は，読者の皆様にぜひ野外で淡水魚などの研究に入門し，楽しみながら取り組んでほしいと願うところにあります．まだ分かっていない水中の生きものの生活が身近な所で営まれているのですから，ぜひのぞき見をしてみようではありませんか．

福原修一

＊　　＊　　＊

　追記：福原修一さんは本書の完成を見ることなく，
2014年1月に逝去されました．

引用文献

第1章 タナゴ類研究の展開
新井良一．1978．魚類の分類と染色体．遺伝，32: 53-57．裳華堂．
Arai R., H. Fujikawa, Y. Nagata. 2007. Four New Subspecies of *Acheilognathus* Bitterlings (Cyprinidae: Acheilognathinae) from Japan. Bull. Natl. Mus. Nat. Sci., Ser. A, Suppl. 1, pp. 1-28.
朝比奈 潔・岩下いくお・羽生 功・日比谷 京．1980．タイリクバラタナゴ *Rhodeus ocellatus ocellatus* の生殖年周期．Bull. Japan. Soc. Sci. Fish., 46: 299-305.
Balon, E. K. 1975. Reproductive guilds of fishes: A proprsal and definition. J. Fish. Res. Bd. Can. 32: 821-864.
千葉県．1999．千葉県の保護上重要な野生生物 −千葉県レッドデータブック−動物編．千葉県．
千葉県教育委員会．1996．平成5～7年天然記念物「ミヤコタナゴ」保護増殖調査事業報告書，千葉県．
藤川博史．1983．日本産コイ科タナゴ亜科魚類タビラの分類学的研究．兵庫教育大学大学院．
藤川博史．1985．バラタナゴ．生物観察実験ハンドブック．朝倉書店．
藤川博史．1989．バラタナゴを使った実験・観察．理科の教育，38, 40-43．
Fujikawa H., Y. Nagata, S. Atsumi. 1984. Electrophoretic Patterns of Isozymes in the Tissue Extracts of Three Subspecies of *Acheilognathus tabira* (Cyprinidae). The Memoirs of Osaka Kyoiku University. Ser. III. vol. 33: 53-61.
福原修一．2000．貝に卵を産む魚．長田芳和監修．トンボ出版，大阪，79 pp.
福原修一・長田芳和・前川 渉．1982．日本産タナゴ亜科魚類の前期仔魚表皮に見られる鱗状突起．魚類学雑誌，29: 232-236.
福原修一・前川 渉・長田芳和．1984．日本産 *Acheilognathus* 属3魚種の産卵床利用に関する実験．水野壽彦教授退官記念誌：221-226.
福原修一・前川 渉・長田芳和．1998．九州北西部の3小河川におけるタナゴ類の産卵床利用の比較．大阪教育大学紀要 第III部門，47: 27-37.
平井賢一 1964．びわ湖産タナゴ4種の産卵生態の比較．生理生態．12: 72-81.
Honda H. 1982. On the female sex pheromones and courtship behavior in the bitterlings *Rhodeus ocellatus* and *Acheilognathus lanceolatus*. Nippon Suisan Gakkaishi, 48: 43-45.
細谷和海．1988．タビラ．沖山宗雄編 日本産稚魚図鑑，155p，東海大学出版会．
細谷和海．2002．〔1〕コイ科の系統とタナゴ類への進化．pp. 2-5. タナゴの自然史，島根県立宍道湖自然館ゴビウス，(財) ホシザキグリーン財団．
Ivlev, V. S. 1955, 魚類の栄養生態学．(児玉康雄，吉原友吉訳)，たたら書房．261pp.
可兒藤吉．1944．渓流性昆虫の生態．古川晴男編「昆虫」上，研究社，東京．
Kanoh,Y. 1996. Pre-oviposition ejaculation in externally fertilizing fish: how sneaker male rose bitterlings contrive to mate. Ethology, 102: 883-899.
Kanoh, Y. 2000. Reproductive success associated with territoriality sneaking and grouping in male rose bitterlings *Rhodeus ocellatus* (Pisces: Cyprinidae). Envi. Biol. Fishes, 57: 143-154.
Kawabata, K. 1993. Induction of sexual behavior in male fish (*Rhodeus ocellatus ocellatus*) by amino acids. Amino Acids. 5: 323-327.
Kawamura, K., Nagata, Y., Ohtaka, H., Kanoh, Y. and Kitamura J. 2001a. Genetic diversity in the Japanese rosy bitterling, *Rhodeus ocellatus kurumeus* (Cyprinidae). Ichthyological Research, 48: 369-378.
Kawamura, K., Ueda T., Arai R., Nagata, Y., Saito K., Ohtaka, H., and Kanoh, Y. 2001b. Genetic introgression by the rose bitterling, *Rhodeus ocellatus ocellatus*, into the Japanese rose bitterling, *R. o. kurumeus* (Teleostei: Cyprinidae). Zoological Science, 18: 1027-1039.
Kawamura, K. and K. Uehara. 2005. Effects of temperature on free-embryonic diapause in the autumn-

spawning bitterling *Acheilognathus rhombeus*(Telestei: Cyprinidae). J. Fish Biol., 67: 684-695.
Kimura, S. and Y. Nagata. 1992. Scientific name of Nippon-baratanago Japanese bitterling of the genus *Rhodeus*. Japan. J. Ichthyol., 38: 425-429.
Kitamura, J. 2007. Reproductive ecology and host utilization of four sympatric bitterling (Acheilognathinae, Cyprinidae) in a lowland reach of the Harai River in Mie, Japan. Environ. Biol. Fish., 78: 37-55.
Kondo, T. 1982. Taxonomic revision of Inversidens (Bivalvia: Unionidae). Venus, 41: 181-198.
Kondo T, Yamashita J, and Kano M. 1984. Breeding ecology of five species of bitterling (Pisces: Cyprinidae) in a small creek. Physiol Ecol Japan 21: 53-62.
松本二郎・正仁親王・木村清朗．1988．タイリクバラタナゴと九州産バラタナゴの腹鰭前縁の白色部を構成する色素細胞の比較．ニッポンバラタナゴの研究と保護．（長田芳和編）ニッポンバラタナゴ研究と保護，pp. 35-41．ニッポンバラタナゴ研究会．
Mills, SC., Reynolds, JD. 2002. Host species preferences by bitterling, *Rhodeus sericeus*, spawning in freshwater mussels and consequences for offspring survival. Animal Behav 63: 1029-1036.
宮地傳三郎・川那部浩哉・水野信彦．1963．原色日本淡水魚類図鑑．保育社．
水野信彦．1961．ヨシノボリの研究—Ⅱ．形態の比較．日本水産学会誌，27: 307-312.
水野信彦・御勢久右衛門．1972．河川の生態学．築地書館．
水谷英志．1974．コアユ産卵場におけるヨシノボリ，ウツセミカジカのアユ卵（アユ仔魚）食害について．滋賀県水産試験場研究報告，(28): 21-28.
長田芳和．1985a．溜池におけるバラタナゴ *Rhodeus ocellatus* の繁殖期と移動．魚類学雑誌，32: 79-89.
長田芳和．1985b．バラタナゴ の産卵数および貝内産卵の生態学的意義．魚類学雑誌，32: 324-334.
長田芳和・西山孝一．1976．バラタナゴの繁殖行動．生理生態，17: 85-90.
Nagata, Y. and K. Nishiyama. 1976. Remarks on the characteristics of the fins of bitterling, *Rhodeus ocellatus ocellatus* (Kner) and *R. ocellatus smithi* (Regan). Memo. Osaka Kyoiku Univ. Ser. III, 25: 17-21.
Nagata,Y. and H. Miyabe. 1978. Developmental stages of the bitterling,*Rhodeus ocellatus ocellatus*(Cyprinidae). Mem. Osaka Kyoiku Univ., Ser. III, 26: 171-181.
長田芳和・小川力也・国富隆夫．1984．イタセンパラの繁殖行動．淡水魚，(10): 71-78.
Nagata, Y. and Y. Nakata. 1988. Distribution of six species of bitterlings in a creek in Fukuoka Prefecture, Japan. Japan. J. Ichthyol., 33: 320-331.
長田芳和・藤川博史．1992．「動物の発生と成長」の授業実践—バラタナゴの教材化としての適性—．生物教育，32(2): 46-51.
Nagata, Y., T., Tetsukawa, T. Kobayashi and K. Numachi. 1996. Genetic markers distinguishing between the two subspecies of the rosy bitterling, *Rhodeus ocellatus* (Cyprindae). Ichthyological Research, 43: 117-124.
長田芳和・片山めぐみ・田部雅昭・福原修一・加納義彦．2003．ニッポンバラタナゴの遺伝的変異性と亜種間交雑に関する研究．大阪教育大学紀要　第Ⅲ部門，52: 29-40.
長田芳和・加納義彦・紀平　肇・立脇康嗣・福原修一・前畑政善・秋山廣光・松田征也・桑原雅之・鉄川　精・木村英造．1988．ニッポンバラタナゴの研究と保護．（長田芳和編）ニッポンバラタナゴ研究と保護，pp. 1-24．ニッポンバラタナゴ研究会．
中坊徹次．2013．日本産魚類検索．東海大学出版会．
中村守純．1955．関東平野に繁殖した移殖魚．日本生物地理学会，16-19: 333-337.
中村守純．1963．原色日本淡水魚検索図鑑．北隆館．
中村守純．1969．日本のコイ科魚類．資源科学研究所，東京．455 pp.
西村三郎．1974．日本海の成立，生物地理学からのアプローチ．築地書館．227 pp.
西山孝一・長田芳和．1978．タイリクバラタナゴとニッポンバラタナゴ．淡水魚，(4): 91-100.
Kafuku, T. 1958. Speciation in cyprinid fishes on the basis of intestinal differentiation, with some references to that among catostomids. Bull. Freshwater Fish. Res. Lab., 8: 45-78.
小川力也・長田芳和．1999．河川敷氾濫のシンボルフィッシュ—イタセンパラ．森　誠一（編），pp.

9-18. 淡水生物の保全生態学. 信山社サイテック, 東京.
小川力也・長田芳和・紀平肇. 2000. 淀川におけるイタセンパラの生息環境（総説）. 大阪教育大学紀要, 49: 33-55.
小川力也. 2008a. イタセンパラ：河川氾濫原の水理環境の保全と再生に向けて. 魚類学雑誌. 55: 144-148.
小川力也. 2008b. 淀川におけるイタセンパラの生活史戦略. 関西自然保護機構会誌. 30: 113-122.
小川力也. 2010. わんど・たまり. 野生生物保護学会（編）, pp. 306-313. 野生生物保護の事典, 朝倉書店, 東京.
小川力也. 2011. 氾濫原の季節変化に見事に適応した生態と生活史. 日本魚類学会自然保護委員会（編）, pp. 20-47. 絶体絶命の淡水魚イタセンパラ：希少種と川の再生に向けて. 東海大学出版会, 神奈川.
小俣篤・上原一彦・小川力也. 2011. 淀川水系におけるイタセンパラの保全と野生復帰に向けて：イタセンパラの再導入の試行. 日本魚類学会自然保護委員会（編）, pp. 138-158. 絶体絶命の淡水魚イタセンパラ：希少種と川の再生に向けて. 東海大学出版会, 神奈川.
鷲海智佳. 2003. アカヒレタビラ山陰地域個体群の生活史. 島根大学大学院.
斉藤憲治・藤川博史・長田芳和. 1988. 島根県大田市から採集されたアカヒレタビラ. 日本生物地理学会会報. 43: 57-60.
Shirai, K. 1962. Correlation between the growth of the ovipositor and ovarian conditions in the bitterling, *Rhodeus ocellatus*. Bull. Fac. Fish. Hokkaido Univ. 13: 137-151.
Shirai, K. 1963. Histological study on the ovipositor of the rose bitterling, *Rhodeus ocellataus*. Bull. Fac. Fish. Hokkaido Univ. 14: 193-200.
Smith, C., Reichard, M., Jurajda, P. and Przybylski, M. 2004. The reproductive ecology of the European bitterling (*Rhodeus sericeus*). J. Zool. 262: 107-124.
鈴木伸洋・日比谷 京. 1985. ヤリタナゴとアブラボテの初期発育過程. 日本大学医学部学術研究報告. 42: 195-202.
鈴木伸洋. 1986. タナゴ類の雑種について（その1）－ヤリタナゴとアブラボテの雑種を中心にして. 淡水魚, 12: 59-65.
谷口文章, 杉本優, 岡崎智史, 平田尊紀, 西垣 新, 山中智樹, 高野良昭, 池永明史, 加納義彦. 2012. バラタナゴの産卵を解発するドブガイの信号刺激―バラタナゴはドブガイ模型に産卵するか― 清風学園紀要 17: 25-50.
生方秀紀. 1979. ヒガシカワトンボの交尾戦略（予報）. 昆虫と自然, 14(6).
Uehara. K., K. Kawabata and H. Ohta. 2006. Low temperature requipment for embryonic development of Itasenpara bitterling *Acheilognathus longipinnis*. J. Exp. Zool. 305A: 823-829.
内田惠太郎. 1939. 朝鮮魚類誌. 第一冊. 朝鮮総督府水産試験場報告.
伍 献文等. 1964. 中国鯉科魚類誌（上巻）. 中嶋経夫・小早川みどり訳. たたら書房. 鳥取県. 346pp.
渡辺勝敏. 2002.〔2〕タナゴ類の生物地理. pp. 6-9. タナゴの自然史, 島根県立宍道湖自然館ゴビウス. （財）ホシザキグリーン財団.
Winn, H. E. 1958. Comparative reproductive behavior and ecology of fourteen species of darters (Pisces-Percidae). Ecol. 28: 155-191.
Yokote, M. 1958. Study on the ovarian eggs of *Rhodeus ocellatus*. Bull. Freshwater Fish. Res. Lab. 7: 1-8.

第2章　ムギツクの多彩な托卵

Baba R. 1994. Timing of spawning and host-nest choice for brood parasitism by the Japanese minnow, *Pungtungia herzi*, on the Japanese aucha perch, *Siniperca kawamebari*. Ethology 98: 50-59.
馬場玲子. 1997. ムギツクの托卵戦略. In: 桑村哲生・中嶋康裕編『魚類の繁殖戦略Ⅱ』, 海游舎, pp 157-182.
Baba R, Nagata Y, and Yamagishi S, 1990. Brood parasitism and egg robbing among three freshwater fish, Animal Behavior 40: 776-778.
Baba, R. and Karino, K. 1996. Counter-tactics of the Japanese aucha perch *Siniperca kawamebari* against

brood parasitism by the Japanese minnow *Pungtungia herzi*. Behav. Ecol., in review.
兵井純子・長田芳和. 2000. 水槽飼育におけるドンコの巣へのムギツクの托卵. 大阪教育大学紀要 第Ⅲ部門, 48: 127-145.
岩田明久. 1989. ドンコ. 川那部浩哉・水野信彦（編）, pp. 557-559. 日本の淡水魚. 山と渓谷社.
香田康年, 渡辺宗孝, 1989. オヤニラミ. In: 川那部浩哉・水野信彦編『日本の淡水魚』, 山と渓谷社, pp 486-489.
長田芳和・前畑政善. 1992. ムギツクによるドンコの巣への産卵. 滋賀県立琵琶湖文化館研究紀要, 9: 17-20.
日本水産学会編. 1 東京 974. 魚類の成熟と産卵－その基礎と応用－. 恒星社厚生閣.
山根英征・横山 正・長田芳和・山田卓三. 2004. ギギの繁殖生態と初期生活史. 魚類学雑誌, 51: 135-147.
山根英征・渡辺勝敏. 2008. ギギの繁殖制限要因としての営巣場所の不足と人工巣の実用性. 関西自然保護機構, 30: 29-34.
Yamane, H., Watanabe, K. and Nagata,Y. 2009. Flexibility of reproductive tactics and their consequences in the brood parasitic fish *Pungtungia herzi* (Teleostei: Cyprinidae). Journal of Fish Biology, 75: 563-574.
Yamane, H., Watanabe, K. and Nagata, Y. 2013. Diversity in interspecific interactions between a nest-associating species, *Pungtungia herzi,* and multiple host species. Environmental Biology of Fishes, 96: 573-584.
Yamane, H., Nagata, Y. and Watanabe, K. 2016. Exploitation of the eggs of nest associates by the host fish *Pseudobagrus nudiceps*. Ichthyological Research, 63: 23-30.

第3章　身近な淡水魚の産卵生態
足羽 寛・上井大介・井上和成・長田芳和. 1994. 兵庫県大津茂川における魚類相. 大阪教育大学紀要第Ⅲ部門, 42: 141-153.
Ashiwa, H and K, Hosoya. 1998. Osteology of *Zacco pachycephalus*,sensu Jordan & .Evermann (1903), with special reference to its systematic position. Environmental Biology of Fishes. 52: 163-171.
秋山廣光. 1991. 展示水槽におけるズナガニゴイ *Hemibarbus longirostris* の産卵行動について（予報）. 滋賀県立琵琶湖博物館研究紀要, 9: 39-40.
秋山廣光. 1996. 水槽内におけるズナガニゴイ *Hemibarbus longirostris* の繁殖行動について. 滋賀県立琵琶湖博物館研究紀要, 13: 63-67.
馬場吉弘・長田芳和. 2005. オイカワの産卵床における卵と仔魚の分布と動態. 魚類学雑誌, 52(2), 125-132.
Balon, E, K. 1975a. Reproductive guilds of fishes: a proposal and definition. J. Fish. Res. Board Can., 32: 821-864.
Balon, E, K. 1975b. Ecological guilds of fishes: a short summary of the concept and its application. Verh. Internat. Verein. Limnol., 19: 2430-2439.
Goto, A. 1984. Sexual dimorphism in a river sculpin *Cottus hangiongensis*. Japan. J. Ichthyol. 31: 161-166.
後藤 晃. 1989. 淡水カジカ類の繁殖スタイルと繁殖戦術. 後藤 晃・前川光司（編）, pp. 73-84. 魚類の繁殖行動－その様式と戦略をめぐって－. 東海大学出版会.
後藤 晃・前川光司編. 1989. 魚類の繁殖行動 その様式と戦略をめぐって. 201pp. 東海大学出版会.
後藤晃・森誠一 編著. 2003. トゲウオの自然史, 北海道大学図書出版, 北海道. pp. 49-60. pp 167-176.
Higuchi, M., Sakai, H. and Goto, A. 2014. A new threespine stickleback, *Gasterosteus nipponicus* sp. nov. (Teleostei: Gasterosteidae), from the Japan Sea region. Ichthyol. Res. DOI 10.1007/s10228-014-0403-1.
細谷和海. 1982. 日本産ヒガイ属魚類の分布と変異. 淡水魚, (8): 10-18. 淡水魚保護協会. 大阪.
細谷和海. 1998. カマツカ. 川那部浩哉・水野信彦・細谷和海 編監修, 日本の淡水魚, 山と渓谷社, 東京.

Hosoya, K., Ashiwa, H., Watanabe, M., Mizuguchi, K., and Okazaki, K. 2003. *Zacco sieboldii*, a species distinct from *Z. temminckii* (CYPRINIDAE). Ichthyol. Res. 50: 1-8.
兵井純子・長田芳和．2000．水槽飼育におけるドンコの巣へのムギツクの托卵．大阪教育大学紀要，第Ⅲ部門，48(2): 127-145.
岩田明久．1989．ドンコ．川那部浩哉・水野信彦（編），pp. 557-559．日本の淡水魚．山と渓谷社．
Kaneshiro, K. Y. (1980) Sexual isolation, speciation and direction of evolution. Evolution, 34: 437-444.
可児藤吉．1944．渓流性昆虫の生態．「昆虫」上．古川晴男（編）．研究社，東京．
Katano, O. 1992. Cannibalism on eggs by dark chub, *Zacco temmincki* (Temminck & Schlegel) (Cyprinidae). J. Fish Biol., 41: 655-661.
片野　修．1999．カワムツの夏．京都大学学術出版会．
川合禎次・川那部浩哉・水野信彦．1980．日本の淡水生物．東海大学出版会．
川那部浩哉・水野信彦．1989．日本の淡水魚．山と渓谷社．
川那部浩哉・林　公義・長田芳和・後藤　晃・西嶋信昇．1995．フィールド図鑑　淡水魚．東海大学出版会，東京．
Kawase, S. and Hosoya, K. 2011. *Biwia yodoensis*, a new species from the Lake Biwa/Yodo River Basin, Japan. Ichthyol. Explor. Freshwaters, 21: 1-7.
川瀬成吾・乾　隆帝・鬼倉徳雄・細谷和海．2011．ゼゼラの繁殖生態に関する知見．魚類学雑誌，58: 207-209.
Kohda, M., M. Tanimura, M., K. Nakamura and S. Yamagishi. 1995. Sperm drinking by female catfishes: a novel mode of insemination. Env. Biol. Fish., 42: 1-6.
Macan, TT. 1964. Fresbwater ecology. Longmans. London.
Maekawa, K., K.Iguchi and O.Katano. 1996. Reproductive success in male Japanese minnow, *Pseudorasbora parva*: Observations under experimental condition. Ichthyol. Res., 43(3): 257-266.
McKinnon, J. S. and H. D. Rundle. 2002. Speciation in nature: the threespine stickleback model systems. Trends in Ecology and Evolution., 17: 480-488.
McLennan, D. A., D. R. Brooks and J. D. McPhail. 1988. The benefits of communication between comparative ethology and phylogenetic systematics: a case study using gasterosteid fishes. Can. Zool., 66: 2177-2190.
丸山俊幸．1973．九パーセントの調節　オイカワ−砂煙りの中の産卵．野生からの声−アニマ，1: 57-59.
Mills C. A. 1981. The attachment of dace, *Leuciscus leuciscus* (L.)., eggs to the spawning substratum and the influence of changes in water current on their survival. J. Fish Biol. 19: 129-134.
宮地傳三郎・川那部浩哉・水野信彦．1963．原色淡水魚類図鑑．保育社．
水野信彦・御勢久右衛門．1972．河川の生態学（補訂版）築地書館．
長田芳和．1997．淡水魚の減少要因と回復への道．Pp. 330-357　日本の希少淡水魚の現状と系統保存．長田芳和・細谷和海（編），緑書房，東京．
名越　誠・川那部浩哉・水野信彦・宮地伝三郎・森主一・杉山幸丸・牧　岩男・斎藤洋子．1962．川の魚の生活Ⅲ．オイカワの生活史を中心にして．京都大学理学部生理・生態学研究業績，82: 1-19.
中村一雄．1952．千曲川産オイカワ（*Zacco platypus*）の生活史（環境，食性，産卵，発生，成長其他）並にその漁業．淡水研報，1: 2-25.
中村守純．1969．日本のコイ科魚類．（財）資源科学研究所，東京．455 pp.
Natsumeda, T. 1999. Year-round local movements of the Japanese fluvial sculpin, *Cottus pollux* (large egg type), with special reference to the distribution of spawning nests. Ichthyol. Res,. 46: 43-48.
Natsumeda, T. 2001. Space use by the Japanese fluvial sculpin, *Cottus pollux*, related to spatio-temporal limitations in nest resources. Environ. Biol. Fish., 62: 393-400.
棗田孝晴．2011．河川性カジカにおける繁殖・生態多様性と保全．宗原弘幸・後藤　晃・矢部　衞（編），pp. 158-175．カジカ類の多様性−適応と進化−．東海大学出版会．
Natsumeda, T., S. Kimura and Y. Nagata. 1997. Sexual size dimorphism, growth and maturity of the Japanese fluvial sculpin, *Cottus pollux* (large egg type), in the Inabe River, Mie Prefecture, central

Japan. Ichthyol. Res., 44: 43-50.
西村三郎．1974．日本海の成立　生物地理学からのアプローチ．築地書館，東京．
Ruttner, F. 1952. (Transl. by Frey & Fry, 1953): Fundamentals of limnology. Univ. Tront Press, Tront.
竹村暢．1994．魚類．pp. 158-159．動物たちの地球．4巻．朝日百科．
Takeshita, N. and S. Kimura. 1994. Egg, larvae and juveniles of the bagrid catfish, *Pseudobagrus aurantiacus*, from the Chikugo River in Kyushu Island, Japan. Japan. J. Ichthyol., 40: 504-508.
大阪府．2014．大阪府レッドリスト．大阪府環境農林水産部みどり・都市環境室みどり推進課，48pp.
上野　智・仁尾雅浩・長田芳和．2000．カマツカの成長と繁殖生態．大阪教育大学紀要　第Ⅲ部門，42: 115-1119.
内田恵太郎．1939．朝鮮魚類誌　第一冊．絲顎類　内顎類．朝鮮総督府水産試験場報告，6: 182-191．
内山りゅう．1989．モツゴ．川那部浩哉，水野信彦編・監修．日本の淡水魚．山と渓谷社．東京：302-305．
Unger, L. M. and Sargent R. C. 1988. Allopatternal care in the fathead minnow, *Pimephales promelas*: females prefer males with eggs. Behav. Ecol. Sociobiol., 23. 27-32.
Watanabe, K. 1994a. Growth, maturity and population structure of the bagrid catfish, *Pseudobagrus ichikawai*, in the Tagiri River, Mie Prefecture, Japan. Japan. J. Ichthyol. 41: 15-22.
Watanabe, K. 1994b. Mating behavior and larval development of *Pseudobagrus ichikawai* (Siluriformes: Bagridae). Japan. J. Ichthyol., 41: 243-251.

第4章　淡水魚と河川調査

阿部　司・岩田明久．2007．アユモドキ：存続のカギを握る繁殖場所の保全．魚類学雑誌，44: 234-238．
御勢久右衛門．1999．大和川の自然環境と水産・その変遷．奈良産業大学『産業研究所報』，(2): 1-56．
河合典彦．2011．淀川の水環境とその変遷：大規模な河川構造の改変が水環境に与えた功罪．渡辺・前畑（編），pp. 71-98．絶体絶命の淡水魚イタセンパラ－希少種と川の再生に向けて．東海大学出版会，東京．
川那部浩哉・水野信彦・細谷和海．2001．日本の淡水魚，改訂版．山と渓谷社．719 pp.
前畑政善．2003．ナマズはなぜ田んぼをめざすのか？　滋賀県立琵琶湖博物館（編），鯰─魚と文化の多様性─．pp. 107-121．サンライズ出版，彦根市．
水野信彦．1962．河川漁業権漁場の実態調査（大和川）．大阪府水産課，pp. 1-9.
野間　優・村岡敬子・大石哲也・天野邦彦．2004．河川・水田地域の形態や歴史的変遷からみた魚類生息場の評価．土木技術資料，46: 38-43.
大阪陸水生物研究会．1993．大阪府の川と魚．大阪府農林水産部水産課，pp. 1-136．
Otake T, and Uchida K. 1998. Application of otolith microchemistry for distinguishing between amphidromous and non-amphidromous stocked ayu, *Plecoglossus altivelis*. Fisheries Science, 64: 517-522.
斉藤憲治．1997．淡水魚の繁殖場所としての一時的水域．日本の希少淡水魚の現状と系統保存．長田芳和・細谷和海（編），pp. 194-204．日本の希少淡水魚の現状と系統保存．緑書房，東京．
佐藤祐一・西野麻知子．2010．水位操作がコイ科魚類の産卵に与える影響のモデル解析と対策効果予測．湿地研究，1，pp. 17-31.
Tsukamoto K, and T. Kajihara. 1991. Age determination of ayu with otolith. Nippon Suisan Gakkaishi, 53: 1985-1997.
植野裕章・永井俊輔・松井百恵・松岡拓郎・亀井哲夫・長田芳和．2012．大和川のアユ *Plecoglossus altivelis altivelis* の耳石 Sr/Ca 比を用いた天然遡上の確認．大阪教育大学紀要　第Ⅲ部門，61: 17-21．

第5章　溜池の生態学

藤野隆博．1972．日本の淡水エビ類の分類と見分け方．Nature Study, 18: 53-58.
福原修一・長田　芳和・山田卓三．1986．溜池におけるドブガイ *Anodonta woodiana* の生の寄生時期

とその寄主および寄生部位. Venus, 45: 43-52.
福原修一・長田芳和. 1988. 溜池におけるドブガイの妊卵頻度. Venus, 47: 271-277.
福原修一・中井一郎・長田芳和. 1990. 淡水二枚貝ドブガイ *Anodonta woodiana* の魚体生時における発生経過. Venus, 49: 54-62.
福原修一・田部雅昭・近藤高貴・河村章人. 1994. 淡水二枚貝ドブガイに見られる遺伝的2型の繁殖期. 貝類学雑誌, 53: 37-42.
波部忠重. 1977. 日本産軟体動物分類学二枚貝綱/掘足綱. 北隆館, 120pp.
池田 実. 1999. 遺伝的にみたヌマエビの「種」. 海洋と生物, 21: 299-307.
川那部浩哉. 1984. 偉大なる奇書『池沼の生態学』. 水野壽彦教授退官記念誌. pp. 334-336.
近藤高貴・田部雅昭・福原修一. 2006. ドブガイに見られる遺伝的2型のグロキディウム幼生の形態. Venus, 65: 241-245.
Lytle, C. F. 1982. Development of the fresh-water medusa,*Craspedacusta sowerbii* In F. W. Harrison and R. R. Cowden(eds.): Developmental Biology of Freshwater Invertebrates, pp. 125-150, Alan R. Liss, Inc., New York.
リン・マルグリス・カーリーン・V・シュヴァルツ. 1987. 刺胞動物門. 図説生物界ガイド五つの王国. 180-183. 日経サイエンス社.
水野寿彦. 1971. 池沼の生態学. 築地書館, 187pp.
並河洋・楚山勇. 2001. 淡水クラゲ目. クラゲ ガイドブック. 60. 株式会社ティビーエス・ブリタニカ.
丹羽信彰・浜野龍夫. 1990. 兵庫県菅生川におけるミナミヌマエビの個体群生態. 甲殻類の研究, 19: 43-54.
諸喜田茂充. 1981. ヌマエビ類の生活史. 海洋と生物, 3: 15-23.
田部雅昭・福原修一・長田芳和. 1994. 淡水二枚貝ドブガイに見られる遺伝的2型. 貝類学雑誌, 53: 29-35.
上田常一. 1970. 日本淡水エビ類の研究. 園山書店, 松江, 213pp.

事項索引

1 蛇行区間　xxi

【A】
Aa 型　xxi

【B】
Bb 型　xxi
Bc 型　xxi
BOD　316

【D】
DNA　vii, 10, 12, 37, 88, 350

【S】
Sr/Ca 濃度比　317, 319

【あ】
アイソザイム分析　10, 37, 116, 117, 350, 351, 353
秋産卵　51, 123, 127, 128, 130
芥川　262

【い】
壱岐島　116
石川　190, 212, 303, 305, 320
一次性淡水魚　vii
一時的水域　248-250, 305, 306, 310, 314, 315
員弁川　271, 273
イブレフの選択指数　53, 97

【う】
浮き石　274, 299, 302, 303
産みわけ　50-52, 65, 84

【お】
追い払い行動　41, 59, 153
大阪湾基準水面　306
大田市　117, 118
大津茂川　184, 186, 187
親子判定　37, 40

【か】
海産アユ　316, 319, 320
外套腔　xvi, 289, 290, 293
貝のぞき　58-61, 63, 67
外来魚　vii, xxii, 102
鍵刺激　149, 165, 171

霞ヶ浦　xxii, 25, 117
河川改修　iii, vii, 256, 303
河川形態型　xxi, 192-194
河川残留性　279, 280
河川陸封型　269, 270, 272
完熟卵　14, 21, 24-26, 29, 46, 51, 65, 78, 79, 81, 83, 86, 117, 124, 125, 146, 160, 206, 247, 273, 312
完熟卵保有率　26, 29

【き】
貴志川　223
鰭条数　xii, xix, 4, 6, 7, 9, 10, 114-116
寄生　2, 91, 178, 344-346, 349
木津川　95, 100-102, 123, 244, 247, 249, 251, 289
紀ノ川水系　132, 153, 173, 223, 297
木場潟　117
嗅覚刺激　153, 158
共進化　91
漁業権　77, 298, 299, 316
魚類自然史研究会　243, 260
近親交配　11

【く】
食いわけ　xii
グループ産卵　37-39
グロキディウム　2, 344
群成熟度　22

【け】
形態変異　279
ケツギョ科　134

【こ】
降河回遊型　270
後期仔魚　xii, 31, 32, 34, 47, 196, 197
攻撃行動　xviii, 59, 60, 82
交雑　4, 5, 8, 10, 12, 280, 285
行動圏　xviii, 276, 277
口内保育　xvii
交配実験　4, 7, 287
国内希少野生動植物種　2, 96, 326
湖産アユ　316, 320
五城目町　117
湖沼陸封型　270
個体群動態　19, 338
個体識別　37, 39, 47, 78, 79, 123-125, 134, 135, 144, 162, 206, 234, 237, 263, 271, 273, 275
個体数変動　19
固有種　75, 244, 323
婚姻色　xv, 27, 35-37, 45, 46, 51, 112-

114, 116, 119, 123-125, 195, 224, 228, 234, 244, 279, 322

【さ】
鰓腔　　　xvi, 65
再生産　　22, 316
在来魚　　xii, xxii, 247
搾出卵数　81, 206
砂州　　　xxi, 306, 309-312, 315
雑種化　　xxii, 2, 10, 352
雑種個体群　10, 11, 14
佐備川　　212, 214, 215, 218
佐保川　　203
産卵管　　xv, xvi, 1, 12, 14, 21, 22, 24-27, 35, 45, 46, 51, 56, 65, 78, 79, 81, 83, 84, 91, 125, 289
産卵管長比　22-26
産卵基質　64, 65, 177, 182, 217, 221, 244, 246-249, 251
産卵形態　38, 39
産卵周期　38, 146
産卵床　　xviii, 36, 37, 53, 64-66, 72, 81, 100, 106, 120, 134, 135, 138-140, 161, 194, 195, 197, 199-201, 203, 204, 206-209, 211, 229, 246, 255, 259, 270
産卵数　　xvii, 2, 27-29, 31-33, 65, 146, 158, 201, 206
産卵場所　xiii, 52, 85, 88, 173, 186-188, 191, 192, 201, 221, 223, 228, 229, 231, 244, 248, 275, 303, 305, 310, 311, 314
産卵母貝　1, 2, 77, 93, 94, 123, 351
産卵前放精　40, 41, 43
産卵様式　5, 12, 82, 211, 212, 217, 222, 230, 231, 313, 314

【し】
視覚刺激　153, 157, 158
ジグザグダンス　279, 282-285, 287
耳石　　　xiii, 305, 316-319
仔稚魚　　96-98, 100, 101, 173, 175, 177, 178, 202, 314
実効性比　38
姉妹種　　182, 183
周縁性淡水魚　vii, 323
種間関係　66, 75, 76, 189
種間競争　xii, 74, 93, 94
受精能力　40
受精卵　　xv, xviii, 8, 36, 43, 45-47, 49, 216, 340
種内関係　66
瞬間成長率　271
純淡水魚　vii, 1, 182, 323, 351
消化管内容物　97

消化管（腸）の巻き　xii
初期餌料　179
初期減耗　202
人工授精　xiii, 8, 43, 45, 46, 48-50, 75, 216
人工巣　　180
侵入雄　　37-39, 56, 59
心理的刺激　153, 158

【す】
水中マイク　xx, 133, 297, 300
スニーカー雄　37-41, 43, 228
すみわけ　xii, 52, 100
刷り込み　xiii, 74

【せ】
生活史　　xi, 31, 33, 84, 95, 100-103, 202, 222, 223, 233, 269, 279, 282, 300, 302, 323, 332, 336, 340, 341
成魚　　　xii, xiii, xiv, 3, 12, 23, 44, 49, 75, 79, 84, 95, 97, 101, 202, 214, 259, 264, 280, 288, 291, 302, 314
生殖口　　214, 217, 225, 227, 257
生殖腺（重量）指数　163
生殖突起　153, 256-258, 263
性選択　　270
生息環境　xix, 92, 100, 102, 103, 108, 111, 320
生存曲線　21, 31-34
生態系　　xix, 106-108, 110, 111, 322, 327, 339
生態的地位（niche）　85
性的サイズ二型　270, 271
生物多様性　85
赤外線ビデオカメラ　173
世代交代　332
摂餌様式　272
絶滅危惧種　122, 352
世話行動　153, 171
前期仔魚　xii, 32, 202

【そ】
総排出腔　163, 217, 256
相利共生　179
遡河回遊性　279-281, 288
側線有孔鱗数　11
側線鱗　　xix, 27, 116

【た】
体外受精　xvi, 181
卓越年級群　175-179, 182, 262, 353
托卵　　　xv, xvii, 132, 133, 137, 139-143, 146-153, 156-158, 160, 161, 163-165,

169, 171-173
蛇行　　　xxi
多鯰ヶ池　　　113, 344
卵保護雄　　　265
卵保護期　　　276
タマリ　　　95, 96, 100, 101, 244, 246-250, 306, 310-312
タモ網　　　xx, 14, 78, 96, 97, 113, 135, 153, 190, 194, 270, 278, 289, 302, 326, 331, 332
短期世代　　　336, 338

【ち】
稚魚　　　xii, xiii, xiv, 12, 14, 19, 36, 47, 88, 118
千葉県　　　103, 104, 105, 107
千早川　　　190, 191, 194
聴覚刺激　　　153
長期世代　　　336, 338
朝鮮半島　　　4, 11, 12, 75, 112, 116, 132, 134, 191, 233
沈性粘着卵　　　216

【つ】
つがい形成　　　83, 84, 275
つがい行動　　　viii, 38, 41

【て】
適応度　　　xvii, xviii
天然アユ　　　315
天然記念物　　　2, 95-97, 103, 280, 324, 326

【と】
投網　　　xx, 113, 184, 190, 211, 299, 316, 325, 357
通し回遊魚　　　vii, 272
特定外来種　　　20
特別採捕許可　　　xx, 316
瀞（とろ）　　　xxi

【な】
名取川　　　117
縄張り　　　xviii, 35-37, 39, 41, 51, 56, 58-61, 63, 65, 67, 78, 82, 84, 92, 133-135, 137, 139, 141, 173, 234, 238, 242, 247, 249, 259
縄張り雄　　　35, 37-41, 43, 67, 82, 92, 134, 140, 141

【に】
二次性淡水魚　　　vii
二次性徴　　　8, 223-225, 229, 231
日周輪　　　xiii, 317

【ね】
年級群　　　18-20, 26, 31

【は】
配偶者選択　　　133, 135, 262
排卵　　　xvi, 160, 163, 165, 169, 171, 172
発育段階　　　96, 98,
発生段階　　　28, 30, 31, 65, 68, 72, 88, 221, 235, 246, 263, 266, 290
早瀬　　　xxi, 190, 212-214, 217-219, 221-223, 225, 229, 262, 273, 300
祓川　　　54, 85, 86, 88, 91-94
ばらまき型産卵　　　xvii, 2
繁殖期　　　xii, xiii, xv, 19, 35, 38, 45, 78, 79, 81, 82, 84, 101, 102, 113, 134, 153, 156, 161-163, 165, 168, 209, 212, 214, 217, 222, 227, 228, 233-235, 237, 249, 262, 265, 271, 273-275, 277, 322, 349-351
繁殖行動　　　viii, xv, 2, 36, 39, 40, 43, 76, 78, 81, 82, 96, 133, 143, 144, 146, 175, 287, 300, 322
繁殖スタイル　　　181, 182
繁殖成功　　　xvii, 39, 40, 84, 176, 238, 240, 241, 268, 274
繁殖戦略　　　34, 76, 81, 83, 85, 268, 314
繁殖様式　　　xii, 2, 88, 181, 202, 208, 217, 230-232, 249, 305
氾濫原　　　95, 100-102, 123, 130, 244, 249, 250, 305

【ひ】
非繁殖期　　　xiii, xv, 11, 79, 133, 271, 273
肥満度　　　19
標識再捕法　　　14, 17, 254, 271, 273, 275, 277
平瀬　　　xxi, 190, 192-194, 202, 218, 219, 221-223, 227, 229-231, 273-275, 305
琵琶湖　　　1, 4, 7, 10, 12, 33, 66, 113, 116, 142, 182, 211, 244, 289, 290, 315, 316, 319, 320, 323, 324, 339

【ふ】
フォッサマグナ　　　119
ふ化　　　xii, xiii, xv, xvii, 28, 33, 43, 47, 68, 88, 91, 95, 97, 123, 127, 128, 134, 137, 141-143, 145-150, 171, 173, 175, 177, 186, 197, 202, 204, 216, 222, 233, 237, 238, 241-244, 247, 249, 251, 263, 264, 266-268, 276, 280, 310, 312, 317, 319, 334, 336
ふ化率　　　150, 151, 161, 177, 238
浮出　　　28
二ツ川　　　50-54, 60, 61, 64-68, 72-74, 182

淵　　　xiv, xxi, 77, 186, 190, 192-194, 199, 218, 219, 222, 223, 225, 227, 273, 299, 300
付着藻類　　xviii
物理的刺激　　160
分岐鰭条数　　6, 7, 114

【へ】
ペア産卵　　38, 39, 204-209, 257
平常水位　　246-249

【ほ】
放精　　xii, xv, xvi, 35, 38, 40, 41, 43, 56, 125, 147, 186, 200, 203, 215, 216, 221, 228, 233, 257, 258, 289
抱卵　　81, 82, 169, 281, 334, 336
放卵　　xii, xvi, 163, 164, 169, 171, 172, 199, 201, 203, 215, 217, 219, 221, 227, 230, 231, 257, 289, 309
ホーミング行動　　274
囲場整備　　iii, 108, 110
捕食圧　　172, 209, 247, 266, 267, 334, 338
保全　　xix, 11, 103, 104, 106, 111, 122, 305, 324
母川回帰　　xiii, xiv, 74
本能行動　　36, 39, 151, 279, 287

【ま】
マッピング法　　275

【み】
水辺移行帯　　305
未成魚　　xii, 97, 187, 202, 203, 312

【も】
モンドリ　　xiv, xx, xxi, 14, 17, 19, 44, 100, 113, 124, 153, 190, 192, 233, 300, 326

【や】
八尾市　　5, 11, 34, 36, 331

野生復帰　　102
宿主　　xvii, 101, 132, 133, 149, 152, 153, 156, 159-161, 163, 169, 171-173, 175-179, 346
柳川市　　50, 182
大和川　　214, 216-218, 298, 305, 315, 316, 319, 320
大和川水系　　152, 160, 190, 212, 303

【ゆ】
優占種　　53, 190-192, 202, 291
夢前川　　77, 143

【よ】
孕卵数　　65, 188, 189, 217
淀川　　xxii, 3, 8, 9, 95-97, 100-103, 251, 289, 298, 305, 306, 315, 324
淀川水系　　4, 5, 100-102, 113, 123, 203, 244, 262, 289, 323, 324

【ら】
卵塊　　23, 135, 138, 146, 176, 246-249, 251, 263, 276
卵巣　　xv, xvi, 19, 21-23, 25, 27, 71, 163, 165, 216, 263

【り】
陸封性　　279-282, 288
流下ネット　　212, 218, 219
両側回遊型　　270, 334
両側回遊魚　　317

【れ】
レッドデータブック　　2, 120, 223

【わ】
ワンド　　95-97, 100, 102, 251, 306

生物名索引

【A】
Acheilognathus 属　59, 60, 112

【R】
Rhodeus 属　60, 112

【T】
Tanakia 属　60, 112

【あ】
アカヒレタビラ *Acheilognathus tabira erythropterus*　103, 112-114, 116-120
アブラボテ *Tanakia limbata*　xv, 50-52, 54, 59-61, 63-65, 67-72, 74-79, 81-86, 88, 92, 94, 112, 115
アブラボテ *Tanakia* 属　112
アユ *Plecoglossus altivelis altivelis*　vii, viii, xii, xiii, xv, xviii, 34, 201, 298, 302, 305, 312, 315-320, 326

【い】
イシガイ *Unio douglasiae nipponensis*　8, 44, 45, 52-54, 59, 85, 94, 123, 128
イシガイ科　2, 85, 86, 88, 100
イタセンパラ *Acheilognathus longipinnis*　xix, 2, 69
イトヨ *Gasterosteus aculeatus*　182, 279-288

【お】
オイカワ *Opsariichthys platypus*　vii, xii, xv, 123, 181, 182, 184, 186-191, 201-206, 208, 210, 211, 217, 225, 228-231, 305, 312
オオクチバス *Micropterus salmoides*　xxii, 305, 306, 313, 314, 339
オトコタテボシガイ *Inversiunio reinianus*　94, 291
オバエボシ *Inversidens brandti*　52, 54, 85, 88, 91-94
オヤニラミ *Coreoperca kawamebari*　xv, 132-135, 137-143, 149, 151, 152, 159, 161, 172, 175, 176, 305

【か】
カジカ科　269
カジカ大卵型 *Cottus* sp. LE　269, 270
カゼトゲタナゴ *Rhodeus atremius atremius*　3, 50-52, 54, 60, 61, 64, 65, 69
カタハガイ *Obovalis omiensis*　52-54, 59, 60, 65-74, 77, 79, 85, 86, 88, 91-94
カネヒラ *Acheilognathus rhombeus*　3, 50-52, 54, 59-61, 63-65, 69, 85, 86, 88, 91, 94, 119, 123-128, 130
カマツカ *Pseudogobio esocinus*　123, 186, 190, 211, 212, 214, 217, 219, 221, 222, 229-231, 244, 296
カワムツ *Nipponocypris temminckii*　182-184, 186-195, 197, 198, 200, 201, 208, 225, 228-231, 263

【き】
ギギ *Tachysurus nudiceps*　xii, xiii, xv, 123, 132, 133, 152, 159, 161, 172, 173, 175-180, 251, 253-257, 259, 264, 297, 299, 300, 302, 312
キタノアカヒレタビラ *Acheilognathus tabira tohokuensis*　119, 120

【こ】
コイ科　vii, viii, xvii, 1, 34, 75, 83, 91, 95, 96, 132, 191, 201, 202, 211, 212, 217, 222, 228, 233, 244

【し】
シロヒレタビラ *Acheilognathus tabira tabira*　85, 86, 88, 91-94, 100, 112-114, 116, 117, 120, 123

【す】
スイゲンゼニタナゴ *Rhodeus atremius suigensis*　3, 69
ズナガニゴイ *Hemibarbus longirostris*　222, 224, 225, 227-231, 302

【せ】
セタシジミガイ *Corbicula sandai*　290, 291
ゼニタナゴ *Acheilognathus typus*　69, 103, 113, 119, 127, 130
セボシタビラ *Acheilognathus tabira nakamurae*　50-52, 54, 59-61, 65-74, 92-94, 112-114, 116-118, 120, 122

【た】
タイリクバラタナゴ *Rhodeus ocellatus ocellatus*　xxii, 2-12, 14, 26, 85, 103, 104, 123, 312, 351, 352
タガイ *Sinanodonta japonica*　350, 351, 353
タカハヤ *Rhynchocypris oxycephalus*

190-199, 201, 263, 269, 296, 300
タテボシガイ *Unio douglasiae biwae* 94, 290, 291, 293, 295
タナゴ *Acheilognathus melanogaster* vii, xv, 1, 21, 103, 112, 113, 120
タナゴ *Acheilognathus* 属　112

【て】
テナガエビ科　331

【と】
トウヨシノボリ *Rhinogobius kurodai* 17, 345, 346
トゲウオ科　vii, 279
ドジョウ科　vii
ドブガイ *Anodonta woodiana*（旧称）　1, 8, 15, 17, 28-30, 34-36, 43-45, 52, 54, 101, 105, 106, 123, 290, 291, 293, 295, 303, 346, 349-351, 353
トンガリササノハガイ *Lanceolaria grayana* 52, 54, 85, 123, 290
ドンコ *Odontobutis obscura* xii, xv, 133, 142-165, 168, 169, 171-173, 175, 176, 182, 262, 263, 265, 267, 268, 296, 300
ドンコ科　142

【な】
ナマズ科　vii

【に】
ニセマツカサガイ *Inversiunio yanagawensis* 52
ニッポンバラタナゴ *Rhodeus ocellatus kurumeus* xxii, 3-12, 14, 50-52, 54, 60, 61, 65, 351-353

【ぬ】
ヌマエビ *Paratya compressa compressa* 331-334, 336, 338, 339
ヌマエビ科　331
ヌマガイ *Sinanodonta lauta*　350, 351
ヌマムツ *Nipponocypris sieboldii*　xv, 123, 182-184, 186-189

【は】
ハゼ科　vii, 313
バラタナゴ *Rhodeus* 属　112

【ひ】
ヒガイ類　xvi, xvii
ビワコオオナマズ *Silurus biwaensis* 306, 307, 309, 310, 312-314, 323
ビワヒガイ *Sarcocheilichthys variegatus microoculus*　289, 291, 293, 295

【ふ】
ブラックバス　xii, xxii, 102, 297, 339
ブルーギル *Lepomis macrochirus*　xxii, 20, 305

【ま】
マコモ *Zizania latifolia*　96, 244
マシジミ *Corbicula leana*　52-54, 290, 291, 293
マツカサガイ *Pronodularia japanensis* 52-54, 67-71, 73, 74, 85, 94, 105, 106
マミズクラゲ *Craspedacusta sowerbyi* 339-341, 343

【み】
ミジンコ類　xii
ミナミアカヒレタビラ *Acheilognathus tabira jordani*　119, 120, 122, 344
ミナミヌマエビ *Neocaridina denticulata denticulata*　331-333, 336, 338, 339
ミヤコタナゴ *Tanakia tanago*　2, 103-108, 111

【む】
ムギツク *Pungtungia herzi*　xv, xvii, 132, 133, 137-143, 146-165, 168, 169, 171-173, 175-179, 217, 262, 264, 300

【も】
モツゴ *Pseudorasbora parva*　xv, 17, 123, 182, 190, 233-235, 237, 241-243

【や】
ヤナギタデ *Persicaria hydropiper* 246-249, 251
ヤリタナゴ *Tanakia lanceolata*　50-52, 54, 58-61, 65, 67-72, 74-79, 81-86, 88, 93, 94, 103, 115, 303

【よ】
ヨーロッパタナゴ *Rhodeus sericeus*　1, 92
ヨコハマシジラガイ *Inversiunio jokohamensis*　85, 88, 106
ヨシ *Phragmites australis*　96, 134, 244, 307, 309, 310
ヨシノボリ類　xii, xv, 123, 312
ヨドゼゼラ *Biwia yodoensis*　244, 246-249, 251, 323

【わ】
ワムシ類　xii, 97

執筆者紹介（50音順）

足羽　寛（あしわ　ひろし）
1967年生．三重大学水産学部卒業．大阪教育大学大学院教育学研究科 修士課程修了．京都大学大学院理学研究科 博士後期課程単位取得退学．株式会社 フジサービス

石川正樹（いしかわ　まさき）
1970年生．広島大学生物生産学部卒業．大阪教育大学大学院教育学研究科 修士課程修了．神戸大学大学院自然科学研究科 博士後期課程修了．博士（理学，神戸大学）．兵庫県立神戸商業高校 教諭
著書：『トゲウオの自然史 多様性の謎とその保全』（共著，北海道大学図書刊行会）

（故）石鍋壽寛（いしなべ　としひろ）
1955年生．同志社大学文学部卒業．大阪教育大学教育学部 研究生．公益財団法人 観音崎自然博物館 館長．観音崎自然博物館地域自然再生研究センター 所長．環境省希少野生動物ミヤコタナゴ分科会委員

植野裕章（うえの　ひろあき）
1983年生．大阪教育大学教育学部卒業．大阪府東大阪市立玉川中学校 教諭

小川達郎（おがわ　たつろう）
1986年生．大阪教育大学教育学部卒業．和歌山市消防局

小川力也（おがわ　りきや）
1962年生．大阪教育大学教育学部卒業．大阪教育大学大学院教育学研究科 修士課程修了．大阪府立富田林高等学校 教諭
著書：『名まえしらべ 川や池の魚』（共著，保育社），『淡水生物の保全生態学 復元生態学に向けて』（共著，信山社サイテック），『絶体絶命の淡水魚イタセンパラ 希少種と川の再生に向けて』（共著，東海大学出版会）ほか

角谷正朝（かくたに　まさとも）
1954年生．大阪教育大学教育学部卒業．大阪教育大学大学院教育学研究科 修士課程修了．大阪府箕面市立止々呂美小学校 教頭．奈良県立医科大学医学科研究生

加納義彦（かのう　よしひこ）
1953年生．神戸大学農学部卒業．大阪教育大学教育学部 研究生．元清風学園高等学校 教諭．博士（理学，京都大学）．大阪経済法科大学教養部 教授．NPO法人ニッポンバラタナゴ高安研究会 代表理事
著書：『環境保全学の理論と実践Ⅱ』（共著，信山社サイテック），『動物たちの気になる行動』（共著，裳華房），『生態学から見た里山の自然と保護』（共著，講談社）ほか

岸本純平（きしもと　じゅんぺい）
1981年生．大阪教育大学教育学部卒業．大阪教育大学大学院教育学研究科 修士課程修了．兵庫県篠山市立篠山中学校 教諭

北村淳一（きたむら　じゅんいち）
1975年生．東邦大学理学部卒業．大阪教育大学大学院教育学研究科 修士課程修了．京都大学大学院理学研究科 博士後期課程修了．博士（理学，京都大学）．三重県総合博物館・学芸員

紀平大二郎（きひら　だいじろう）
1973年生．立命館大学法学部 卒業．大阪教育大学大学院教育学研究科 修士課程修了．一般社団法人水生生物保全協会 事務局長

越川敏樹（こしかわ　としき）
1950年生．大阪教育大学教育学部卒業．元島根県内小学校 教諭．元島根県立宍道湖自然館ゴビウス 館長．元公益財団法人ホシザキグリーン財団環境修復事業マネジャー
著書：『宍道湖の自然』（共著，山陰中央新報社），『中海本庄工区の生物と自然』（共著，たたら書房），『日本の淡水魚』（共著，山と渓谷社）ほか

佐田卓哉（さた　たくや）
1978年生．大阪教育大学教育学部卒業．大阪教育大学大学院教育学研究科 修士課程修了．大阪府東大阪市教育委員会 指導主事

谷川広一（たにがわ　こういち）
1972年生．大阪教育大学教育学部卒業．大阪市立都島工業高等学校 教諭

中嶋祐一（なかじま　ゆういち）
1971年生．大阪教育大学教育学部卒業．大阪教育大学大学院教育学研究科 修士課程修了．大津市役所

中田善久（なかた　よしひさ）
1953年生．大阪教育大学教育学部卒業．大阪教育大学大学院教育学研究科 修士課程修了．元大阪府守口市立守口第一中学校 教諭

永井元一郎（ながい　もといちろう）
1946年生．大阪教育大学教育学部卒業．大阪教育大学大学院教育学研究科 修士課程修了．元清教学園高等学校 教諭
著書：『淡水生物の生態と観察』（共著，築地書館），『TASEK BERA』（共著，Dr W. Junk Publishers）

棗田孝晴（なつめだ　たかはる）
1967年生．三重大学水産学部卒業．大阪教育大学大学院教育学研究科　修士課程修了．京都大学大学院理学研究科　博士後期課程単位取得退学．博士（理学，京都大学）．茨城大学教育学部　准教授
著書：『カジカ類の多様性　適応と進化』（共著，東海大学出版会），『Telemetry: Research, Technology and Applications』（共著，NOVA Science Publishers Inc.）ほか

西口龍平（にしぐち　りょうへい）
1964年生．大阪教育大学教育学部卒業．白陵中学高等学校　教諭

西山孝一（にしやま　こういち）
1950年生．大阪教育大学教育学部卒業．大阪教育大学大学院教育学研究科　修士課程修了．元関西大学第一中学校高等学校　教諭．関西福祉科学大学高等学校　講師
著書：『動物生態の観察と研究』（共著，東海大学出版会），『池の生き物』（共著，きょういくしゃ　ニュートンジュニアブックス）

馬場吉弘（ばば　よしひろ）
1971年生．近畿大学農学部卒業．大阪教育大学大学院教育学研究科　修士課程修了．新潟県立十日町高等学校　教諭．新潟大学大学院自然科学研究科　博士後期課程在学中
著書：『淡水魚保全の挑戦　水辺のにぎわいを取り戻す理念と実践』（共著，東海大学出版部）

馬場玲子（ばば　れいこ）
1967年．大阪市立大学理学部卒業．大阪市立大学大学院理学研究科　博士後期課程修了．博士（理学，大阪市立大学）．大阪府職員
著書：『魚類の繁殖戦略 2』（共著，海游舎），『動物生理学〜環境への適応』（クヌート・シュミット＝ニールセン著）（共訳，東京大学出版会）

平松山治（ひらまつ　さんじ）
1950年生．大阪教育大学教育学部卒業．信州大学教育学部　研究生．元武庫川女子大学附属中学校・高等学校　教諭
著書：『動物生態の観察と研究』（共著，東海大学出版会），『近畿地区　魚類レッドデータブック』（共著，京都大学学術出版会）

（故）福原修一（ふくはら　しゅういち）
1956年生．大阪教育大学教育学部卒業．兵庫教育大学大学院学校教育研究科　修士課程修了．三重大学大学院生物資源研究科　博士後期課程修了．博士（学術，三重大学）．元梅花学園梅花中学校高等学校　教諭
著書：『貝に卵を産む魚』（トンボ出版）

藤川博史（ふじかわ　ひろし）
1952年生．大阪教育大学教育学部卒業．兵庫教育大学大学院学校教育研究科　修士課程修了．元大阪府守口市教育委員会　教育長．学校法人大阪国際学園　法人本部事務局次長兼企画課長（兼）

学園本部地域連携室長　学園評議員
著書：『生物観察実験ハンドブック』（共著，朝倉書店），『「ひとりだち」を目指す生活科・理科学習』（共著，明治図書），『ふるさとを感じるあそび事典』（共著，農文協）ほか

松川祐輔（まつかわ　ゆうすけ）
1977年生．大阪教育大学教育学部卒業．大阪教育大学大学院教育学研究科　修士課程修了．大阪府和泉市立和泉中学校　教諭

松島　修（まつしま　おさむ）
1953年生．大阪教育大学教育学部卒業．大阪教育大学大学院教育学研究科　修士課程修了．兵庫県尼崎市立園田中学校　教諭

矢野祐之（やの　まさゆき）
1978年生．大阪教育大学教育学部卒業．大阪教育大学大学院教育学研究科　修士課程修了．兵庫県明石市立大蔵中学校　教諭

矢野加奈（やの　かな）（旧姓笠松）
1980年生．大阪教育大学教育学部卒業．大阪教育大学大学院教育学研究科　修士課程修了．兵庫県加東市立福田小学校　教諭

山口敬生（やまぐち　たかお）
1976年生．大阪教育大学教育学部卒業．大阪教育大学大学院教育学研究科　修士課程修了．大阪府富田林市教育委員会　指導主事

山根英征（やまね　ひでゆき）
1978年生．大阪教育大学教育学部卒業．大阪教育大学大学院教育学研究科　修士課程修了．京都大学大学院理学研究科　博士後期課程研究指導認定退学．博士（理学，京都大学）．鳥取県境港市立第一中学校　教諭

横山　正（よこやま　ただし）
1961年生．大阪教育大学教育学部卒業．兵庫教育大学大学院学校教育研究科　修士課程修了．兵庫県立西はりま特別支援学校　教諭．川漁師見習い中

横山達也（よこやま　たつや）
1967年生．近畿大学農学部卒業．大阪教育大学大学院教育学研究科　修士課程修了．元大阪市水道記念館管理課長．大阪市水道局
著書：『絶体絶命の淡水魚イタセンパラ　希少種と川の再生に向けて』（共著，東海大学出版会）

吉本純子（よしもと　じゅんこ）（旧姓兵井）
1971年生．大阪教育大学教育学部卒業．大阪教育大学大学院教育学研究科　修士課程修了．兵庫県西宮市立小学校　理科支援員

編著者紹介

長田芳和（ながた　よしかず）
1943年生．鳥取大学学芸学部卒業
京都大学大学院理学研究科　博士課程単位取得退学
理学博士（京都大学）
大阪教育大学名誉教授
著書：『フィールド図鑑　淡水魚』（共著，東海大学出版会），
　　　『日本の希少淡水魚の現状と系統保存』（共編著，緑書房），
　　　『日本の淡水魚』（共著，山と渓谷社）ほか

淡水魚研究入門（たんすいぎょけんきゅうにゅうもん）——水中のぞき見学

2014年9月20日　第1版第1刷発行
2017年7月20日　第1版第2刷発行

編著者　長田芳和
発行者　橋本敏明
発行所　東海大学出版部
　　　　〒259-1292　神奈川県平塚市北金目4-1-1
　　　　TEL 0463-58-7811　FAX 0463-58-7833
　　　　URL http://www.press.tokai.ac.jp/
　　　　振替　00100-5-46914
印刷所　港北出版印刷株式会社
製本所　誠製本株式会社

© Yoshikazu NAGATA, 2014　　　　　ISBN978-4-486-02016-5

・ JCOPY ＜出版者著作権管理機構　委託出版物＞
本書（誌）の無断複製は著作権法上での例外を除き禁じられています．複製される場合は，そのつど事前に，出版者著作権管理機構（電話 03-3513-6969，FAX 03-3513-6979，e-mail: info@jcopy.or.jp）の許諾を得てください．